普通高等教育“十二五”系列教材（高职高专教育）
国家骨干院校重点建设专业教材

电厂热力系统及辅助设备

DIANCHANG RELI XITONG JI FUZHU SHEBEI

主　编　张燕侠
编　写　马　宏
主　审　韩思充

中国电力出版社
CHINA ELECTRIC POWER PRESS

内 容 提 要

本书以300、600MW火电机组为典型，着重讲述发电厂热力系统的组成、连接方式和运行技术，以及发电厂主要辅助设备的基本结构、工作原理及其检修工艺和运行技术。全书共分为六个项目，内容包括发电厂的热经济性评价、发电厂主要辅助设备及其检修、发电厂的汽水管道及阀门、发电厂热力辅助设备运行、发电厂热力系统及其运行、发电厂热力系统及辅助设备启动操作指南。

本书可作为高职高专电力技术类电厂热能动力装置专业、火电厂集控运行专业教材，也可作为火电厂300、600MW机组运行和检修岗位培训教材，还可供火电厂有关专业技术人员学习与参考。

图书在版编目（CIP）数据

电厂热力系统及辅助设备/张燕侠主编．—北京：中国电力出版社，2013.1（2023.1重印）

普通高等教育“十二五”规划教材．高职高专教育

ISBN 978-7-5123-3529-5

Ⅰ.①电… Ⅱ.①张… Ⅲ.①火电厂—热力系统—高等职业教育—教材 Ⅳ.①TM621.4

中国版本图书馆CIP数据核字（2012）第225705号

中国电力出版社出版、发行

（北京市东城区北京站西街19号 100005 http://www.cepp.sgcc.com.cn）

北京雁林吉兆印刷有限公司印刷

各地新华书店经售

*

2013年1月第一版 2023年1月北京第五次印刷

787毫米×1092毫米 16开本 15.75印张 385千字 2插页

定价 **45.00** 元

前言

“电厂热力系统及辅助设备”是电厂热能动力装置专业的一门核心职业技术课程，本书是安徽电气工程职业技术学院国家骨干院校重点建设专业系列教材之一。

本教材充分体现高等职业教育的特色，全面贯彻教学改革和创新精神，以职业活动为导向，基于热力辅助设备检修和运行中的典型工作过程，采取项目引导、任务驱动，努力营造教、学、做一体化的教学模式，加强职业素质和职业能力的培养。

全书以300、600MW火电机组为典型，紧密结合电厂热能动力装置运行和检修岗位实际，介绍了电厂热力系统的组成、连接方式及其运行知识和技术，着重讲述热力辅助设备的基本结构、工作原理及其检修工艺和运行技术；突出现代大型火电机组的新设备、新技术，如双列高压加热器、内置式除氧器和双压凝汽器等；强化电厂各热力系统和主要辅助设备的启动、停运、正常运行维护和事故处理；增加发电厂热力系统及辅助设备典型事故案例分析和启动操作指南，以培养学生分析问题、解决问题的能力及操作技能。为适应学生就业岗位的需求，对循环流化床机组和核电厂的热力系统及辅助设备也作了简要介绍。本书内容精炼，文字通俗易懂，采用新的体系结构，按照项目、项目目标、任务、任务目标、知识准备、任务实施、知识拓展及能力训练的形式编写，项目后有小结及综合测试，便于学习掌握。

本课程提供在线学习服务，网址为www.hftt.net/jpkc/。主要内容为与本教材配套的多媒体网络课件、课程教案、试题库、在线答疑、在线自测等。

本书由安徽电气工程职业技术学院张燕侠主编，并编写项目一、二、四、五、六；安徽电气工程职业技术学院马宏编写项目三。全书由大亚湾核电站高级工程师韩思充主审。

本书在编写过程中，得到华能上海石洞口第二电厂、大亚湾核电运营管理有限责任公司、哈尔滨第三发电有限责任公司、安徽淮南平圩发电有限责任公司、上海苏尔寿工程机械制造有限公司、安徽淮南洛河发电厂、皖能电力马鞍山电厂、安徽省电力科学研究院、武汉电力职业技术学院等单位的协助，得到学院领导和老师的大力支持和帮助，在此谨致谢意。

编　者

2012.10

目　录

项目一　发电厂的热经济性评价

项目目标

熟悉发电厂的类型，会评价发电厂的热经济性，能进行发电厂效率和主要热经济指标的计算，学会定性分析提高发电厂热经济性的方法。

任务一　电力生产认知

【任务目标】

掌握电能生产的特点及其基本要求，熟悉发电厂的类型，了解我国的电力发展概况及发展政策。

【知识准备】

一、电力生产的特点及基本要求

（一）电力工业的作用与地位

电力工业是把一次能源转变为电能的生产行业。

一次能源是指以原始状态存在于自然界中，不需要经过加工或转换过程就可直接利用的能源，如石油、煤炭、天然气、水能、原子能、风能、太阳能、地热能、海洋能等，上述前五种能源是当前被广泛使用的，称为常规能源，世界能源消费几乎全靠这五大能源来供应。水能、风能、太阳能等为可再生能源，又称清洁或绿色能源，石油、煤炭、天然气、原子能等为不可再生能源。

一次能源通过加工、转化生成的能源称为二次能源。电能是优质的二次能源，一些不宜或不便于直接利用的一次能源（如核能、水能、低热值燃料等），可以通过转换成电能而得到充分利用，由此扩大了一次能源的应用范围。电能可较为方便地转换为社会所需要的各种形式的能源，如机械能、光能、磁能、化学能等，而且转换效率高。电能容易控制、无污染。以电能作为动力，可有效地提高各行各业生产的自动化水平，促进技术进步，从而提高劳动生产率，改善劳动者的工作环境和工作条件。电能在提高人民的物质文化水平方面同样起着非常重要的作用。世界各国都把电力工业的发展速度和电能消耗占总能源消耗的比例，作为衡量一个国家现代化水平的标志。

（二）电力生产的特点及基本要求

目前，电能还不能大量储存。这就要求发电厂所发出的电功率必须随时与用户所消耗的电功率保持平衡，以保证用户对电量的需求。为此，发电设备的运行工况必须随着外界负荷的变化而改变。根据电能生产的这一特点，对电能生产提出了几个要求。

1. 安全可靠

电力工业是连续进行的现代化大生产，一个小事故处理不当就可能发展成大面积的停电事故，给工农业生产和人民生活造成严重的危害，所以，电力生产必须保证发电和供电的可靠性与安全性。在电力系统中备有必需的备用容量，以备在检修或事故情况下向外正常供电，对重要用户要采用双回路供电。

2. 经济性

目前，我国的电力生产仍以火电为主，所消耗的一次能源多，而能源的利用率又很低(仅为30%)，先进国家为40%～50%，因此节能的潜力很大。在电力生产过程中，必须力求经济运行，提高能源利用率。

3. 保证电能质量

电能的质量指标主要是电网的频率和电压。我国规定，电网的频率为50Hz，电压等级民用电为220V，工业用电为380V。随着电力工业的不断发展，电网覆盖范围越来越大，为保证电能质量，在电力系统中设有适应用户有功功率变化的调频电厂或机组，使电网频率保持在规定的范围内。为了保证电压质量，在电网无功功率差异较大的局部地区要安装电力电容器或调相机组，给予补偿。

4. 控制污染，保护环境

火电厂在生产过程中产生的灰尘、SO_x、NO_x、废水、灰渣和噪声等，污染环境，危害人民的身体健康，必须采取有效措施，严格控制。目前采用煤或烟气的脱硫脱硝、循环流化床及低温分段燃烧等技术，使烟气中有害气体的含量得到有效控制。利用高效的电除尘器使烟气中的粉尘含量大为减少。可以说，火电厂环保的优劣已成为一个国家电力工业技术水平高低的标志之一。

二、发电厂的类型

(一) 按产品分类

火力发电厂按产品可分为发电厂和热电厂两种。发电厂只生产电能，在汽轮机中做完功的蒸汽，排入凝汽器凝结成水，所以又称为凝汽式电厂；热电厂既生产电能又对外供热，供热是利用汽轮机较高压力的排汽或可调节抽汽送给热用户。

(二) 按使用的能源分类

1. 火力发电厂

以煤、油、天然气为燃料的电厂称为火力发电厂，简称火电厂，如图1-1所示。按照我国的能源政策，火电厂要以燃煤为主，并且优先使用劣质煤。

火力发电机组还按汽轮机的进汽参数分为中低压机组（进汽压力<3.43MPa)、高压机组（进汽压力为8.83MPa)、超高压机组（进汽压力为12.75～13.24MPa)、亚临界压力机组（进汽压力约为16.17MPa)、超临界压力机组（进汽压力>24.2MPa)、超超临界压力机组（进汽压力>25MPa)。

2. 水力发电厂

以水能作为动力发电的电厂称为水力发电厂。其生产过程：由拦河坝维持的高水位的水，经压力水管进入水轮机，推动转子旋转，将水能转变成机械能，水轮机带动发电机旋转，从而使机械能转变为电能，在水轮机中做完功的水流经尾水管排入下游，其生产流程如图1-2正向所示。

与火力发电相比较，水力发电具有发电成本低、效率高、环境污染小、启停快、事故应变能力强等优点，但需要修筑大坝，投资大，工期长。我国的水力资源丰富，发展水电将取

图 1-1　火力发电厂

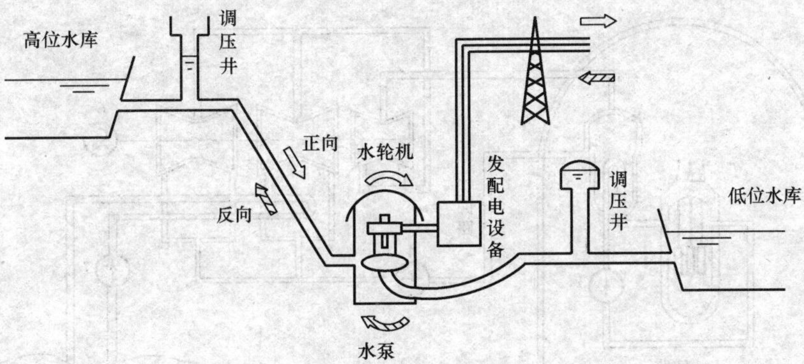

图 1-2　水力发电厂与抽水蓄能电厂示意

得很好的综合效益。因此，国家把开发水力资源放在重要的位置。

3. 原子能发电厂

将原子核裂变释放出的能量转变成电能的电厂称为原子能发电厂，简称核电厂，如图 1-3 所示。

原子能发电厂由两部分组成，一部分是利用核能产生蒸汽的核岛，它包括核反应堆和一回路系统，在该系统中，核燃料在反应堆中进行链式裂变产生热能，一回路中冷却水吸收裂变产生的热能后流出反应堆，进入蒸汽发生器将热量传给二回路中水，使之变成蒸汽；另一部分是利用蒸汽的热能转换成电能的常规岛，它包括汽轮发电机组及其系统，与火电厂中的汽轮发电机组大同小异。图 1-4 所示为压水堆核电厂的简要流程图。

原子能发电比火力发电有许多优越性，其燃料能量高度密集，避免燃料的繁重运输，运行费用低，无大气污染等，但基建投资大。在能源短缺的今天，原子能发电将会得到更大的发展。

4. 燃气—蒸汽轮机发电厂

利用燃气—蒸汽联合循环动力装置能充分利用燃气轮机的余热发电，因此热效率高，净效率可达 43.2%。利用深层煤炭地下气化技术，结合燃气—蒸汽联合循环发电，不仅能提

图 1-3 原子能发电厂

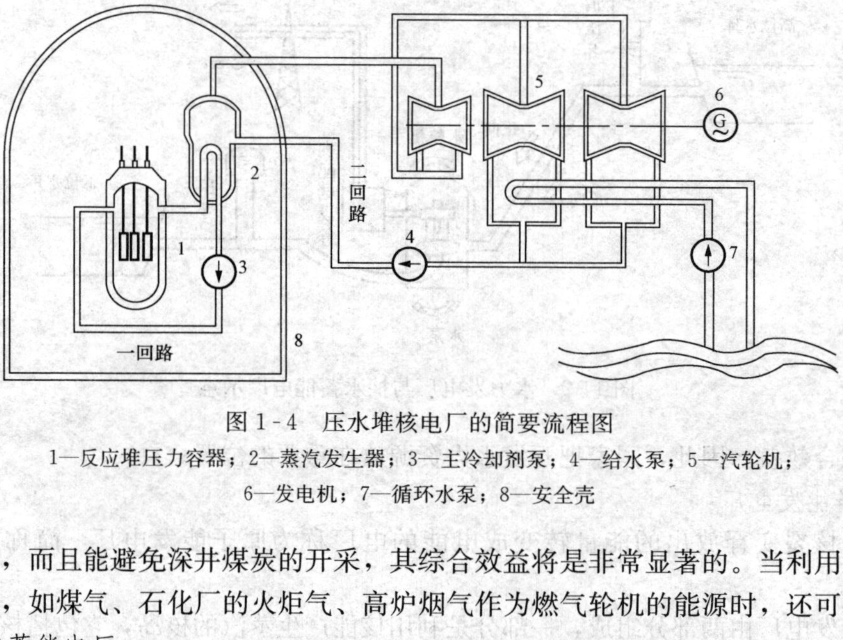

图 1-4 压水堆核电厂的简要流程图

1—反应堆压力容器；2—蒸汽发生器；3—主冷却剂泵；4—给水泵；5—汽轮机；6—发电机；7—循环水泵；8—安全壳

高发电效率，而且能避免深井煤炭的开采，其综合效益将是非常显著的。当利用工业企业排放出的废气，如煤气、石化厂的火炬气、高炉烟气作为燃气轮机的能源时，还可减轻公害。

5. 抽水蓄能电厂

将电力系统负荷处于低谷时的多余电能转换为水的势能，如图 1-2 反向所示，在电力系统负荷处于高峰时又将水的势能转换为电能的电厂称为抽水蓄能电厂或称抽水蓄能电站。这种水电站因有两次水的势能与电能之间的转换，所以存在一定的能量损失。但随着电力负荷的急剧增长，特别是对有大型核电厂带基本负荷的电力系统，在电力系统调峰、调频中的作用更为显著，因而发展较快。

6. 太阳能发电厂

利用太阳能发电的电厂称为太阳能发电厂。太阳能发电有两种基本方法：一种是将太阳光聚集到一个容器上，加热水或其他低沸点的液体产生蒸汽，带动汽轮发电机组发电；另一种是用光电池直接发电，如图 1-5 所示。

图 1-5　太阳能光电池发电厂

7. 地热发电厂

地热发电厂利用地下热水（蒸汽或汽水混合物），经过扩容器降压产生蒸汽，或通过热交换器使低沸点液体产生蒸汽，通过汽轮发电机组发电，或地热水全部引入双螺杆膨胀动力机膨胀做功，地热水在送入动力机之前，无需进行扩容等处理，因而能量利用率较高。双螺杆膨胀动力机是一种新型的将热能转换成机械能的热机，是我国拥有自主知识产权的高新技术产品。地热发电厂如图 1-6 所示。

图 1-6　地热发电厂

8. 风力发电厂

利用高速流动的空气即风力，驱动风车转动，从而带动发电机发电的电厂称为风力发电厂，如图 1-7 所示。

9. 垃圾发电厂

垃圾发电厂将燃烧垃圾生成的热能转换成电能，既环保又节能。

另外，还有利用潮汐能、海洋能、磁流体等发电的电厂。

图 1-7 风力发电厂

三、我国发电工业的发展概况

我国电力工业自从1882年第一台容量为12kW发电机组投运以来，已有100多年的历史。在新中国成立前的近70年里，我国的电力工业非常落后，发电设备完全依赖国外进口，全国总装机容量仅有1850MW，年发电量只有43×10^8kW·h，供电质量很差，年设备利用小时数常在3000h以下，发电标准煤耗率达1200g/(kW·h)以上，最大单机容量在6000kW以下。

新中国成立后，我国的电力工业有了飞快的发展，从1955年投运的国产第一台6000kW汽轮发电机后，陆续建成投运了12、25、50、100MW等一批中、高参数的火电机组。从20世纪90年代开始，先后投运了一批亚临界、超临界参数300、600MW机组。目前，我国已有一批超超临界参数、单机容量为1000MW的汽轮发电机组并网发电，它标志着我国火电机组建设迈上了一个新的台阶。我国还先后建成了以上海、哈尔滨、四川为基地的三大动力厂（锅炉厂、汽轮机厂和电机厂），且已能自行设计制造超临界参数600MW成套火力发电设备。截至2010年底，全国发电总装机容量达到9.66×10^8kW，其中火电为7×10^8kW，占总装机容量72.46%。全国600MW及以上的清洁高效机组成为新建主力机型。我国的总装机容量、二氧化硫和烟尘的控制技术与应用达到了世界先进水平。作为我国首个电压等级最高、输送容量最大、送电距离最远、技术水平最先进的直流输电工程——四川向家坝至上海±800kV特高压直流输电示范工程也已正式投入运行，这表明我国特高压直流输电技术达到世界先进水平。

我国水力资源丰富，河流年径流量达$2.7\times10^{12}m^3$，水力资源的理论蕴藏量为6.76×10^8kW，可开发的水电容量为3.78×10^8kW。新中国成立以来，我国因地制宜建成了以长江葛洲坝水电厂（装机容量为2715MW）和三峡水电工程（共26台单机容量为700MW，总装机容量为18 200MW）为代表的大、中型水力发电厂。截至2010年底，我国水电装机规模达到2.11×10^8kW，占总装机容量的21.84%，我国水电建设技术正迈向世界先进行列。

在原子能发电方面，由我国自行设计、制造的第一座核电厂——秦山核电有限公司的第一台机组容量为300MW，已于1991年并网发电。我国第二座核电厂——大亚湾核电运营管理有限公司两台984MW压水堆核电机组，也于1994年投入商业运营。随着2010年

7 月 15 日，我国首座采用自主品牌核电技术建设的核电机组——岭澳核电有限公司二期 1 号机组首次并网成功，已有 12 台核电机组投入商业运营。截至 2010 年底，核电总装机容量约 1.082×10^4 MW。我国将全面掌握二代改进型百万千瓦级核电厂技术，基本形成自主品牌核电厂设计自主化和设备制造国产化能力。

我国还具有非常丰富的地热资源，已先后在各地建立了一批小型地热发电厂，目前容量最大的西藏羊八井地区的地热电厂，总容量为 24.18MW，为我国开发利用地热资源积累了经验。

在风力发电方面，我国在新疆、西藏等西北高原及沿海地区利用丰富的风力资源建设了一批风力发电厂。截至 2011 年底，全国（不包括台湾）风电累计装机容量约为 62300MW，居世界第一。

目前，我国在利用工业企业的废气、余热发电方面也取得了可喜的成绩，还陆续兴建了一批垃圾发电厂。另外，还相继建成了太阳能发电厂、潮汐发电厂等，走出了一条充分利用各种能源发电的道路。

四、我国电力工业的发展政策

我国的电力工业虽然取得了很大成就，但与经济发达国家相比还有较大的差距，主要表现在：①从人均用电量来看，2010 年我国人均用电量 3126kW·h，相当于发达国家 20 世纪 60 年代的水平；②从全国整体电力消费结构来看，工业用电比重偏高，处于工业化后期阶段；③从发展质量来看，我国的氮氧化物排放量还高于发达国家平均水平。

世界电力工业发展总的趋势是向“三大、三高”的方向发展。“三大”，即大机组、大电厂、大电网。目前，世界上已投运的火电机组最大单机容量为 1200～1300MW，最大的核电机组容量为 1400MW；大型火电厂的总装机容量可达 4000～5000MW，水电站为 12 600MW以上，核电厂也在 5000MW 以上；大电网的总容量可达 30 000～40 000MW。“三高”，即高参数、高电压、高度自动化。发达国家的火电机组蒸汽参数向着亚临界、超临界发展，最高蒸汽参数为 35.2MPa，650℃/566℃/566℃，以适应单机容量不断增大的需要；随着电网区域扩大，输电距离增长，要求输电电压越来越高，现在世界上最高等级的交流输电电压高达 1150kV；对 300MW 及其以上的亚临界、超临界压力机组，均实行了锅炉、汽轮机、发电机的集中控制和计算机分散控制，有的电厂还实现了用计算机程序控制的无人值班制度。为缩小与发达国家的差距，促进我国电力工业持续、健康的发展，提出了今后电力工业发展战略：

（1）优化资源配置。因地因网制宜地确定与地区经济发展相适应的电力工业发展速度。坚持“优先发展水电，优化发展煤电，安全高效发展核电，积极发展风能、太阳能等可再生能源发电”的方针，实现能源资源的优化配置，有利于促进节能减排和环境保护。

（2）加快特高压电网建设。加快建设以特高压（交流 1000kV、直流±800kV 及以上电压）等级的输电电网为骨干网架的坚强智能电网，促进大水电、大煤电、大核电、大型可再生能源发电基地的集约化发展。增强电网运行的安全性和可靠性，提升发电设备综合利用效率。

（3）积极调整电价机制。促进电煤价格和上网电价联动，销售电价与上网电价联动，形成科学合理的电价机制。

【知识拓展】

电力弹性系数

一个国家的电气化发展速度，用电力弹性系数来表示，它是指电力工业的年增长速度与国民经济总产值年增长速度的比值。当经济发展过程中高电耗的重工业和基础工业的比重增大时，特别是发展中国家，使用电力来替代直接使用的一次能源和其他动力的范围不断扩大，电力总消费量增长率会不断增大，则电力弹性系数呈现大于1的趋向；当经济发展过程中基本上保持原来结构和原有技术水平时，电力弹性系数接近于1或等于1；当产业结构和产品结构向节能型方向调整，用电效率提高，使得单位产值电耗降低时，电力弹性系数就会小于1。

【能力训练】

1. 简述电能生产的基本要求。
2. 简述发电厂的类型及其特点。
3. 简述水力发电厂及原子能发电厂的生产流程。

任务二　发电厂热经济性评价

【任务目标】

会用热量法和熵方法评价发电厂的热经济性，能进行发电厂效率和主要热经济指标的计算。

【知识准备】

一、评价电厂热经济性的方法

发电厂生产电能的过程是一个燃料的化学能转换成电能的过程。在整个能量转换过程的不同阶段存在着数量不等、原因不同的各种损失，使能量不能全部有效利用。要提高发电厂的热经济性，就要对发电厂能量转换过程中能量的利用程度及损失大小进行评价，以便找出这些损失的部位、原因，从而寻求减少这些热损失的方法及相应措施。评价发电厂热经济性的方法主要有两种：以热力学第一定律为基础的热量法（热效率法）；以热力学第二定律为基础的熵方法（做功能力损失法）。

热量法是从能的数量方面评价电厂热经济性的，一般用于电厂热经济性定量分析；熵方法是从能的质量角度来评价电厂热经济性的，一般用于电厂热经济性定性分析。

（一）热量法评价发电厂的热经济性

热量法以热力学第一定律为理论基础，以热效率的大小来衡量电厂或热力设备的热经济性。热效率反映了热力设备或电厂将外界输入该设备或系统的热量被有效利用的程度，在发电厂整个能量转换过程的不同阶段，采用各种效率来反映不同阶段的能量的有效利用程度。在各热力设备和整个发电厂的能量转换过程中，其热量平衡关系如图1-8所示。

能量转换效率为

$$\eta = \frac{有效利用的热量}{供给的热量} \times 100\% = \left(1 - \frac{损失的能量}{供给的热量}\right) \times 100\%$$

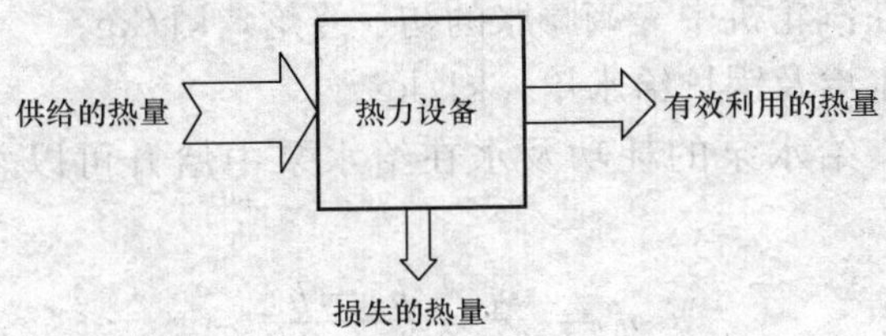

图 1-8　热量平衡关系

1. 朗肯循环及其热效率

热力发电厂都是以某种热力循环为基础，由热功转换获得电能。朗肯循环是一种最基本最简单的热力循环。如图 1-9 所示，其工作过程如下：4-5-6-1 是给水在锅炉中被定压加热汽化和过热过程；1-2 是过热蒸汽在汽轮机中等熵膨胀做功过程；2-3 是排汽在凝汽器中定压凝结放热过程；3-4 是凝结水在水泵中等熵压缩过程。

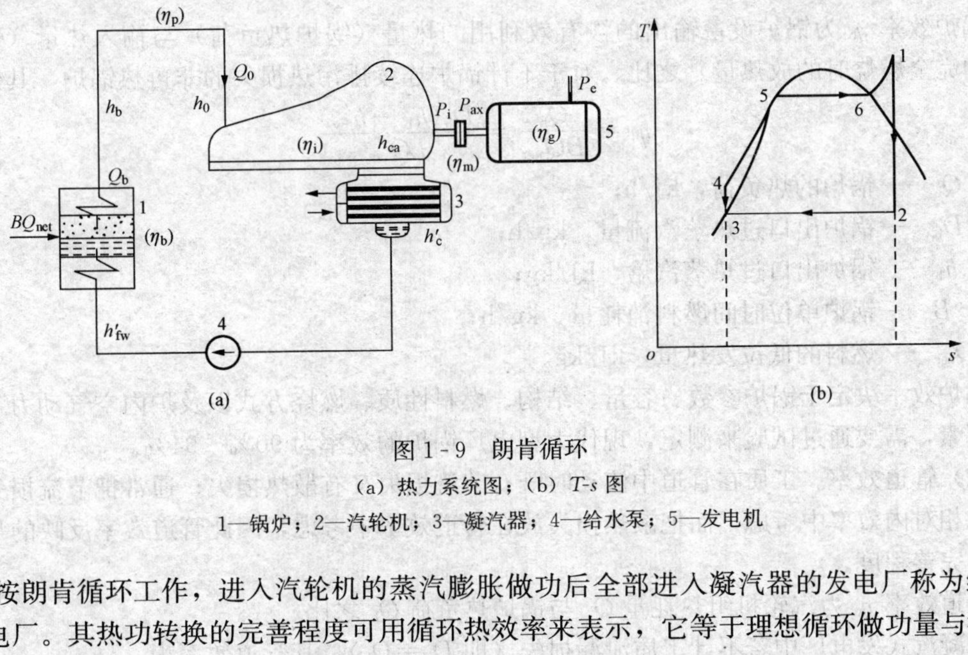

图 1-9　朗肯循环

(a) 热力系统图；(b) T-s 图

1—锅炉；2—汽轮机；3—凝汽器；4—给水泵；5—发电机

按朗肯循环工作，进入汽轮机的蒸汽膨胀做功后全部进入凝汽器的发电厂称为纯凝汽式发电厂。其热功转换的完善程度可用循环热效率来表示，它等于理想循环做功量与循环吸热量之比，即

$$\eta_t = \frac{w_t}{q_1} = \frac{q_1 - q_2}{q_1} = 1 - \frac{q_2}{q_1} = 1 - \frac{T_{2av}}{T_{1av}} \tag{1-1}$$

式中　w_t——理想循环做功量，kJ/kg；

q_1——理想循环吸热量，kJ/kg；

q_2——理想冷源损失，kJ/kg；

T_{2av}——平均放热温度，K；

T_{1av}——平均吸热温度，K。

循环热效率也可用下式计算：

$$\eta_t = \frac{w_t}{q_1} = \frac{(h_0 - h_{ca}) - (h'_{fw} - h'_c)}{h_0 - h'_{fw}} \tag{1-2a}$$

式中 h_0、h_{ca}——蒸汽在汽轮机中等熵膨胀的初、终焓，kJ/kg；

h'_c、h'_{fw}——凝结水焓及锅炉给水焓，kJ/kg。

在蒸汽初压不高时，给水泵的耗功及水在给水泵中焓升可以忽略不计，即 $h'_c = h'_{fw}$，此时

$$\eta_t = \frac{w_t}{q_1} = \frac{h_0 - h_{ca}}{h_0 - h'_{fw}} \tag{1-2b}$$

朗肯循环效率反映了纯凝汽式电厂理想冷源热损失的大小，其值为40%～45%。

2. 凝汽式发电厂的各种热损失和效率

在发电厂实际生产过程中，由于热力过程的不可逆性，存在着各种能量损失，通常用效率来反映热力设备完善程度及能量损失的大小。

(1) 锅炉效率。锅炉设备中的热损失主要有排烟热损失、散热损失、气体未完全燃烧热损失、固体未完全燃烧热损失、排污热损失、灰渣物理热损失等，其中排烟热损失最大，约占总损失的40%～50%。

锅炉效率 η_b 为锅炉设备输出的被有效利用的热量（锅炉热负荷）与输入热量（燃料在锅炉中完全燃烧时的放热量）之比。对于不计锅炉连续排污热损失的非再热锅炉，其效率：

$$\eta_b = \frac{Q_b}{BQ_{net}} = \frac{D_b(h_b - h'_{fw})}{BQ_{net}} \tag{1-3}$$

式中 Q_b——锅炉的热负荷，kJ/h；

D_b——锅炉出口过热蒸汽流量，kg/h；

h_b——锅炉出口过热蒸汽焓，kJ/kg；

B——锅炉单位时间燃料消耗量，kg/h；

Q_{net}——燃料的低位发热量，kJ/kg。

锅炉效率决定于锅炉参数、容量、结构、燃料性质、燃烧方式以及炉内空气动力工况等很多因素，需要通过试验来测定，现代大型电厂锅炉的效率为90%～94%。

(2) 管道效率。工质在管道中流动时既有节流损失又有散热损失，通常把节流损失放在汽轮机相对内效率中考虑，而把散热损失放在管道效率中考虑，因此管道效率反映的是管道保温的完善程度。

管道效率 η_p 为汽轮机组热耗量 Q_0 与锅炉热负荷 Q_b 之比。

纯凝汽式发电厂中若不计工质泄漏损失（即 $D_0 = D_b$），其管道效率为

$$\eta_p = \frac{Q_0}{Q_b} = \frac{D_0(h_0 - h'_{fw})}{D_b(h_b - h'_{fw})} = \frac{h_0 - h'_{fw}}{h_b - h'_{fw}} \tag{1-4}$$

式中 h_0——汽轮机的进汽焓；kJ/kg；

Q_0——汽轮机组的热耗量，kJ/h；

D_0——汽轮机的汽耗量，kg/h。

现代发电厂的管道效率可达99%左右。

(3) 汽轮机内效率。汽轮机中除了理想冷源损失外，还存在包括进汽节流、排汽及内部各项损失（如喷嘴损失、动叶损失、余速损失、湿汽损失、漏汽损失、鼓风摩擦损失等），使蒸汽做功量减少，造成附加冷源损失。汽轮机相对内效率反映该项损失的大小。

汽轮机的相对内效率 η_{ri} 为汽轮机中蒸汽的实际焓降与理想焓降之比，即

$$\eta_{ri}=\frac{P_i}{P_{ia}}=\frac{h_0-h_c}{h_0-h_{ca}} \tag{1-5}$$

式中　P_i——汽轮机组实际内功率，kW；

P_{ia}——汽轮机组理想内功率，kW；

h_c——汽轮机的实际排汽焓，kJ/kg。

汽轮机相对内效率反映汽轮机内部结构的完善程度，现代大型汽轮机相对内效率为87%～90%。

汽轮机绝对内效率（又称为实际循环热效率）η_i 为汽轮机组的实际内功率与汽轮机组的热耗量之比。若忽略水泵耗功，则汽轮机组的绝对内效率为

$$\eta_i=\frac{3600P_i}{Q_0}=\frac{h_0-h_c}{h_0-h'_{fw}}=\frac{h_0-h_{ca}}{h_0-h'_{fw}}\frac{h_0-h_c}{h_0-h_{ca}}=\eta_t\eta_{ri} \tag{1-6}$$

式中　3600——电热当量，1kW·h 相当于 3600kJ 的热量。

朗肯循环效率和汽轮机相对内效率分别反映的是理想冷源损失和附加冷源损失的大小，通常将这两项损失之和称为冷源损失。因此，汽轮机的绝对内效率反映了机组冷源损失的大小，其值为 35%～49%。

（4）汽轮机的机械效率。汽轮机的机械损失包括支撑轴承和推力轴承的机械摩擦损失，以及拖动主油泵和调速器的功率消耗。它使汽轮机输出的有效功率（轴功率 P_{ax}）总是小于其内功率。汽轮机的机械效率 η_m 为汽轮机轴功率与其内功率之比，即

$$\eta_m=\frac{P_{ax}}{P_i} \tag{1-7}$$

现代大型汽轮机的机械效率大于 99%。

（5）发电机效率。发电机损失包括机械方面的轴承摩擦损失、通风耗功和电气方面的铜损（由于线圈具有电阻而发热）、铁损（由于激磁铁芯产生涡流而发热）。

发电机效率 η_g 为发电机输出的电功率 P_e 与轴功率之比，即

$$\eta_g=\frac{P_e}{P_{ax}} \tag{1-8}$$

现代大型发电机效率，氢冷时为 98%～99%，空冷时为 97%～98%，双水内冷时为96%～98.7%。

（6）发电厂的总效率。发电厂作为一个整体，其总效率等于发电厂有效利用的能量（即输出的电能 P_e）与其消耗的能量（即输入燃料完全燃烧时的放热量）之比，即

$$\eta_{cp}=\frac{3600P_e}{BQ_{net}} \tag{1-9}$$

发电厂生产过程中的能量转换如图 1-10 所示。

整个发电厂生产过程中能量转换是由六个环节顺序组成的，因而全厂总效率应等于各环节效率的连乘积，即

$$\eta_{cp}=\eta_b\eta_p\eta_t\eta_{ri}\eta_m\eta_g \tag{1-10}$$

纯凝汽式发电厂总效率 η_{cp}=25%～35%，可见，在纯凝汽式发电厂中燃料的有效利用程度很低。

3. 发电厂的热平衡

若以生产 1kW·h 电能为基础，根据能量守恒定律，可以得出凝汽式发电厂的热平

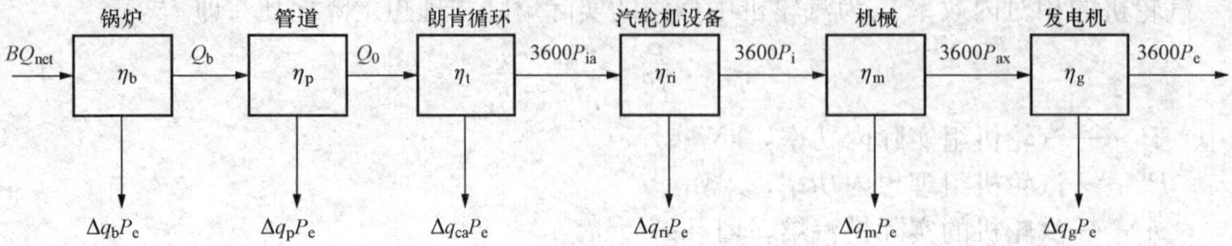

图 1-10 发电厂生产过程中能量转换示意

衡式：

$$\begin{aligned} q_{cp} &= 3600 + \Delta q_b + \Delta q_p + \Delta q_{ca} + \Delta q_{ri} + \Delta q_m + \Delta q_g \\ &= 3600 + \Delta q_b + \Delta q_p + \Delta q_c + \Delta q_m + \Delta q_g \end{aligned} \tag{1-11}$$

其中

$$\Delta q_c = \Delta q_{ca} + \Delta q_{ri}$$

式中 q_{cp}——凝汽式发电厂热耗率，kJ/(kW·h)；

Δq_b——锅炉热损失，kJ/(kW·h)；

Δq_p——管道热损失，kJ/(kW·h)；

Δq_c——冷源损失，kJ/(kW·h)；

Δq_{ca}——理想冷源损失，kJ/(kW·h)；

Δq_{ri}——附加冷源损失，kJ/(kW·h)；

Δq_m——汽轮机机械损失，kJ/(kW·h)；

Δq_g——发电机损失，kJ/(kW·h)。

某凝汽式发电厂生产过程能量损失分布如图 1-11 所示。凝汽器损失包括理想冷源热损失和由汽轮机内部引起的附加冷源热损失。

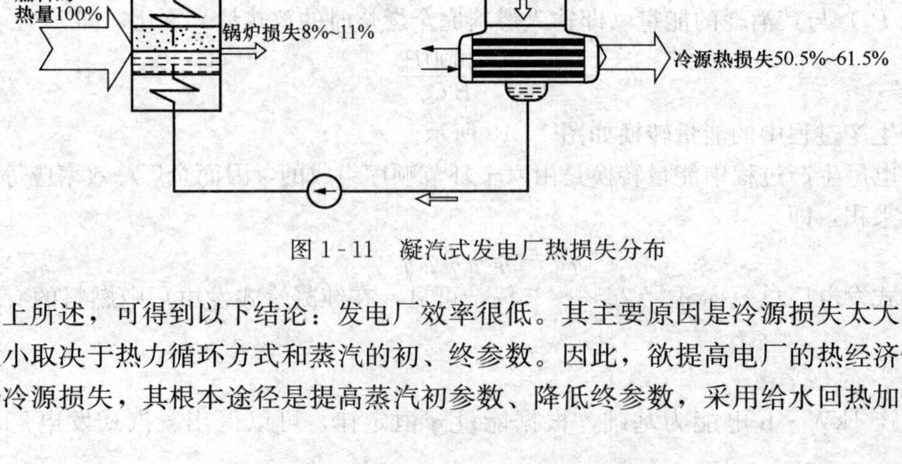

图 1-11 凝汽式发电厂热损失分布

综上所述，可得到以下结论：发电厂效率很低。其主要原因是冷源损失太大，而冷源损失的大小取决于热力循环方式和蒸汽的初、终参数。因此，欲提高电厂的热经济性就要尽可能减少冷源损失，其根本途径是提高蒸汽初参数、降低终参数，采用给水回热加热、蒸汽中间再热和热电联产等。

（二）熵方法评价发电厂的热经济性

熵方法以热力学第二定律为理论基础，着重讨论各种热力过程中做功能力的变化。由工程热力学已知，实际的热力过程都是不可逆过程，必然引起系统的熵增（熵产），引起做功能力的损失。熵方法通过熵增的计算来确定做功能力损失，并以此来评价电厂的热经济性的方法。

在温度为 T_{amb} 的环境里，由某一热力过程或设备中的熵增 Δs_g 引起的做功能力损失为

$$\Delta W_l = T_{amb}\Delta s_g \tag{1-12}$$

热力发电厂的全部能量转换过程是由一系列不可逆过程组成的，各设备或过程的做功能力损失之和即为发电厂的总损失。一般情况下，环境温度 T_{amb} 变化很小，可作为常数，因此，电厂的总做功能力损失为

$$\Delta W_{cp} = T_{amb}\sum_{i=1}^{n}\Delta s_{gi} \tag{1-13}$$

1. 发电厂典型的不可逆过程做功能力损失

在发电厂能量转换的各种不可逆过程中，存在温差换热、工质节流及工质膨胀（或压缩）三种典型的不可逆过程。下面就用熵方法来分析上述三种过程的做功能力损失。

（1）有温差换热过程。如图 1-12 所示，两种工质 A 和 B 进行热交换，工质 A 经 1-2 过程被冷却，其平均放热温度为 $\overline{T}_a$，放热量为 ΔQ，其熵减少了 Δs_a；工质 B 经过 3-4 过程被加热，其平均吸热温度为 $\overline{T}_b$，其熵增加 Δs_b，它们的平均换热温差为 $\Delta\overline{T}$。

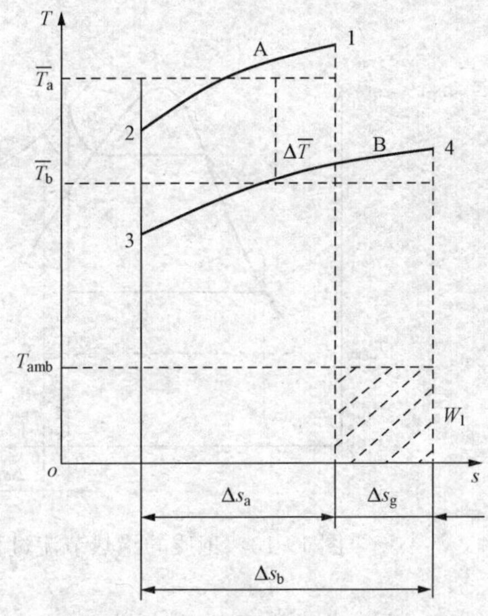

图 1-12　有温差换热过程的 T-s 图

根据放热量与吸热量相等的能量平衡关系得出

$$\Delta Q = \overline{T}_a\Delta s_a = \overline{T}_b\Delta s_b$$

换热过程的熵增为

$$\Delta s_g = \Delta s_b - \Delta s_a = \frac{\Delta Q}{\overline{T}_b} - \frac{\Delta Q}{\overline{T}_a} = \frac{\Delta Q\Delta\overline{T}}{\overline{T}_a\overline{T}_b}$$

换热过程的做功能力损失见图 1-12 中的阴影部分面积，其表达式为

$$\Delta W_l = T_{amb}\frac{\Delta Q\Delta\overline{T}}{\overline{T}_a\overline{T}_b} \tag{1-14}$$

分析式（1-14）可知：①环境温度 T_{amb} 一定时，换热过程中的平均温度差 $\Delta\overline{T}$ 越大，熵增和做功能力损失也就越大；②过程的换热量 ΔQ 越大，因 $\Delta\overline{T}$ 引起的做功能力损失也就越大；③若过程的平均温度差 $\Delta\overline{T}$ 和换热量 ΔQ 一定，则工质的换热平均温度越高，做功能力损失就越小，即高温换热的做功能力损失比低温换热时小。

（2）绝热节流过程。图 1-13 中的 1-2 过程为蒸汽在汽轮机进汽调节机构中的绝热节流过程，根据热力学第一定律可知：$dq = dh - vdp$，绝热节流过程中的焓不变，即 $dh = 0$，而 $dq = Tds$，则有

$$ds = -\frac{v}{T}dp$$

绝热节流过程的熵增为

$$\Delta s_g = -\int_1^2 \frac{v}{T} dp$$

过程的做功能力损失为图 1 - 13 中阴影部分的面积，其表达式为

$$\Delta W_1 = T_{amb} \Delta s_g = -T_{amb} \int_1^2 \frac{v}{T} dp \tag{1-15}$$

式中 v——工质的比体积，m^3/kg；

T——工质的温度，K；

dp——工质的压降，MPa。

式（1-15）表明，工质在绝热节流过程中压降越大，其本身的比体积越大，做功能力损失也越大，热经济性就越低。在输送比体积较大的蒸汽管道中，若选取的压降过小，在同样质量流量的条件下，可能要选大管径的管道，投资就会增加。所以，对于蒸汽管道，常选用较大的工质压降，以便采用较小管径，以节省投资。

（3）工质膨胀做功（或压缩）过程的做功能力损失。蒸汽在汽轮机中不可逆热膨胀，水在水泵中被不可逆绝热压缩等都属于有摩阻的绝热过程，其做功能力损失如图 1 - 14 中阴影部分面积 4-5-6-7 所示，其表达式为

$$\Delta W_1 = T_{amb} \Delta s_g = T_{amb} \Delta s_g \tag{1-16}$$

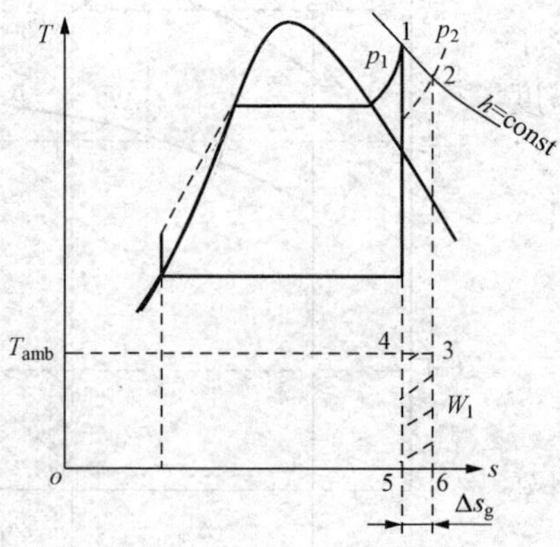

图 1 - 13 工质的绝热节流过程

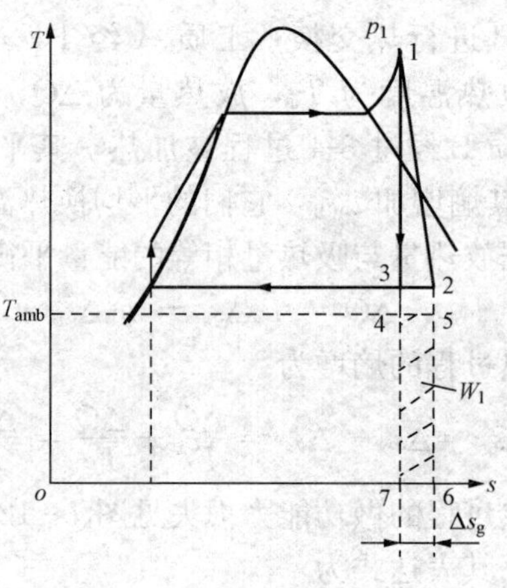

图 1 - 14 工质膨胀做功过程

2. 凝汽式发电厂各种损失及其分布

根据对以上热力过程的分析，反映某超高压凝汽式发电厂生产过程中各设备和环节的做功能力损失分布如图 1 - 15 所示。

从做功能力损失的角度分析知：热力过程的不可逆性是导致电厂热经济性低的实质原因。所以，要提高电厂热经济性还要提高热力设备的完善程度，如减小热换设备中的不可逆传热温差、汽水流动过程中的摩阻、节流和散热损失等。

二、凝汽式发电厂的主要经济指标

（一）汽轮发电机组的热经济指标

1. 汽耗量 D_0 和汽耗率 d_0

纯凝汽式机组，热能转变成电能的热平衡式（又称功率方程式）为

$$D_0(h_0 - h_c)\eta_m \eta_g = 3600 P_e$$

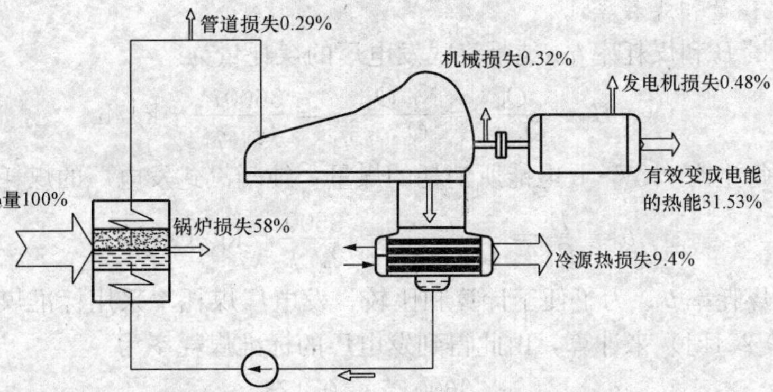

图 1-15　超高压凝汽式发电厂做功能力损失分布

则有

$$D_0 = \frac{3600P_e}{(h_0 - h_c)\eta_m \eta_g} \quad kg/h \tag{1-17}$$

式中　D_0——纯凝汽式机组的汽耗量，kg/h。

汽耗率为每生产 1kW・h 电能所消耗的蒸汽量，纯凝汽式机组的汽耗率为

$$d_0 = \frac{D_0}{P_e} = \frac{3600}{(h_0 - h_c)\eta_m \eta_g} \quad kg/(kW \cdot h) \tag{1-18}$$

汽轮发电机组的汽耗率一般为 2.5～3.5kg/(kW・h)。

2. 热耗量 Q_0 和热耗率 q_0

纯凝汽式机组的热耗量为

$$Q_0 = D_0(h_0 - h'_{fw}) \quad kJ/h \tag{1-19}$$

热耗率为每生产 1kW・h 电能所消耗的热量，纯凝汽式机组的热耗率为

$$q_0 = \frac{Q_0}{P_e} = d_0(h_0 - h'_{fw}) \quad kJ/(kW \cdot h) \tag{1-20}$$

（二）全厂经济指标

1. 全厂热耗量 Q_{cp} 和热耗率 q_{cp}

$$Q_{cp} = BQ_{net} = \frac{Q_b}{\eta_b} = \frac{Q_0}{\eta_b \eta_p} \quad kJ/h \tag{1-21}$$

$$q_{cp} = \frac{Q_{cp}}{P_e} = \frac{3600}{\eta_{cp}} = \frac{q_0}{\eta_b \eta_p} \quad kJ/(kW \cdot h) \tag{1-22}$$

式中　q_0——机组的热耗率，kJ/(kW・h)。

我国发电厂热耗率一般为 7000～9000kJ/(kW・h)。

2. 厂用电率 ζ_{ap}

发电厂生产过程中所有辅助设备所消耗的电能（即厂用电量）与同期的发电量之比称为厂用电率，即

$$\zeta_{ap} = \frac{P_{ap}}{P_e} \times 100\% \tag{1-23}$$

式中　P_{ap}——凝汽式发电厂一段时间内所有辅助设备消耗的电功率，kW。

我国发电厂的厂用电率平均为 4%～8%。

3. 全厂煤耗量和煤耗率

(1) 煤耗量 B 和煤耗率 b。纯凝汽式发电厂的煤耗量为

$$B=\frac{Q_b}{Q_{net}\eta_b}=\frac{Q_0}{Q_{net}\eta_b\eta_p}=\frac{3600P_e}{Q_{net}\eta_{cp}}\quad kg/h \tag{1-24}$$

煤耗率为每生产 1kW·h 电能所消耗的煤量，纯凝汽式发电厂的煤耗率为

$$b=\frac{B}{P_e}=\frac{q_0}{Q_{net}\eta_b\eta_p}=\frac{3600}{Q_{net}\eta_{cp}}\quad kg/(kW\cdot h) \tag{1-25}$$

(2) 标准煤耗率 b^s。为了便于计算和比较，发电厂煤耗率采用标准煤（1kg 标准煤的低位发热量为 29 271kJ）来计算，由此得到发电厂的标准煤耗率为

$$b^s=\frac{q_0}{29\,270\eta_b\eta_p}=\frac{3600}{29\,270\eta_{cp}}\approx\frac{0.123}{\eta_{cp}}\quad kg\text{标准煤}/(kW\cdot h) \tag{1-26}$$

实际煤耗率和标准煤耗率的换算关系为

$$b^s=\frac{bQ_{net}}{29\,270}\quad kg\text{标准煤}/(kW\cdot h) \tag{1-27}$$

(3) 发电标准煤耗率 b^s 与供电标准煤耗率 b_n^s。发电标准煤耗率为每发出（生产）1kW·h电能所消耗的标准煤量，因此前面所讨论的标准煤耗率即发电标准煤耗率。供电标准煤耗率为每向外供应 1kW·h 电能所消耗的标准煤量，即

$$b_n^s=\frac{B^s}{P_e-P_{ap}}=\frac{B^s}{P_e(1-\zeta_{ap})}=\frac{b^s}{1-\zeta_{ap}}\quad kg\text{标准煤}/(kW\cdot h) \tag{1-28}$$

式中 B^s——标准煤耗量，kg/h。

现代凝汽式发电厂发电标准煤耗率为 260～360g 标准煤/(kW·h)，供电标准煤耗率为 280～380g 标准煤/(kW·h)。

【能力训练】

（一）分析能力

1. 用热量法分析电厂最大热量损失发生所在的设备及原因

2. 用熵方法分析电厂最大热量损失发生所在的设备及原因

（二）计算能力

1. 某容量为 300MW 的发电厂，燃用低位发热量为 2.5×10^4kJ/kg 的燃料，已知全厂总效率为 35%，试计算：(1) 该厂的燃料消耗量；(2) 发电标准煤耗率。

2. 某容量为 600MW 的发电厂，燃用低位发热量为 2×10^4kJ/kg 的燃料，已知全厂燃料消耗量为 30×10^4kg/h，厂用电功率为 30MW。试计算：(1) 该厂的厂用电率；(2) 全厂效率；(3) 供电标准煤耗率。

任务三　提高发电厂热经济性的途径

【任务目标】

能定性分析蒸汽初终参数、回热参数、再热参数对电厂热经济性的影响，熟悉热电联产及燃气—蒸汽联合循环的优越性。

➡【知识准备】

一、提高蒸汽初参数、降低蒸汽终参数

提高蒸汽初参数、降低蒸汽终参数可以明显地提高发电厂的热经济性，现代火力发电机组均向高参数、大容量方向发展，我国已生产出单机容量为600MW超临界压力和1000MW的超超临界压力汽轮发电机组，其初参数分别为24.2MPa、566℃和26.25MPa、600℃。

（一）蒸汽初参数对发电厂热经济性的影响

1. 蒸汽初参数对循环热效率的影响

在其他条件不变的情况下，单独提高蒸汽的初温或初压，都可以提高循环过程的平均吸热温度，使循环热效率提高。若同时提高初压和初温，则循环热效率提高得更多。

图1-16所示为具有不同初温度的理想蒸汽循环的 T-s 图，在蒸汽初压和汽轮机背压不变的情况下，单独提高蒸汽的初温由 T_0 升高到 T_0'，蒸汽循环过程中的平均吸热温度由 T_{av} 提高到 T_{av}'，所以循环热效率提高了。

图1-17所示为具有不同初压力的理想蒸汽循环的 T-s 图，在蒸汽初温和汽轮机背压不变的情况下，单独提高蒸汽的初压由 p_0 升高到 p_0'，蒸汽循环过程中的平均吸热温度由 T_{av} 提高到 T_{av}'，所以循环热效率提高了。但必须注意的是，提高初压使循环过程中的平均吸热温度升高在一定的范围内才是正确的。过度地单独提高蒸汽的初压反而会使循环过程中的平均吸热温度下降，而这一转折压力都非常高，远远超过了现代汽轮机的应用压力范围。因此，在实际应用中仍可认为提高初压使循环热效率提高。

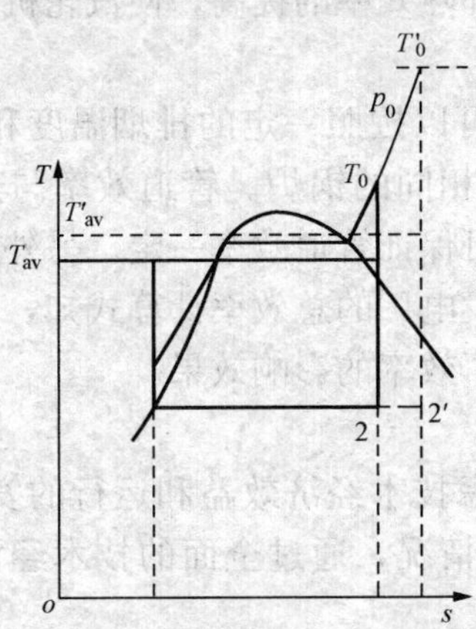

图1-16　具有不同初温度的理想蒸汽循环 T-s 图

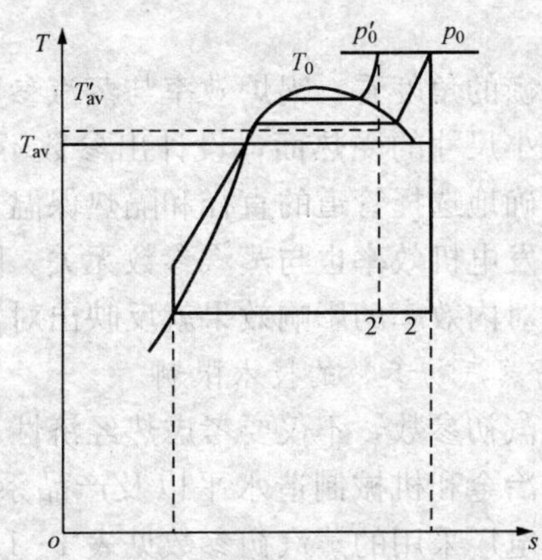

图1-17　具有不同初压力的理想蒸汽循环 T-s 图

2. 蒸汽初参数对汽轮机相对内效率的影响

当蒸汽初参数改变时，汽轮机中某些损失（例如漏汽损失、湿汽损失等）会发生变化，使汽轮机相对内效率改变，其中影响最显著的是汽轮机高压级的漏汽损失和末几级的湿汽损失。

汽轮机的漏汽损失取决于通流部分的相对间隙，即通流部分绝对间隙与叶片高度的比值，绝对间隙的大小只取决于制造和装配精度的要求，不同的汽轮机可以有相同的绝对间隙，故漏汽损失只与叶片高度有关，叶片越高，漏汽损失就越小。一般来说，汽轮机最初几

级叶片高度很小，漏汽损失较大。

汽轮机的湿汽损失主要取决于汽轮机末级蒸汽的湿度。当其他条件不变而提高蒸汽初温时，进入汽轮机的蒸汽比体积增大，容积流量增加，所需叶片高度增加，使漏汽损失减少，同时还使汽轮机末几级蒸汽湿度减小，湿汽损失减小，如图1-16所示。因此，提高初温使汽轮机的相对内效率提高。

当其他条件不变而提高蒸汽初压时，进入汽轮机的蒸汽比体积减小，容积流量减小，所需叶片高度降低，使漏汽损失增大。若采用部分进汽时，将导致鼓风损失及斥汽损失增加。初压提高还使汽轮机末级湿度增大，湿汽损失增大，如图1-17所示。所以，提高初压使汽轮机相对内效率降低。

实际应用时，蒸汽的初压和初温是配合选择的，在采用较高的初压的同时也采用较高的初温，以保证汽轮机排汽湿度不超过最大允许值。此时，促使汽轮机相对内效率提高和降低的因素同时起作用，而初压的影响更大些，所以汽轮机的相对内效率会降低。

3. 蒸汽初参数对全厂效率的影响

蒸汽初参数对汽轮机绝对内效率的影响与机组容量有关，“高参数必配大容量”。这是因为初参数提高对不同容量机组的相对内效率的影响不同。若小容量机组采用高参数，蒸汽比体积和质量流量都小，工作叶片更短，高压部分的漏汽损失和叶片端部损失将增加较多，汽轮机相对内效率会显著降低，并超过循环热效率的提高，导致汽轮机绝对内效率降低。同时，提高初参数还增加设备和系统的投资。对于大容量机组，由于进汽流量很大，叶片高度较高，采用高参数使相对内效率降低的较少，低于循环热效率的提高，使汽轮机绝对内效率提高。

从热平衡的角度看，锅炉效率与蒸汽参数无关，可以按照一定的排烟温度和燃烧效率，采用不同大小尺寸的受热面，设计出参数不同而效率相同的锅炉。管道效率与蒸汽参数无关，只要正确地选择管道的直径和隔热保温方法，就可保证管道效率一定。另外，汽轮机的机械效率和发电机效率也与蒸汽参数无关。因此，由发电厂的总效率计算式知，蒸汽初参数对汽轮机绝对内效率的影响效果就反映出对发电厂全厂效率的影响效果。

4. 提高蒸汽初参数的技术限制

提高蒸汽初参数，不仅要考虑热经济性，还应考虑技术经济效益和运行的安全可靠性，并结合我国冶金和机械制造水平以及产品系列的实际情况，通过全面的技术经济论证后确定。我国发电厂采用的蒸汽初参数见表1-1。

提高初温可以显著地提高机组效率，但却使投资增加，还带来一些技术难题。在高温情况下，钢的强度极限、屈服点及蠕变极限都显著降低，且高温下金属要氧化，钢的金相结构也要发生变化，降低了金属的强度。因此，提高初温的可能性取决于冶金工业新型耐热合金钢的生产及其费用的降低。目前普遍采用的珠光体钢允许温度范围为500～565℃。

提高初压，除使设备壁厚和零件重量增加外，还会使汽轮机末级蒸汽湿度明显增大，这将加剧对叶片的侵蚀，并发生冲击现象，影响设备的使用寿命和安全运行。大型机组上采用蒸汽中间再热可解决提高初压受汽轮机末级蒸汽湿度的限制。从表1-1中可以看出，超高参数以上机组随着容量的不断增大，所采用的蒸汽温度升高不多，而蒸汽初压增加得较快就是这个缘故。

表 1-1　**我国发电厂的蒸汽初参数**

设备参数 / 级别	锅炉出口		汽轮机进汽		机组额定功率
	p_b	t_b	p_0	t_0	P_e
	MPa	℃	MPa	℃	MW
中参数	3.92	450	3.43	435	6，12，25
高参数	9.9	540	8.83	535	50，100
超高参数	13.83	540/540 540/540	13.24 12.75	535/535 535/535	125 200
亚临界参数	16.77 18.27*	540/540 540/540	16.18 16.67	535/535 537/537	300 300，600
超临界参数	25.3	541/569	24.2	538/566	600
超超临界参数	27.46	605/603	26.25MPa	600/600	1000

*　锅炉带最大连续负荷（MCR）超压5%的压力值。

（二）蒸汽终参数对发电厂经济性的影响

1. 排汽压力对热经济性的影响

循环放热过程是等温等压过程，在其他条件不变的情况下，降低排汽压力可以显著地降低循环过程的平均放热温度，使循环热效率明显增加，如图 1-18 所示。对于超高参数的汽轮机，排汽压力每降低 0.000 981MPa，循环热效率可提高 0.5%～0.7%，对于亚临界参数 600MW 的汽轮机，循环热效率可相应提高 0.5%。

降低排汽压力，将使汽轮机末几级蒸汽湿度增大，湿汽损失增加。另外，由于排汽比体积显著增大，在一定的汽轮机排汽面积下，末级余速损失增加得非常快，使得汽轮机相对内效率下降。因此只有适当降低排汽压力，才能使汽轮机绝对内效率提高，使发电厂的热经济性提高。

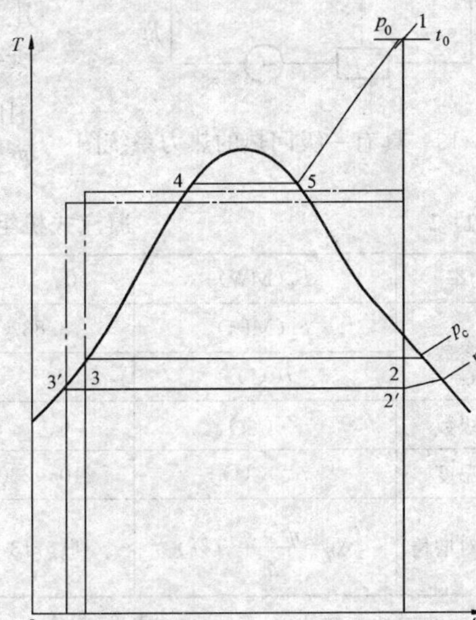

图 1-18　不同排汽压力的理想蒸汽循环 T-s 图

2. 排汽压力对发电厂经济性的影响

当排汽压力降低时，排汽比体积增加得很快，需要增加末几级叶片的高度和排汽口尺寸，才能适应排汽容积流量的增加，此时，汽轮机低压部分重量和造价，凝汽器的尺寸及造价都要增加，冷却水量也要增大，使冷却水泵的投资及耗电量增加。

因此，合理的排汽压力不仅要考虑热经济性，还应考虑汽轮机、凝汽器以及冷却水系统等投资和运行费用，通过全面的技术经济比较来确定。我国大型凝汽式机组设计排汽压力为 0.0049～0.0054MPa。

3. 降低排汽压力的限制

降低排汽压力受到自然条件和技术条件的限制。从自然条件来看，排汽压力不可能低于

当地冷却水温 t_1 对应的饱和压力，t_1 一般在 0～35℃范围内变化。从技术条件来看，排汽压力与冷却水量和换热面积有关，冷却水量不可能无限大，冷却水进出口之间必然存在温度差 Δt，Δt 一般为 6～11℃。换热面积也不可能无限大，则蒸汽凝结水和换热器出口冷却水之间必然存在端差 δt，δt 在 3～10℃ 范围内变化。由此可见，排汽压力下对应的饱和温度为

$$t_c = t_1 + \Delta t + \delta t \tag{1-29}$$

排汽压力对应的饱和温度就决定了排汽压力的大小和凝汽器的真空值。

二、给水回热加热

（一）给水回热加热的意义和应用

给水回热加热是利用汽轮机抽汽在回热加热器中对锅炉给水进行加热，如图 1-19 所示。这一方面使进入锅炉的给水温度升高，提高了工质在锅炉中的平均吸热温度；另一方面由于进入凝汽器排汽量减少，从而减小了冷源热损失。因此在其他条件相同的情况下，回热循环热效率比朗肯循环热效率有显著提高。另外，给水回热的机组总进汽量比同功率的纯凝汽式机组大，而排入凝汽器的蒸汽量较少，这不仅增大了机组高压部分叶片的高度，减少了漏汽损失或部分进汽损失，而且改善了低压部分的工作条件，减少了湿汽损失和排汽的余速损失，使机组的相对内效率也得以提高。给水回热可使机组效率相对提高 10%～20%，所以，几乎所有的机组均采用给水回热加热，以提高电厂的热经济性。随着机组容量的增大、参数的提高，所采用的给水温度和回热加热级数相应提高，回热的经济效益也随之增加（见表 1-2）。

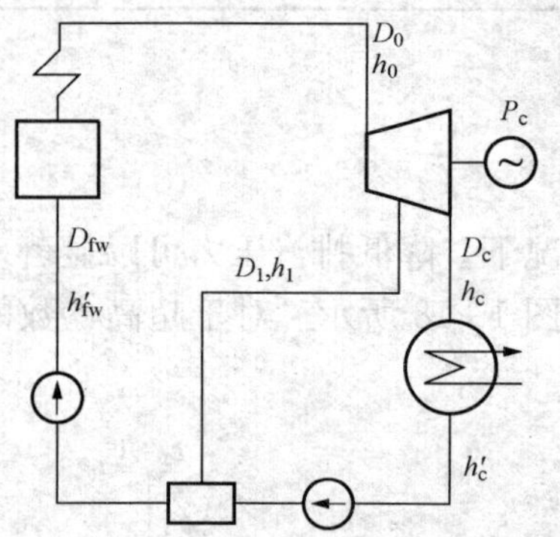

图 1-19　具有一级回热的热力系统图

表 1-2　　凝汽式机组的回热级数和给水温度

电功率	P_e(MW)	50、100	200	125	300、600	300
进汽参数	p (MPa)	8.83	12.75	13.24	16.18	
	t(℃)	535	535/535	550/550	535/535	550/550
回热级数	Z（级）	6、7	7、8	7、8		
给水温度	t_{fw}（℃）	210～230	220～250	247～275		
效率相对增长	$\Delta\eta=\frac{\eta_t^h-\eta_t}{\eta_t}$（%）	11～13	14、15	15～16		

注　η_t^h 为回热循环效率。

（二）给水回热过程主要参数

影响回热过程经济性的主要参数有回热级数 Z、回热加热分配 Δh 和给水最终加热温度 t_{fw}。只有正确地选择这些参数，才能获得最佳的回热效果。

1. 回热级数 Z

将给水加热到给定的温度可以采用两种不同的方法，一是用单级高压抽汽一次加热给水至给定温度，如图 1-20（a）所示；二是用若干级不同压力的抽汽逐级加热给水至给定温度，如图 1-20（b）所示。而对于相同的给水最终加热温度来说，所需的抽汽量与抽汽级数

几乎无关，因为计算表明，不同的抽汽压力下每千克蒸汽凝结放热量都差不多，所以在维持机组功率不变的条件下，采用多级回热，可利用较低压力的抽汽对给水进行分段加热，使抽汽做功量增加，凝汽做功量减少，从而减少冷源损失，使机组的热经济性提高。

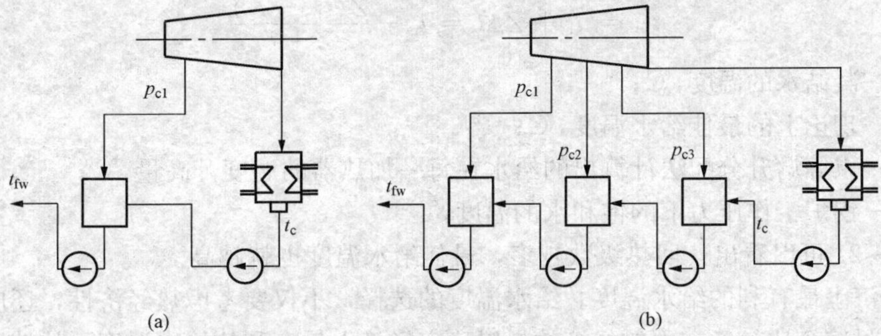

图 1-20　单级和多级回热系统比较

(a) 单级回热系统；(b) 多级回热系统

图 1-21 所示为在不同回热加热级数下回热循环热效率与给水温度的关系。由此可见，随着回热级数的增加，循环热效率的提高值逐渐减少，而级数的增加却使设备投资增加，系统复杂，且影响运行的安全可靠性，因此采用过多的级数是不利的，具体的级数要通过技术经济比较来确定。

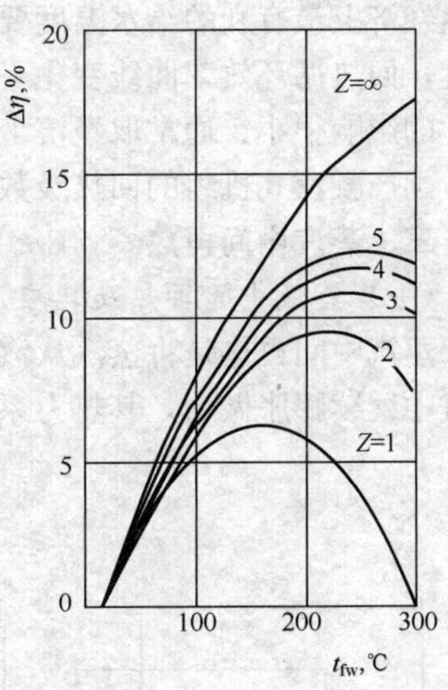

图 1-21　在不同回热加热级数下回热循环效率与给水温度的关系

2. 回热加热分配 Δh

当回热级数和给水温度一定时，给水总加热量在各级加热器之间可以有不同的分配方案，其中必然存在着一种最佳分配，使回热的热经济效果最好。

常用的分配方法有等焓升分配法、几何级数分配法、等焓降分配法等，虽然这些分配方法是在不同的简化和假定条件下得到的，但计算结果差别并不大，通常工程上常采用等焓升分配法。

等焓升分配法是将给水总的加热量平均分配到各级加热器中，此时每一级加热器的给水焓升为

$$\Delta h = \frac{h_{bh}^0 - h_c}{Z+1} = \frac{h'_{fw} - h_c}{Z} \tag{1-30}$$

式中　h_{bh}^0——锅炉工作压力下的饱和水焓，kJ/kg；

Z——回热级数。

3. 给水最终加热温度

(1) 理论上的最佳给水温度。在回热级数一定时，提高给水温度，可提高循环的平均吸热温度，提高回热的热经济性。但若过分提高给水温度会使抽汽做功量减少，凝汽做功量增加，冷源损失增加，反而降低回热的热经济性。因而存在一个最佳给水温度，使回热的热经济效益达到最大值，这样的给水温度称为理论上最佳给水温度。

理论上最佳给水温度与回热级数、给水回热分配有密切联系。最佳给水温度是最佳回热分配的结果，若采用等焓升分配法，由于在低温范围内，水的焓约等于水温的 4.187 倍，则最佳给水温度为

$$t'_{fw} = t_c + Z\Delta t = t_c + \frac{Z(t^0_{bh} - t_c)}{Z+1} \tag{1-31}$$

式中　t_c——凝结水的温度，℃；

t'_{fw}——理论上的最佳给水温度，℃；

Δt——以等焓升分配法计算出的给水在每一加热器的温度升高量，℃；

t^0_{bh}——锅炉工作压力下的饱和水的温度，℃。

由图 1-21 可以看出：回热级数越多，最佳给水温度也就越高。

（2）经济上最有利的给水温度。给水温度的选择，不仅要考虑热经济性，还应考虑投资经济性，通过综合比较各方面的经济效果以确定经济上最有利的给水温度。从技术经济角度来看，提高给水温度，若不降低锅炉效率，不使排烟温度升高，就需要增大锅炉尾部受热面，增加投资；若锅炉的受热面不变，则排烟温度升高，排烟热损失增大，锅炉效率降低。显然经济上最有利的给水温度要比理论上最佳给水温度低。由图 1-21 知，在最佳给水温度附近，回热循环效率曲线变化平缓，故在实际应用中，给水温度可取略低于最佳值，对热经济性的影响很小。通常取经济上最有利的给水温度 $t_{fw}=(0.65\sim0.75)t'_{fw}$。

国产凝汽式机组的回热级数和给水温度见表 1-2。

三、蒸汽中间再热

（一）蒸汽中间再热及其应用

蒸汽中间再热是将蒸汽从汽轮机中间级引出进入再热器中加热，当温度提高后再引回汽轮机中继续膨胀做功，其热力系统简图如图 1-22（a）所示。

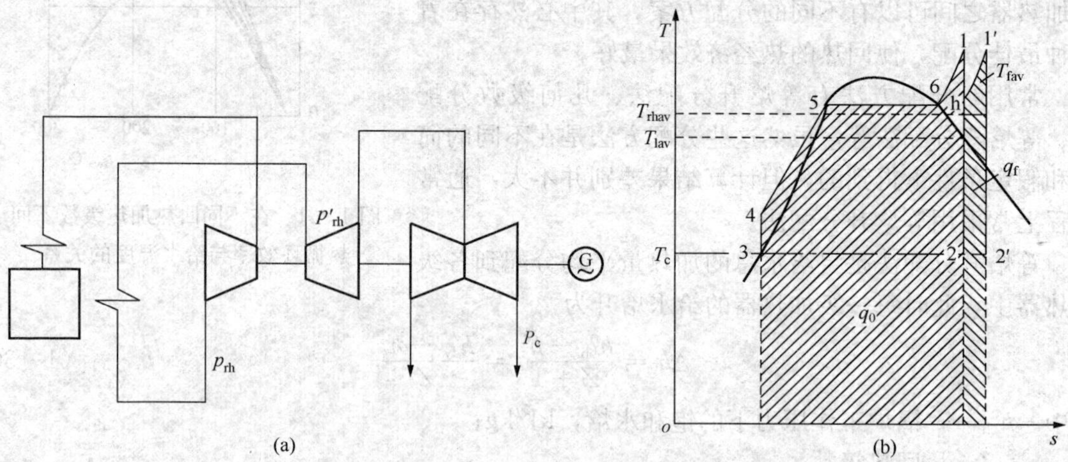

图 1-22　一次烟气中间再热

（a）蒸汽中间再热机组的热力系统简图；（b）理想的再热循环 T-s 图

由图 1-22（b）所示的理想再热循环 T-s 图可知，蒸汽中间再热降低了汽轮机的排汽湿度，为大容量机组进一步提高蒸汽初参数创造了条件。同时也提高了机组的相对内效率，若蒸汽中间再热参数选择得合理，还可提高循环热效率。一般一次中间再热，可使机组的热

经济性相对提高5%以上。因此超高参数以上机组普遍采用了蒸汽中间再热，以提高机组的热经济性。

蒸汽中间再热可以利用锅炉的高温烟气、新蒸汽及中间载热质来加热蒸汽，而以烟气再热蒸汽法效果最好。烟气再热蒸汽法是将汽轮机高压缸做过功的蒸汽引至安装在锅炉烟道中的再热器中进行再热，之后送回汽轮机中低压缸继续做功。由于蒸汽是通过再热蒸汽管道往返于锅炉房与汽机房之间，带来了一些不利的影响。首先是蒸汽在管道中流动，产生压力降，使再热热经济效益减少约1.0%～1.5%；其次是再热器及再热管道中储存了大量蒸汽，一旦汽轮机甩负荷，若不及时采取措施，会引起汽轮机超速。为了保证机组的安全，在采用烟气再热蒸汽法的同时，汽轮机必须配置灵敏度高和可靠性好的调节系统，并增设必要的旁路系统。

（二）蒸汽中间再热参数

图1-22所示为具有中间再热的凝汽式发电厂热力系统简图和T-s图，中间再热循环可以看作是基本循环（朗肯循环：1-2-3-4-5-6-1）和再热附加循环（$1'$-$2'$-2-h-$1'$）组合成的复合循环。由于再热改变了吸热过程的平均吸热温度，因而改变了循环热效率。

采用蒸汽中间再热循环引起循环热效率的相对变化量$\Delta\eta_t^{rh}$可用下式计算：

$$\Delta\eta_t^{rh}=\frac{\eta_t^{rh}-\eta_t}{\eta_t}=\frac{\eta_t^{ad}-\eta_t}{\eta_t\left(1+\dfrac{q_1}{\Delta q_{rh}}\right)} \tag{1-32}$$

式中　η_t^{rh}——再热循环的热效率；

η_t——基本循环的热效率；

η_t^{ad}——附加循环的热效率；

q_1——基本循环的吸热量，kJ/kg；

Δq_{rh}——附加循环的吸热量，kJ/kg。

由式（1-32）可知，在蒸汽初参数相同的条件下，只有当附加循环平均吸热温度（T_{fav}）高于基本循环平均吸热温度（T_{1av}）时，才会使再热附加循环效率大于基本循环效率，保证整个循环热效率的提高。而附加循环平均吸热温度的高低取决于再热参数的选择。

再热参数包括再热压力、再热温度和再热压损，都直接影响着再热循环热经济性的高低。

1. 再热温度

如图1-23所示，在其他条件不变的情况下，提高再热蒸汽温度，不仅提高了附加循环的吸热平均温度，使再热附加循环的热效率提高，同时，也增加了蒸汽在再热器中的吸热量，两者共同作用的结果，提高了再热循环的热效率，降低了汽轮机的排汽湿度，对相对内效率也有良好的影响，所以再热温度的提高对热经济性总是有利的。再热温度每提高10℃，可提高再热循环热效率0.2%～0.3%，但提高再热蒸汽温度受到金属材料性能的限制。用烟气一次再热时，一般取再热温度等于蒸汽的初温。

2. 再热压力

如图1-24所示，改变再热压力，对循环热效率有着两种不同方向的影响。当再热温度t_{rh}一定时，若再热压力选得较高，在提高附加循环热效率η_t^{ad}的同时又降低了附加循环的吸热量Δq_{rh}；若再热压力选得较低，附加循环的吸热量Δq_{rh}增加了，但附加循环热效率η_t^{ad}又

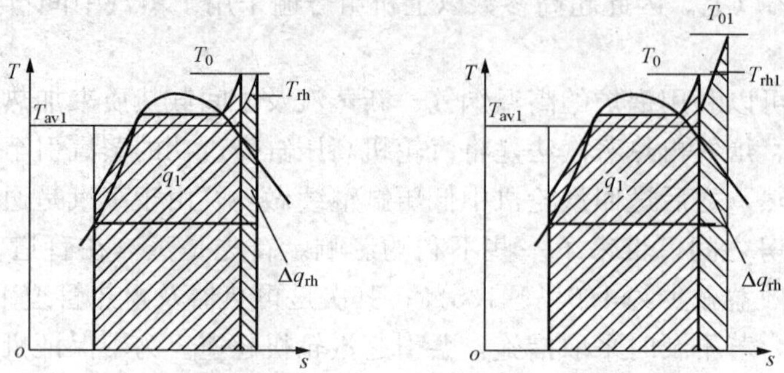

图 1-23 温度提高的理想再热循环 T-s 图

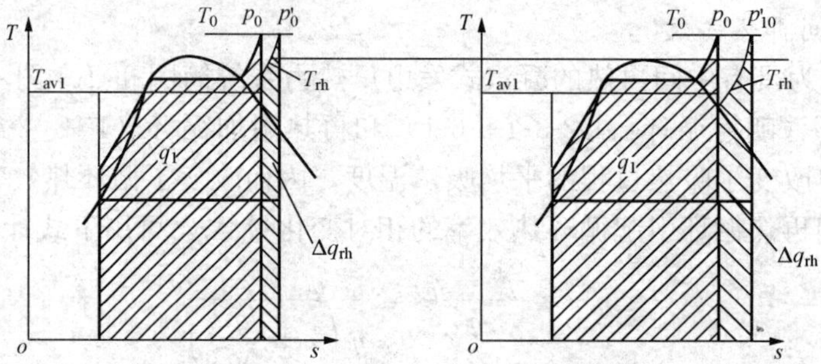

图 1-24 再热蒸汽压力变化的理想再热循环 T-s 图

降低了。此外，还必须考虑再热压力 p_{rh}上升时汽轮机末几级蒸汽湿度会加大，湿汽损失增加，汽轮机的相对内效率降低。由于这些相互矛盾的因素在同时起作用，则必然存在一个最佳的再热压力，使再热循环热效率 η_{rh}达到最大值。当再热温度等于蒸汽初温时，最佳再热压力为蒸汽初压的 18%～26%。当再热前有回热抽汽时，取 18%～22%；再热前无回热抽汽时取 22%～26%。

3. 再热压损

再热蒸汽在通过再热器和往返管道时，因流动阻力而造成的压力损失称为再热器的压损（Δp_{rh}）。减少再热压损可提高机组的热经济性，但却需要加大管径，增加金属消耗量和投资费用。通常取 Δp_{rh}为高压缸排汽压力的 8%～12%。

再热参数的选择必须进行严格的技术经济比较后确定，中间再热机组的再热蒸汽参数见表 1-3。再热冷段和热段压力差值就是再热压损 Δp_{rh}。

表 1-3 中间再热机组再热蒸汽参数

汽轮机型号	冷段参数		热段参数	
	压力（MPa）	温度（℃）	压力（MPa）	温度（℃）
N125-13.24/550/550	2.55	331	2.29	550
N200-12.75/535/535	2.45	313	2.06	535
N300-16.18/550/550	3.48	328	3.11	550
N600-24.2/538/566	4.66	298.8	3.34	566
N1000-25/600/600	5.12	353.6	4.61	600

（三）蒸汽中间再热的方法

目前蒸汽中间再热的方法有烟气再热法和蒸汽再热法。

1. 烟气再热法

在火力发电厂中广泛采用烟气再热法，也就是以上讨论的用锅炉烟气再次加热高压缸排汽的方法，如图 1-25（a）所示。高压缸的排汽送到锅炉的再热器中加热，提高其过热度后，再引入中压缸继续做功。采用锅炉烟气进行再热，可以把再热蒸汽加热到 600～650℃或更高，机组的热经济性相对提高 6%～8%，这是烟气再热法的主要优点。但由于往返于机炉之间的再热管道较长，再热蒸汽在再热蒸汽管道和再热器中的压力损失较大，致使机组的热经济性相对提高的幅度降低 1%～1.5%。另外，再热蒸汽管道的金属材料消耗和投资都较大；在运行中再热器和冷、热再热管道中储存了大量蒸汽，当机组突然甩负荷时，这些蒸汽有导致汽轮机超速的危险。为防止事故发生，机组还需要设置复杂的控制系统和设备，相应地对设备和运行维护都提出了更高的要求。

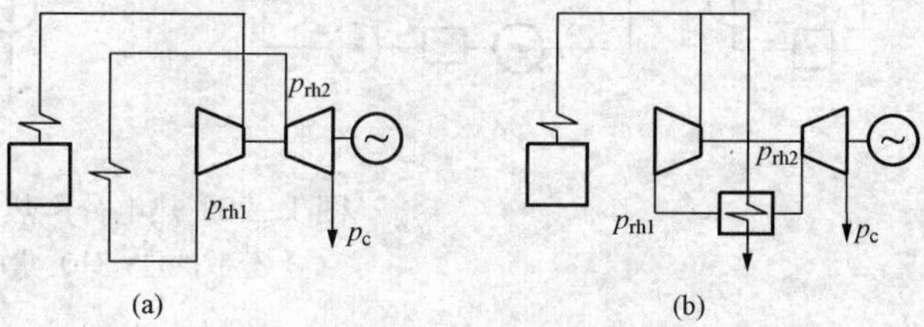

图 1-25 中间再过热的方法

（a）烟气再热；（b）蒸汽再热

2. 蒸汽中间再热法

蒸汽中间再热法是利用新蒸汽加热再热蒸汽的方法，如图 1-25（b）所示。有时候还可以用汽轮机的高压缸抽汽与新蒸汽配合对再热蒸汽进行加热，以提高机组的热经济性。由于这种再热过程的大部分热量来自加热蒸汽在其饱和温度下的凝结放热，即使利用了加热蒸汽的过热度，再热蒸汽温度通常也不超过 400℃。因此，其热经济性比烟气再热法低得多，机组热经济性的相对提高只有 2%左右。与烟气再热法比较，蒸汽再热法的主要优点是：再热器简单，可布置在汽轮机附近，因而可以大大缩短再热蒸汽管道的长度，减少再热蒸汽的压力损失，也减少了汽轮机超速的危险；简化了再热系统的控制设备和系统。由于其热经济效果不大，而再热投资却比无再热时大得多，所以常规的火电厂都没有采用。在采用饱和蒸汽循环核电厂中常采用蒸汽再热法，其主要目的是为了减少汽轮机各级（特别是末几级）的蒸汽湿度，保证汽轮机的长期安全运行。

四、热电联产

热能和电能的生产形式有热电分产和热电联产两种。

1. 热电分产

热力设备只用来供应单一的能量（热能或电能）称为热电分产。如凝汽式发电厂只供应电能，供热锅炉房只供应热能（蒸汽和热水）。又如凝汽式发电厂在供应电能的同时，由锅炉产生的蒸汽经减温减压后直接向热用户供应蒸汽，虽然也同时供应两种能量，但仍属热电分产。

热电分产对一次能源的使用极不合理，一方面在凝汽式发电厂中热功转换过程产生的低品质热能未被利用而白白浪费掉；另一方面又在锅炉中将燃料的化学能直接转化为低品质的热能供应给热用户，使能量大幅度贬值。热电分产热力系统如图 1-26 所示。

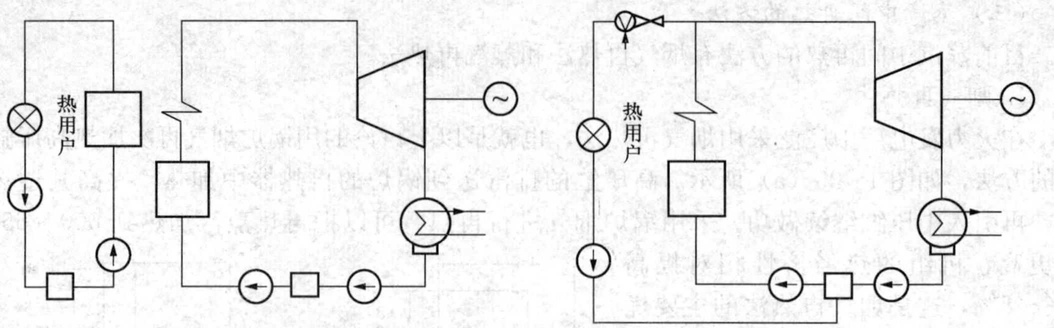

(a) (b)

图 1-26 热电分产热力系统

(a) 分散供热；(b) 集中供热

2. 热电联产及其生产形式

热电联产是利用在汽轮机中做过功的蒸汽对外供热，同时生产了电能和热能，减少了冷源损失，使发电厂的热经济性得到提高。热电联产的发电厂通常称为热电厂，以热电联产方式集中供热称为热化。

热电厂热电联产生产形式有背压式汽轮机、调节抽汽式汽轮机和背压式汽轮机加凝汽式汽轮机。三种生产形式热电厂的热力系统如图 1-27 所示。

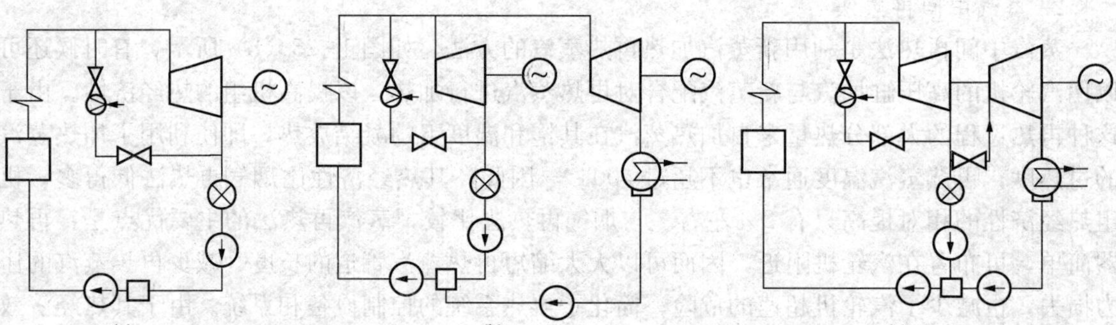

(a) (b) (c)

图 1-27 热电厂热力系统

(a) 背压式汽轮机组；(b) 背压式汽轮机组加凝汽式汽轮机组；(c) 调节抽汽式汽轮机组

如图 1-27 (a) 所示，采用背压式汽轮机组发电，利用其排汽供热，无冷源损失，热经济性最高。另外，它不需要凝汽器，结构简单，投资少。其缺点是：机组的电功率随热负荷变化而变化，发电和供热相互制约，不能单独调节以同时满足电、热负荷的需要；背压式机组适应性差，在热负荷变化时，机组的电功率变化剧烈，相对内效率也会显著降低。因此，采用背压式汽轮机组必须要有稳定的热负荷，否则不宜单独采用，通常与凝汽式机组并列运行，如图 1-27 (b) 所示。

采用调节抽汽式汽轮机和背压式汽轮机加凝汽式汽轮机组，可以通过改变凝汽流量在较大范围内调节功率，而不受热负荷的影响，能同时满足电、热负荷的需要，应用广泛。其特点是：①由于同时存在凝汽发电和热化发电，故整个机组的热经济性比背压式机组低，比凝汽式机组高。②调节抽汽的回转隔板增加了节流损失，使供热机组的相对内效率低于凝汽式机组。③若偏离设计工况太远，汽轮机相对内效率将降低，特别是在纯凝汽式工况下运行时，热经济性最差。所以调节抽汽式机组的热经济性主要取决于热化发电所占比例的大小。

3. 热电联产的优点及存在的问题

热电联产减少或避免了冷源损失，将电能生产中的低品质热能部分或全部用于供热；热电联产集中供热，以高效率大锅炉取代了分散供热时的低效率小锅炉，提高了燃料利用率，节约了大量燃料，一般热电联产可节省20%～25%的燃料；热电联产改善了分散供热的劳动条件，减轻劳动强度；热电联产节省用地，减轻城市交通紧张状况；热电联产还可减轻环境污染，改善城市卫生条件。

热电联产也存在一些问题：因受供热距离限制，热电厂必须建在热负荷密集的工业区和城市附近，当热负荷较小时，供热机组运行经济性会显著降低。热电厂的工质损失一般远大于凝汽式发电厂，使水处理设备的投资和运行费用增加，对外供热能力减小，还会降低热力设备运行的安全可靠性。

五、燃气—蒸汽联合循环

由于燃气—蒸汽联合循环具有热效率高、建设费用低、运行可靠、符合环保要求和运行高度灵活等诸多优点，并且随着我国西气东送工程和电网高峰的需要，燃气—蒸汽联合循环机组应用越来越广泛。

如图1-28所示，燃气—蒸汽联合循环机组的主要设备有：压气机、燃烧室、燃气轮机、余热锅炉、汽轮机、发电机、凝汽器等。其工作过程是：压气机将外界空气压缩到某一压力和温度后，将其送入燃烧室与喷入的燃料混合燃烧产生高温高压燃气，燃气进入燃气轮机中膨胀做功，直接带动发电机发电，这就是燃气循环。燃气轮机的排气导入余热锅炉，用于产生高温高压蒸汽驱动汽轮机带动发电机发电。汽轮机排汽再进入凝汽器中放热，凝结水又送入余热锅炉，形成蒸汽动力循环。

当今世界上以天然气为燃料的联合循环发电厂的净效率达55%。德国西门子公司（Siemens）和瑞士ABB公司已推出效率为58%的联合循环系列产品。美国通用电气公司（GE）和西屋公司（Westinghouse）则更上一层楼，不但推出了效率为58%的联合循环产品，而且推出了突破60%效率的联合循环设计。

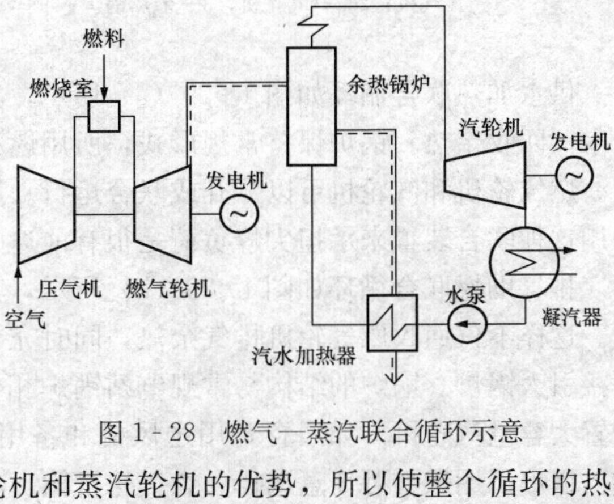

图1-28　燃气—蒸汽联合循环示意

燃气—蒸汽联合循环的主要特点：

（1）热经济性高。由于燃气—蒸汽联合循环既增加了总输出功率，又利用了燃气轮机和蒸汽轮机的优势，所以使整个循环的热效率提高。

（2）节省水量。由于燃气轮机不像蒸汽轮机需要大量的循环水冷却乏汽，所以与同功率蒸汽动力循环相比，用水量较少，适应缺水地区和坑口电厂的需要。

（3）减轻公害。如果燃气用工业废气或煤气，燃气轮机排出的热量又能得到充分利用，可减少对环境的污染。

燃气—蒸汽联合循环的形式按燃料品种可分为燃油、燃天然气、燃煤、核燃料和磁流体发电的联合循环。而燃煤方式可以是间接的，例如煤的气化或液化；也可以是直接的，例如煤的流化床燃烧。按对水蒸气的供热方式不同又可分为供水加热联合循环、排气助燃联合循环、排气补燃联合循环、余热回收联合循环以及增压锅炉联合循环五种形式。前四种形式制备蒸汽的锅炉均设置在燃气轮机的低压侧，如图 1-29 所示。

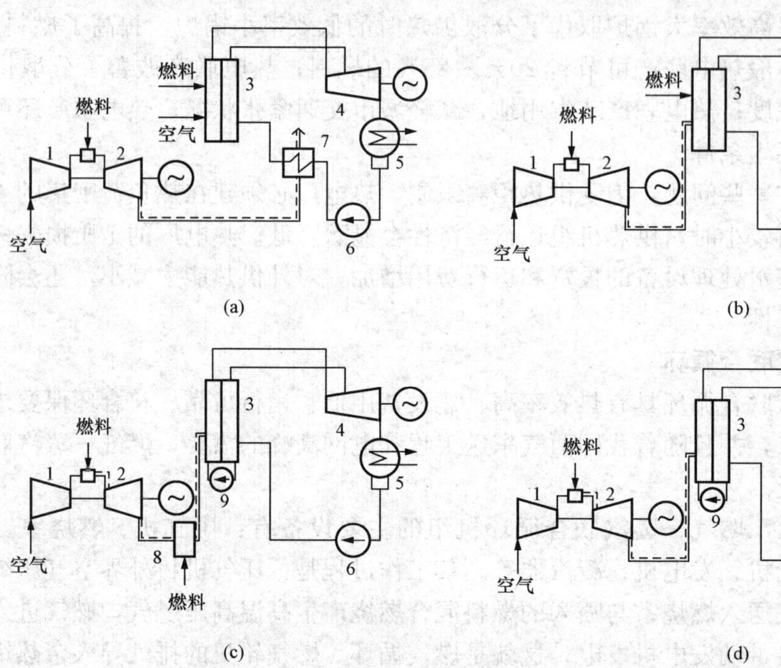

图 1-29　燃气—蒸汽联合循环的基本形式

（a）供水加热型；（b）排气助燃型；（c）排气补燃型；（d）余热回收型；

1—压气机；2—燃气轮机；3—余热锅炉；4—汽轮机；5—凝汽器；6—凝结水泵；7—加热器；8—燃烧室；9—给水泵

供水加热联合循环如图 1-29（a）所示，其特点是：利用燃气轮机的高温排汽加热锅炉给水，回收余热。锅炉保持常规形式，所用燃料可任意选择，蒸汽参数和汽轮机容量不受限制。燃气轮机和汽轮机可以分开或联合运行。虽然联合运行时效率提高不显著，但在大电网中用这种联合装置来承担尖峰负荷是很有前途的。

排气助燃联合循环如图 1-29（b）所示，其特点是：以燃气轮机排气作为锅炉的助燃空气。这样不仅回收燃气轮机排气余热，同时充分利用排气中的余氧，助燃用的燃气轮机排气直接引入锅炉。锅炉的结构与常规电站锅炉相似，炉膛温度不受限制，可采用高蒸汽参数，配置大容量汽轮机。如添置备用送风机和备用空气预热器，燃气轮机和汽轮机就可分开运行。锅炉所用燃料可任意选择。燃气轮机输出功率在联合循环的总输出中占有比例较小，一般仅有 1/6，其余 5/6 的功率由汽轮发电机组完成。因此，这是一种以蒸汽发电为主的装置，燃气轮机优势在这时不能充分发挥，热经济性的提高十分有限。

排气补燃联合循环如图 1-29（c）所示，其特点是：为了提高联合循环的效率，可以在燃气轮机排气与余热锅炉的连接通道中加装补燃室，这样可利用燃气轮机排气中的余氧进行补充燃烧，以提高燃气进入余热锅炉的温度，从而达到提高蒸汽初参数，增加蒸汽部分的功率和效率。一般进入余热锅炉的燃气温度在 650～700℃以下，这样可保持余热锅炉无辐射受热面的简单结构形式。补燃可采用价格较低的燃料，补燃量以燃料量的20%～30%为最佳，此时汽轮机的出力约为联合装置总出力的50%左右。由于现代燃气轮机排气的剩余氧量不多，利用价值不大，20世纪70年代以后这一形式的联合循环已很少采用。

余热回收联合循环如图1-29（d）所示，其特点是：余热回收循环不需要补充燃料，仅靠燃气轮机排气余热的回收制备蒸汽。这是一种最简单、较成熟而又用得最多的循环方式，在美国尤为普遍。特别是现代燃气轮机进气温度的提高，排气温度高达500～600℃，使得余热锅炉仅靠回收余热，就足以制备出驱动汽轮机的高温蒸汽。这是一种以燃气轮机为主、汽轮机为辅的循环方式，燃气轮机的功率占联合循环的2/3，因此，燃气轮机的优点得以充分体现。20世纪70年代末，这类联合循环的效率已达43%～46%，20世纪80年代末达50%，20世纪90年代已达到54%～58%的高效率。由于余热锅炉无辐射受热面，结构简单，造价低，燃气轮机对燃料的适应性强，且无需大量的循环冷却水，因此这种形式的联合循环，对改造中低参数的汽轮机发电厂，提高其热效率是十分有利的。这种联合循环装置，还具有分阶段实施的优点，在第一阶段设旁路烟道，使燃气轮机按简单循环方式先发电，然后再实施第二阶段的燃气—蒸汽联合循环发电。

增压锅炉联合循环制备蒸汽的锅炉设置在燃气轮机高压侧，如图1-30所示。将制备蒸汽的锅炉放在压气机之后，取代燃烧室，压气机取代锅炉的送风机，用锅炉的高温和高压排气驱动燃气轮机，燃气轮机的排气再用于省煤器或给水加热，这种形式的联合循环装置主要由汽轮机发电，燃气轮机除了驱动压气机外，还可发部分电力。这种形式的增压锅炉，燃烧和传热大大强化了，从而锅炉受热面大为减小，减少了锅炉的尺寸和占地面积，减少了设备的初投资，但需耐压耐高温材料，燃气轮机和汽轮机不能单独运行，锅炉的燃料受燃气轮机制约，需用气体或液体燃料，增压锅炉制造复杂困难，运行控制也较为困难。

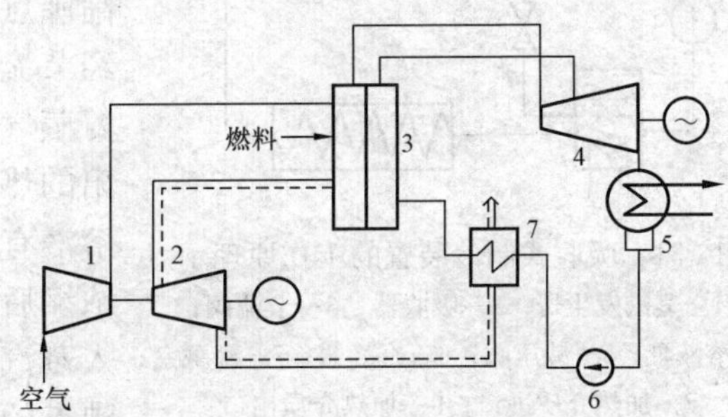

图1-30　增压锅炉联合循环

1—压气机；2—燃气轮机；3—增压锅炉；4—汽轮机；5—凝汽器；6—凝结水泵；7—加热器

【知识拓展】

新型热电冷三联产发电技术

为充分利用背压式汽轮机组的优势，使机组的运行处于最优化状态，提高热电厂的热经济性，现在发展一种新型热电冷三联产发电技术。

热电冷三联产就是将已在汽轮机中做过一部分功的蒸汽在冬季对外供热或供暖，而在夏季这部分热负荷可以通过制冷设备生产6～8℃的冷水，与采用中央制冷系统一样，供用户工艺冷却或空调之用。

热电冷三联产的制冷方式有蒸汽压缩制冷、蒸汽喷射制冷和吸收式制冷，蒸汽压缩制冷要消耗高品位的电能和机械能。蒸汽喷射制冷需采用较高压力的蒸汽（高品位的热能）。吸收式制冷是用高沸点的物质（吸收剂或溶剂），在一定条件下可以吸收（或溶解）低沸点物质（制冷剂或溶质）组成二元溶液。溶液的温度低，溶质的溶解度就大；溶液的温度高，溶质的溶解度就小，利用溶液的这一特性制冷。吸收式制冷有氨—水吸收制冷和溴化锂—水吸收制冷。氨—水吸收制冷是以氨为制冷剂，水为吸收剂，溴化锂—水吸收制冷是用溴化锂作吸收剂，水为制冷剂。现在溴化锂—水吸收制冷技术比较成熟，这类制冷设备性能稳定，被广泛采用。溴化锂—水吸收制冷机又有单效型（只有一级蒸汽发生器）和双效型（采用两级蒸汽发生器）之分，双效型的制冷效率比单效型高。

热电冷三联产的热电厂，冬季时，在汽轮机中做过一部分功的蒸汽在热网加热器中加热成100℃左右的热水供采暖用户，回水经回水泵升压后重新进入热网加热器。在夏季，热网中的热水或汽轮机抽出或排出的低品位蒸汽，进入吸收式制冷装置，如图1-31所示。在蒸汽发生器中作为加热介质，将蒸汽发生器中的二元溶液加热，使低沸点的制冷剂（水或氨）蒸发，蒸汽进入冷凝器中由冷却水冷却为饱和液体，经减压调节器节流降压后，其温度和压力下降，形成干度很低的湿蒸汽，在冷藏室中定压吸热而汽化，成为干饱和蒸汽，然后进入吸收器。在吸收器中有高沸点的吸收剂（溴化锂或水）溶液自蒸汽发生器经节流降压器后进入吸收器，将制冷剂的水蒸气或氨蒸气吸收加浓。在吸收过程中制冷剂蒸气凝结放出的热量被冷却水带走，以保持吸收器内的吸收剂溶液有较低的温度，从而能吸收更多的制冷剂蒸汽。浓缩后的制冷剂和吸收剂二元溶液，通过溶液泵送入蒸汽发生器中，再利用加热介质进行加热，使低沸点的制冷剂溶液重新蒸发进入冷凝器，从而完成循环。加热介质在蒸汽发生器放热后通过回水泵返回。

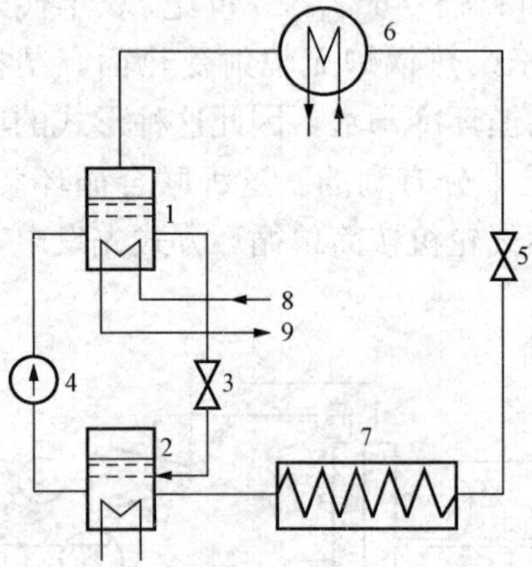

图1-31 吸收式制冷装置的工作原理示意

1—蒸汽发生器；2—吸收器；3—节流阀；4—溶液泵；5—减压阀；6—冷凝器；7—冷藏室；8—加热介质进口；9—加热介质出口

热电冷三联产的优越性如下：

（1）热电冷三联产可充分发挥背压式汽轮机组优势，提高电厂的热经济性。

（2）热电冷三联产在采用吸收式制冷过程中，用溶液泵压缩溶液，在蒸汽发生器中用消耗低品位的热能来代替空调中的压缩机耗能，从而大大降低电能或机械能的消耗。这种制冷装置如果利用废热（如燃用工业企业排放的废气、燃气—蒸汽联合循环中的余热）作为供热热源，对于节约能源，减少公害意义会更大。

（3）热电厂在夏季热负荷低时，其热化系数明显降低，热经济性较差。若夏季有制冷负荷，就可用低品位的汽轮机抽汽或排汽，采用蒸汽动力循环加溴化锂—水吸收式集中制冷，其循环热效率达65%以上，这样在不增加机组容量的情况下，满足了高峰负荷时的用电、供热与制冷的需求，缓解了供电紧张的矛盾。

（4）供冷设备与系统可与供热设备与系统共用部分管道和设备，如泵、制冷热源的管道等，以节省投资。

（5）热电冷三联产利用溴化锂—水吸收制冷方式，取代了空调压缩机制冷方式，从而保护了环境。溴化锂—水吸收制冷中的吸收剂溴化锂，不会对环境造成污染，而目前广泛应用的空调制冷剂氟利昂，挥发进入大气后，破坏臭氧层，严重危害环境。

【能力训练】

1. 分析高参数必须配大容量机组的原因。
2. 分析影响回热经济性的因素。
3. 分析再热参数对机组热经济性的影响。
4. 分析热电联产的优越性。
5. 分析燃气—蒸汽联合循环优点。

任务四　发电厂原则性热力系统

【任务目标】

掌握发电厂原则性热力系统的组成和连接方式，熟悉单元机组机炉的容量配置原则，能识读并绘制典型机组的原则性热力系统图。

【知识准备】

一、发电厂原则性热力系统的拟定

（一）发电厂原则性热力系统及其组成

发电厂原则性热力系统表示工质流过时状态参数发生变化的各种必须热力设备及设备之间的主要联系。发电厂原则性热力系统图是以规定的符号表明工质在完成热力循环时必须流经的各种热力设备之间连接的线路图，故同类型同参数的设备在图上只表示一个，备用设备和管路、附属机构都不画出，除额定工况时所必需的附件（如定压运行除氧器进汽管上的调节阀）外，一般附件均不表示。

原则性热力系统实质上表明了工质的能量转换及热量利用的过程，反映了热功转换过程的技术完善程度和热经济性高低。通过对原则性热力系统的定性分析，可了解电厂热力循环的形式（如回热循环、再热循环及供热循环等）、蒸汽的初终参数、疏水方式以及废热回收利用等对电厂经济性的影响。

原则性热力系统主要由下列各局部热力系统组成：主蒸汽及再热蒸汽系统、再热机组的旁路系统、主凝结水系统、除氧给水系统、回热抽汽系统、疏水系统、补充水系统、小汽轮机的热力系统、锅炉排污利用系统等，对于供热机组还包括对外供热系统。

（二）发电厂原则性热力系统的拟定步骤

1. 确定发电厂的形式及规划容量

根据国家的经济发展计划和区域的发展规划与要求以及上级下达的任务，通过综合的技术经济比较及可行性研究，论证并确定发电厂的性质及其规划容量。发电厂的性质包括电厂的形式（凝汽式或供热式、新建或扩建）及其在电网中的作用，即是否并入电网，是承担基本负荷、中间负荷还是调峰负荷。地区只有电负荷，应建凝汽式电厂。若地区还兼有热负荷，应根据近期热负荷和规划热负荷的大小、特性，通过技术比较，当热电联产比建坑口电厂供电、集中锅炉房供热方案更为经济合理时，则应建热电厂。

根据电网结构及其发展规划，燃料资源及供应状况，供水条件、交通运输、地质地形、地震及占地拆迁、水文、气象、废渣处理、施工条件及环境保护要求和资金来源等。通过综合分析比较确定电厂规划容量、分期建设容量建成期限。涉外工程要考虑供货方或订货方所在国的有关情况。

2. 汽轮机和锅炉的型式、容量及参数的确定

发电厂的机组容量应根据系统规划容量、负荷增长速度和电网结构等因素进行选择。最大机组容量不宜超过系统总容量的10%，对于负荷增长较快的形成中的电力系统，可根据具体情况并经技术经济论证后选用较大容量的机组。对于已形成的较大容量的电力系统，应选用高效率的300、600MW机组，这类亚临界参数机组的供电煤耗率一般低于330g/(kW·h)。为便于生产管理，电厂的机组台数以不超过六台，机组容量等级以不超过两种为宜。同容量机炉宜采用同一形式或改进形式，其配套设备的型式也宜一致。各汽轮机制造厂生产的汽轮机形式、单机容量及其他蒸汽参数是通过综合的技术经济比较或优化确定的。选定汽轮机单机容量，其蒸汽初参数也随之确定。

当有供热需要且供热距离与技术经济条件合理时，应优先选用高参数大容量的抽汽供热式机组；当冬季采暖负荷较大时，应选用单机容量为200、300MW的凝汽—采暖两用机，使供热机组的初参数接近或等于系统中的主力机组，以节省更多的燃料；全年有稳定可靠的热负荷时，应选用背压式机组或带抽汽的背压式机组，并应与抽汽式供热机组配合使用，以保证安全经济运行。

根据电力负荷的需要，凝汽式发电厂应采用一机一炉制，即单元制系统，不设备用锅炉，这就要求锅炉与汽轮机的容量和参数相匹配。

通常把汽轮机长时间（几千小时）连续运行的最大负荷称为额定负荷或最大连续负荷（MCR），汽轮机在额定进汽参数、额定真空、无厂用抽汽、补水率为0、额定冷却水温度、全部回热加热器投入运行且达到规定的给水温度时发出额定功率，称为额定工况或最大连续负荷工况，这时的汽耗量为额定汽耗量。国际上常把额定负荷或最大连续负荷（MCR）作为考核负荷，把进汽阀门（VWO）全开或再加5%超压时的负荷作为最大可能负荷，故最大可能负荷一般高出额定负荷约10%，这时的汽耗量相对于汽轮机额定汽耗量的裕度将为3%～10%（如不考虑超压5%工况，只考虑调节汽阀全开工况的机组，则其裕度小于8%）。所以，锅炉的最大连续蒸发量基本上是汽轮机最大可能负荷时的汽耗量。目前，我国生产的引进型300MW汽轮机组，锅炉最大连续蒸发量为汽轮机额定汽耗量的112.9%，引进型600MW机组为112.0%。

考虑到锅炉房到汽轮机房管道系统的压降和散热损失，大容量机组锅炉过热器出口额定蒸汽压力应为汽轮机额定进汽压力的105%，过热器出口额定蒸汽温度应比汽轮机额定进汽温度高3℃，再热器出口额定蒸汽温度宜比汽轮机中压缸额定进汽温度高3℃。表1-4为部分汽轮机、锅炉参数及容量配置情况。

锅炉的形式一般选用自然循环汽包锅炉，对于超高参数以上机组，经论证合理时可采用直流锅炉、多次强制循环汽包锅炉和低循环倍率锅炉。

热电厂锅炉选择原则与凝汽式有所不同，因为热负荷只有靠本厂或地区热网来供应，而电负荷却有电网作备用，故应考虑热电厂在锅炉检修或事故时，仍能保证工艺热负荷的可靠供应。对于采暖通风热负荷考虑到建筑物的蓄热能力允许稍有降低。由于有热负荷，供热式汽轮机的耗汽量远大于同容量的凝汽式机组，或有两炉配一机、三炉配两机等不同配置方案，应通过技术经济比较论证确定，并满足热化系数在合理的范围内。根据《设规》规定，装有供热式机组的发电厂，当一台容量最大锅炉停用时，其余锅炉的蒸发量应满足：热力用

户连续生产所需的生产用汽量，冬季采暖、通风和生活用热量的 60%～70%（严寒地区取上限），此时允许降低部分发电厂出力。

表 1-4　　部分汽轮机、锅炉参数及容量配置表

汽轮机（凝汽式）			锅　炉		
型号	容量（MW）	参数 p_0/t_0（MPa/℃）	型号	容量（t/h）	参数 p_b/t_b（MPa/℃）
N125-13.24/550/550	125	13.24/550 2.29/550	SG 400/13.73/555	400	13.73/555 2.45/555
N200-12.75/535/535	200	12.75/535 2.26/535	HG 670/13.73-4	670	13.73/540 2.50/540
N300-16.18/550/550	300	16.18/550 3.11/550	SG 1000/16.67/555	1000	16.67/550 3.24/550
N600-16.18/535/535	600	16.18/535 3.21/535	HG 2050/16.67-1	2050	16.67/540 3.27/540
D4Y 454	600	24.2/538 4.34/566	超临界压力直流炉	1900	25.4/541 4.77/569
N1000-25.0/600/600	1000	25.0/600 4.68/600	DG 3000/26.15-II1 型	3044	26.15/605 4.89/603

3. 绘出发电厂原则性热力系统图

可根据汽轮机制造厂提供的该机组本体汽水系统和选定的锅炉型式来绘制原则性热力系统图。此时循环参数（主蒸汽和再热蒸汽的压力、温度，排汽压力）、回热参数（回热级数及其抽汽压力、温度，最终给水温度和各级加热器的形式）及其疏水方式都已确定。在这种情况下，绘制原则性热力系统图主要是确定：汽包锅炉的连续排污利用系统，除氧器的形式和工作压力、除氧器定压或滑压运行方式，是否采用前置泵，给水泵的形式及其连接方式，补充水汇入热力系统方式（引至除氧器或凝汽器），辅助设备（如轴封冷却器、暖风器等）及其连接方式的选择等。对于热电厂还要进行载热质的选择、供汽方式的确定、供热设备及其连接方式的确定。

4. 进行发电厂原则性热力系统计算

进行几个典型工况的原则性热力系统计算及全厂热经济性指标的计算。

5. 选择热力辅助设备

有些热力辅助设备是随锅炉、汽轮机成套供应的。不随锅炉、汽轮机成套供应的热力辅助设备，主要有除氧器及其水箱、凝结水泵组、给水泵组、锅炉的排污扩容器等。这些辅助设备应根据最大工况时原则性热力系统计算所得的各项汽水流量，按照《设规》的要求，结合辅助热力设备的产品规范，合理选择。

二、原则性热力系统举例

1. N200-12.75/535/535 型机组原则性热力系统

图 1-32 所示为 N200-12.75/535/535 型汽轮机配置 HG670/13.83 型自然循环汽包锅炉。该机组有八段不调整抽汽，回热系统为“三高、四低、一除氧”，三台高压加热器和低压加热器 H5 内设有蒸汽冷却段，高压加热器 H2 和 H3 之间设有外置式疏水冷却器。高压

加热器的疏水逐级自流进入除氧器 HD。低压加热器的疏水先逐级自流至低压加热器 H7，再用疏水泵送入低压加热器 H7 出口的主凝结水管道，而低压加热器 H8 的疏水直接流入凝汽器热水井。

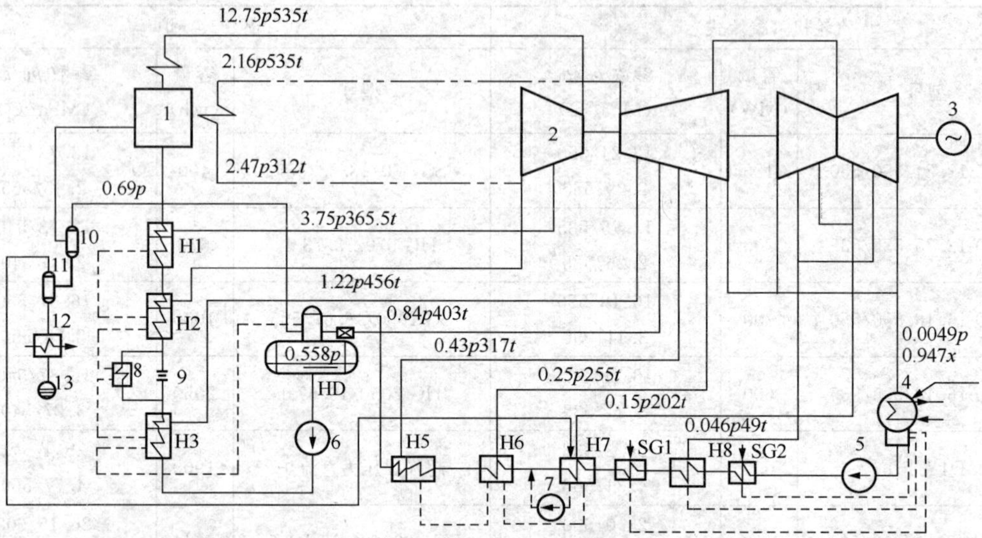

图 1-32 N200-12.75/535/535 型汽轮机组原则性热力系统

1—锅炉；2—汽轮机；3—发电机；4—凝汽器；5—凝结水泵；6—给水泵；7—疏水泵；8—外置式疏水冷却器；9—节流孔板；10—高压扩容器；11—低压扩容器；12—排污冷却器；13—地沟；p—压力（MPa）；t—温度（℃）；x—干度

系统中设有两台轴封加热器 SG2 和 SG1，分别位于低压加热器 H8 的前、后，以接收汽轮机的轴封漏汽，其疏水直接流入凝汽器热水井。

锅炉设有两级连续排污利用系统，高压扩容蒸汽送入除氧器，低压扩容蒸汽送入低压加热器 H7 中，浓缩后的排污水经排污水冷却器冷却后排入地沟。

额定工况时，该机组的设计热耗率为 8396.6kJ/(kW·h)。

2. N300-16.67/537/537 型机组原则性热力系统

图 1-33 所示为引进美国西屋公司技术，上海汽轮机厂制造的 N300-16.67/537/537 型汽轮机，配置 SG1025/17.65 型强制循环汽包炉的原则性热力系统图。该机组有八段不调整抽汽，回热系统由三台高压加热器、一台滑压运行的高压除氧器和四台低压加热器组成。各高低压加热器均设有疏水冷却段，三台高压加热器及低压加热器 H5 内设有蒸汽冷却段。加热器的疏水采用逐级自流方式，不设疏水泵，高压加热器的疏水逐级自流进入除氧器，低压加热器的疏水逐级自流进入凝汽器。该系统简单、运行可靠，热经济性较好。

系统设有汽动给水泵，其汽源取至四段抽汽，小汽轮机的排汽进入主凝汽器中。为防止给水泵汽蚀，在每台泵入口前还设有前置泵。为保证亚临界压力锅炉的汽水品质，在凝结水泵出口设有凝结水除盐设备，其后设有凝结水升压泵。

锅炉采用一级连续排污利用系统，不设排污水冷却器，其浓缩排污水送入定期排污扩容器中，经定期排污扩容器扩容降压后排出。

额定工况时，该机组的设计热耗率为 7921kJ/(kW·h)。

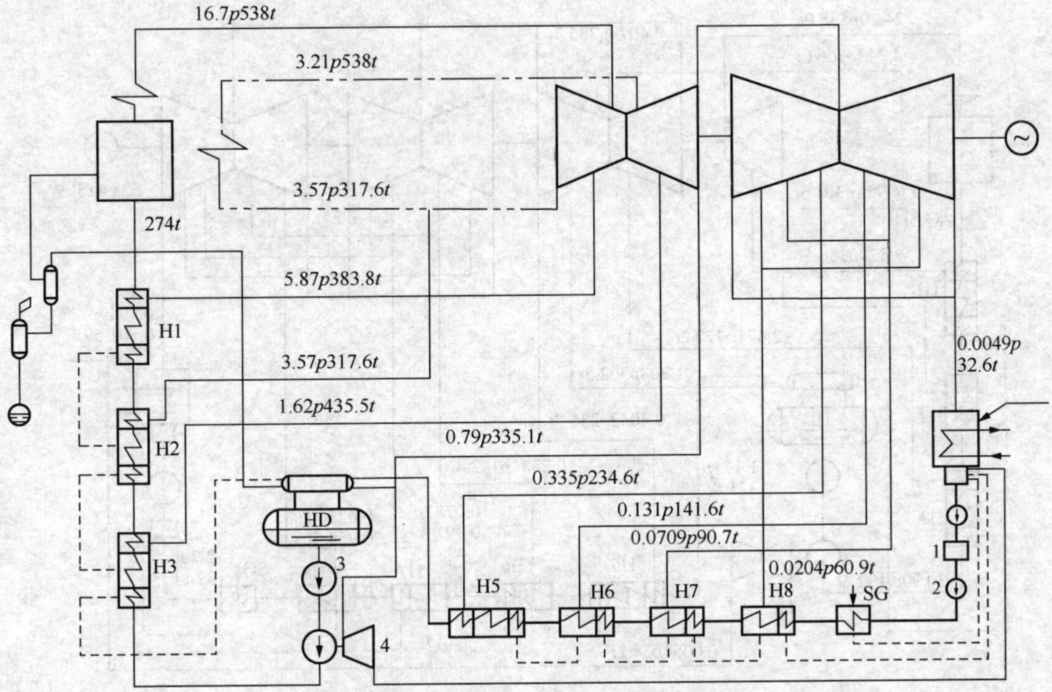

图 1-33　N300-16.67/537/537 型机组原则性热力系统

1—除盐装置；2—凝结水升压泵；3—给水泵的前置泵；4—小汽轮机

3. 超临界压力 600MW 机组原则性热力系统

图 1-34 所示为成套引进超临界压力 600MW 机组原则性热力系统。锅炉由瑞士苏尔寿公司和美国 CE 公司供应，为超临界压力、一次中间再热、螺旋管圈、四角燃烧、变压运行的直流锅炉。汽轮机由瑞士 ABB 公司提供，为单轴四缸、四排汽、反动、凝汽式汽轮机。该机组有八段不调整抽汽，分别供给三台高压加热器、一台除氧器和四台低压加热器。高压加热器 H1、H3 和低压加热器 H5 设有蒸汽冷却段，各回热加热器内均设有疏水冷却段。疏水采用逐级自流方式，高压加热器的疏水逐级自流进入除氧器，低压加热器疏水逐级自流入凝汽器，轴封加热器的疏水也流入凝汽器热井。

系统设有汽动给水泵，小汽轮机为双流式，其正常工作汽源为四段抽汽，排汽进入主凝汽器。

额定工况时，机组设计热耗率为 7640kJ/(kW·h)。

4. 超超临界压力 1000MW 机组原则性热力系统

图 1-35 所示为 N1000-25.0/600/600 超超临界压力机组的原则性热力系统。汽轮机为冲动式、一次中间再热、四缸四排汽、单轴、双背压、凝汽式汽轮机，配用 DG3000/26.15-Ⅲ型变压直流、单炉膛、一次中间再热、平衡通风、前后墙对冲燃烧、运转层以上露天布置、固态排渣、全钢结构、全悬吊结构 Π 形锅炉。其基本布置与 600MW 机组类似，不同之处在三台高压加热器均为双列布置。给水系统装有两台 50%容量的汽动给水泵和一台 50%容量的电动给水泵，小汽轮机的汽源来自第三级抽汽。额定工况下该机组的热耗率为 7355kJ/(kW·h)。

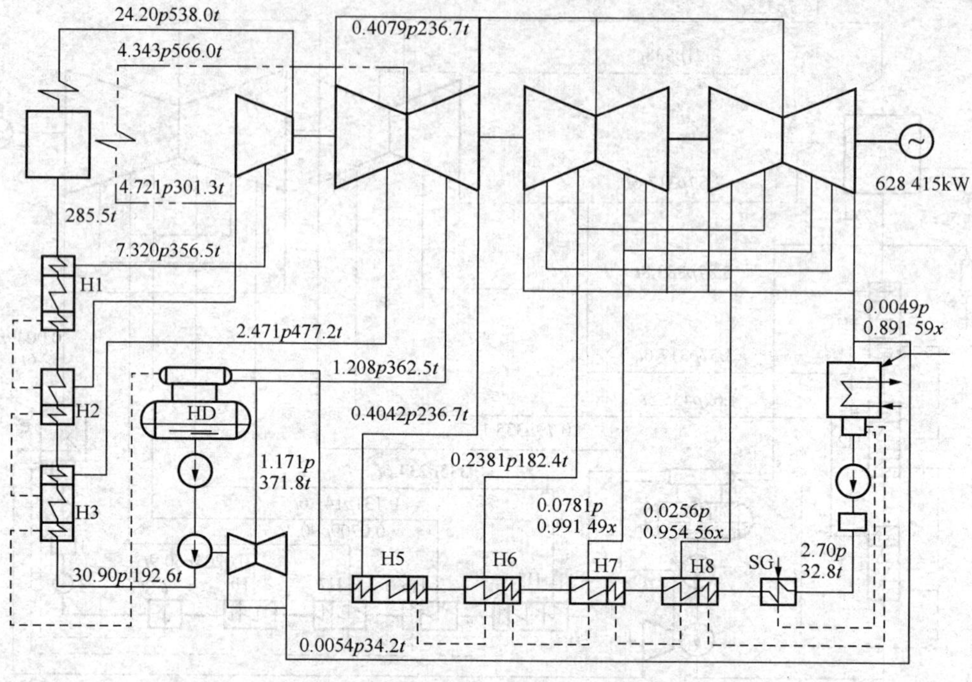

图 1-34 超临界压力 600MW 机组原则性热力系统

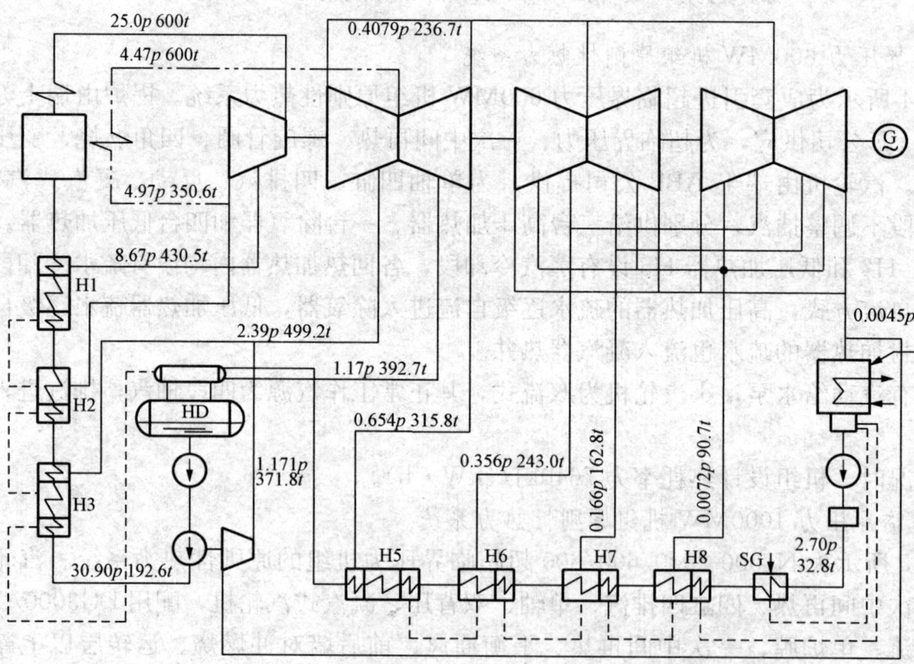

图 1-35 N1000-25.0/600/600 型机组的原则性热力系统

5. 世界上最大的单轴 1200MW 凝汽式机组原则性热力系统

图 1-36 所示为世界上最大的单轴 1200MW 凝汽式机组原则性热力系统。汽轮机为

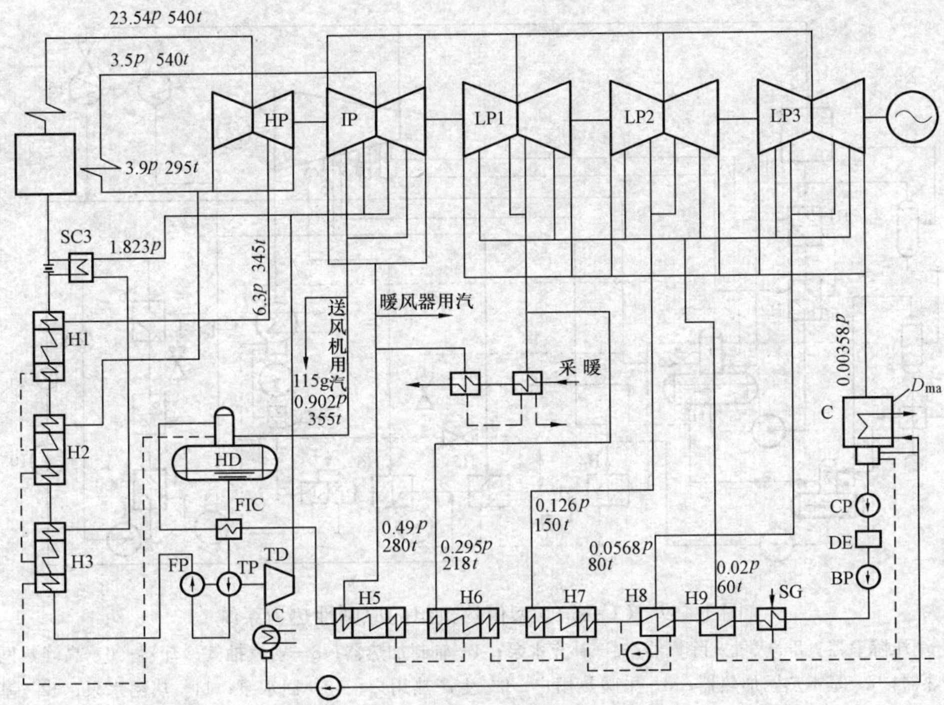

图 1-36　世界上最大的单轴 1200MW 凝汽式机组原则性热力系统

K1200-23.54/540/540 型超临界压力一次再热、单轴五缸六排汽冲动凝汽式机组，配蒸发量为 3960t/h 的燃煤直流锅炉。新蒸汽先进入高压缸左侧的通流部分，再回转 180°进入右侧的通流部分，中、低压缸均为分流式。机组共有九级不调整抽汽，回热系统为“三高、五低、一滑压除氧”，除最后两级低压加热器外，均设有内置式蒸汽冷却器和疏水冷却器。H3 还设有一台外置式蒸汽冷却器 SC3。厂内采暖由五、六两段抽汽分级加热，以提高其热经济性。除氧器配有两台 50%容量的汽动调速给水泵，驱动小汽轮机 TD 为凝汽式，功率为 25MW，正常工况时汽源引自三段抽汽，其前置泵 TP 由小汽轮机同轴驱动，还有一台 50%容量的电动给水泵。每台锅炉的三台送风机，也是由凝汽式小汽轮机驱动，其功率为 7MW，其汽源引自四段抽汽。为防止负荷突降时，给水泵汽蚀和降低除氧器的布置高度，除设置低速前置泵外，还设有在负荷突降时才投入的给水冷却器 FC，以加速“冷水”进入前置泵。补充水进入凝汽器。凝结水要全部通过除盐装置 DE 精处理。额定工况时，机组设计热耗率为 7660kJ/(kW·h)。

6. CC-25-90 型供热机组的原则性热力系统

图 1-37 所示为 CC-25-90 型供热机组的原则性热力系统。该机组为可调抽汽式供热机组，其汽轮发电机组额定功率为 25MW，新蒸汽压力为 8.82MPa（90kg·f/cm^2）。共有六段抽汽，分别供两台高压加热器，一台高压除氧器，三台低压加热器。高压加热器的疏水逐级自流入除氧器，低压加热器的疏水逐级自流入 H6 后，用疏水泵送入该加热器出口的主凝结水管道。为提高系统的热经济性，在低压加热器 H4 后设置了一台疏水冷却器。该机组的回热系统还接有一台轴封加热器和一台射汽式抽气冷却器，分别用于冷却汽轮机轴封漏汽和

射汽式抽气器射出的蒸汽，以回收工质和热量，其凝结水各自流入凝汽器。

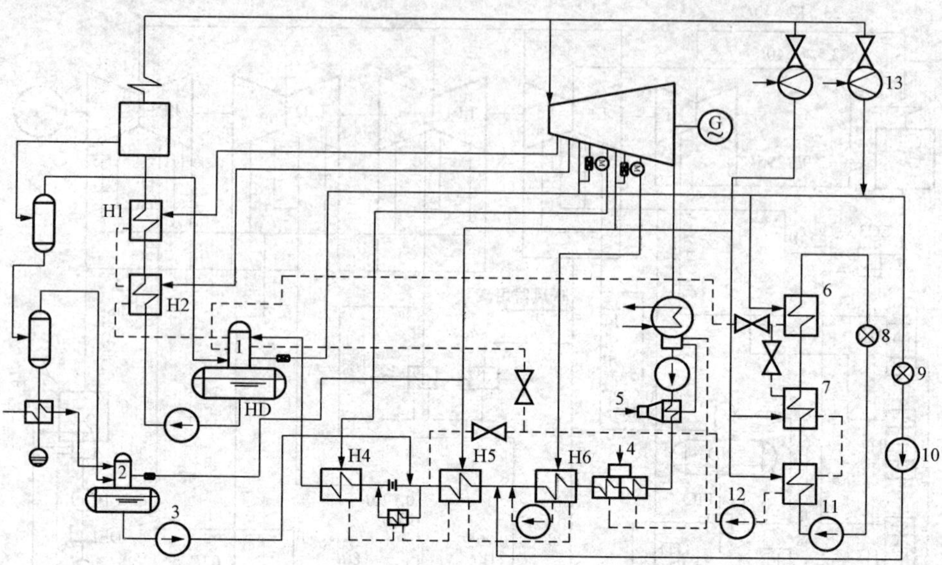

图 1-37 CC-25-90 型供热机组的原则性热力系统

1—高压除氧器；2—大气式除氧器；3—补充水泵；4—轴封加热器；5—射汽抽气冷却器；6—高峰热网加热器；7—基本热网加热器；8—采暖热用户；9—生产热用户；10—回水泵；11—热网水泵；12—基本热网加热器疏水泵；13—减温减压器

该机组的三、五段抽汽是可调整抽汽，它们分别供生产热用户和采暖热用户，其调整抽汽压力分别为 0.8～1.3MPa 和 0.07～0.25MPa。生产热用户的回水由回水泵送入低压加热器 H6 出口的主凝结水管道。采暖供热由两个基本热网加热器和一个高峰热网加热器组成。经常性采暖季节只运行基本热网加热器，使用五段抽汽。冬季最冷时，投入高峰热网加热器，使用三段调整抽汽。热网水自形成单独系统，由热网水泵维持其循环。基本热网加热器的疏水逐级自流后由疏水泵送入低压加热器 H5 出口的主凝结水管道或高压除氧器，高峰热网加热器的疏水流入高压除氧器或基本热网加热器。热用户的备用汽源是主蒸汽经减温减压装置调整后的合格蒸汽。

为保证给水质量，采用二级除氧系统，设有高压除氧器和大气式除氧器，它们分别用三段和五段抽汽作为加热汽源。补充水经排污冷却器加热后送入大气式除氧器除氧，之后用补充水泵送入低压加热器 H5 出口的主凝结水管道。

锅炉设有两级连续排污利用系统，高压扩容蒸汽送入高压除氧器，低压扩容蒸汽送入大气式除氧器，浓缩后的排污水经排污水冷却器冷却后排入地沟。

三、热经济性综合比较

不同形式、不同容量机组的参数、热耗率和发电标准煤耗率等数值见表 1-5。从表中可以看出：再热机组比非再热机组的热耗率和发电标准煤耗率有显著的降低，热经济性明显提高，并且随着机组容量的增大，机组所选用的参数越来越高，机组的热耗率和发电标准煤耗率不断减小，热经济性逐步提高。这也就是近年来发展大容量、高参数机组的原因。

表 1-5　不同形式、不同容量机组的参数、热耗率和标准煤耗率

容量（MW）	形式	初参数（MPa/℃）	回热级数	热耗率［kJ/（kW·h）］	发电标准煤耗率［kg/（kW·h）］
100	无再热	8.8/535	7	9377.8	0.360
200	一次中间再热	12.75/535	8	8396.6	0.318
300	一次中间再热	16.7/538	8	7921	0.293
600	一次中间再热	16.67/537	8	7875.6	0.289
600	一次中间再热	24.2/538	8	7640	0.278
1000	一次中间再热	25.0/600	8	7366	0.278

【知识拓展】

900MW 核电厂二回路原则性热力系统

图 1-38 所示为我国从法国进口的 900MW 核电厂二回路原则性热力系统。该机组为单轴四缸（一个双流高压缸和三个双流低压缸）、六排汽。进入高压缸的蒸汽量为 5808t/h，蒸汽的压力为 6.43MPa、干度为 99.53%。进入低压缸蒸汽量为 4000t/h，蒸汽的压力为 0.755MPa、温度为 265.1℃，排汽压力为 7.5kPa，湿度为 11%，给水温度为 226℃。高压缸的排汽湿度为 14%，故高低压缸之间设有汽水分离再热器。该机组有七段不调整抽汽，回热系统为“二高四低一定压除氧”。高压缸排汽进入汽水分离器再热器先进行汽水分离，后蒸汽再加热。第一级再热器的加热蒸汽来自高压缸一段抽汽，其疏水进入 H2。第二级再热器的加热蒸汽采用新蒸汽，其疏水进入 H1。汽水分离器的疏水进入除氧器。采用两台单

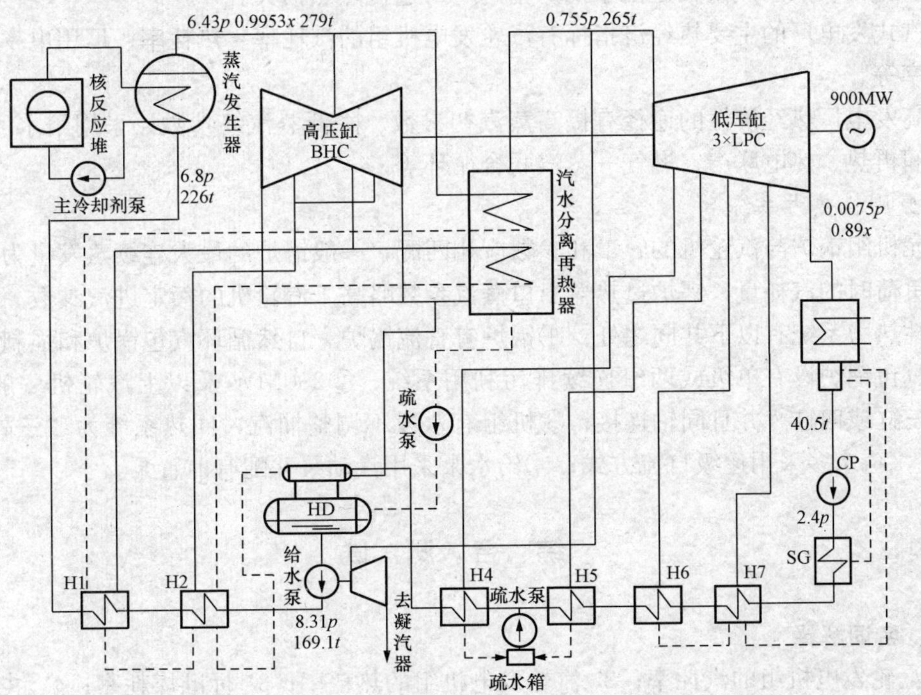

图 1-38　900MW 核电厂二回路原则性热力系统

容量汽动泵，每台小汽轮机的功率为3350kW。最大连续功率为983.8MW。额定工况时机组的热耗率为10 629kJ/(kW·h)。

⇒【能力训练】

1. 绘制CC25-90型供热机组的原则性热力系统图，标出各主要热力设备的名称，表述其汽水流程。

2. 绘制300MW机组的原则性热力系统图，并标出各主要热力设备名称，表述其汽水流程。

3. 绘制超临界压力600MW机组原则性热力系统图，并标出各主要热力设备名称，表述其汽水流程。

小　　结

1. 凝汽式发电厂的热经济性

凝汽式发电厂在生产过程的各个环节都不同程度地存在着热损失，其总效率等于生产过程中各环节效率的乘积，即

$$\eta_{cp} = \eta_b \eta_p \eta_t \eta_{ri} \eta_m \eta_g$$

也可用下式计算：

$$\eta_{cp} = \frac{3600 P_e}{B Q_{net}}$$

用热量法分析凝汽式发电厂最大的热损失是凝汽器中的冷源热损失；用做功能力法分析凝汽式发电厂最大的热损失是由于锅炉中的不可逆传热热损失。

凝汽式发电厂的主要热经济指标有汽轮发电机组的汽耗率、热耗率、厂用电率和标准供电煤耗率等。

提高发电厂热经济性的途径有提高蒸汽初参数、降低蒸汽终参数、采用给水回热加热、蒸汽中间再热、热电联产、燃气—蒸汽联合循环等。

2. 原则性热力系统

单元机组锅炉与汽轮机的容量和参数应相匹配，一般锅炉的最大连续蒸发量为汽轮机最大可能负荷时的汽耗量，锅炉过热器出口蒸汽参数略高于汽轮机的额定进汽参数。大型机组的原则性热力系统有以下共同之处：①锅炉有直流锅炉、自然循环汽包锅炉和强制循环汽包锅炉，汽包锅炉设有单级或两级连续排污利用系统；②200MW及以上汽轮机一般分为高、中、低三缸或四缸，并且同轴连接；③机组有八段不调整抽汽，回热系统为“三高、四低、一除氧”，疏水多采用逐级自流方式；④给水泵采用汽动泵并配有前置泵。

综 合 测 试

一、名词解释

1. 汽轮发电机组的汽耗率；2. 汽轮发电机组的热耗率；3. 标准煤耗率；4. 供电标准煤耗率；5. 厂用电率；6. 给水回热循环；7. 蒸汽中间再热循环；8. 热电联产

二、填空

1. 凝汽式发电厂的最大能量损失，用热量法分析用于__________设备中，称为__________；用做功能力法分析用于__________设备中，主要是由__________引起的。

2. 提高蒸汽初温，使汽轮机的绝对内效率________；提高蒸汽初压，使汽轮机末级叶片的排汽湿度________，使汽轮机的相对内效率________。

3. 提高初温受到________的限制，提高初压受到________的限制，但采用________循环已经解决了这一问题。

4. 降低汽轮机的排汽压力可________循环热效率，同时使循环水量________。

5. 影响回热经济性的因素有________、________、________。

6. 在利用回热抽汽时，抽汽的压力越低，机组的热经济性就越________。

7. 采用蒸汽中间再热提高热效率的基本条件是________大于________。

8. 蒸汽中间再热方法有________和________；火电厂主要采用________，核电厂最常用方法是________。

9. 热电联产生产方式主要有________和________。

三、问答

1. 简述朗肯循环的热力过程，其循环效率反映了什么？
2. 纯凝汽式发电厂效率很低的根本原因是什么？
3. 提高电厂热经济性的途径有哪些？
4. 给水回热加热的意义是什么？
5. 常用的回热加热分配有哪几种方法？工程上通常采用的是什么方法？
6. 蒸汽中间再热的目的是什么？
7. 什么是燃气—蒸汽联合循环？有哪些形式？各有什么特点？
8. 凝汽式发电厂机组容量选择及机炉容量配置的原则是什么？

项目二　发电厂主要辅助设备及其检修

项目目标

掌握回热加热器、除氧器和凝汽器基本结构、工作原理，能进行回热加热器、除氧器和凝汽器的检修工作。

任务一　回热加热器及其检修

【任务目标】

掌握回热加热器的结构、工作原理，能进行回热加热器的检修工作。

【知识准备】

一、回热加热器的类型

回热加热器是利用汽轮机抽汽加热进入锅炉的给水，从而提高热力循环效率的换热设备。

1. 按传热方式分

回热加热器按其传热方式分为混合式加热器和表面式加热器，如图 2-1 所示。

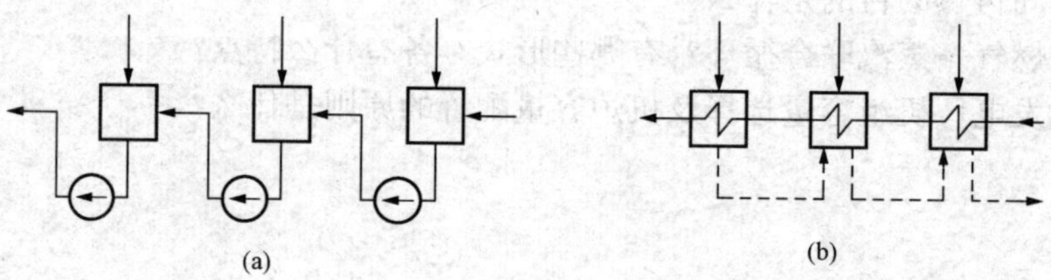

图 2-1　回热加热器的形式

（a）混合式加热器；（b）表面式加热器

（1）混合式加热器。在混合式加热器中，加热蒸汽与给水直接接触，将热量传给给水，从而提高给水温度。这种加热器由于加热蒸汽和给水之间没有传热端差，可以将给水加热到加热蒸汽压力下的饱和温度，因此热经济性好，并且结构简单，造价低，便于汇集不同温度的疏水。但混合式加热器所组成的回热系统复杂，这是因为每个混合式加热器后都要设置给水泵，才能将给水送入下一级压力更高的加热器中，为保证系统的安全性还要设置备用水泵和容积大并有足够高度的给水箱。给水泵台数增加后，厂用电消耗也增加。

（2）表面式加热器。在表面式加热器中，加热蒸汽是通过金属壁面加热给水的。由于金属壁面存在传热热阻，给水不能被加热到加热蒸汽压力下的饱和温度。通常将加热蒸汽的饱和温度与给水的出口温度之差称为表面式加热器的传热端差，又称上端差，简称端差。由于端差的存在，表面式加热器的热经济性较混合式加热器差，并且端差越大，其热经济性就越差。表面式加热器所组成的回热系统简单，所需设置的水泵少，节省厂用电，安全可靠。

现代电厂实际应用的给水回热加热系统中，只有除氧器作为一台混合式加热器，其余加热器均为表面式加热器。以后所提到的回热加热器均为表面式加热器。

2. 按布置方式分

回热加热器按其布置的方式分为卧式和立式。

卧式加热器的传热效果较好。这是因为蒸汽在管外凝结放热时，横管凝结水水膜所形成的附面层厚度较竖管薄，放热系数较大。另外，卧式加热器水位比较稳定，在结构上便于布置蒸汽冷却段和疏水冷却段，有利于提高热经济性，并且安装检修方便。因此，300MW 及其以上容量的机组广泛采用卧式加热器。

立式加热器的传热效果不如卧式加热器好，但它占地面积小，便于布置，200MW 及其以下容量机组普遍采用立式加热器。

3. 按水侧压力分

回热加热器按水侧压力的高低分为高压加热器和低压加热器。按凝结水的流动方向，在除氧器之前的加热器，由于其水侧承受的压力比较低，称为低压加热器；除氧器之后，由于给水被给水泵进一步升压，加热器水侧所承受的压力很高，称为高压加热器。

二、表面式加热器的疏水连接方式及其热经济性

1. 疏水逐级自流的疏水连接方式

这种系统如图 2-2（a）所示，它是利用各回热加热器间的压力差，让疏水逐级自流入压力较低相邻的加热器蒸汽空间，最后一台加热器的疏水自流入凝汽器。

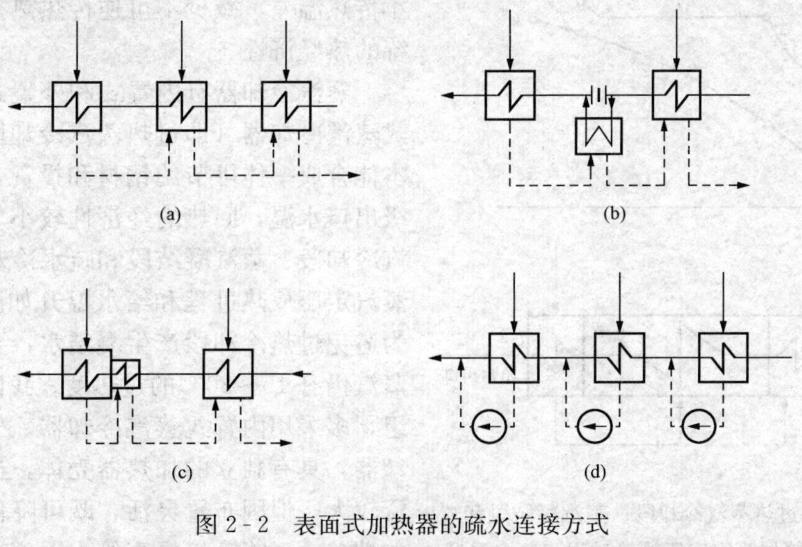

图 2-2　表面式加热器的疏水连接方式

（a）疏水自流连接方式；（b）外置式疏水冷却器的连接方式；（c）内置式疏水冷却器的连接方式；（d）疏水泵的连接方式

这种疏水系统最为简单、可靠，但是热经济性差。这是由于压力较高加热器的疏水流入压力较低加热器的蒸汽空间时要放出热量，从而排挤了一部分较低压力的回热抽汽量，在保持汽轮机输出功率一定的条件下，势必造成抽汽做功减少，凝汽循环的发电量增加，这样就增加了冷源热损失。尤其是疏水排入凝汽器时，将直接导致冷源热损失增加。

在疏水逐级自流系统中，装设疏水冷却器，可提高机组的热经济性，如图 2-2（b）所示。在疏水自流入下一级加热器之前，用一部分主凝结水在疏水冷却器中冷却疏水，使进入下一级加热器的疏水放热量减少，以减少由于排挤低压抽汽所引起的冷源热损失，还可防止疏水在疏水管道中汽化而发生汽阻，影响正常疏水。疏水冷却器也可放在加热器内部，称为疏水冷却段，如图 2-2（c）所示。在现代大型机组上，高、低压加热器中均采用疏水冷却段或疏水冷却器，以提高机组的热经济性。

2. 采用疏水泵的疏水连接方式

这种系统的连接方式如图 2-2（d）所示。系统中各加热器的疏水用专用的水泵——疏水泵送入本级加热器出口的主凝结水管道。

这种系统热经济性较高，这是由于疏水进入加热器出口的主凝结水管道，提高了加热器出水的温度，热经济性较好。但是在这种系统中与混合式加热器一样，每一台加热器必须装设两台疏水泵（其中一台备用），其投资、厂用电耗、检修费用增加，并且系统复杂，运行可靠性下降。

三、蒸汽冷却器

1. 蒸汽冷却器的类型

由于再热使再热后的回热抽汽过热度和焓值都有较大的提高，使再热后的各级回热加热器中的汽水换热温差增大，导致熵增变大，从而削弱了回热效果。装设蒸汽冷却器就能利用这部分抽汽的过热显热，来提高对应加热器的出口水温或整个回热系统的出口水温，从而减小传热温差，减少不可逆传热热损失，提高系统的热经济性。

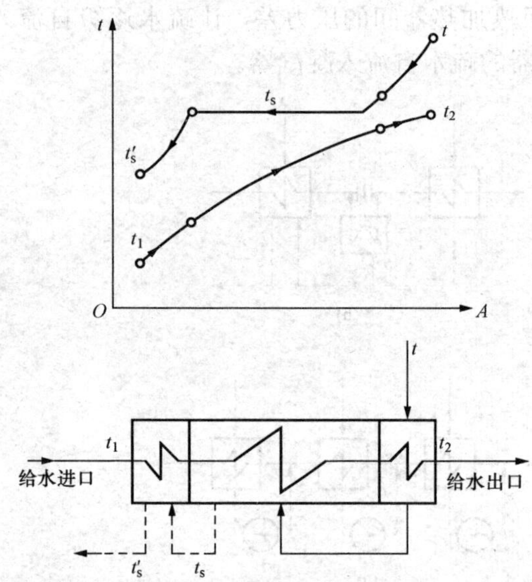

图 2-3 具有过热蒸汽冷却段、蒸汽凝结段和疏水冷却段加热器蒸汽定压放热过程和给水温升

蒸汽冷却器有内置式和外置式两种。内置式蒸汽冷却器（即过热蒸汽冷却段）与加热器本体合成一体可节约钢材和投资，但只提高本级出口水温，回热的经济性较小。具有过热蒸汽冷却段、蒸汽凝结段和疏水冷却段加热器的蒸汽定压放热过程和给水温升如图 2-3 所示。为避免过热冷却段产生凝结水，要求离开它的蒸汽仍有 15～20℃的过热度。我国进口大型机组，多采用内置式蒸汽冷却器。外置式蒸汽冷却器，具有独立的加热器壳体，虽然钢材及投资较大，但因布置灵活，既可降低本级加热器的端差，又能直接提高给水温度，降低机组热耗率，从而获得更高的热经济性。它被广泛应用于苏联和法国机组上，我国早期的 300MW 机组高压加热器也采用这种形式。

2. 外置式蒸汽冷却器的连接方式

外置式蒸汽冷却器水侧的连接方式视主机回热级数、蒸汽冷却器的个数和与主水流的连接关系而异，主要有与主水流并联、串联两种方式，如图 2-4 所示。

串联连接时，全部给水进入蒸汽冷却器；并联连接时，进入蒸汽冷却器给水只占总

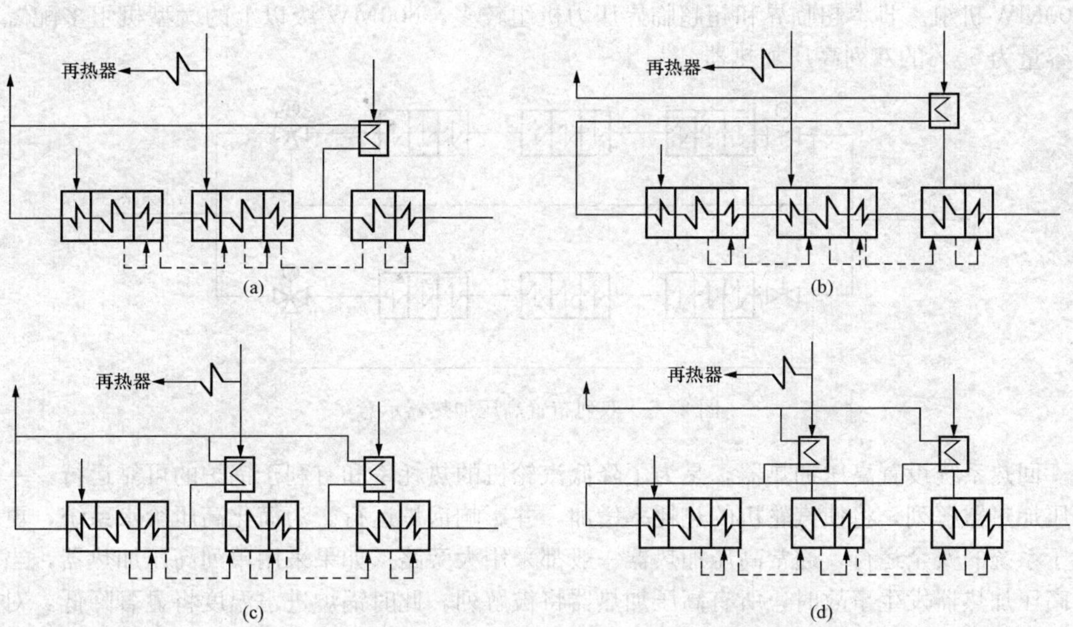

图 2-4　外置式蒸汽冷却器的连接方式

(a) 单级并联；(b) 单级串联；(c) 与主水流分流两级并联；(d) 与主水流串联两级并联

给水量的一小部分，以给水不致在蒸汽冷却器中沸腾为准，最后与主水流混合后送入锅炉。

如只设单级外置式蒸汽冷却器，应设在再热后的第一个抽汽口（即中压缸的第一个抽汽口），因为该级抽汽的过热度最大，设蒸汽冷却器的收益最好，有并联与串联两种连接方式，如图 2-4（a）和（b）所示。国产改进型 200MW 机组的三号高压加热器，将内置式蒸汽冷却器改为外置式蒸汽冷却器，并与主水流串联连接，如图 2-4（b）所示。若设置两台外置式蒸汽冷却器，多设在再热前、后的抽汽口（即高压缸排汽和中压缸的第一个抽汽口），如国产第一台 300MW 机组即设在第 2、3 级回热抽汽口，并与主水流并联连接，如图 2-4（c）所示。使用两级串联连接方式的热经济性优于单级，但增加幅度减小，如图 2-4（d）所示。

四、双列高压加热器

大容量机组高压加热器有单列布置和双列布置之分。单列布置即常规的加热器布置，各台高压加热器均只设一台，给水泵出口的给水全部顺次通过各高压加热器，目前国内 600MW 及以下的亚临界和超临界压力机组中，以及欧洲 600MW 以上的超临界和超超临界压力机组大多配置单台容量为 100%的单列高压加热器。双列布置通常是各台高压加热器均并联配置 2 台 50%容量加热器，图 2-5 所示为采用双列布置高压加热器的示意。对于超临界或超超临界压力的大容量机组，高压加热器的参数及容量均较高，如果仍采用单列高压加热器，对高压给水系统而言，系统简单、阀门及控制元件少、管道短，但对于高压加热器的制造工艺要求很高，特别是高压加热器的球形水室、管板厚度随着机组参数及容量的提高而逐渐加大、加厚，高压加热器的外形尺寸也逐渐加大，因此国内外许多高参数、大容量机组的高压加热器均采用双列布置，如我国的浙江玉环、山东邹县等电厂的超超临界压力

1000MW 机组。日本超临界和超超临界压力机组较多，600MW 级以上的大型机组多配置单台容量为 50%的双列高压加热器。

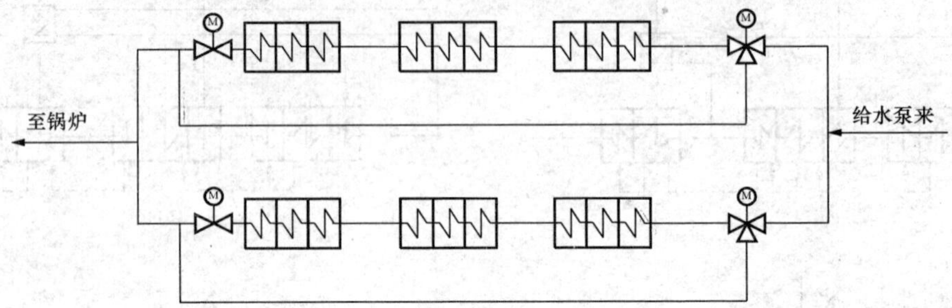

图 2-5 双列布置高压加热器示意

回热系统设置高压加热器，是为了降低汽轮机的热耗率和有利于锅炉的可靠运行，一旦高压加热器解列，将使汽轮机的热耗率增加，并影响锅炉运行。为简化高压给水系统，更有利于系统的安全运行，通常高压加热器一般都采用大旁路。如果采用单列高压加热器，当一台高压加热器发生事故时，所有高压加热器将被解列，此时锅炉进水温度将显著降低，对锅炉效率影响很大；而采用双列高压加热器，如某台高压加热器发生事故，该列高压加热器解列，还有另一列高压加热器继续运行，此时锅炉进水温度的降低量只有单列时的一半左右。根据大型机组高压加热器出力对机组热耗率影响的研究，高压加热器出口温度每降低 1℃，将使汽轮机热耗率上升 2kJ/(kW·h) 左右，由于单台高压加热器事故而影响汽轮机热耗率的增加，单列高压加热器要比双列高压加热器热耗率大 110kJ/(kW·h) 左右。此外，由于单列高压加热器布管数量较多，蒸汽在高压加热器内的流型分布复杂，易出现较大的换热死区，从而影响传热效果。

五、实际机组的原则性回热系统介绍

实际回热加热系统中，一般高压加热器及部分低压加热器采用疏水冷却段或外置式疏水冷却器，高压加热器疏水逐级自流入除氧器，低压加热器的疏水逐级自流到 H7 或 H8 低压加热器后，用疏水泵送入该加热器出口的主凝结水管道，以避免或减少疏水流入凝汽器的冷源热损失，如图 2-6（a）所示。在第一批国产 300MW 机组上，设置两级并联的外置式蒸汽冷却器，以提高机组的热经济性，如图 2-6（b）所示。在引进型 300、600MW 机组上，由于高、低压加热器上均采用蒸汽冷却段和疏水冷却段，整个回热加热系统中不设疏水泵，全部采用疏水逐级自流方式，如图 2-6（c）所示。这样不仅简化了系统、节省了投资、减少了厂用电消耗和运行维护工作量，而且保证了机组的安全可靠性和经济性。

六、回热加热器结构

1. 高压加热器

由于高压加热器水侧工作压力很高，所以其结构比较复杂。目前，我国常用的主要有管板—U 形管式和联箱—螺旋管式两种。联箱—螺旋管式加热器虽然运行可靠，但由于它体积大，消耗金属材料多，管壁厚，热阻及水阻大，热效率低，检修劳动强度大等缺点，在大容量机组中不再采用。现仅介绍电厂中广泛采用的管板—U 形管式高压加热器。

图 2-7 所示为卧式管板—U 形管式高压加热器结构。该加热器由水室、壳体和 U 形管束等组成。

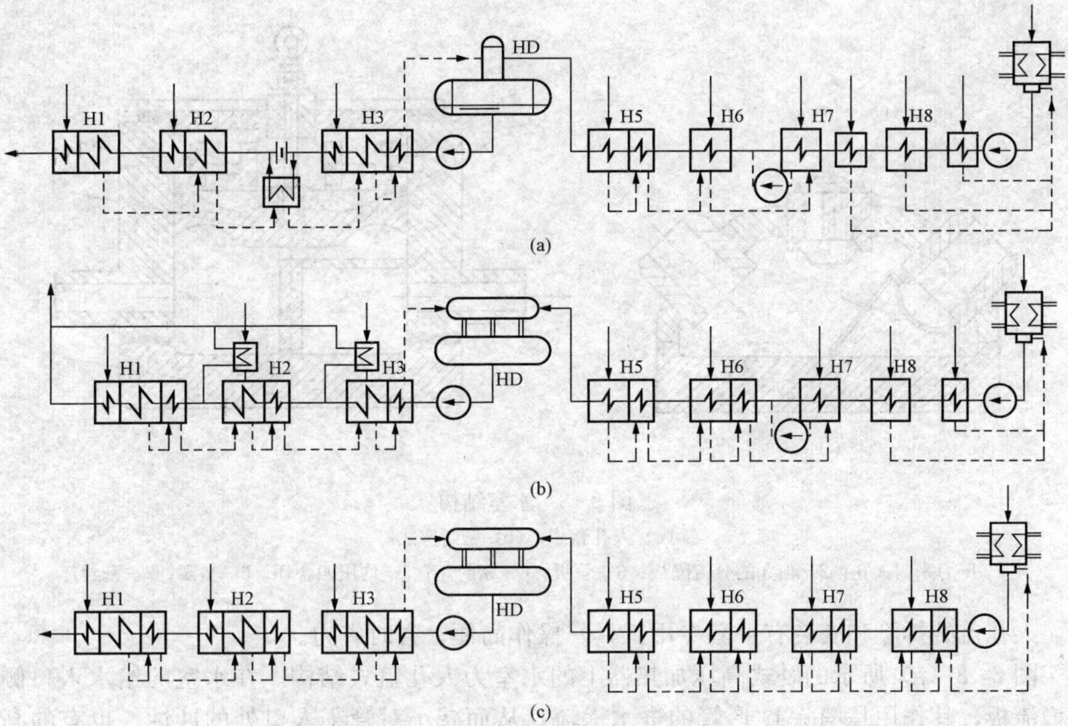

图 2-6　实际机组的原则性回热系统

(a) 国产 200MW 机组的回热系统；(b) 国产 300MW 机组的回热系统；(c) 引进型 300MW 机组的回热系统

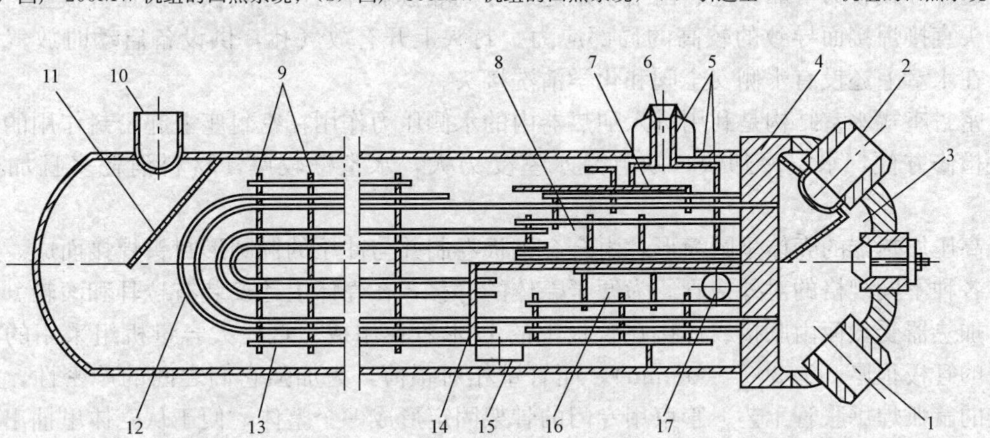

图 2-7　卧式管板—U 形管式高压加热器结构

1、2—给水进、出口；3—水室；4—管板；5—遮热板；6—蒸汽进口；7—防冲板；8—过热蒸汽冷却段；9—隔板；10—上级疏水进口；11—防冲板；12—U 形管；13—拉杆和定距管；14—疏水冷却段端板；15—疏水冷却段进口；16—疏水冷却段；17—疏水出口

现代大型机组，为保证高压加热器运行时的严密性和方便检修，采用焊接的水室结构。这种水室结构又分为人孔盖式和密封座式两种，如图 2-8 所示。

人孔盖式水室结构和作用原理与锅炉汽包的人孔门盖板相同。人孔盖及活动接头与水室壁连接，加热器运行时，孔盖被给水压力由内向外压紧起密封作用。它结构简单，密封可

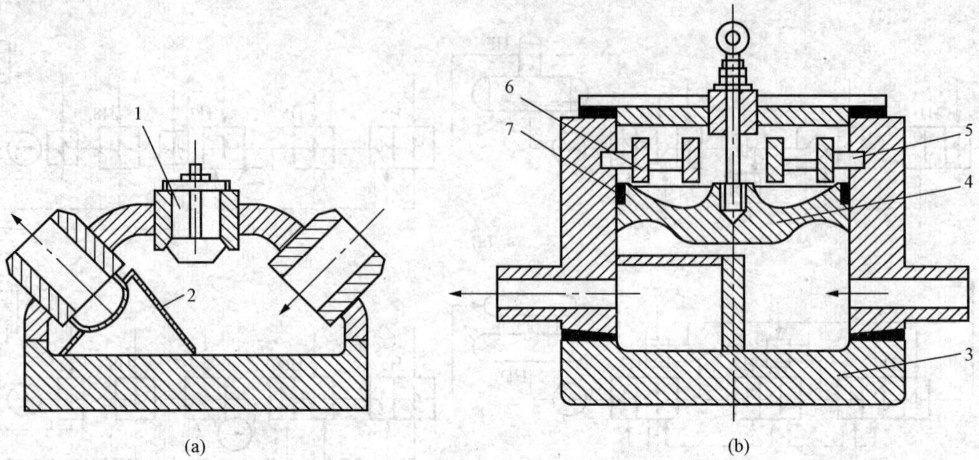

图 2-8 水室结构

(a) 人孔盖式；(b) 密封座式

1—压力密封人孔；2—独立的分流隔板；3—管板；4—密封座；5—均压四合环；6—垫圈；7—密封环

靠，人孔盖的拆除和安装有一套专用工具，操作简便，省时省力。

图 2-8 (a) 所示的卧式高压加热器上的水室为人孔盖式结构。在水室的给水入口侧装有稳流板，其作用是消除 U 形管的进水涡流，从而减小对管子入口处的冲蚀。也有的高压加热器采用在给水进口端的管口内装设不锈钢衬套的方法，防止管口进水处的涡流冲刷腐蚀，这种方式较为可靠。进、出给水是通过分流隔板隔开的，分隔板焊接在管板上，避免了由封头直接焊接面导致的较高的局部应力。封头上开有放气孔，供设备启动时放气用。此外，在水室上还设有水侧安全阀和化学清洗接头。

密封座式水室结构是利用进入加热器内的水侧压力作用在密封座上起密封作用的。其优点是检修方便，水室冷却快；缺点是水室受力大，水室壁较厚，材料消耗多且加工工作量大。

高压加热器的壳体呈圆筒形，由合金钢板卷制并与冲压的椭圆形封头焊接而成。外壳上焊有各种不同规格的对外接管。为便于壳体的拆移，在壳体上还安装有拉耳和滚轮。

加热器受热面由胀接或焊接在管板上的 U 形管束组成。现代大容量机组采用的高压加热器的管板很厚（为 300～655mm），而管壁相对很薄，为加强它们之间的严密性，采用了先进的氩弧焊爆胀管工艺。管束用专门的骨架固定形成一个整体，便于从壳体里抽出。给水由进口连接管进入水室，流过 U 形管束吸热后进入水室出口侧，通过出水管流出。加热蒸汽在管束外凝结放热后，疏水经疏水装置进入下一级加热器。

为充分利用加热蒸汽的过热度及降低疏水的出水温度，提高热经济性，通常把高压加热器的传热面设置为过热蒸汽冷却段、凝结段和疏水冷却段三部分，如图 2-7 所示。

过热蒸汽冷却段布置在给水出口流程侧。它利用具有一定过热度的加热蒸汽的显热加热较高温度的给水，给水吸收了蒸汽部分过热热量，其温度可升高到接近或等于、甚至超过加热蒸汽压力下的饱和温度（传热端差可降为负值）。该段受热面用包壳板、套管和遮热板封闭起来，这不仅使该段与加热器主要汽侧部分形成内部隔离，而且避免过热蒸汽与管板、壳体等的直接接触，有利于保护管板和壳体。为防止过热蒸汽对管束的直接冲刷，在该段的蒸汽进口处还设有防冲板。蒸汽进入该段后，在一组隔板的导向下，以适当的速度，均匀地流过管束。在蒸汽离开该段时，留有一定的过热度，以防止湿蒸汽对管束的冲蚀。

凝结段是利用蒸汽凝结时放出的潜热加热给水的。过去国产加热器上常把隔板设计成引导汽流呈S形均匀地经过管束，流向加热器尾部。其实由于这时的传热过程是有相变的对流换热过程，工质流速的大小对换热已不太重要，因此现在加热器凝结段的隔板已不这样设计，而是设计成在上部留有一定的蒸汽通道，使蒸汽沿着加热器长度方向均匀分布，并自上而下的流动凝结（像在凝汽器中凝结一样），隔板主要起着支撑管束和防振的作用。

不凝结气体通常是由位于管束中心并沿整个凝结段布置的排气管或内置式排气装置排出。冷凝的疏水和上一级高压加热器来的疏水聚积在壳体的最低部位，不断地流向疏水冷却段。为防止上一级高压加热器的疏水对加热器管束的冲刷和引起振动，在加热器尾部装有防冲板。

疏水冷却段位于给水进口流程侧，其作用是减少疏水对较低压力抽汽的排挤。疏水由加热器壳体较低处的疏水进口通过虹吸的作用进入该段，在一组隔板的引导下，流经管束，最后从位于该段顶部在壳体侧面的疏水口流出。这种疏水出口管的设置，是便于在运行前排放残余气体。目前疏水冷却段的设计通常采用两种方式：一是该段由包壳板及一定的疏水水位密封，如图2-7所示；另一种是由包壳板密封该段的所有管子。前者由于有一部分管子浸入水中作为无效面积，因此传热面利用率低，结构不紧凑，但对水位波动的要求较低。后者疏水不浸没传热面，结构紧凑，但对水位的波动要求较高，一般采取适当增加虹吸口深度及运行中将疏水水位保持在正常水位线附近来减少虹吸口露出水面的机会。端板的作用是防止凝结段的蒸汽进入疏水冷却段。

立式的管板—U形管式加热器按其水室的位置，又可分为水室在上部的顺置立式加热器和水室在下部的倒置立式加热器。一般来说，倒置立式加热器在安装和管道连接上较为有利，且管板在下面，管板上有凝结水覆盖，可隔离过热蒸汽直接与管板接触，因而减少了管板两侧的温差和温度应力。疏水冷却段也设置在下方，有利于疏水冷却段的稳定运行。图2-9与图2-10分别为倒置立式和顺置立式管板—U形管式加热器示意。

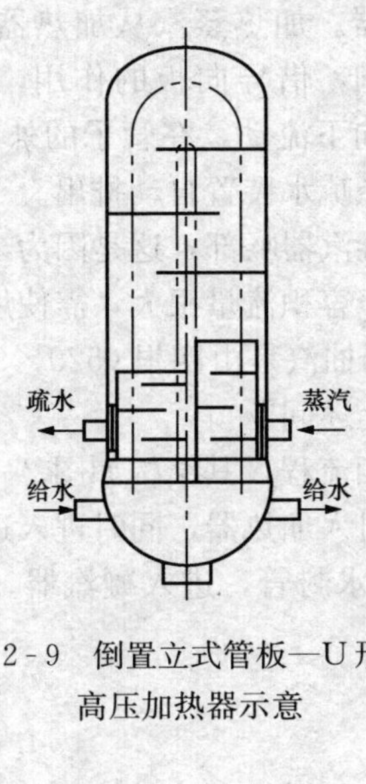

图2-9　倒置立式管板—U形管高压加热器示意

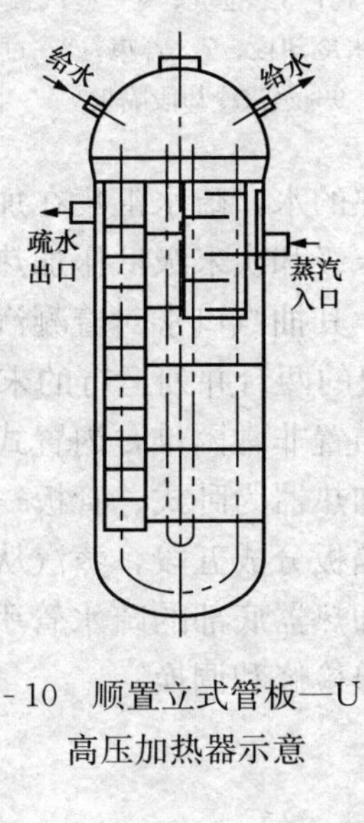

图2-10　顺置立式管板—U形管高压加热器示意

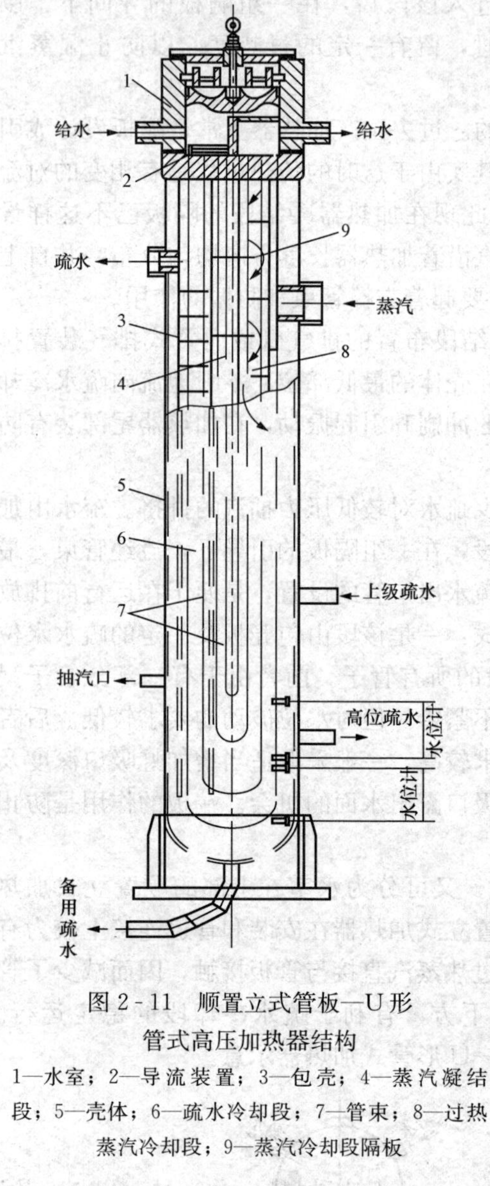

图 2-11 顺置立式管板—U形管式高压加热器结构

1—水室；2—导流装置；3—包壳；4—蒸汽凝结段；5—壳体；6—疏水冷却段；7—管束；8—过热蒸汽冷却段；9—蒸汽冷却段隔板

顺置立式管板—U形管式高压加热器的结构如图 2-11 所示，结构原理类似于卧式加热器，但要在其中设置疏水冷却段，则需要依靠本级加热器与疏水流向下一级加热器的压力差，使疏水在加热器内由下向上流动。

2. 低压加热器

低压加热器的结构和工作原理类似于高压加热器。由于低压加热器所承受的压力和温度远低于高压加热器，因此不仅所用材料次于高压加热器，而且结构上也简单些。

卧式低压加热器主要由壳体、水室、U形管束、隔板、防冲板等组成，并设计成可拆卸壳体结构，以便于检修时抽出管束，如图 2-12 所示。壳体由钢板焊接成圆筒后再与法兰焊成一体，并与短接法兰连接而成。水室由钢板焊制成的圆筒通过法兰与大平端盖连接，再焊接在管板上构成。壳体材料为碳钢，管板、大平端盖和壳体法兰为低合金材料，U形管材料为不锈钢。

卧式低压加热器的传热面一般设计成两个区段：凝结段和疏水冷却段。在国产机组上，对应抽汽过热度较大的低压加热器，同样也设置蒸汽冷却段。

立式低压加热器的结构如图 2-13 所示，它应用于被加热水的压力约在 7.0MPa 以下。因此 200MW 以下容量机组的低压加热器和中压电厂的高压加热器均采用这种结构，其原理类同于卧式低压加热器。加热蒸汽从加热器外壳的上部进入加热器汽侧，借导向板的作用，使汽流在加热器中呈S形向下流动，在管子的外壁进行凝结放热，将热量传给被加热的水，疏水汇集在加热器低部，经疏水装置自动排出。

大型机组的末级和次末级低压加热器常布置在凝汽器喉部，这是因为末级和次末级的抽汽压力已经很低，其抽汽口常对着凝汽器，而且由于容积流量很大，需使用大直径管道。如国产 300MW 机组的两台并列运行的末级低压加热器抽汽是由四根 $\phi529\times9$ 的管道引出，如此大直径的管道布置非常困难，内置式布置可解决上述问题。

内置式低压加热器为卧式、管板—U形管束、四流程，其结构如图 2-14 所示。加热器的蒸汽室由四块隔板分成五段，蒸汽从一端分两路引入加热器，同时进入这五个小室，加热凝结水。疏水由加热器底部的疏水管引出，经U形水封管，进入凝汽器。加热器管束下部装有滑轮，可抽出检修和调换。

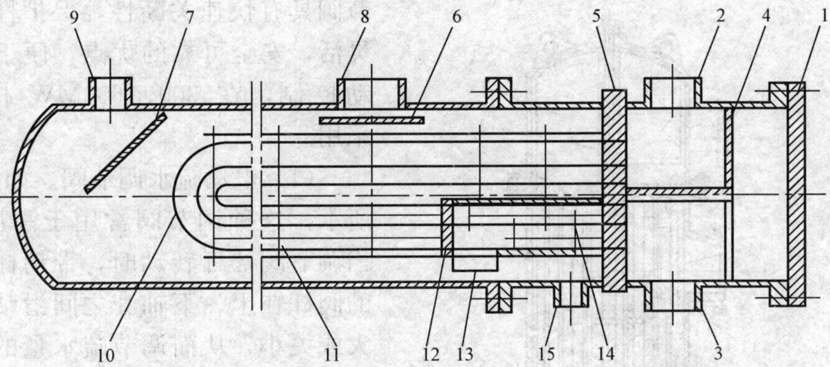

图 2 - 12　卧式低压加热器

1—端盖；2、3——给水进、出口；4—水室分隔板；5—管板；6、7—防冲板；8—蒸汽进口；9—上级疏水进口；10—U 形管；11—隔板；12—疏水冷却段端板；13—疏水冷却段进口；14—疏水冷却段；15—疏水出口

3. 轴封加热器

轴封加热器又称为轴封冷却器，其作用是防止轴封及阀杆漏汽（汽气混合物）从汽轮机轴端逸至机房或漏入油系统中，同时利用漏汽的热量加热主凝结水，其疏水疏至凝汽器，从而减少热损失并回收工质。

轴封加热器一般为卧式、U 形管结构，如图 2 - 15 所示。它由圆筒形壳体、U 形管管束及水室等部件组成。水室上设有主凝结水进、出管，并且可以互换使用。管束主要由隔板和若干根焊接并胀接在管板上的 U 形不锈钢管组成，其下部装有滚轮，使管束在壳体内可以自由膨胀，并便于检修时管束的抽出和装入。

主凝结水由水室进口流入 U 形管管束，在 U 形管束中吸热后，从水室出口流出轴封加热器。汽气混合物出口与轴封风机或射水式抽气器扩压管相连，风机或抽气器的抽吸作用使加热器汽侧形成微真空状态，汽气混合物由进口管被吸入壳体，在管束外经隔板形成的通道迂回流动，蒸汽放热凝结成水，疏水经水封管进入凝汽器，残余蒸汽与空气的混合物由轴封风机或射水式抽气器排入大气。

七、回热加热器的疏水装置

疏水装置的作用是可靠地将加热器中的凝结水及时排出，同时又不让蒸汽随同疏水一起流出，以维持加热器汽侧压力和凝结水水位一定。

电厂中常用的疏水装置有浮子式疏水器、疏水调节阀及 U 形水封管等。

1. 浮子式疏水器

浮子式疏水器由浮子、浮子滑阀及传动连杆等组成。它利用浮子随加热器中疏水水位的升降，通过连杆系统带动滑阀，使疏水阀开度变化，从而调节疏水量的大小，保持加热器中的凝结水位在正常范围内，如图 2 - 13 所示。

由于这种疏水装置的传动部件长时间浸泡于水中，易于锈蚀、卡涩、磨损，影响正常运行。因此，多用于中小容量机组的加热器上。

2. 疏水调节阀

高参数大容量机组上广泛采用疏水调节阀，它分为电动式和气动式两种。气动式疏水调

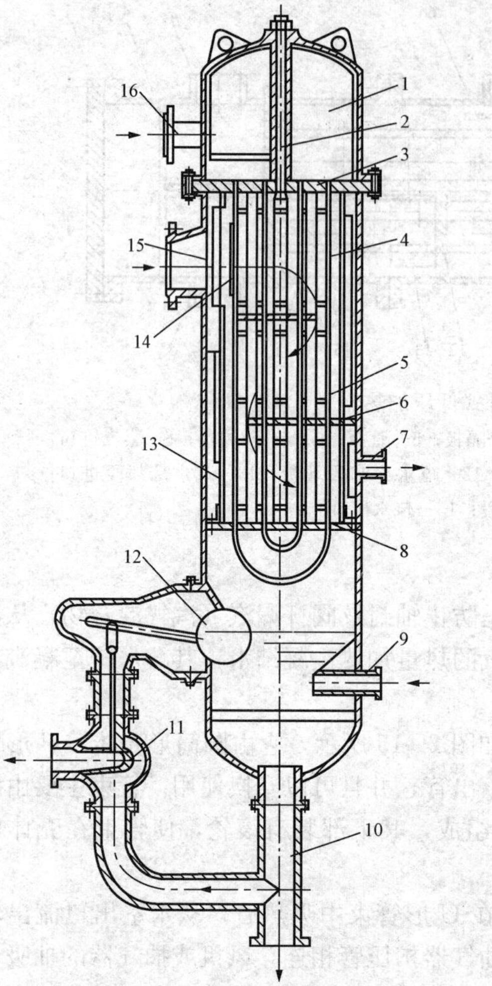

图 2-13 立式低压加热器结构

1—水室；2—锚形拉撑；3—管板；4—U 形管；5—导向板；6—隔板；7—抽空气接管；8—U 形管固定板；9—邻近加热器来的疏水管；10—加热器疏水管；11—疏水器；12—疏水器浮球；13—骨架；14—保护板；15—进汽管；16—主凝结水进口管道

节阀具有快速关断性，保护性能好，运行灵活，安全可靠的优点，便于在集控室自动控制，在 300、600MW 机组上普遍采用。

(1) 电动疏水调节阀。如图 2-16 (a) 所示，这种调节阀常用于高压加热器中，当调节阀摇杆转动时，带动杠杆及相铰链的阀杆在上、下轴套之间滑动，使滑阀开大或关小，从而调节疏水量的大小，其控制系统如图 2-16 (b) 所示。动作原理：控制水位计接受加热器壳侧水位变化信号，经差压变送器、比例积分单元、操作单元，最后由电动执行机构操纵疏水调节阀，从而实现对加热器水位的控制。

(2) 气动疏水调节阀。气动疏水调节阀及其气压控制系统如图 2-17 所示，当压力信号输入薄膜气室后，对膜片产生推力，克服弹簧的反作用力，带动推杆上下移动，推杆带动阀杆和阀瓣运动，并通过阀瓣在套筒内的移动来改变套筒窗口流通面积，从而调节疏水量。此外，在阀瓣上还开有均压孔，使作用于阀瓣上下部分的轴向不平衡力大为减小，因此，即使工作在压差较高的条件下也可以用普通执行机构来驱动。当膜片产生的推力与弹簧的反作用力相平衡时，推杆就停止运动，从而使阀门处于某一开度。

根据加热器内疏水水位的变化，气源来的压力为 0.2～1.0MPa 的压缩空气经 BUZ 型气动基地式液位仪表控制转化，气动疏水调节阀气压控制系统输出一个压力控制信号至气动疏水调节阀执行机构的薄膜气室中，操纵疏水调节阀，控制疏水量的大小。

气动基地式液位仪表既能对系统的液位进行现场指示和调节，又可为集控室提供可靠的变送信号。广泛地应用在发电厂的疏水扩容器、除氧器、凝汽器、高压和低压加热器、凝结水箱等需要对液位进行调节的设备中。

3. U 形水封管

U 形水封管是由疏水管自身弯制而成的，其结构简单，安全可靠，但仅适用于两容器间压差小于 0.1MPa 的情况下，当压差大于 0.1MPa 时，将使 U 形管太长，布置困难。因此，它主要应用于低压加热器、轴封加热器、疏水扩容器等低压设备疏水通往凝汽器的管道上。

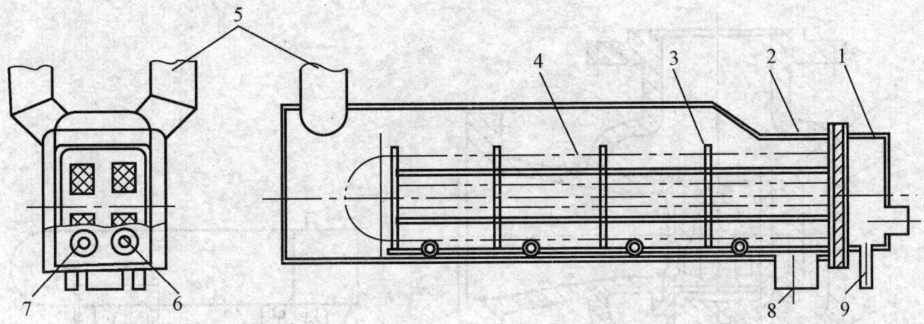

图 2-14　内置式低压加热器结构

1—水室；2—壳体；3—隔板；4—管束；5—进汽口；6、7—凝结水进、出口；8—疏水出口；9—水侧放水口

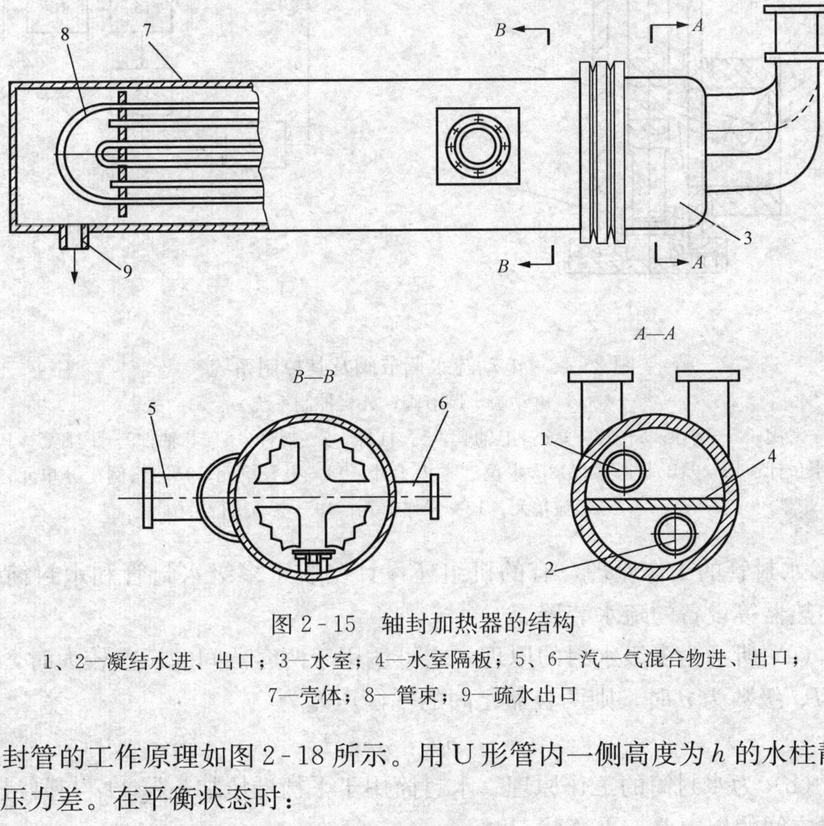

图 2-15　轴封加热器的结构

1、2—凝结水进、出口；3—水室；4—水室隔板；5、6—汽—气混合物进、出口；7—壳体；8—管束；9—疏水出口

U 形水封管的工作原理如图 2-18 所示。用 U 形管内一侧高度为 h 的水柱静压力来平衡两容器间的压力差。在平衡状态时：

$$p_1 = p_2 + \rho g h \tag{2-1}$$

式中　p_1——压力较高容器的内压力，Pa；

p_2——压力较低容器的内压力，Pa；

ρ——凝结水的密度，kg/m^3；

g——重力加速度，m/s^2；

h——U 形管右侧管中凝结水水柱高度，m。

当压力为 p_1 的容器内的凝结水量增加时，U 形管左侧管中水位升高，平衡被破坏，若水位升高为 h_x 时，凝结水就会在富裕静压 $\rho g h_x$ 的作用下疏至压力为 p_2 的容器中。U 形水封管中始终有一段水柱存在，以防止水位过低时蒸汽进入下一级加热器。

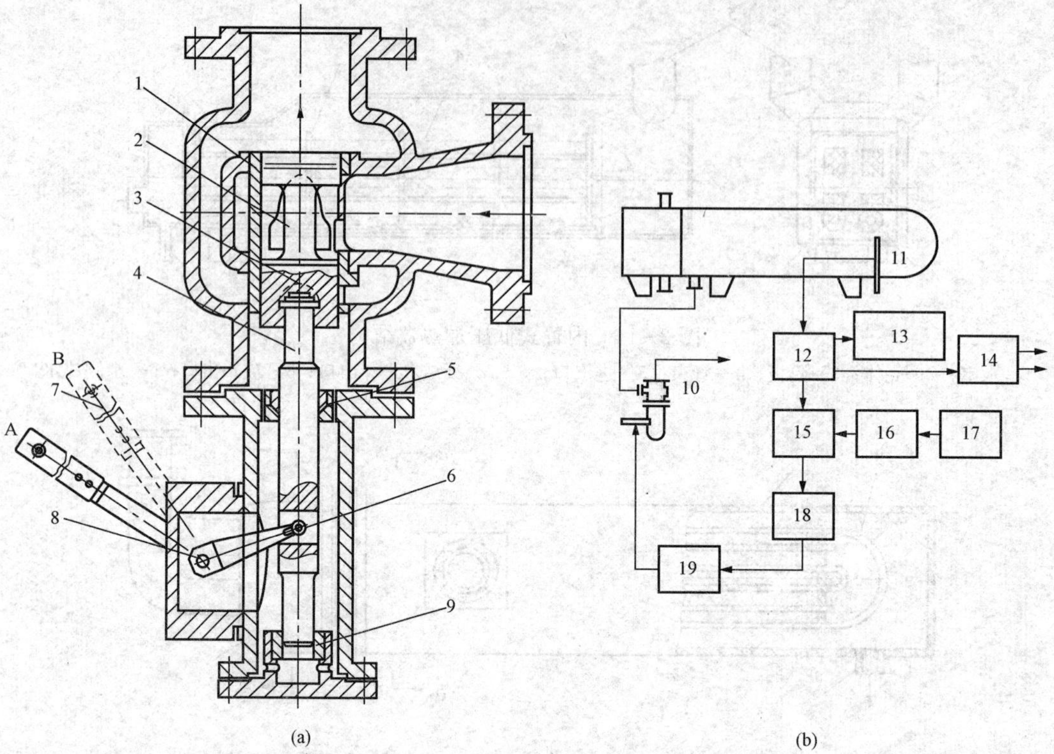

图 2-16 电动疏水调节阀及其控制系统

(a) 电动疏水调节阀；(b) 控制系统

1—滑阀套；2—滑阀；3—钢球；4—阀杆；5—上轴套；6—杠杆；7—摇杆；8—芯轴；9—下轴套；10—疏水调节阀；11—控制水位计；12—差压变送器；13—水位远方指示计；14—报警单元；15—比例积分单元；16—定值单元；17—恒流单元；18—操作单元；19—电动执行机构

根据U形水封管的工作原理，有的机组还设计安装了多级水封管和水封筒作为低压加热器、轴封加热器等设备的疏水装置。

图 2-19（a）所示为多级水封的原理，它可适用于两容器间的压差较大时，当每级水封管的高度为 H、级数为 n 时，则两容器之间的平衡压差为

$$p_1 - p_2 = n\rho gH$$

图 2-19（b）为水封筒的工作原理。水封筒用于平衡低压加热器 H7 与凝汽器、轴封加热器与凝汽器之间的压力差。平衡状态时

$$p_c + \rho gh_c = p_7 + \rho gh_7 = p_s + \rho gh_s$$

式中　p_c、p_7、p_s——凝汽器、H7、轴封加热器内的压力，Pa；

h_c、h_7、h_s——相应凝结水的水柱高度，m。

4. 汽液两相流的疏水自动调节器

汽液两相流疏水自动调节器是基于流体力学理论，采用汽液两相流自平衡原理，利用汽液变化的自调节特性以控制加热器疏水水位而设计的一种新型水位控制器。这种调节器摒弃了传统水位控制器的机械运动部件和电气控制系统，无需外力驱动，执行机构的动力来自本级加热器的蒸汽，所需汽量仅为加热器疏水量的 3‰。

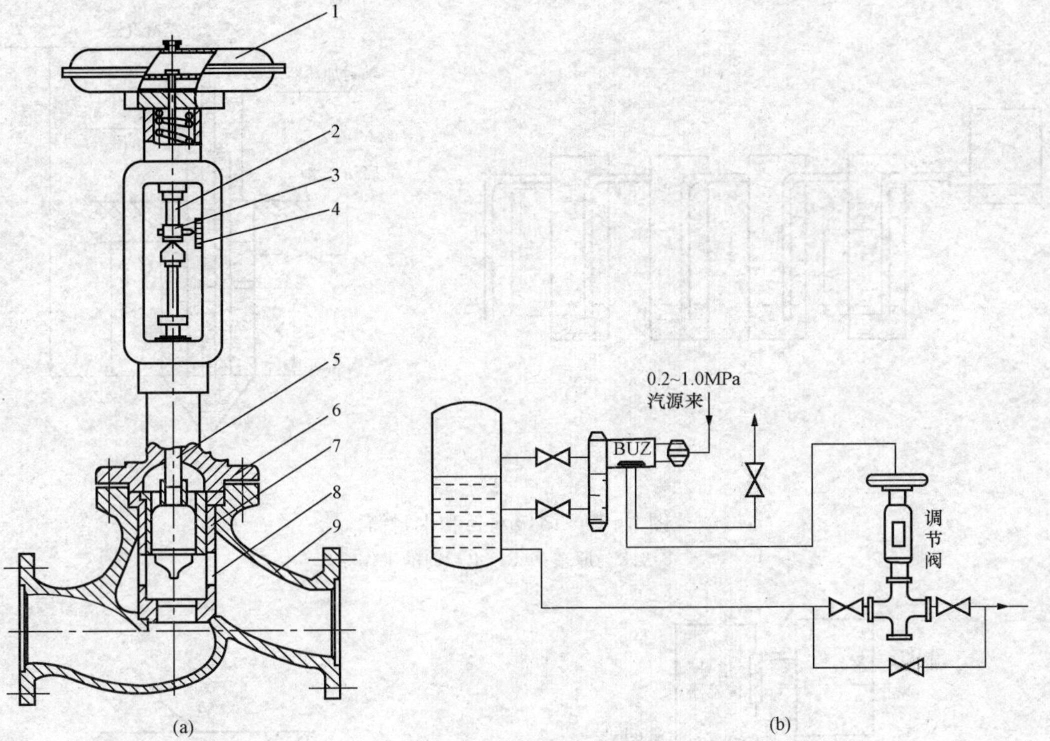

图 2-17　气动疏水调节阀及其气压控制系统

(a) 气动疏水调节阀；(b) 气压控制系统

1—薄膜气室；2—推杆；3—指针；4—标尺；5—阀杆；6—阀盖；7—阀瓣；8—套筒；9—阀体

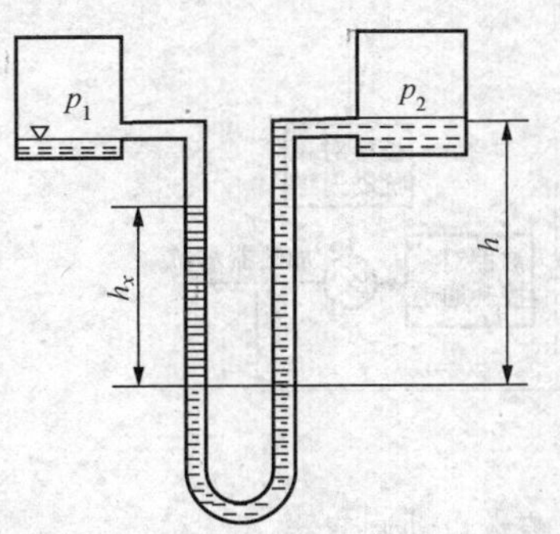

图 2-18　U 形水封管的工作原理

疏水自动调节器主要由信号传感器（信号管）和调节器两部分组成，如图 2-20 所示。信号传感器是一根信号管，它的作用是采集、发送加热器水位信号（液相）和调节用汽量信号（汽相），再进入调节器，完成常规自动控制中的测量、变送、给定值设定、偏差比较、放大运算等功能。

调节器由壳体、喷嘴和扩压段组成，如图 2-21 所示。喷嘴和扩压段组成缩放型通道。疏水进入调节器后，先在喷嘴中收缩加速，来自信号管的一定量的调节蒸汽由喉部缝隙进入，与疏水相互作用后流出调节器。调节阀的作用是控制出口水量，相当于常规自动控制机构中的执行机构。

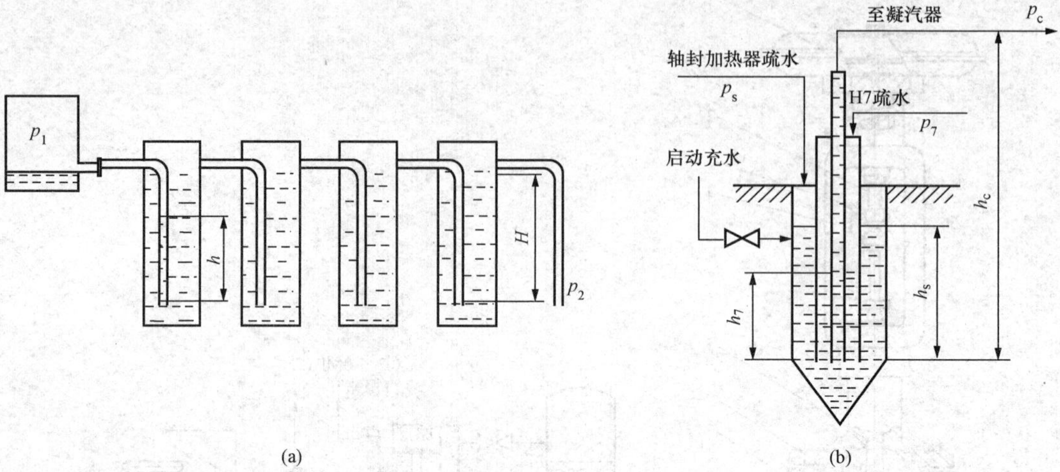

图 2-19　多级水封和水封筒

(a) 多级水封原理；(b) 水封筒的工作原理

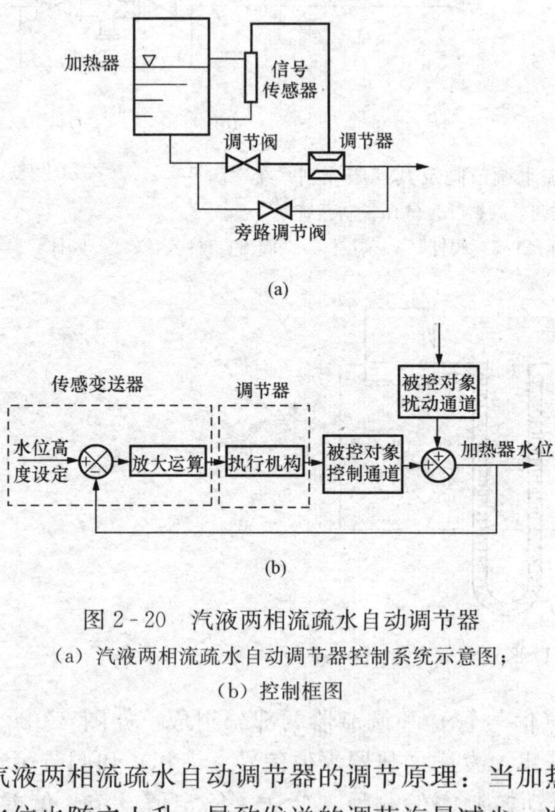

图 2-20　汽液两相流疏水自动调节器

(a) 汽液两相流疏水自动调节器控制系统示意图；

(b) 控制框图

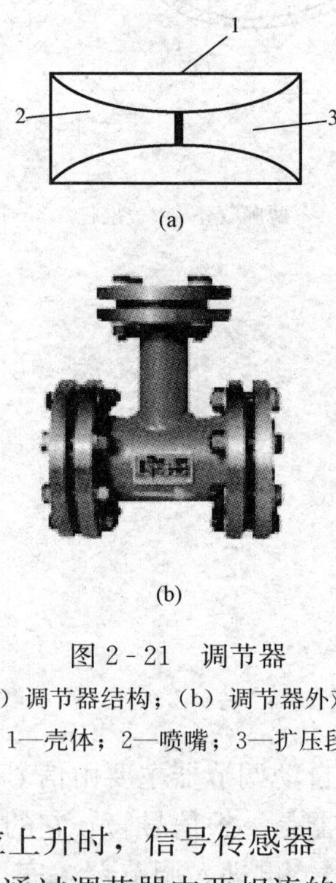

图 2-21　调节器

(a) 调节器结构；(b) 调节器外观图

1—壳体；2—喷嘴；3—扩压段

汽液两相流疏水自动调节器的调节原理：当加热器水位上升时，信号传感器（信号管）内的水位也随之上升，导致发送的调节汽量减少，进而减少通过调节器中两相流的汽量，使得喉部的有效通流面积增加，疏水量增大，加热器水位随之下降，反之亦然。在整个系统内始终存在着上述的动态平衡，从而实现加热器水位的自动控制。

现场运行结果表明，汽液两相流疏水自动调节器水位控制稳定，因为是全密封装置而无泄漏，安全可靠，近十几年来在火力发电机组上得到了广泛的应用。

八、高压加热器自动旁路保护装置

高压加热器由于水侧的给水压力很高，常因制造工艺、检修质量、操作不当等原因而引起给水泄漏事故。为使高压加热器故障时，不中断进入锅炉的给水，在高压加热器给水管道上设置自动旁路保护装置。该装置的作用是：当高压加热器发生故障或管束泄漏时，迅速自动切断高压加热器的进水，同时给水经旁路直接向锅炉供水。

目前，高压加热器上采用的给水自动旁路保护装置主要有水压液动控制式和电气控制式两种形式。

1. 水压液动式旁路保护装置

图 2-22 所示为水压液动式旁路保护装置。该装置由进口联成阀、出口止回阀及控制水管路系统组成。联成阀是由进口阀和旁路阀组合而成，两者共用一个阀瓣。联成阀与出口止回阀通过加热器外部的旁路管相连。正常运行时，联成阀的阀瓣处于最高位置，进口阀全开，旁路阀全关，给水由进口阀进入加热器管束中，在加热器中经蒸汽加热后，顶开出口止回阀流出。联成阀采用低压凝结水控制的外置活塞式结构，当任何一台高压加热器因故障使水位上升超过允许的上限时，电接点液位信号器向控制室报警，同时，接通水位高接点，使电磁阀开启，由凝结水泵出口来的凝结水，经滤网、电磁阀，进入联成阀活塞的上部，活塞在压力水的作用下，克服下部的弹簧力，强行快速关闭进口联成阀，加热器进水中断，出口止回阀因给水失压联动关闭，给水经旁路直接向锅炉供水。同时，相应加热器抽汽管道上的进汽阀和止回阀连锁关闭，高压加热器解列。当电磁阀失灵时，应手动开启电磁阀的旁路阀使保护装置动作。

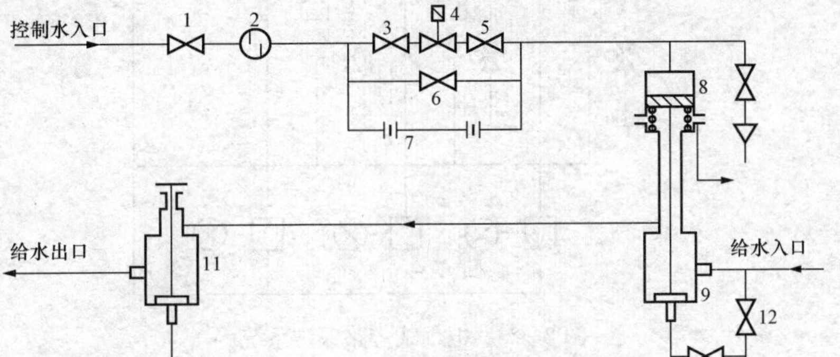

图 2-22　水压液动式旁路保护系统

1、3、5—截止阀；2—滤网；4—电磁阀；6—电磁阀旁路阀；7—节流孔板；8—活塞；9—联成阀；10—高压加热器；11—出口止回阀；12—控制阀；13—注水阀

在高压加热器投入时，可开启联成阀活塞上部的放水阀，使活塞上部泄压，活塞在其下部弹簧力的作用下向上移动，开启进口阀关闭旁路阀，加热器通水。

2. 电气式旁路保护装置

图 2-23 所示为电气式旁路保护装置。该装置由高压加热器进、出口电动阀、旁路电动阀（当采用三通快速关断阀的旁路装置时，无此阀）、事故疏水阀及继电器等组成。上述各

阀门由三台高压加热器的水位信号器通过继电器控制。当任何一台高压加热器故障，汽侧出现高水位危急机组安全运行时，水位信号器发出高水位信号，送到继电器，由继电器接通加热器进、出口阀门和旁路阀电气线路，高压加热器的进、出口阀自动快速关闭，旁路阀快速开启，给水由旁路向锅炉供水。同时，继电器控制事故疏水阀门打开，进行大量疏水，并向控制室声光报警。高压加热器抽汽管上的进汽阀和止回阀也自动关闭，三台高压加热器同时解列。引进型 300MW 机组上采用了三通快速关断阀的旁路保护装置，三通阀始终保证有一路是畅通的。

当全部高压加热器共用一套旁路保护装置时，只要任何一台高压加热器事故，水位达到保护装置动作值时，所有高压加热器都要停运，这将使进入锅炉的给水温度明显下降，若锅炉保持原来的蒸发量则应加大燃煤量，但可能造成过热器超温。同时，当高压加热器全部停运后，由于抽汽量大幅度减少，在机组出力不变的情况下，使汽轮机监视段压力升高，停用抽汽口以后的各级叶片、隔板及轴向推力过负荷。为保证机组安全，机组必须限负荷运行。因此，600MW 及有些 300MW 机组上的高压加热器趋向于采用小旁路，即每一台高压加热器设置一套旁路保护装置，这虽然增加一定的投资，但对于机组的安全经济运行是有利的。

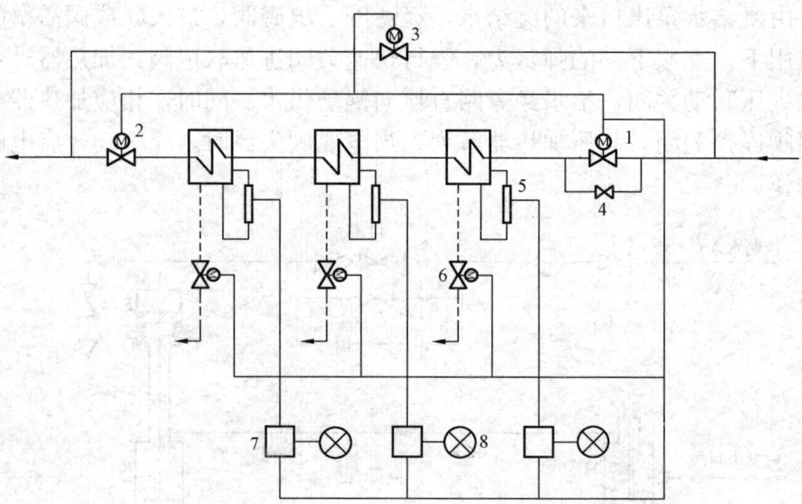

图 2-23　电气式旁路保护系统

1—进水阀；2—出水阀；3—旁路阀；4—启动注水阀；5—水位信号器；6—事故疏水阀；7—继电器；8—信号灯

【任务实施】

一、回热加热器故障及维修

高压加热器的给水在高压高温下工作，从设计制造到运行检修，如某个环节处理不当，可能出现故障，甚至造成设备和人身伤亡的重大事故。如某电厂 U 形管式高压加热器，其水室系铸钢件，投运后铸钢水室爆裂，高压水猛烈喷出，幸未伤人。铸钢件易存在砂眼等缺陷，不适宜于铸造水室，如果不进行探伤检查，会存在隐患。又如某电厂 U 形管式高压加热器疏水出口连接管道上的 90°弯头，在疏水的水、汽两相介质流动长期冲刷下壁厚减薄，最终发生爆破，弯头的碎片冲击到一人而致亡。加热器在运行中出现不正常情况或故障，应及时检查分析，并检修和消除缺陷。下面讨论常见的故障和检修方法。

（一）管口焊缝泄漏

高压加热器最严重和最常见的故障是管子与管板连接处的管口焊缝泄漏或管子本身的泄漏破裂，可引起高压给水猛烈流入汽侧壳体，从而倒灌入汽轮机，严重时超压爆破高压加热器汽侧壳体。在迫使高压加热器停运的各种故障中，管口焊缝和管子本身泄漏占主要原因。运行中管口和管子泄漏表现出的现象：①保护装置动作，高压加热器自动解列，并且高压给水侧压力可能下降；②壳侧安全阀动作；③疏水水位持续上升，疏水调节阀开至最大仍不能维持正常水位。发生上述三种情况中的任何一种，都可能是高压加热器泄漏，必须立即停运检查。

1. 管口焊缝泄漏的主要原因

（1）热应力过大。在高压加热器启动、停运过程中，高压加热器的温升率、温降率超过规定，使高压加热器的管子和管板受到较大的热应力，使管子和管板相连接的焊缝或胀接处发生损坏，引起端口泄漏。如果汽侧停止供汽过快，或汽侧停止供汽后，水侧仍继续进入给水，在这两种情况下，因管子的管壁薄，所以在管板管孔内的管段收缩很快。而管板的厚度大，收缩慢，常导致管子与管板的焊缝或胀接处损坏。所以规定高压加热器温升率允许值2～5℃/min，而在主机或高压加热器故障骤然停运高压加热器时，温降率允许值只有1.7～2.0℃/min。

（2）管板变形。管子与管板相连，管板变形会使管子的端口发生泄漏。高压加热器管板水侧压力高、温度低，汽侧则压力低、温度高，尤其有内置式疏水冷却段时，温差更大。如果管板的厚度不够，则管板会有一定的变形。管板中心会向压力低、温度高的汽侧鼓凸，在水侧，管板则发生中心凹陷。在主机负荷变化时，高压加热器汽侧压力和温度相应变化。尤其在调峰幅度大、调峰速度过快或负荷突变时，在使用定速给水泵的条件下，水侧压力也会发生较大的变化，甚至可能超过高压加热器给水的额定压力。这些变化会使管板发生变形导致管子端口泄漏或管板发生永久变形。如果高压加热器的进汽门内漏，则在主机运行中停运高压加热器后，会使高压加热器水侧被加热而定容升压，如水侧无安全阀或安全阀失灵时，压力可能升得很高，也会使管板变形。

（3）堵管工艺不当。堵管是U形管高压加热器管系泄漏的一种修理手段。但如果采用的堵管方法和工艺不当，不仅不能解决管系的泄漏，反而会引起更严重的损坏，形成越堵越漏的情况。

（4）制造质量不良。在高压加热器的制造方面，管子与管板之间的焊接和胀接技术要求高压加热器的管板材质是合金钢，高压加热器的管子材质是低碳钢，焊接前需要在管板上堆焊一层低碳钢。往往由于堆焊技术不过关，以致留有焊接缺陷。在胀接上，有用爆炸胀接的，也有用机械胀接的，均有许多工艺技术问题，很容易留有缺陷。

防止高压加热器管子端口泄漏，除了高压加热器制造上应有足够厚度的管板，有良好的管孔加工、堆焊、管子胀接、焊接工艺外，运行上要使高压加热器在起停时的温升率、温降率超过规定，水侧要有安全阀防止超压，检修时要有正确的堵管工艺。

2. 查漏方法及检修

首先检查保护装置系统的各阀门、管道等，然后查壳侧安全阀、疏水调节阀及其自控系统，若确实无故障，再检查高压加热器本体。检查高压加热器本体最简单的方法是放空查漏。水侧承受高压给水，可靠关断进汽阀及汽侧各阀，打开壳体底部放水阀放空疏水，经较长时间以后，壳内残存的疏水和蒸汽已经放尽，此时若看不到水流下滴，即说明管无泄漏，如发现连续不断滴下的水流，说明可能有管子或管口泄漏了。

在管侧和壳侧都停运后找漏的最简便方法是做盛水试验，打开水室并冷却后，往水室内灌水直至水位与管口齐平，如发现某根管子内水位略低于管口，可再添水观察，如仍略低于管口，则可认为管口连接泄漏。如发现某管子内水位下降得非常低甚至看不见，则管子可能破裂了。但由于种种原因即使管内水位降低仍可能管子没有破裂，所以判断破管必须慎重。

本体查漏可靠的方法是做气密性试验。对管板—U形管式的高压加热器，先开启水、汽两侧放空和放水阀，加热器内压力降至零，再缓开人孔，并排除水室内剩水，拆除螺栓连接着的分流隔板，清理管板表面。封闭壳体上所有接口，然后往壳体内充气（立式高压加热器在壳体内灌水，仅在管板以下留一百至数百毫米空间充气，可减少所充气体的用量），并充气升压，可充氮气或压缩空气，气压一般为0.6～1.5MPa。气压越高，就越容易发现泄漏，但不得超过高压加热器规定的气密性试验压力，并且不超过壳体设计压力。人进入水室在管板表面涂肥皂液，若发现鼓气泡，表明该处管口焊缝泄漏；若管内有气体或水冲出，则表明该管子损坏。

进入水室内部检修前，应适当通风。例如可吹入空气以冷却水室，不应该向管板大量浇水，容易引起管口的温度应力。修补管口焊缝的缺陷，可用尖头凿子铲去缺陷部位，或用旋转的刀具切削，把管口清理干净，除去水分，使之干燥，用ϕ2.5以内小直径的“镍307”镍基合金类的焊条补焊（在没有该类焊条情况下，对水侧设计压力不超过24MPa的超高压机组以下的高压加热器可用“奥502”类不锈钢焊条），补焊面积不宜扩大，仅在焊缝铲去部分补焊上即可。不论何种缺陷，在修补或堵管以后，必须重新做气密性试验等，证明不漏时，才算完成。进入加热器内部焊接等修补工作时，切不可使用氯化物溶剂如四氯化碳或其他类似的溶剂，以保人身安全。

（二）管束泄漏

加热器管束发生泄漏是加热器系统中比较难处理的一种故障，需要停止高压加热器系统的运行，经过冷却，才能处理。处理时，由于水室位置很窄小，工作条件很差，有许多困难。为了防止这类故障的重复发生，除了制造厂提高制造质量外，必须在每次故障中，分析故障原因，并在以后的运行维修中采取相应的措施。

1. 高压加热器管束泄漏危害

高压加热器管束泄漏会对机组的安全经济运行带来不利的影响。单台高压加热器泄漏会恶化其他高压加热器的工作环境。如某电厂N300-16.5/550/550型汽轮机，当3号和2号高压加热器中任何一台因泄漏降低换热效果或解列时，都会使下一台高压加热器处于超负荷状态运行，会产生过大的热应力，造成管束与管板连接处产生泄漏，使事故扩大。同时，因高压加热器泄漏而解列使锅炉给水温度降低，煤耗率增加，大大降低了机组的经济性。当加热器停运后使给水温度明显下降，还会威胁着机、炉的安全。

2. 加热器管束发生泄漏的原因

加热器管束发生泄漏的主要原因是管子本身的问题，如管子质量不好、管子振动、管子锈蚀损坏、热应力过大、管口处的管子冲刷磨蚀及超压等。另外还有上级疏水的扩容冲击、疏水水位不稳定、管束漏水对周围管子的破坏、需爆炸胀管的管子有可能把管子爆胀出裂纹造成隐患及检修工艺差等原因。

3. 管束泄漏后的处理

管子破裂缺陷，不能用补焊手段消除，只能堵管。堵管将减少传热面积及增加管内给水流速。因此对这类缺陷判别必须慎重。

（1）泄漏记录。发现管子泄漏后，不能单纯地急于堵焊，首先要编制两个重要技术记录：一个是确定损坏的管子所处的方位，即损坏的管子在整个管束中对其他管子的相对位置的记录，也就是将损坏的管子在管板图上标记清楚，并注明损坏的时间、损坏情况和当时的运行情况；另一个记录是确定该损坏点在管子上的深度，即确定由管板表面顺管子到损坏点的纵向距离。这些记录是加热器发生泄漏时判断损坏原因和应采取措施的依据，也是判断今后可能发生故障的依据。

（2）泄漏情况的初步估计。①当发现高压加热器泄漏时，根据泄漏的水量可初步估计是管子漏还是焊缝漏。一般情况下，漏水量大的是管子本身漏，漏水量小的是焊缝漏。②在汽侧通 0.6～0.8MPa 压缩空气后，把认为有泄漏的高压加热器人孔盖打开，如果听到漏汽声很大，就可确定是管子漏；如果听不出漏汽声，则应仔细观察水室内有无出气泡处，这种情况大多是焊缝漏。③顺置正立式高压加热器如果水室内无存水，查出水位最低的管子就是管子泄漏的管头。

（3）检漏方法。检查管束泄漏的常用方法见表 2-1。

表 2-1　管束泄漏检查方法

<table>
<tr><th>检漏方法</th><th colspan="2">加热器形式</th><th>泄漏部位</th><th>说　明</th></tr>
<tr><td>内窥镜涡流探伤仪</td><td colspan="2">水室结构加热器</td><td>管束</td><td>把内窥镜或涡流探伤仪探头插入管子内可直接观察</td></tr>
<tr><td>气压法</td><td colspan="2">水室结构加热器</td><td>管子与管板连接处</td><td>壳侧充气，管板面涂肥皂水，观察起泡情况对正立式加热器也可在水室灌水，观察气泡</td></tr>
<tr><td rowspan="3">注水法</td><td rowspan="2">水室结构</td><td>正立式</td><td>管束</td><td>由水室注水至管口平面，不能维持满水的即为漏管</td></tr>
<tr><td>卧式、倒立式</td><td>管束</td><td>壳侧注水，有水从管口流出的为漏管</td></tr>
<tr><td colspan="2">联箱结构</td><td>管子或焊缝</td><td>管侧注水，拆除外壳观察泄漏点</td></tr>
<tr><td>真空法</td><td colspan="2">水室结构低加热器</td><td>管子或管子与管板连接处</td><td>壳侧抽真空，用烛火靠近管板移动，按火焰偏斜与否确定泄漏点</td></tr>
</table>

用内窥镜或涡流探伤仪不仅可以观察或探测到管子是否有破损泄漏的情况，还可以确定漏点的位置、方向，从而判断相邻管子受影响的可能，对堵管方案和数量提供可靠的依据。涡流探伤仪还能探测尚未泄漏的管子的受损情况，以便提前做出处理。常规的涡流检测技术以其检测速度快、灵敏度高、缺陷信号分析方法成熟等优点，已被广泛应用于电力、石化等行业的非铁磁性金属材料钢管（如奥氏体不锈钢、铝合金、钛合金和铜合金等）的检测。但这种检测技术无法检测碳素钢和低合金钢等铁磁性金属材料换热管的外壁缺陷。新兴的远场涡流管道检测技术，不仅可检测管内损伤，也能检测加热器管束内部肉眼观察不到的管外损伤，且检测速度快。图 2-24 所示为 ET-556H 远场涡流仪和检测用远场探头。

4. 加热器管束泄漏的处理

（1）焊补管口。损坏的管子，如果只是管口泄漏且可以看到泄漏点只是原来的焊缝有一

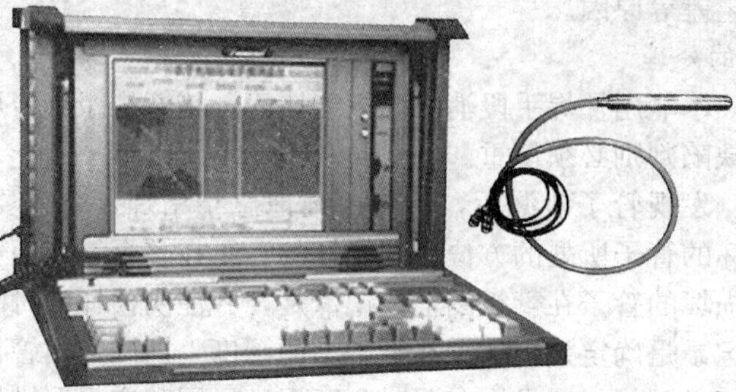

图 2-24 ET-556H 远场涡流仪和检测用远场探头

个微小的孔眼，则可以焊补管口后试用。补焊时切忌堆焊过多，使焊接应力损坏其邻近的管子。

对于有泄漏的焊缝，一般情况下不必将焊缝全部重焊，只要准确找出漏点，再根据具体情况进行局部修补。管子内侧焊缝的泄漏点一般在距管板面 3～6mm 处。焊补前，先用小尖铲将焊缝上面的焊肉铲去，使泄漏点露出，挑去杂物，再用带圆头的扁铲锤击泄漏处，并用喷灯或氧—乙炔焰适当加热烤干水迹。焊补时，用经过 300℃ 3h 烘烤的"奥 312"焊条或其他高镍不锈钢焊条焊第一遍后，再用带圆头的小扁铲锤击焊缝，然后焊第二遍。

(2) 堵焊管口。如果不是管口焊缝泄漏，而是管子损坏，则应将这根管子的两端管口用堵头焊接封堵，这项工作应严格地按制造厂提供的工艺进行，其要点见本节二、(三) 高压加热器的堵管工艺。

(3) 焊补后的检漏。焊补后的检漏是很重要的一环，特别是当漏量大、漏点多时更显得有必要。有些微小的泄漏点只有在大漏处焊好后才能检查出来，检修人员千万不要忽视这一点。焊补后的检漏，一般在汽侧打压缩空气至 0.6～0.8MPa，在水室侧可用肥皂液或洗衣粉液涂抹检查。如果没有发现漏汽，则再用水封，使水位高出板面 10～20mm，仔细检查，确认不存在任何泄漏后才可投入运行。

二、高压加热器检修

(一) 管板—U 形管式高压加热器的检修工艺

(1) 打开水室人孔门 (卸下人孔盖板)。

(2) 卸下水室隔板盖、整流板。

(3) 进行给水进出口旁的加热管内径测量及宏观检查加热管，内径测量方法：①抽样选定给水进口旁 10 根加热管，出口旁 10 根加热管，并记录位置；②从管端起 15、30、50mm 的三个位置上分别在水平和垂直方向进行测量；③测量器具为内径千分尺，在上述检查中若发现加热管厚度减薄，必要时应加以处理。

(4) 对筒体进行气压试验或在气侧安全阀解开后从安全阀法兰处向汽侧加水。加入前需将汽侧各疏放水门关闭，进行上水找漏；也可以用涡流探伤方法进行加热管找漏。查出泄漏处，进行堵管。泄漏管堵死的根数不能大于加热管总数的 10%，否则要进行更换。

(5) 清扫水室内的污垢。

(6) 换上新的隔板及水室隔板衬垫后，恢复原状。

(7) 更换新的人孔门垫，封人孔门。

（二）高压加热器自密封式水室人孔盖的拆卸与装复

1. 自密封式水室人孔盖的拆卸

拆高压加热器水室的人孔盖应配备一套专用的拆装工具，如图 2-25 所示。所有组件在拆卸前均需打上配合标记。人孔盖的拆卸方法如下：

（1）拆除固定人孔盖的一侧双头螺栓和压条（保留另一半，不使人孔盖落下）。

（2）将拆装托架固定在人孔座上，然后把拆卸装置配在托架上，用螺栓与人孔盖中心螺孔相连接。

（3）用手动葫芦及钢丝绳一端连接在固定物上，另一端与拆卸装置连接，再拆除固定人孔盖的另一侧双头螺栓和压条。

（4）缓慢松动手动葫芦，将专用工具与人孔盖向水室里移动。移动时注意采取适当的保护措施，以免损坏人孔盖；同时逆时针方向旋转拆卸装置的螺杆，一直旋转到人孔盖与拆卸装置贴紧。

（5）将人孔盖旋转 90°，然后打紧手动葫芦，将人孔盖及拆卸装置拉出，从拆卸装置上取下人孔盖。

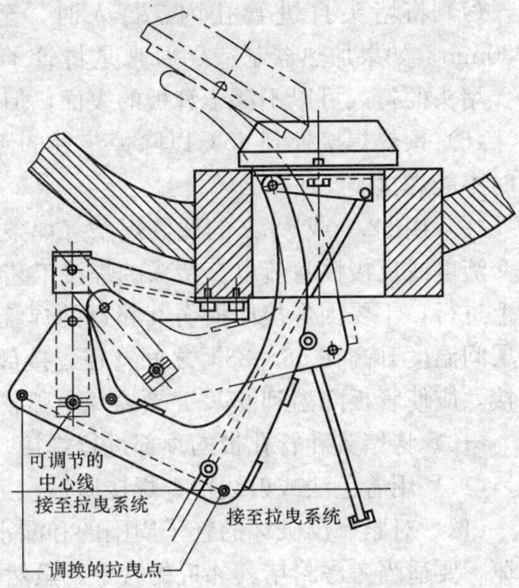

图 2-25　水室人孔盖拆卸专用工具

2. 水室人孔盖装复

装复前，检查和清理人孔盖和孔座，其结合面应无凸起和毛刺。所有的螺纹表面应清理干净，双头螺栓应涂擦二硫化钼；各结合面的垫片应换新，按拆卸顺序的逆步骤组装。

充压后若有泄漏，可再旋紧螺母。但应注意，不能旋得过紧，因其为自密封结构，一旦泄压后，螺栓会因过紧而不易拆卸。

（三）高压加热器的堵管工艺

堵管前应准备好所需的工具、材料和设备，主要有直流逆变电焊机，内孔直径测量器具，钻削、磨削工具，小型车床，金属探伤仪等，并检查、试验其处于良好状态。堵管的操作要点如下：

（1）用与损坏的管子标称外径相同直径的风钻，将该管子的两个管口钻深 60mm。

（2）用直槽扩孔铰刀清除残留的管壁。

（3）铲除或磨削除去先前的焊接金属，使之与管板齐平。

（4）清除和抛光管孔后，用千分卡尺精确测定管子两端管孔的确切内径。

（5）用与管子相同的材料制作堵封用的焊接堵头。堵头的外形尺寸可依据长 50mm、锥度按 0.002/1.0mm 加工，以便与管孔配合并能打进管孔。锥形堵头的大头，最少要比管孔大 0.025mm，但不得大于 0.05mm，以免邻接的管板受到过大的应力。用平头钻在堵头的大头钻上一个深 6.35mm，留下壁厚 3.20mm 的孔眼，这个孔眼是用于减少焊接时产生的应力的，这样的堵头应该事先制作好备用。在应用时，如果与管子比较堵头太粗，可以车细一些；如果堵头太长，可以锯短一些。但必须在打入管孔后，不但堵头与管孔结合严密，而且必须仍留有上述的用于减少焊接应力的孔眼。

(6) 清理管孔和堵头，清除所有氧化层、水分、潮气、油脂和油污，最后用纯丙酮洗净。不得使用氯化剂，如四氯化碳、三氯乙烯、聚氯乙烯及其他溶剂。因为这类物质危害人体健康，其残留物还将损害焊接金属，使之在其后的正常运转中破裂。

(7) 将堵头打进管孔内。打入时，至少应打进管板平面里面 3.20mm，但不超过 4.80mm。如果加热器制造厂原来是将管子端口露出在管板表面以上再焊接的，则在修理时，堵头的打入可以不深于管板的表面，但在管板表面以上的高度不应大于 2.0mm。

(8) 预热焊接处到 65℃以除掉该处的潮气，并保持焊接面干燥，漏水、漏汽或湿度过高时不能焊接。

(9) 用 ϕ2.5 或 ϕ3.2 的低氢焊条（焊条要经过干燥），将堵头密封焊接到管板上，电源用交流电或反极性直流电。堵头的焊接工艺必须特别注意，焊接工作要在管板平面以下的管口上进行，不要因焊接而损伤其邻近的焊缝。管板的平均温度要严格控制在接近 65℃，保持层间温度升高在 56～83℃之间。在焊接部位的邻近范围达到 120～150℃时，不能再继续焊接，应使管板降温到 65℃。要避免电弧伤及邻近的管子端部和管子与管板间的密封焊缝。

(10) 将堵头和管孔带的顶部进行焊接。使用起弧板起弧和停弧，并注意及时除去焊渣。

(11) 用着色法或射线检查焊接质量。

(12) 对紧靠已破坏的管子周围的和漏水直冲道上的某些管子进行保护焊接。一根管子损坏，要适当考虑封堵其邻近的管子。虽然邻近的管子尚未泄漏但可能已被冲刷损坏，应防止再发生泄漏。

(13) 将管道被冲刷的部位修补、复原。对管道有冲刷的部位应按焊大切割面积的要求打磨成焊角凹坑，按焊接要求使用焊条。焊接时采用条状焊道及热处理工艺，并注意做到：①打磨焊缝起弧点和停弧点；②错开起弧点和停弧点；③对最初三层焊缝每隔一层焊缝锤击一次，但不能锤击表面焊层。进行此项工作时，必须十分小心，不要因过热或过重锤击、敲错部位而损坏附近密封焊缝和孔带。用 ϕ2.5 的焊条，按工艺要求逐步堆焊管板表面，直到堆焊完三层为止。在焊下道焊缝前必须除去焊渣。当大范围补焊需在起弧板上大量的起弧和停弧时，则每次起弧和停弧后，就要活动一下起弧板以免粘牢。在整个打磨区堆焊好三层后让其冷却，并从焊道上除去所有的焊渣。

(14) 焊接完成后对补焊区域进行着色检查，打磨和修补所有显示的缺陷。

(15) 进行压力试验，检查泄漏。修理工作全部完成后，应在汽侧用允许的最高试验压力进行一次水压试验（最低要达到运行压力，但不得高于设计压力的 1.5 倍），水压试验的温度应按制造厂说明书的规定执行。水压试验前可先用压缩空气做气压试验，其压力不得大于汽侧设计压力的一半或不大于 0.8MPa。

三、低压加热器检修工艺

(一) 卧式低压加热器检修工艺

(1) 拆卸低压加热器人孔门螺丝，打开人孔门，清扫人孔门结合面。结合面垫料要用刮刀除净，清扫时不得碰伤结合面。人孔门紧固螺栓要清扫丝扣锈垢。对于丝扣乱丝、毛刺要用什锦锉修理；修后螺栓要涂黑铅粉，螺帽应进退灵活。

(2) 清扫水室管板锈垢，注意不要损伤管口，必要时用圆毛刷子接长杠逐根清扫管内壁污垢。

(3) 涡流探伤各管或汽侧注水进行水压找漏；遇有泄漏管应用专用堵将泄漏管堵死，注意堵管数不可超过总管数的10%，否则应予以更换。

(4) 人孔门结合面垫料可采用缠绕垫或高压石棉垫，高压石棉垫需涂黑铅粉。

(5) 紧人孔门螺丝要对称紧固，不可紧偏。

(6) 组装结束后，应对水侧进行水压试验，水压试验压力下应保持5min不漏。

(二) 立式低压加热器检修工艺

1. 解体

(1) 解体前要打开汽侧放空气门、放水门及水侧放水门，确认内部蒸汽压力到“0”方可进行解体。

(2) 拆卸出、进口水管法兰螺丝，加热器上盖拉筋螺丝及结合面大螺丝，吊开水室上盖。

2. 检修

(1) 清扫水室管板锈垢。

(2) 必要时用圆毛刷子接长杠逐根清扫钢管内壁污垢。

(3) 灌净水水压找漏，注水时应从钢管一端逐根注入U形管，另一端冒水排出管内空气，然后静置2～4h。泄漏管用堵头堵上，管子堵管量不得超过10%，否则应予以更换。

(4) 结合面垫料要用刮刀除净，清扫时不得碰伤结合面；紧固螺丝要清扫丝扣锈垢，对于丝扣乱丝、毛刺要用什锦锉修理；修后要涂黑铅粉，螺帽要进退灵活。

3. 组装

(1) 结合面垫料采用高压石棉板，涂黑铅粉，拉筋螺丝采用紫铜垫圈或缠绕垫。

(2) 紧结合面螺丝要先紧四面销子螺丝，然后对称紧四周螺丝。

(3) 低压加热器组装结束后，进行水侧水压试验。

(三) 管束更换工艺

预制与其管束架相配的钢结构固定架，如图2-26所示。

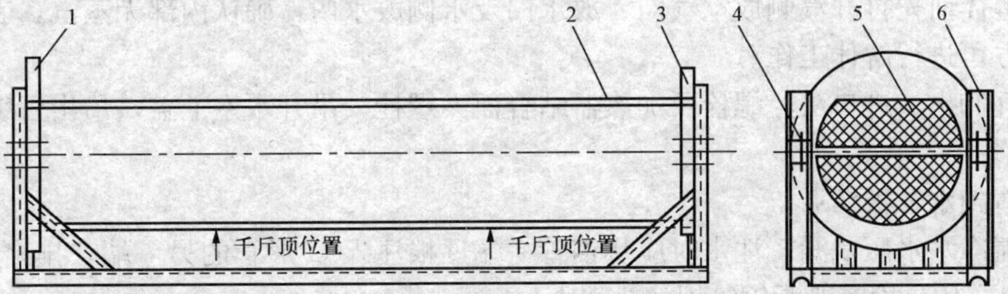

图2-26　管束固定架

1、3—管板；2、5—管束；4—固定螺栓；6—固定架

管束更换过程中，低压加热器的拆卸、装复及水压试验均与正常检修相同，此处不再介绍。现着重介绍更换钢管时所必须做的工作。

(1) 用起重机具把加热器管束移至固定架上。两端管板与地平面应保持垂直，管束底部用两只千斤顶顶紧，防止整个管束架弯曲变形。

(2) 校对管束架外形尺寸，做好记录。

（3）拆除过热段隔板，做好配合标记。

（4）可采用手锯、长柄扁凿等方法将距管板两端150～200mm的钢管割断拔出；保管好每根钢管间的防振插条，并做好位置记录。抽钢管的顺序应由上至下逐排进行。

（5）将磁座电钻固定在管板上。因磁座电钻要不断地改变工作位置，为防止它失磁跌落，可用滑轮与平衡物配合，保持磁座电钻的平稳安全工作。用ϕ14.5的钻头钻去孔板内钢管，注意钻头应与管孔同心，以防损伤管板。

（6）剔除钢管后应逐孔用ϕ13电钻配备ϕ8～ϕ20圆柱形钢丝刷清理管板孔，直到管孔露出金属光泽后，用压缩空气吹净。

（7）检查管板孔内无毛刺或纵向划痕，否则应用绞刀绞光。绞过的孔，做好记号，量出孔径，以便在以后的胀管工作中区别对待。

（8）复测去掉钢管后的两端管板的垂直位置。

（9）穿新钢管的顺序为由下到上，上下、左右之间，特别是在通过隔板时绝对不能弄错。穿管前钢管两端约100mm长的一段用砂纸打磨干净，露出金属光泽。搬运钢管时应做到轻拿轻放，钢管长度应比标准尺寸长5～8mm。

（10）穿管工作结束后，使管束出水侧管口与管板保持平齐，注意不能插到管板内。

（11）在胀管之前，每根钢管两端的孔内均需涂上少量牛油做润滑剂。钢管的一端进行胀管时，另一端应用铁棒等工具压住，以防钢管在管板孔内转动。胀管工作可在管板两侧同时进行，但必须是交换对角进行。

（12）再一次复测两端管板的垂直度及整体管束架长度，垂直度误差应小于0.02mm/m，整体长度误差应控制在±3mm范围之内。

（13）管束进水侧管口应伸出管板2mm，多余部分可用割管器割去，然后用翻边工具对管口伸出部分翻边。

（14）清洁管束架，插入防振条，回装过热段隔板，加热器管束架复位。

（四）轴封加热器检修工艺

1. 解体

（1）解体前先打开汽侧放空气门、放水门及水侧放水门，确认内部无蒸汽，表计压力到“0”后，方可进行解体工作。

（2）拆卸出、进口法兰螺栓及加热器结合面大螺栓，吊开水室上盖，吊出管束。

2. 检修

（1）清扫水管板锈垢。

（2）灌净水水压找漏，注水时应从钢管一端逐根注入U形管的另一端，排出管内空气，然后静放2～4h，检查泄漏钢管用堵头堵上。

（3）结合面垫料要用刮刀除净，清扫时不能碰伤结合面。紧固螺栓，清扫丝扣锈垢，如有丝扣乱丝、毛刺要用什锦锉修理。

（4）螺栓修后涂黑铅粉，螺帽应能灵活进退。

3. 组装

（1）结合面垫料采用高压石棉板，涂黑铅粉。

（2）紧结合面螺栓要对称紧，然后周围用螺栓把紧。

⇨【能力训练】

1. 分析高压加热器管束泄漏的原因，并简述处理的方法。

2. 按照卧式低压加热器的检修步骤完成加热器检修训练。

任务二 除氧器及其检修

⇨【任务目标】

掌握除氧器的基本结构及工作原理，能进行除氧器检修工作。

⇨【知识准备】

一、给水除氧的作用与方法

1. 给水除氧的作用

当水与空气接触时，就会有一部分气体溶解到水中去。给水系统溶解于水中的气体主要来源有两个：一是补充水带进；二是处于真空状态下的热力设备（凝汽器和部分低压加热器等）及管道附件不严密漏进了空气。

给水中溶解气体，会带来以下危害：

(1) 腐蚀热力设备及管道，降低其工作可靠性与使用寿命。给水中溶解的气体危害最大的是氧气，它会对金属材料产生腐蚀，其次是二氧化碳，它会加快氧腐蚀。在高温条件下及水的碱性较弱时，氧腐蚀将加剧。如给水中溶有 0.03mg/L 的氧，高温下工作的给水管道及省煤器在短期内就会出现穿孔的点状腐蚀，对锅炉安全威胁很大，同时会对汽轮机通流部分、汽水管道、回热系统的设备产生氧腐蚀损坏。

(2) 阻碍传热，降低热力设备的热经济性。不凝结气体附着在传热面上及氧化物沉积形成的盐垢，会增大传热热阻，使热力设备传热恶化。同时，氧化物沉积在汽轮机叶片上，会导致汽轮机出力下降和轴向推力的增加。

因此，给水除氧的任务是除去水中的氧气和其他不凝结气体，防止热力设备腐蚀和传热恶化，保证热力设备的安全经济运行。

为突出除氧，给水的除气习惯上都称为除氧，除气装置称为除氧器。

GB/T 12145—2008 规定，控制给水溶氧量的指标为：对工作压力为 5.78MPa 以下锅炉，给水溶氧量应小于 15μg/L；对工作压力为 5.88MPa 以上的锅炉，给水溶氧量应小于 7μg/L；对于亚临界和超临界参数的锅炉，给水则应彻底除氧。

2. 除氧的方法

给水除氧的方法有化学除氧和物理除氧两种。

化学除氧法是利用某些易与氧发生化学反应的化学药剂，使之与水中溶解的氧发生化学反应，生成对金属不产生腐蚀的物质而达到除氧的目的。化学除氧法只能彻底除去水中的氧，而不能除去其他气体，同时生成的氧化物将增加给水中可溶性盐类的含量，且药剂价格昂贵。所以只有在要求彻底除氧的亚临界及以上参数的电厂，才作为一种辅助的除氧手段。这些电厂一般都采用联氨作为药剂，因为它具有给水的彻底除氧和维持给水有较高的 pH 值（将联氨转化成氨）的双重作用，且除氧过程中不产生新的盐类。

物理除氧法用得最广泛的是热力除氧。这种方法成本低，不但能除去水中溶解的氧气，还可除去水中溶解的其他不凝结气体，且没有任何残留物质。因此除核电厂外所有火电厂都无例外地用热力除氧。

二、热力除氧原理

热力除氧原理是以亨利定律和道尔顿定律作为理论基础的。

亨利定律指出：在一定温度下，当溶于水中的气体与自水中离析的气体处于动平衡状态时，单位体积水中溶解的气体量和水面上该气体的分压力成正比，可表示为

$$b = k\frac{p_f}{p} \tag{2-2}$$

式中 b——气体在水中的溶解量，mg/L；

p_f——动平衡状态下水面上气体的分压力，Pa；

p——水面上的全压力，Pa；

k——气体的质量溶解度系数，mg/L。

k 的大小随气体种类和温度而定。定压下，氧气及二氧化碳气体在水中的溶解度随着温度的提高而下降。

在除氧器中，某气体在水中的溶解与离析处于动平衡时的分压力称为平衡压力 P_b，由式（2-2）可知，平衡压力的表达式为

$$p_b = \frac{b}{k}p \tag{2-3}$$

根据亨利定律，如果水面上某气体的实际分压力小于水中溶解气体所对应的平衡压力 p_b，则该气体就会在不平衡压差 $\Delta p = p_b - p_f$ 的作用下，自水中离析出来，直至达到新的平衡为止。如果能从水面上完全清除气体，使气体的实际分压力为零，就可以把气体从水中完全除去。这就是热力除氧的基本原理。

道尔顿定律为我们提供了将水面上气体的分压力降为零的方法。它指出：混合气体的全压力等于各组成气体的分压力之和。

在除氧器中，除氧器水面上的全压力 p 等于水中溶解的各种气体的分压力 p_f 及水蒸气的分压力 p_{H_2O}之和，其表达式为

$$p = p_f + p_{H_2O} \tag{2-4}$$

给水定压加热时，随着水蒸发过程的进行，水面上的蒸汽量不断增加，蒸汽的分压力逐渐升高，及时排出气体，相应地水面上各种气体的分压力不断降低。当水被加热到除氧器压力下的饱和温度时，水大量蒸发，水蒸气的分压力就会接近水面上的全压力，随着气体的不断排出，水面上各种气体的分压力将趋近于零，于是溶解于水中的气体将会从水中逸出而被除去。

热力除氧是个传热传质过程，要保证理想的除氧效果，必须满足下面的条件：

（1）一定要把水加热到除氧器压力下的饱和温度，以保证水面上水蒸气的压力接近于水面上的全压力。实验证明：即使有少量的加热不足，都会引起除氧效果的恶化。如图 2-27 所示，在大气压力下，水加热不足 1℃时，水中的含氧量就接近 0.2mg/L。

（2）必须将水中逸出的气体及时排出，使水面上各种气体的分压力减至零或最小。

（3）被除氧的水与加热蒸汽应有足够的接触面积，且两者逆向流动，这样不仅强化传

热，而且保证有较大的不平衡压差，使气体易于从水中离析出来。

气体自水中离析出来的过程可分为两个阶段：

第一阶段为初期除氧阶段。此时，由于水中的气体较多，不平衡压差 Δp 较大，气体以小气泡的形式克服水的黏滞力和表面张力逸出。此阶段可以除去水中 80%～90%的气体。

第二阶段为深度除氧阶段。这时，水中还残留着少量的气体，相应的不平衡压差 Δp 很小，气体已没有足够的动力克服水的黏滞力和表面张力逸出，只有靠单个分子的扩散作用慢慢离析出来。这时可以加大汽水的接触面积，使水形成水膜，减小其表面张力，从而使气体容易扩散出来。也可制造蒸汽在水中的鼓泡作用，使气体分子附着在气泡上从水中逸出。

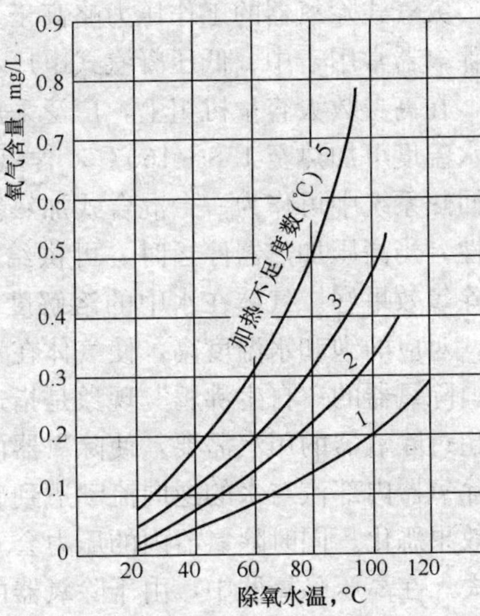

图 2-27　水中溶氧与加热不足温度的关系

在除氧器设计和运行时，都要强化传热传质过程，满足除氧的基本条件，保证深度除氧效果。

三、除氧器的类型和结构

（一）热力除氧器的类型

热力除氧器的类型见表 2-2。

表 2-2　**热力除氧器的类型**

分类方法	名　称
按工作压力分	1. 真空式除氧器，工作压力 $p<0.0588$MPa 2. 大气式除氧器，工作压力 $p=0.1177$MPa 3. 高压除氧器，工作压力 $p>0.343$MPa
按结构分	1. 淋水盘式 2. 喷雾式 3. 填料式 4. 喷雾填料式 5. 膜式及旋膜式 6. 内置式除氧器
按布置的形式分	1. 立式除氧器 2. 卧式除氧器
按运行方式分	1. 定压除氧器 2. 滑压除氧器

在高压以上参数的机组，为简化系统，补充水一般是补入凝汽器的。为避免主凝结水管道和低压加热器的氧腐蚀，在凝汽器下部设置除氧装置，对凝结水和补充水进行除氧，故凝汽器也称为真空除氧器。

大气式除氧器的工作压力略高于大气压力，以便于把水中离析出来的气体排入大气。这种除氧器常用于中、低压凝汽式电厂和中压热电厂。

在高参数大容量机组上，广泛采用高压除氧器，额定负荷下的工作压力约为0.58MPa，给水温度可加热至158～160℃，含氧量小于7μg/L。其优点是：①节省投资。高压除氧器在回热系统中可作为一台混合式加热器，从而减少高压加热器的数量。②提高锅炉的安全可靠性。当高压加热器停运时，可供给锅炉温度较高的给水，对锅炉的正常运行影响较小。③除氧效果好。气体在水中的溶解度系数随着温度的升高而减小。高压除氧器由于其压力高，对应的饱和水温度高，使气体在水中的溶解度降低。④可防止除氧器内“自生沸腾”现象。除氧器的“自生沸腾”现象是指过量的热疏水进入除氧器，其汽化产生的蒸汽量已满足或超过除氧器的用汽需要，使除氧器内的给水不需要回热抽汽加热就能沸腾。这时，原设计的除氧器内部汽与水的逆向流动遭到破坏，在除氧器中形成蒸汽层，阻碍气体的逸出，使除氧效果恶化。同时除氧器内的压力会不受限制地升高，排汽量增大，造成较大的工质和热量损失。在高压除氧器中，由于除氧器内压力较高，要将水加热到除氧器压力下的饱和温度，所需热量较多，进入除氧器的热疏水所放出的热量满足不了除氧器用汽的需要，因此，不易发生“自生沸腾”现象。

（二）典型除氧器结构

除氧器可分为淋水盘式、喷雾式、喷雾填料式和喷雾淋水盘式。由于淋水盘式和喷雾式除氧器难以实现深度除氧，除氧效果较差，因此目前电厂已较少采用，有的也已作了改进。下面仅介绍在现代大容量机组上普遍采用的高压喷雾填料式除氧器和喷雾淋水盘式除氧器。

1. 高压喷雾填料式除氧器

国产300MW机组上配用高压喷雾填料式除氧器的结构如图2-28所示。主凝结水先进入中心管，再由中心管流入环形配水管，在环形配水管上装有若干个喷嘴，水经喷嘴喷成雾状，加热蒸汽由除氧塔顶的一次蒸汽进汽管进入喷雾层，蒸汽对水进行第一次加热，由于汽水间传热面积大，除氧水很快被加热到除氧器压力下的饱和温度，这时有80%～90%的溶解气体以小汽泡的形式从水中逸出，进行初期除氧。

在喷雾除氧层下部，装置一些填料，如Ω形不锈钢片、小瓷环、塑料波纹板、不锈钢车花等，作为深度除氧层。经过初期除氧的水在填料层上形成水膜，使水的表面张力减小，水中残留的气体比较容易地扩散到水的表面，被除氧塔下部向上流动的二次加热蒸汽带走，分离出来的气体与少量蒸汽由塔顶排气管排出。

2. 喷雾淋水盘式除氧器

图2-29所示为300MW机组卧式喷雾淋水盘式除氧器的结构。它是由除氧器本体、凝结水进水室、喷雾除氧段、深度除氧段及各种进汽、进水管等组成。

除氧器本体是由圆形筒身和两端两只椭圆形封头焊接而成的。本体采用不锈钢复合钢板制作。

凝结水进水室是由一个弓形的不锈钢罩板和两端两块挡板与筒体焊接而成。在弓形罩板上沿除氧器长度方向均匀地装设着若干只恒速喷嘴，如图2-30所示，以保证在各种工况下均获得良好的雾化效果。

喷雾除氧段是用两块侧包板与两端的密封板焊接而成。在密封板上设有人孔以便进入检修。

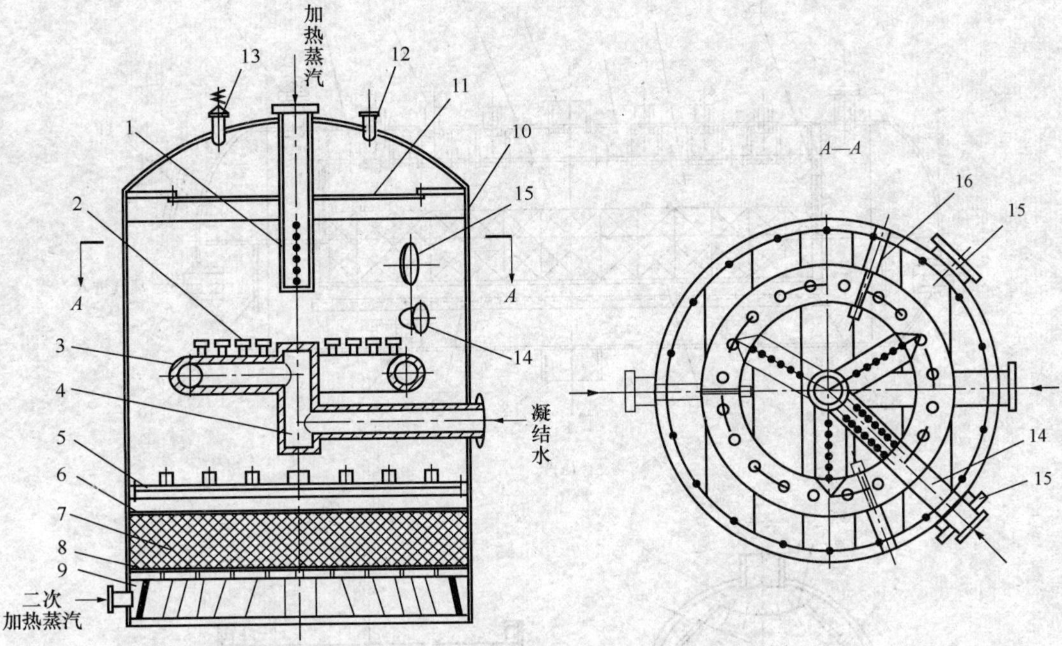

图 2-28　高压喷雾填料式除氧器结构

1——次蒸汽进汽管；2—喷嘴；3—环形配水管；4—中心管；5—淋水区；6—滤板；7—Ω形填料；8—滤网；9—二次蒸汽进汽室；10—筒身；11—挡水板；12—排气管；13—弹簧安全阀；14—疏水进入管；15—人孔；16—吊攀

深度除氧段也是由两块侧包板和两端的密封板焊接而成。在该段装有布水槽、淋水盘箱和下层栅架。淋水盘箱中交错布置有十几层的小槽钢，如图 2-29（c）所示，使凝结水向下流动的过程中被分成无数水膜。

卧式喷雾淋水盘式除氧器的工作过程：主凝结水由除氧器上部的进水管进入进水室，经恒速喷嘴雾化，进入喷雾除氧段。加热蒸汽从除氧器两端的进汽管进入，经布汽孔板分配后均匀地从栅架底部进入深度除氧段，再流入喷雾除氧段与圆锥形水膜充分接触，迅速把凝结水加热到除氧器压力下的饱和温度，绝大部分的气体在该除氧段除去，完成初期除氧。穿过喷雾除氧段的凝结水喷洒在布水槽钢中，布水槽钢均匀地将水分配给淋水盘箱。在淋水盘箱中，凝结水从上层的小槽钢两侧分别流入下层的小槽钢中，经过十几层上下彼此交错布置的小槽钢后，被分成无数细流，使其具有足够的时间与加热蒸汽充分接触，凝结水不断沸腾，这时，残余在水中的气体在淋水盘箱中进一步离析出来，进行深度除氧。离析出的气体，通过进水室上的六只排气管排入大气。除氧后的水从除氧器的下水管流入除氧水箱。

这种形式的除氧器有如下优点：①卧座在除氧水箱上，其高度较低，有利于布置；②沿其长度方向上可布置多个排气口，使逸出的气体更快地排出除氧器外，保证了除氧效果；③在较长的弓形凝结水进水室布置相当数量的恒速喷嘴（见图 2-30），从而保证了除氧器滑压运行时的除氧效果；④与除氧水箱的连接只需一根或两根下水管和两根蒸汽连通管（见图 2-29），工地安装工作量小，只要进行管子的对焊工作，并且对接环形焊缝易于焊接，还能进行焊后的除应力热处理和 X 光射线检查，保证连接质量。因此，300MW 及以上容量机组

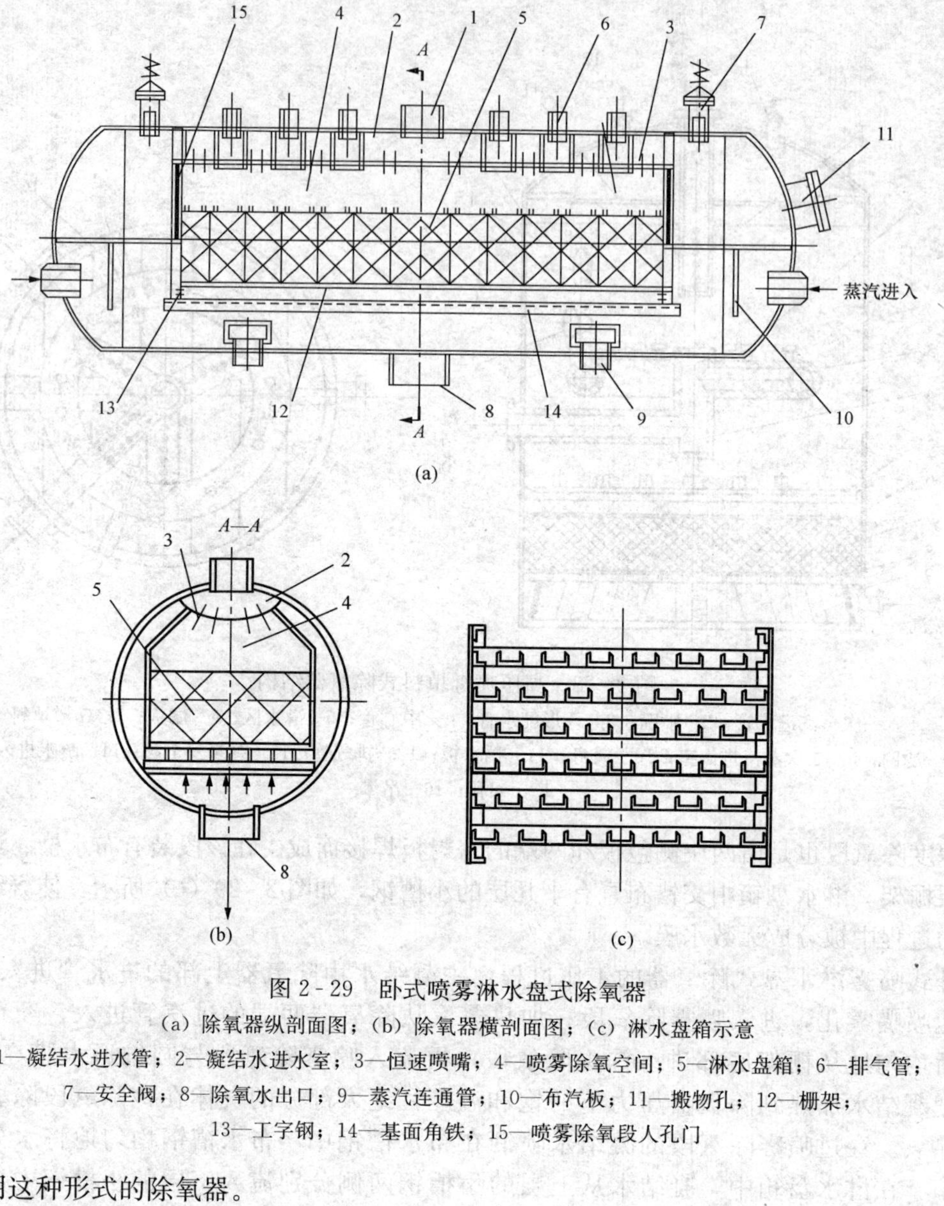

图 2-29 卧式喷雾淋水盘式除氧器

(a) 除氧器纵剖面图；(b) 除氧器横剖面图；(c) 淋水盘箱示意

1—凝结水进水管；2—凝结水进水室；3—恒速喷嘴；4—喷雾除氧空间；5—淋水盘箱；6—排气管；7—安全阀；8—除氧水出口；9—蒸汽连通管；10—布汽板；11—搬物孔；12—栅架；13—工字钢；14—基面角铁；15—喷雾除氧段人孔门

广泛采用这种形式的除氧器。

除氧器下面的给水箱是凝结水泵与给水泵之间的缓冲容器。当机组启动、负荷大幅度变化、凝结水系统故障或除氧器进水中断等异常情况下，可保证在一定时间内不间断向锅炉供水。对于大容量机组，给水箱的有效总容量为 5～10min 的锅炉最大给水消耗量。并且随着机组容量的增大，规定的时间值越来越小，因为过大的给水箱会给加工制造、运输、布置和安装带来诸多困难。

给水箱一般是由卧式筒身和两端两个冲压椭圆封头焊制而成。它位于除氧器下面，与立式除氧器焊接成一个整体，对于卧式除氧器则是通过下水管和蒸汽平衡管相连，如图 2-31 所示。给水箱壳体上装有各种不同规格的对外接管，在两端的封头上开有人孔门供检修用。水箱内设有控制除氧器水位过高的溢水装置。除氧器水箱内设有启动加热装置，这不仅可避免采用除氧循环泵增加设备和系统投资，还能利用蒸汽的鼓泡作用辅助除去给水中的不凝结气体。水箱内还设有接收启动分离器来的启动放水装置。

为保证除氧器的安全运行，除氧器及其水箱上还设有弹簧式安全阀、压力表、温度计、水位计及电接点液位信号器等。

3. 旋膜式除氧器

旋膜式除氧器一般为立式，它是一种较为新型的热力除氧装置，如图 2-32 所示。它的热交换方式不同于淋水盘式、喷雾式除氧器的珠状传热、传质，而是以高速旋转的水膜与加热蒸汽进行热量质量交换。旋膜式除氧器设有两级除氧，第一级为起膜管除氧，水中溶氧的 90%以上将在这里被除去；第二级为填料网深度除氧，一级除氧后水中残余的溶氧经过填料层被再次分离，总体除氧效果可达到 98%以上。

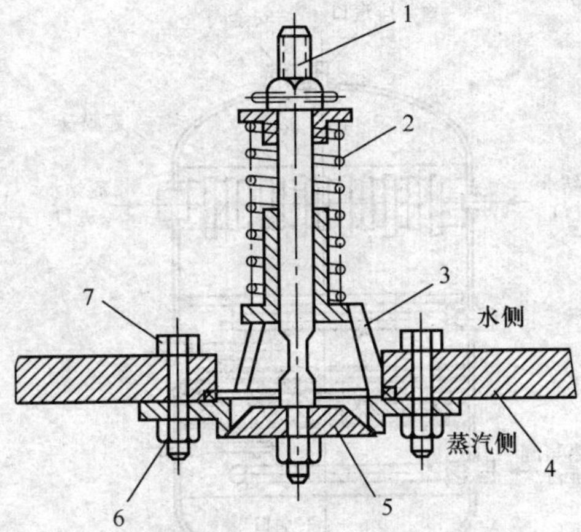

图 2-30　恒速喷嘴结构简图

1—喷嘴轴；2—弹簧；3—喷嘴架；4—弓形罩板；5—喷嘴板；6—固定螺母；7—固定螺栓

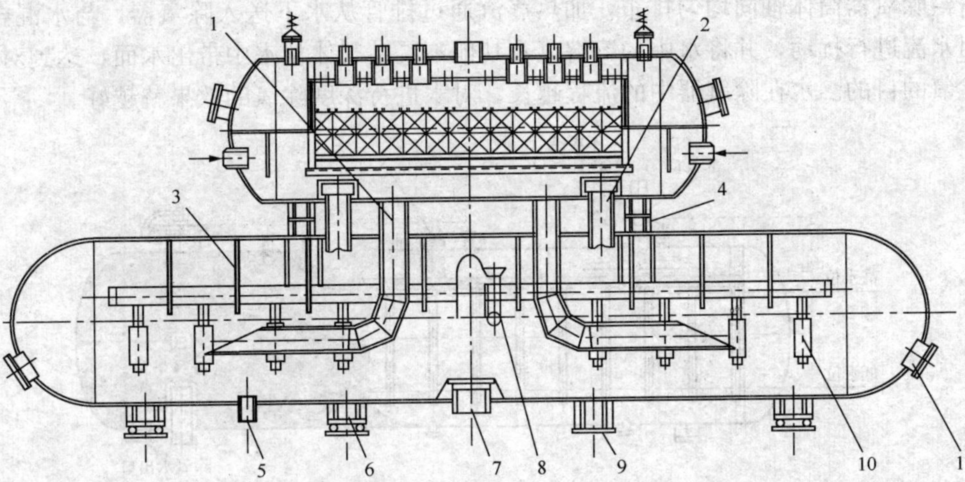

图 2-31　除氧器与水箱的组合图

1—下水管；2—汽平衡管；3—吊架；4—上支座；5—放水口；6—活动支座；7—出水口；8—溢流管；9—固定支座；10—启动加热装置；11—人孔

旋膜式除氧器的第一级除氧装置为起膜管，主要由一组垂直安装的旋流管组成，在旋流管上端的一个或几个截面处钻若干切向进水孔，凝结水从小孔切向射入管内，形成中空的旋转水膜，从上向下高速旋转流动，在旋流管出口形成很薄的锥形水膜裙，而加热蒸汽则在水膜裙的内外表面，并由下而上进入旋流管内与凝结水进行热量交换。这种除氧器特别适用于补水量大、补水温度低、处理水品质差的热电厂和调峰运行的电厂。其优点是：①旋流管进出口水温升可达 90℃，传热效果好；②由于内部设有旋流管混合装置，特别适用于补水量大、补水温度低的系统；③成本低，制造加工方便。其缺点是：①起膜管进水孔容易堵塞，维修不便；②由于起膜管是不可调节的，在低负荷时，进水量减少，无法成膜，达不到除氧效果；③由于深度除氧层采用不锈钢丝网，防高温及抗冲击性差，在高温及汽水冲击下长期

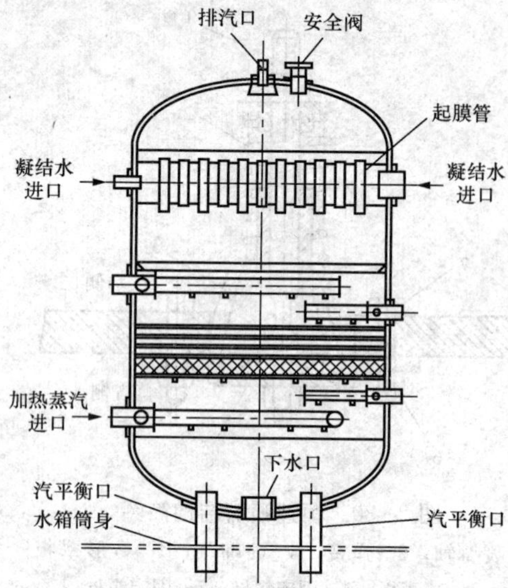

图 2-32 旋膜式除氧器

运行的不锈钢丝容易脱落，游离至水箱，再吸入给水泵，将损坏给水泵，安全性差。

4. 内置式除氧器

除氧装置、水箱一体化的除氧器，是目前世界上先进的除氧设备，在欧洲、北美、中东以及远东发达国家广泛应用，国内在近几年也在300MW及以上机组上开始应用。

内置式除氧器的除氧装置内置于除氧水箱里面，是一种新型热力除氧器，采用射汽形喷嘴、吹扫管、二次泡沫器等新型高效除氧元件置于给水箱汽侧空间，实现除氧头和给水箱的一体化。从外观看，没有除氧头，因此，又被称为无头除氧器。无头除氧器的结构如图2-33所示。

凝结水从盘式恒速喷嘴喷入除氧器汽空间，进行初步除氧，然后落入水空间流向出水口。加热蒸汽排管沿除氧器筒体轴向均匀排布，加热蒸汽通过排管从水下送入除氧器，与水混合加热，同时对水流进行扰动，并将水中的溶解氧及其他不凝结气体从水中带出水面，达到对水进行深度除氧的目的。水在除氧器中的流程越长，对水进行深度除氧的效果就越好。

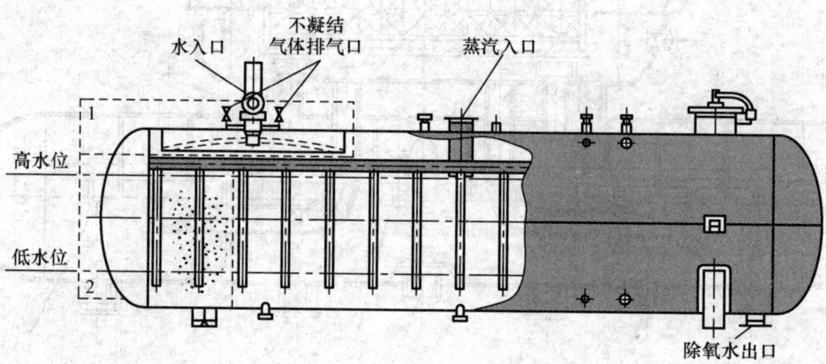

图 2-33 无头除氧器的结构

蒸汽从水下送入，未凝结的加热蒸汽（此时为饱和蒸汽）携带不凝结气体逸出水面向喷嘴的排汽区域（喷嘴周围排汽区域为未饱和水喷雾区），在排汽区域未凝结的加热蒸汽凝结成水，不凝结气体则从排气口排出。

不凝结气体在流向排气口的过程中，在水容积一定的情况下，除氧器筒体直径越大，汽空间不凝结气体分压力就越小，这样就能有效控制不凝结气体在液面的扩散，避免二次溶氧的发生。因此，除氧器筒体采用大直径为佳。300MW及以上的无头除氧器筒体通常采用3800mm直径。

内置式除氧器有以下主要性能特点：

（1）设备整机价格低于常规有头除氧器（300MW及以上机组）。

（2）除氧间高度降低了3～4m，同时也降低了除氧器的重量，减少了基础载荷和土建费用。

（3）避免除氧器和水箱的工地对接的工作，便于工地安装。

（4）单容器结构，避免了除氧水箱支撑除氧头处的应力裂纹。

（5）系统设计简单、优化，只需沿水箱布置一个平台，即可满足检修维护的需要。

（6）加热蒸汽从水下送入，使除氧器整体工作温度水平降低，金属热疲劳寿命大大提高。

（7）排气损失小，蒸汽消耗量小，提高了机组的热效率，每台机组每年可节省运行费用几十万元。

（8）允许负荷快速变化，负荷变化范围在10%～110%之间时，均能保证出水含氧量小于5μg/L。

STORK内置式除氧器由荷兰Stork公司设计，工作原理同上，如图2-34所示。

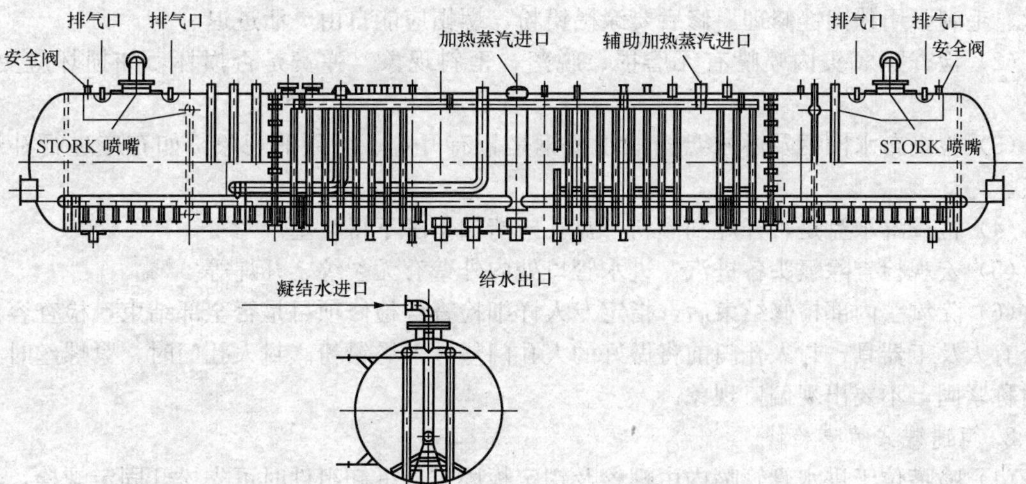

图2-34　STORK内置式除氧器

该除氧器由圆柱体筒身和两个封头组成，筒体两端的上部分别布置了一个凝结水进水管，其内各安装一只恒速碟形喷嘴，如图2-35所示。单个喷嘴最大出力为1200t/h，最大压降为0.058MPa，其主要元件是由不锈钢薄板制成的动态平衡碟。这些碟夹在沿周边打孔的环之间，用撑杆压紧成一个整体。喷嘴中的高于除氧器蒸汽空间的压力迫使碟张开，使凝结水形成水膜喷入蒸汽室。碟周边有齿，可保证水膜是间断式的，便于形成很小的水滴。齿形缺口沿碟周边规则分布，如果有某一外压负荷，这些缺口可对柔性碟起支撑作用。

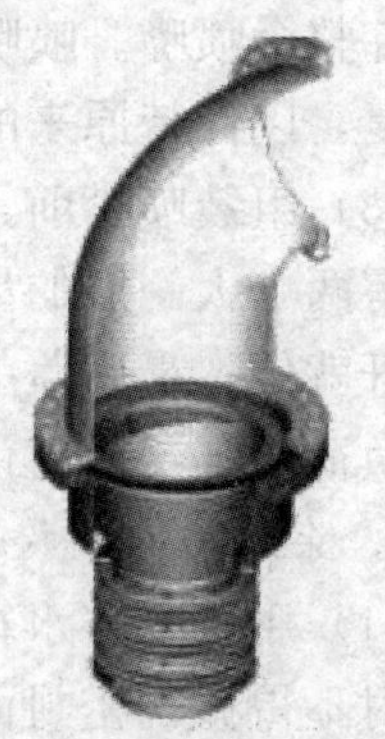

图2-35　恒速碟形喷嘴结构

STORK除氧器除具有上述内置式除氧器的性能优势外，因为只有两个恒速碟形喷嘴，喷嘴数量少，安装维护方便，但这种喷嘴为进口原件，价格昂贵，且无备件。同时内部除氧器汽水空间布置不均匀，相应的锅炉的连续排污蒸汽等回收蒸汽不能进入水箱。

⇨【任务实施】

一、检修前的准备

(1) 将需检修的除氧器停止运行，关闭除氧器与公用系统连接的所有阀门，并挂禁止操作牌。

(2) 有关汽、水阀门关闭不严时，应加死堵，以免烫伤人。

(3) 吊除氧器大盖时，有关人员应站在适当位置，以防伤人。

(4) 进入水箱内工作应用12V低压行灯照明，通风应良好，外面要有专人监护。

二、除氧器检修工艺

1. 除氧器检修（喷雾淋水盘式除氧器）

(1) 用扳手将除氧器除氧头的人孔门螺栓解开，打开人孔门，将搬物孔密封垫拿掉，清扫密封面。密封面不得有径向沟痕，清扫时不得碰伤密封面，清扫螺栓丝扣锈垢，对于丝扣乱丝、毛刺要用什锦锉修理。修后要涂黑铅粉，螺帽应能自由灵活进退。

(2) 检查除氧头内喷嘴有无磨损、脱落、歪斜现象，弹簧是否损坏，如损坏应更换、扶正。

(3) 检查布水槽钢及淋水盘箱的小槽钢是否有开焊、断裂的现象，如有应进行补焊或更换。

(4) 检查淋水盘是否开焊和倾斜，盘孔应清扫干净不得堵塞。

(5) 宏观检查除氧头各进汽、进水管口处内外壁有无裂纹、开焊等。

(6) 除氧头内部检修结束后，指定专人详细检查各检修项目是否全部结束，检查容器内是否有人及工器具，封人孔门前将做好的人孔门垫抹上黑铅粉。封人孔门时，紧螺丝时一定要对称紧固，不要出现偏口现象。

2. 恒速碟式喷嘴检修

(1) 喷嘴位于进水管管嘴内由螺栓及锁定板固定，拆卸组件时可先松开固定螺栓，然后通过吊耳可把喷嘴组件取出除氧器。

(2) 拆卸喷嘴时，可先卸除流量分配器固定螺栓，取出流量分配器后，松开撑杆，然后可拆卸整个喷嘴。喷嘴中每一个碟的其中一个宽齿上有一个号码，当重新组装时，应按此号码装复，以保持原来的顺序。

(3) 组装喷嘴前，应彻底冲洗凝结水管路，保持清洁。可按拆卸逆序组装。注意每一个碟都有两个大一点的齿和两个宽一点的凹口，组装时一定要使大齿与宽凹口相配，把各部件沿撑杆就位，最后盖上盖子即可完成组装。在上紧撑杆螺母时，要交替进行，确保碟和中间环的负荷均匀，并建议采用新的锁定板。

3. 除氧器水箱检修

(1) 用扳手将水箱人孔门螺栓解开，打开人孔门，将人孔门密封垫拿掉，清扫密封面，清扫时不得碰伤密封面，清扫螺栓丝扣和锈垢，对于丝扣乱丝、毛刺要用什锦锉修理。修理后要涂黑铅粉，螺帽应能进退灵活。

(2) 进入除氧器水箱作业时，必须使用12V照明工具，同时必须加装必要的通风装置。

(3) 清扫水箱，保证水箱内无水及其他杂物。

(4) 宏观检查水箱内部各焊口有无裂纹、开焊现象，对发现焊口裂纹，应进行挖补处理。

(5) 检查水箱箱体有无变形，在水箱各环焊缝附近测量出水平直径和垂直直径，水平直径值减去垂直直径值即为该处几何体变形量的大小，其值应在允许范围内。

(6) 水箱内检修结束并清扫干净后，应刷防腐漆。刷防腐漆时，一定要保证通风良好，不得动用明火，防腐漆要刷均匀。

(7) 水箱内部工作完毕后，应由专人详细检查。检查内容包括检修项目是否全部完成、水箱内部是否有人及工器具。封水箱人孔门时，人孔门螺栓要对称均匀紧固，不要出现偏口现象。

三、除氧器及水箱的安装技术要求

(1) 基础未动，底座、鞍座、滚柱接触表面光洁，无毛刺、焊瘤等。滚柱检查：平面应无弯曲，符合膨胀要求。

(2) 除氧水箱滑动鞍座底板检查：表面应光洁无毛刺、无弯曲。

(3) 各管道与除氧器连接焊缝均进行内外两面焊接，并用加强板进行加强，各连接管部高于除氧水箱 200mm。

(4) 改造后的各管道，应根据计算分别加装支架或拖架。

(5) 除氧器与除氧水箱连接焊缝采用单面焊双面成形焊接。

(6) 除氧水箱一侧滑动鞍座留有热膨胀尺寸 50mm。

(7) 压力调整门采用原压力调整门时，由于门的位置有变动，故应调整热工执行机构位置，使动杆加长，与热工人员共同定极限，试验动作灵活、准确好用。

(8) 安全阀动作压力按工作压力的 1.1 倍整定。每台安全阀向厂房外引出一根排放管，管道和支架安装应符合《火电施工质量检验及评定标准》要求。

(9) 各管道阀门、止回阀均进行解体检修。

(10) 除氧器表面探伤。

(11) 除氧器、除氧水箱宏观检查。

(12) 除氧器、除氧水箱完工后，内部杂物清扫干净。

(13) 各压力表、温度表和电接点水位计、磁翻柱式水位计、平衡容器等与除氧器连接管均采用两面焊接。

(14) 其他附件安装均符合《火电施工质量检验及评定标准》。

(15) 保温材料选用硅酸铝纤维毡和保温砖，其硅酸铝纤维毡和保温砖的保温层厚度为 100mm，铁丝网一层、二层抹面，包镀锌铁皮。

【知识拓展】

除氧器水压试验

由于除氧器连接管比较多，水压试验工作不便，为使水压试验工作顺利进行，决定除锅炉疏水至除氧器截止阀（做排空气门）外，将所有与除氧器连接一次阀门靠近除氧器侧法兰加装堵板，堵板要满足承压条件，需加装堵板的管道有：安全阀、除氧器出水管阀门、除氧器高位排水管阀门、凝结水至除氧器靠近除氧器侧阀门、除氧器侧高压加热器疏水阀门、除氧器汽平衡阀门、除氧器再循环阀门、除氧器加热蒸汽阀门、除氧器再沸腾管阀门和门杆漏汽阀门等。

(1) 水压试验充水时，将除氧器排气门打开，把气体排出，将除氧器上满水，全面检查无问题后方可升压。

(2) 除氧器水压试验升压速度由水泵出口阀来控制。

(3) 除氧器水压试验压力为 1.0MPa。

(4) 为防止试验过程中发生意外的低应力脆断性破坏，水压试验水温应不低于 15℃。

(5) 升压时速度不宜过快，缓慢升至工作压力 0.49MPa，并保持 30min；然后将压力升到试验压力 1.0MPa，保持 20min；然后将压力降至设计压力 0.65MPa，保持 30min，同时进行全面检查无任何问题后，由除氧器放水门除压放水到炉灰沟，并符合以下条件：①除氧器除氧水箱和各部焊缝无泄漏；②除氧器和除氧水箱不应有异常变形；③除氧器挠度应符合要求。

(6) 压力试验必须用两个量程相同并经过校正的压力表，压力表的量程为试验压力的 2 倍为宜，但不应低于 1.5 倍和高于 4 倍的试验压力。

(7) 试验过程中，应保持容器表面的干燥，便于观察试验结果以及是否有泄漏现象。

【技能训练】

按照喷雾淋水盘式除氧器检修步骤完成除氧器检修训练。

任务三　凝汽器及其检修

【任务目标】

掌握凝汽器的基本结构、工作原理，能进行凝汽器检修工作。

【知识准备】

一、凝汽设备的作用

降低汽轮机的排汽压力可以提高循环热效率，而降低排汽压力的有效方法是通过凝汽设备使汽轮机的排汽凝结成水，当比体积很大的排汽在密闭的凝汽器中凝结成水时，其体积骤然缩小（在 0.004 24MPa 的压力下蒸汽被凝结成水时，体积要缩小为原来的 1/32 788），原来被排汽所充满的密闭空间就形成了高度真空。同时，汽轮机的排汽在凝汽器中凝结成洁净的水后，可重新送往锅炉，循环使用。

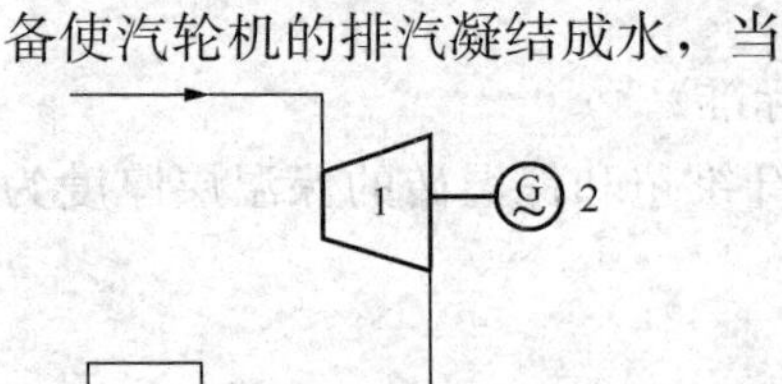

图 2-36　凝汽设备的原则性系统
1—汽轮机；2—发电机；3—凝汽器；4—循环水泵；5—凝结水泵；6—抽气器；7—射水泵

综上所述，凝汽设备的任务是：①在汽轮机排汽口建立并维持高度真空；②将汽轮机排汽凝结成洁净的凝结水作为锅炉给水。

二、凝汽设备的组成

凝汽设备主要由凝汽器、循环水泵、凝结水泵、抽气设备以及它们之间的连接管道和附件组成，图 2-36 所示为最简单的凝汽设备原则性系统。汽轮机的排汽进入凝汽器并在其中凝结成水，排汽凝结时放出的热量，由循环水泵送入凝汽器冷却管中的冷却水带走，凝结水通过凝结水泵从凝汽器底部的集水箱（热井）中抽出，并送往锅炉。

由于凝汽器内形成高度的真空，外界空气就通过处于真空状态下的不严密处漏入凝汽器的汽侧空间，为了防止这些不凝结气体在凝汽器中逐渐积累，使凝汽器的真空下降，用抽气设备将空气不断地从凝汽器中抽出。

凝汽设备中最主要的是凝汽器。下面就介绍凝汽器的有关知识。

三、凝汽器的工作过程

目前凝汽器基本上采用表面式凝汽器，图 2-37 所示为其结构及工作过程。它由外壳、管系、及水室等构成。外壳通常是圆柱形、椭圆形和方箱形，现代大型机组常采用方箱形。上部为排汽的进口，通常称为喉部（接颈），它直接或通过补偿器接到汽轮机的排汽管上。两端是水室，它是由端盖、外壳和管板形成的，为数甚多的冷却水管安装于开有同样多孔的管板上。下部是收集凝结水的汇集井，称为热井。通常在热井水位上方还布置除氧装置，对凝结水进行初步除氧，防止低压设备的氧腐蚀。

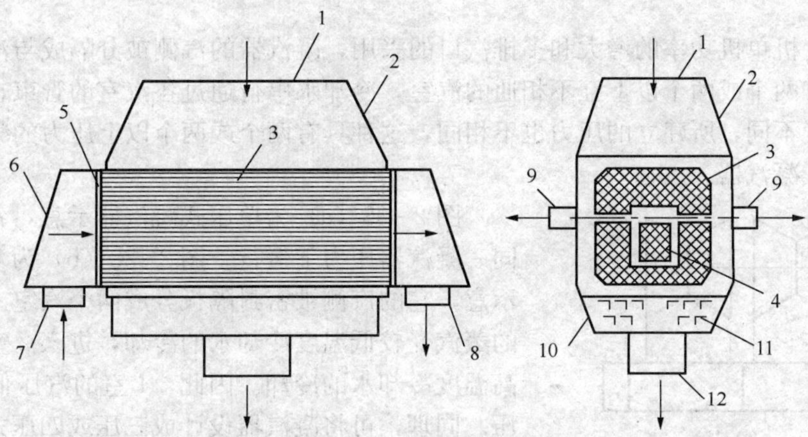

图 2-37　表面式凝汽器的结构简图

1—排汽进口；2—外壳；3—冷却水管；4—空气冷却区；5—管板；6—端盖；7—冷却水进口；8—冷却水出口；9—抽气口；10—热井；11—除氧装置；12—出水箱

凝汽器的空间被分成两部分：管内为冷却水空间（水侧），管外为蒸汽空间（汽侧）。冷却水从进口进入凝汽器的水室，沿图 2-37 中箭头方向在管内流动，进入另一端的水室后从出水口流出，吸收管外蒸汽放出的热量。汽轮机的排汽进入凝汽器的汽侧，在冷却水管的外表面被冷却凝结成水，最后汇集到热井。

漏入凝汽器汽侧的空气由抽气口抽出。为了减少抽气设备的负荷，必须使空气（混有部分蒸汽）在抽出之前，经过充分冷却以减小其容积（使蒸汽进一步凝结下来）。因此，凝汽器中常分出所有冷却水管的 8%～10%，形成空气冷却区。

为了使蒸汽和空气的混合物向抽气口流动，在抽气口处必须保持一个比凝汽器蒸汽进口处压力更低的压力，两者的压力差称为凝汽器的汽阻。若抽气口处的压力一定，汽阻小时，凝汽器进口处压力就低，真空高；汽阻大时，凝汽器进口处压力就高，真空低。

汽轮机的排汽和冷却水在凝汽器中进行热交换时，理想情况下，蒸汽的凝结水温度应等于凝汽器进口压力下的饱和温度，即凝结水的温度应该等于排汽温度。但实际上，由于凝汽器结构和运行上的缺陷，使凝结水的温度低于排汽温度，这个温度差称为凝结水的过冷度。蒸汽在凝结过程中，漏入的空气与凝汽器的汽阻都会使凝汽器的过冷度增加。这是因为，凝汽器中的压力实际上是蒸汽和空气的分压力之和，而蒸汽是在自身分压力下凝结的，即凝结水的温度是蒸汽分压力下的饱和温度。当蒸汽的分压力减小时，凝结水的过冷度就会增大。同样排汽压力的情况下，汽阻越大，漏入的空气量越多，凝汽器中蒸汽的分压力越低，凝结水的过冷度就越大。过冷度的增大，不仅使凝结水回热所需较高压力的抽汽量增加，蒸汽做功量减少，系统的热经济性降低，而且会增加凝结水中的溶氧量，对低压设备和管道产生腐蚀。

四、凝汽器的类型及结构

（一）凝汽器的类型

1. 按汽侧压力分

按凝汽器的汽侧压力可分为单压和多压式凝汽器。

单压式凝汽器是指汽侧只有一个汽室的凝汽器，汽轮机的排汽口都在一个相同的凝汽器压力下运行。

随着汽轮机单机功率的增大和多排汽口的采用，凝汽器的汽侧被分隔成与汽轮机排汽口相应的、具有两个或两个以上互不相通的汽室，冷却水串行通过各汽室的管束，由于各汽室的冷却水温度不同，所建立的压力也不相同，这种具有两个或两个以上压力的凝汽器，称为双压或多压式凝汽器。

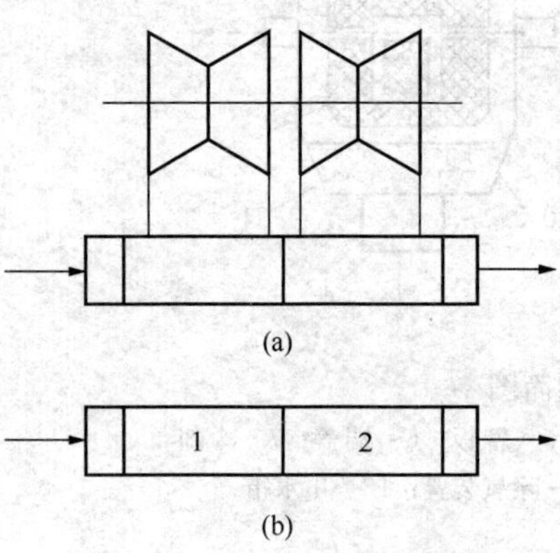

图 2-38 单压、多压凝汽器示意
（a）单压式；（b）双压式

图 2-38（a）为单压式凝汽器示意，各排汽口都在同一凝汽器压力下运行。图 2-38（b）为双压式凝汽器示意，它的汽侧被密封隔板分成两个汽室。进入 1 汽室的蒸汽受较低温度冷却水的冷却，进入 2 室的蒸汽受较高温度冷却水的冷却。因此，1 室的汽压低于 2 室的汽压。同理，可将凝汽器设计成三压或四压式。

多压式凝汽器与单压式相比较，由于每个汽室的吸、放热平均温度较为接近，热负荷均匀，因此，在同样的传热面积和冷却水量的条件下，多压凝汽器的平均压力较低，真空度较高，热经济性好。另外，多压式凝汽器合理布置，还可使凝结水的过冷度和抽气负荷减小。

2. 按汽流的形式分

凝汽器的抽气口安装的部位不同，构成了凝汽器中的不同汽流方向。按汽流的流动方向分为四种形式：汽流向下、汽流向上、汽流向心和汽流向侧式，如图 2-39 所示。目前应用最多的是后两种形式，这两种形式凝汽器中的蒸汽能直接流到底部加热凝结水，从而减小凝结水的过冷度，热经济性较好。而且，汽流到抽气口的流程较短，汽阻较小，能保证凝汽器有较高的真空度。

3. 按其他方式分

按冷却水在冷却水管中的流程，还可分为单流程、双流程和多流程凝汽器。单流程是指冷却水从凝汽器的一端进入由另一端直接排出，双流程是指冷却水在凝汽器中要经过一次往

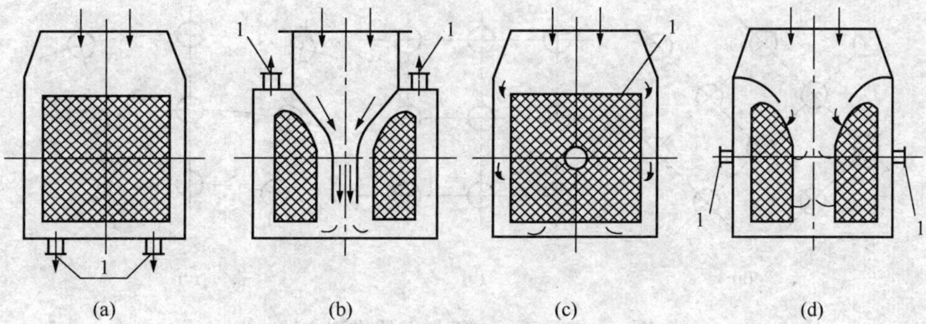

图 2-39　不同汽流方向的凝汽器示意

（a）汽流向下式；（b）汽流向上式；（c）汽流向心式；（d）汽流向侧式

1—抽气口

返后才排出，依此类推，还有三流程和四流程。一般多采用单流程或双流程凝汽器。

另外，凝汽器冷却水进、出水室用垂直隔板分成对称独立的两部分，称为对分式。这种形式的凝汽器可以进行不停机情况下的单侧清洗或检修，增加了运行的灵活性，减少了机组的启停次数，它多用于现代大型机组。

（二）凝汽器的结构

凝汽器一般由喉部、壳体、管束、管板等组成。

1. 喉部

凝汽器的喉部又称为接颈，是蒸汽排向凝汽器的连接段，为使蒸汽能均匀地分布于整个管束，具有一定的扩散角。它不但要承担真空载荷，而且也是各种蒸汽和水的便利汇集点。现代大型凝汽器的喉部上，布置有汽轮机旁路的第三级减温减压器以及次末级和末级低压加热器。在减温减压器的上方，喉部内侧四周布置喷水管，在旁路蒸汽经过减温减压进入凝汽器的同时，喷水形成水幕，以保护低压缸。在喉部的下部，与低压加热器同高的位置设有驱动给水泵小汽轮机的排汽接口，这个部位小汽轮机排汽对主汽轮机排汽的流动基本上没有影响。喉部与汽轮机低压缸排汽口采用弹性连接，以补偿运行时排汽缸与凝汽器之间的胀差，减少热应力，保证机组安全。

2. 壳体

除小机组凝汽器采用生铁铸造的圆柱形壳体外，现代大型机组均采用由 10～15mm 厚的钢板焊接而成的方形壳体，外壳的内、外表面适当的位置焊有筋板，以增强壳体的刚度。热井设在壳体内，置于管束的下面，管束与热井之间留有充分的空间。这不仅保证了凝结水位变化的要求，而且使汽流与凝结水接触，有利于减小过冷度，提高除氧效果。

3. 管束

管束是凝汽器的传热面，其布置方式的合理性直接关系到凝汽器的安全经济运行。

管子在管板上的排列方法有三种：三角形排列、正方形排列和幅向排列，如图 2-40 所示。三角形排列具有换热效果好，布置紧凑等优点，所以它应用最广，但这种排列方式由于管子排列较密，形成的蒸汽流动阻力较大。后两种排列方式由于管子布置较稀，故汽阻较小，但所占面积大，因此，它们一般用于凝汽器进口处，因为该处的蒸汽流量大，流速高。

虽然管子的布置方法只有三种，但它们组成的管束在管板上布置则多种多样。不管何种

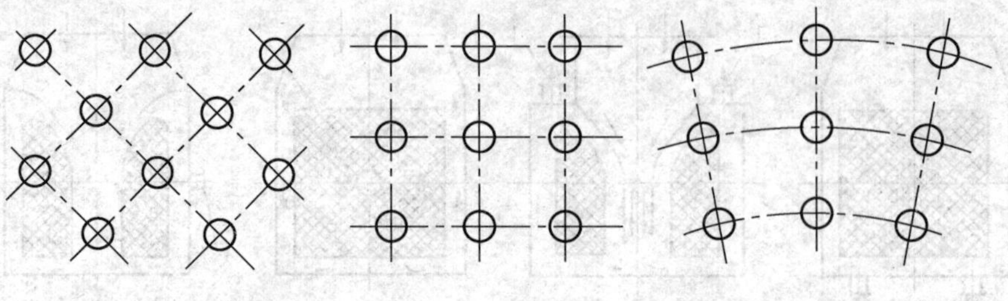

图 2-40 管子在管板上的排列方法
(a) 三角形排列；(b) 正方形排列；(c) 幅向排列

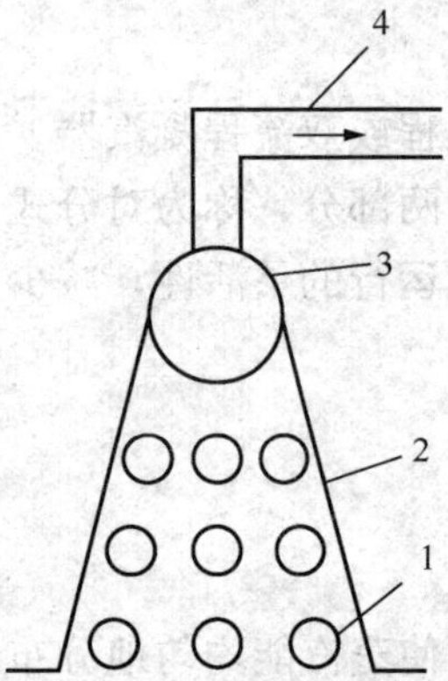

图 2-41 空气冷却区示意
1—冷却水管；2—挡汽板；3—空气集管；4—空气引出管

布置样式都要以增大传热效果、减小蒸汽流动阻力、降低凝结水的过冷度、减小抽气设备负荷为原则，具体措施有：①开始几排管子采用辐向排列，以增大蒸汽刚进入凝汽器的通流面积。为避免内层管束的热负荷过低，设有侧向通道使蒸汽能直接深入内层管束，并使沿汽流方向的管子排数尽可能少，降低蒸汽进入管束时的阻力。②设有一定的通道使蒸汽能自由地流向热井，以便用蒸汽加热凝结水，减小凝结水的过冷度。③在整个管束中，用挡汽板划出空气冷却区，以便空气得到更有效的冷却并使少量未凝结的残余蒸汽继续凝结，以减小抽气设备的负荷。同时要求空气冷却区离凝结水出口距离较远，以减小凝结水过冷度。图 2-41 所示为凝汽器空气冷却区示意，空气冷却区上部设有集气管，管子下面钻有很多小孔，空气集管的两端焊有空气引出管。不凝结气体和少量蒸汽经空气集管下面的小孔进入集管，再经空气引出管被引出。挡汽板的作用是防止蒸汽直接进入空气冷却区而被抽出。

根据上述原则，管束布置方式有带状、辐向块状和“教堂窗”式，如图 2-42～图 2-44 所示。

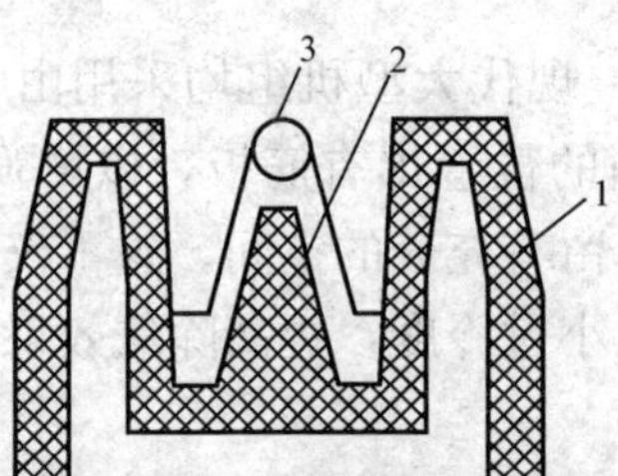

图 2-42 管束的带状布置示意
1—管束；2—空气冷却区；3—空气集管

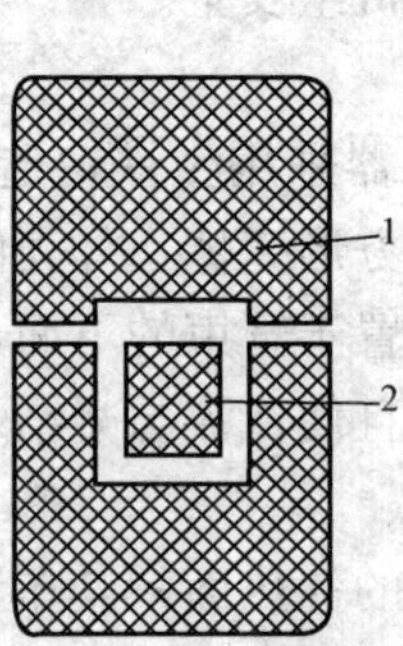

图 2-43 管束的辐向块状布置示意
1—管束；2—空气冷却区

凝汽器的冷却水管子是由水管两端的两块管板固定的，管板上开有与冷却水管数量相等的孔，管子安装在管板上要求有高度的严密性，以防冷却水漏入汽侧，污染凝结水。

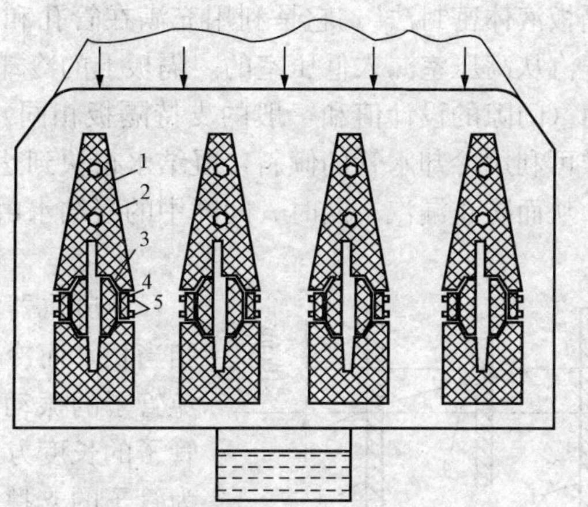

图 2-44　管束的“教堂窗”式布置示意

1—管束；2—拉杆；3—预冷却区；4—空气冷却区；5—抽气口

4. 管子在管板上的固定方法

凝汽器的冷却水管子是由水管两端的两块管板固定的，管板上开有与冷却水管数量相等的孔，管子安装在管板上要求有高度的严密性，以防冷却水漏入汽侧污染凝结水。管子在管板上的固定方法有管环法、密封圈法、胀管法和多管孔隔板液体密封法等，如图 2-45 所示。

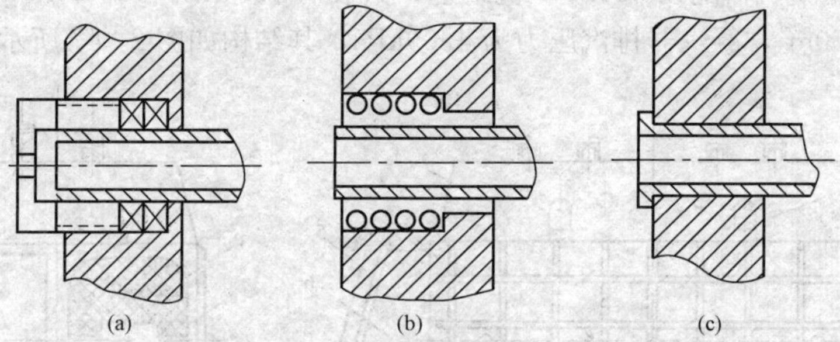

图 2-45　冷却水管在管板上的固定方法

(a) 管环法；(b) 密封圈法；(c) 胀管法

管环法是将管子自由地装入管板孔中，然后用垫料密封，垫料外端有套筒（管环）压紧，如图 2-45（a）所示。在管板和垫料之间还要加一圈铅垫。这种结构的缺点是严密性差，制造复杂，垫料易腐烂而漏水，不易保证凝结水品质，所以目前较少采用。

密封圈法是利用密封圈的紧力来达到密封作用的，如图 2-45（b）所示。这种连接法的最大优点是管子能够自由膨胀，适用于温度变化较大的场合。

胀管法利用胀管器将管子的直径扩大，使管子产生塑性变形，从而使管子和管板孔紧密接触，并在接触表面形成弹性应力保证连接的强度和严密性，如图 2-45（c）所示。这种固定法不仅结构和工艺都很简单，且能保持高度的严密性。因此，目前大容量机组上的凝汽器几乎都采用这种方法。

对于多压式凝汽器，由于各汽室之间存在着压力差，蒸汽在这个压力差的作用下，就会从高压汽室漏入低压汽室，降低多压凝汽器的效果。所以在多压凝汽器的汽室隔板上安装冷却水管采用了“多管孔隔板液体密封法”。它是利用充满在管孔和冷却水管间隙中的凝结水本身的密封作用来阻止蒸汽从高压室漏入低压室的。隔板上的冷却管孔在高压侧进口端没有倒角，仅在低压侧有倒角（间隙的设计值和一般的支持隔板相同），并且管孔的位置在高压侧比低压侧高一些，这样可利用冷却水管的倾斜，凝结水很快到达高压侧隔板端面处，而间隙中始终被凝结水充满，从而防止漏汽。同时，间隙中的凝结水由于流入端的阻力大，泄漏量不多。

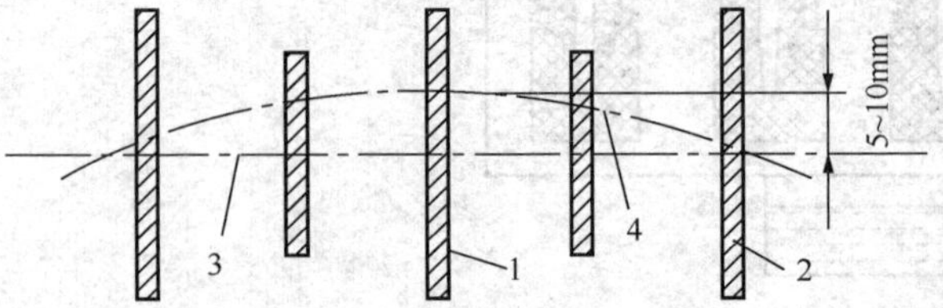

图 2-46 凝汽器中的中间隔板结构
1—中间隔板；2—两端管板；3—管板管孔中心线；4—冷却水管中心线

在凝汽器两端管板之间的冷却水管相当长，而冷却水管又比较细。为了避免管子的振动和减小管子的挠度，沿着管子的长度方向设有若干块中间隔板作为管子的支撑板。中间隔板的管孔中心比管子中心线略高，使管子抬高向上弯曲，一般为 5～10mm，如图 2-46 所示。这样不仅能确保管子与隔板紧密接触，改善管子的振动特性，还可补偿管子受热时的弯曲应力。同时，能使凝结水沿弯曲的管子向两端流下，以减薄积聚在下一排管子上的水膜，提高传热效果。

（三）典型凝汽器的结构介绍

1. N-15000-Ⅰ型凝汽器

N-15000-Ⅰ型凝汽器配在 300MW 机组上，共装有 $\phi20\times1\times11\ 406$mm 铜管 21 552 根，冷却面积为 15 350m^2，凝汽器排汽压力为 4.09kPa，其结构如图 2-47 所示。

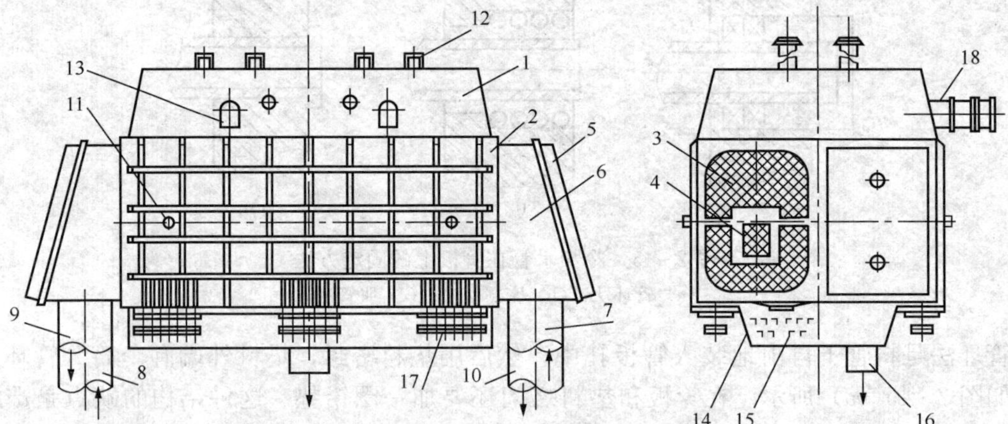

图 2-47 N300-16.7/550/550 型汽轮机凝汽器结构
1—喉部；2—壳体；3—冷却水管；4—空气冷却区；5—端盖；6—水室；7—前侧冷却水进口；8—后侧冷却水进口；9—前侧冷却水出口；10—后侧冷却水出口；11—抽气口；12—抽汽管道；13—低压加热器；14—热井；15—除氧装置；16—出水箱；17—弹簧座；18—小汽轮机排汽接管

该凝汽器为单流程、对分表面式，纵向布置，两路冷却水流向相反，以减少汽轮机排汽沿管长的流动，提高运行的经济性。冷却水管束分为两个独立的部分，管束采用汽流向心式辐向块状布置。两个管束的中间分别设有空气冷却区，通过集气管由抽气器不断将不凝结气体抽出。

凝汽器的铜管利用胀接方式固定在管板上，中间有 8 块隔板，每块隔板的管孔中心相对于管板上管孔中心抬高不同高度，使管子和管板紧密接触，改善管子的振动特性，避开共振且能起到热补偿的作用。热井水位上方设有水封淋水盘式的除氧装置。

凝汽器外壳为方形，上部喉部与低压排汽缸焊接，下部依靠 40 只弹簧支撑在基础上。两端为水室，设计成斜型，端部设有用螺丝连接在水室上的大盖，大盖上开有供检修的人孔。

回热系统及其他有关系统疏水均由凝汽器喉部通入凝汽器，再经钻有许多小孔的专用疏水管均匀地喷撒出来。汽轮机旁路系统的蒸汽经减温减压后进入凝汽器喉部。

2. N-40000-1 型凝汽器

引进美国西屋公司技术国产 600MW 机组上采用了 N-40000-1 型凝汽器。该凝汽器为双压、对分、单流程，其结构如图 2-48 所示。

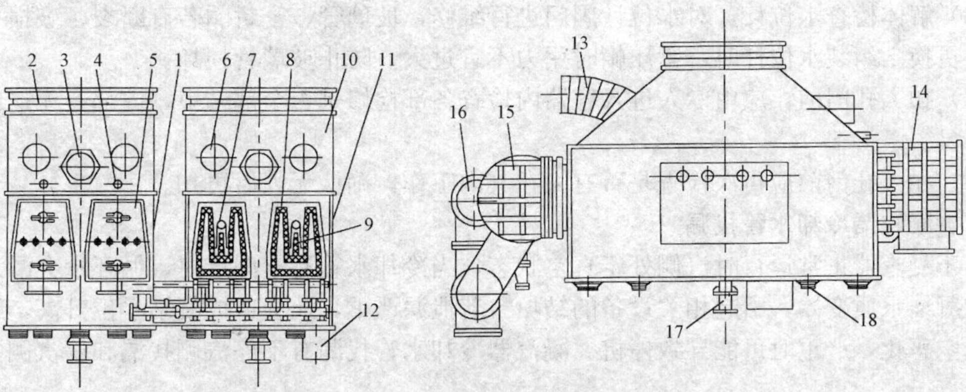

图 2-48　N-40000-1 型双压凝汽器结构简图

1—低压凝汽器；2—凝汽器补偿节；3—低压加热器接口；4—低压侧抽气口；5—水室端盖；6—低压旁路减温减压器接口；7—空气集管；8—管束；9—空气冷却区；10—凝汽器喉部；11—高压凝汽器；12—集水井；13—小汽轮机排汽接口；14—前水室；15—后水室；16—连通管；17—死点座；18—支撑座

它具有以下特点：

(1) 双压凝汽器的工作压力分别为 0.004 02MPa 和 0.0053MPa。每台凝汽器都有两个管束，与之对应设有两个前水室和两个后水室，冷却水依次进入低压凝汽器前水室、低压凝汽器管束、低压凝汽器后水室，经两根连通管转向后进入高压凝汽器的后水室、高压凝汽器管束、高压凝汽器前水室，最后由出水管引出。

(2) 管束布置成两个“山”字形带状结构，中间用挡板隔出空气冷却区。

(3) 将高压侧空气冷却区的不凝结气体引进低压侧空气冷却区。由于低压侧的温度比单压凝汽器低，所以进入低压侧的空气可得到更好的冷却，使空气的比体积减小，减少抽气设备的负荷，从而减少耗功和抽气设备的备用量，提高经济性，减少投资。

(4) 在凝汽器中将低压侧凝汽器热井抬高，其液位高于高压侧凝汽器热井液位，靠液位差使低压侧的凝结水自流入高压侧，在淋水盘中被高压侧蒸汽加热到高压凝汽器压力下的饱和温度。这样使低压侧的凝结水得到加热，减少了凝结水的过冷度，提高了机组的热经济性。

【任务实施】

一、凝汽器解体

（1）打开凝汽器两侧端盖人孔门，用专用工具清扫冷却管管头堵塞的杂物（清扫时注意不要损伤管头）。

（2）清扫冷却水管的方法有打胶球法和高压水冲洗法。打胶球法为：从凝汽器冷却水管一端塞入胶球，用0.39～0.59MPa的压缩空气吹扫。吹扫时应将对侧人孔门关闭，免得胶球飞出伤人。若胶球在管内卡住，应设法由对侧吹出去，不要由一侧硬吹，以免返回伤人。打完胶球应及时用清水冲洗冷却水管内壁。

（3）打开进口循环水管下部人孔门，清扫进口管内积存的泥沙等杂物。

（4）清扫管板及水室锈垢，水室内壁做防腐处理。

（5）检查人孔门密封圈，若有破损、老化现象应更换。

（6）解体检查水位计，对水位计阀门进行维修，玻璃管、密封圈若有断裂、破损、老化现象应更换。组装水位计时，紧压帽时用力不宜过大，防止玻璃管损坏。

（7）扣人孔门前，应由专人进入容器内检查各部检修是否全部结束，内部有无遗留杂物和工器具。

（8）扣人孔门前应再次检查是否有人在其内工作，确认无人后再扣。

二、凝汽器冷却水管找漏

由于凝汽器正常运行时汽侧处于真空状态，当冷却水管有泄漏点时，循环水会漏入凝汽器，使凝结水质变差，引起相关设备的结垢。若泄漏严重，还会造成凝结水位升高，致使凝汽器真空恶化，严重时可能导致停机。凝汽器冷却水管找漏有不停汽侧找漏和停汽侧找漏两种情况。

1. 不停汽侧找漏

机组运行中，如果凝结水硬度增大而超标，则可能是凝汽器铜管破裂或胀口渗漏所致。如果机组不允许停止凝汽器汽侧，可采取火焰找漏法或塑料薄膜找漏法进行找漏。应当注意的是，火焰法不适用于氢冷发电机组。若是管子破裂，可在其两端打入锥形堵头将其堵住；若是胀口渗漏，则可以重新胀管；若管口损坏严重不能再胀管，则只能将其胀口用铜管堵头堵死。

火焰找漏法和塑料薄膜找漏法都是基于同样的原理，都是在水侧停止运行并将水放尽后而汽侧继续保持运行时进行的。由于汽侧处于真空状态运行，如果有铜管破裂或铜管胀口渗漏，则这根铜管管口就会发生向里吸空气的现象。这两种方法只需打开水侧人孔盖，人员进入水室即可找漏。火焰找漏法是用蜡烛火焰逐一靠近管板处的每根铜管管口，如果有破裂或胀口不严的铜管，则当蜡烛火焰靠近这根铜管管口时，火焰就会被吸进去；而塑料薄膜找漏法是用极薄的塑料膜贴在两侧管板上，如果有泄漏的铜管，则该铜管两端管口处的薄膜将被吸破或被吸成凹窝，可非常直观地看到。

2. 停汽侧找漏（凝汽器的灌水找漏）

在机组检修未投运时，或可以停止凝汽器汽侧而对凝汽器进行找漏时，可以采用灌水找漏法。灌水找漏是凝汽器找漏中最为有效的方法，它不仅能找出破裂的铜管和渗漏的胀口，而且还可找出真空系统及凝汽器汽侧附件是否有泄漏。对凝汽器进行灌水找漏必须在汽侧和水侧均停止运行，并将水侧存水放尽后进行。具体方法和步骤如下：

(1) 打开水侧人孔盖或将大盖拆去，用压缩空气将铜管内的存水吹干净，并用棉纱将水室管板及管孔擦干，便于检查不很明显的泄漏。

(2) 为了防止灌水后凝汽器的支承弹簧受力过大而损坏，在灌水前必须用千斤顶将各支承弹簧支好，打开位于凝汽器喉部的水位监视门，即可联系运行人员向凝汽器汽侧灌水。灌水过程中，必须时刻注意水位监视门，一旦水位到达该处而有水从监视门流出时，应立即停止灌水，以防水位过高使汽轮机轴系浸水而造成大轴弯曲事故，也可装设临时水位计监视水位。

(3) 在凝汽器灌水过程中，应随着灌水高度的上升，随时监督铜管及胀口是否有泄漏。如有，应做记号，采取堵管或补胀措施。如需换管，则应在放水后进行。

(4) 灌满水后，还应检查真空系统、汽侧放水门、凝汽器水位计等处是否有泄漏。如有，则应在凝汽器放水后彻底消除。

(5) 找漏完毕后，把水放掉，拆除千斤顶，关闭水位监视门或拆除临时水位计，并关严连接临时水位计的阀门。

三、凝汽器局部铜管的更换工艺

凝汽器铜管损坏10%以上时需要更换铜管，但新铜管需要经有关人员进行检查化验合格，方可使用。

1. 抽管方法

先用不淬火的鸭嘴扁錾［见图2-49 (a)］在铜管两端胀口处沿管径圆周三个方向施力［见图2-49 (c)］，把铜管挤在一起，然后用大样冲［见图2-49 (b)］，向一头冲击，冲出一段后，就可用手直接拉出来。如果用手拉不出来，可把挤扁的管头锯掉，塞进一节钢棍，用夹子夹好后再用力把管子拉出来。

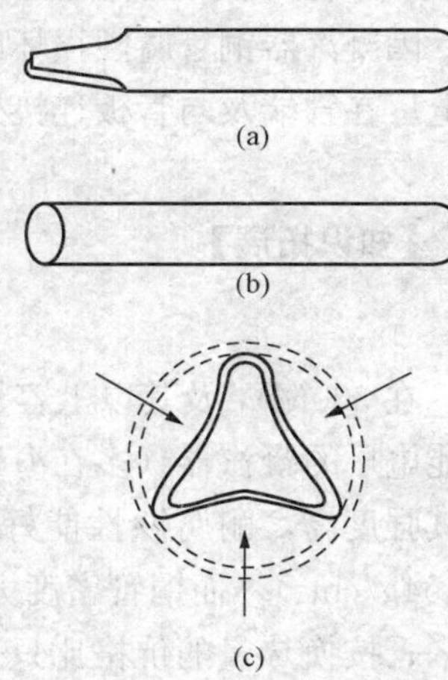

图2-49　抽管方法示意

2. 换管方法

先用细砂布把管板孔和已经试验退火合格的铜管两端各100mm长管头打磨光滑干净，不要有油污和纵向0.1mm以上的沟槽。将铜管装入管板孔内，准备胀管。

3. 胀管方法

先将铜管穿上摆好，管子应露出管板1～3mm，胀管端管内涂少量黄油，另一端有人将管子夹住，防止窜动。放入胀管器，用胀管器胀管。胀管之前首先要进行试胀工作，并符合下列要求：

(1) 胀口应无欠胀或过胀现象，胀口处管壁胀薄4%～6%，胀管后内径的合适数值D，可按下式计算：

$$D = D_1 - 2s(1 - a) \qquad (2-5)$$

式中　D_1——管板孔直径，mm；

s——铜管壁厚，mm；

a——扩胀系数，4%～6%。

(2) 胀口及翻边处应平滑光洁，无裂纹和显著的切痕。翻边角度一般为15°左右。翻边工具如图2-50所示。

(3) 胀口的胀接深度一般为管板厚度的75%～90%，但扩胀部分应在管板壁内不少于

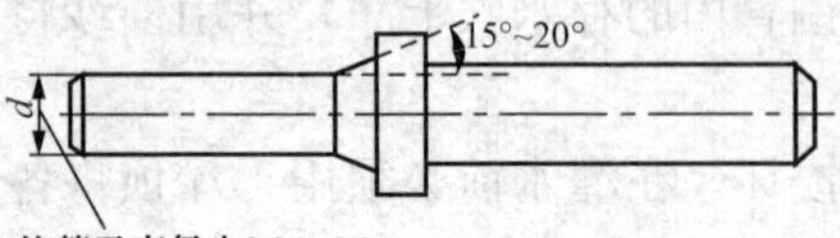

图 2-50 翻边工具

2～3mm，不允许扩胀部分超过管板内壁。

4. 胀管的质量标准及工艺要求

(1) 凝汽器壳体应垫平垫稳，无歪扭现象。若壳体组合后经过搬运，在穿胀管子前应将壳体重新垫平，并使管板和隔板的管孔中心达到原始组合的状态。

(2) 管子胀接前应在管板四角及中央各胀一根标准管，以检查两端管板距离有无不一致和管板中央个别部位有无凸起，造成管子长度不足等情况。管子胀接程序应根据管束分组情况妥善安排，不得因胀接程序不合理而造成管板变形。

(3) 正式胀管应先胀出水侧，同时在进水侧设专人监视，防止冷却管从该端旋出损伤。

(4) 正式胀接工作按试胀管要求进行。

(5) 胀接好的管子应露出管板 1～3mm，管端光平无毛刺。

(6) 如无厂家规定时，一般在循环水进口端进行 15°翻边。

(7) 冷却管不够长时，应更换足够尺寸的管子，禁止用加热或其他强力方法伸长管子。

(8) 管子胀好后，应进行水压试验，合格后方可结束工作。

因凝汽器铜管腐蚀损坏或者由于机械胀管工艺不良引起的泄漏，主要发生在管端，故有些电厂在管端及与管板连接处涂环氧树脂或一些密封胶，以防止泄漏。

【知识拓展】

钛管或钛管板凝汽器的换管

在 300MW 及其以上容量的机组上，用钛管日渐增多，特别是采用海水作冷却水或者原子能电厂的凝汽器（多在海边，使用海水）时，均趋向于用钛管。虽然钛管价格较高，但由于其强度高，耐腐蚀性能好，故管子壁厚可较薄，常为 0.5～0.7mm；再加上钛管密度小（$4.54g/cm^3$），而铜管密度大约为 $8.6g/cm^3$，这使得相同外表面面积钛管的质量只为铜管的 39%；按换热量的价格比只是铜管的 5 倍左右；钛管不易脏污，运行中实际换热系数不变；钛管维修费用低，使用年限长，故采用钛管仍是经济的。在钛管凝汽器的安装检修时应注意管板及分隔板不应有毛刺，以免安装时损伤管子。钛管缺陷直径必须小于 0.787mm，深度小于 0.1mm，另在安装检修时还应注意防火，否则很容易全部烧毁。我国某电厂 300MW 机组，曾因焊接熔渣引燃脚手架、钛管、钛管板，造成凝汽器全部烧毁事故。

更换钛管或钛管板除应符合对铜管的规定要求外，还应遵守以下规定：

(1) 工作场所必须采取专门遮蔽措施，严防灰尘，在水室内工作需用风机通风。

(2) 参加钛管安装的人员和焊工，应经过专门培训并考试合格。

(3) 安装人员需穿干净的专用工作服及工作鞋，并戴脱脂手套，每班更换一次，当被油脂污染时应立即更换。

(4) 钛管板及钛管的端部在穿管前应使用白布用脱脂溶剂（酒精、三氯乙烯等不易燃溶剂）擦拭，除去油污，并用塑料布盖好。管子的防油包扎在穿管前不得打开。

(5) 不得用手抚摸管孔，穿管开始前必须再用酒精清洗。

（6）穿管用的导向器以及施工用的工具，每次使用前都必须用酒精清洗，且不得使用铅锤。

（7）胀管及切管机具必须彻底清洗，每胀管 2～3 根就要用酒精清洗一次，胀管时不得使用胀管机油，需用酒精作清洗剂。

（8）应经常检查胀管用的胀杆和胀子，必要时更换。

对用海水为冷却水的凝汽器对水的严密性要求较高，在管子胀后再用氩弧焊与管板焊牢；还可在管板上管孔处开出两圆槽，采用两次胀管；还有采用双管板，中间通入压力高于循环水的凝结水，以阻止循环水漏入或者在管板管孔中间开有较深的圆槽，各管间的圆槽相连通，将漏水引出，如图 2-51 所示。

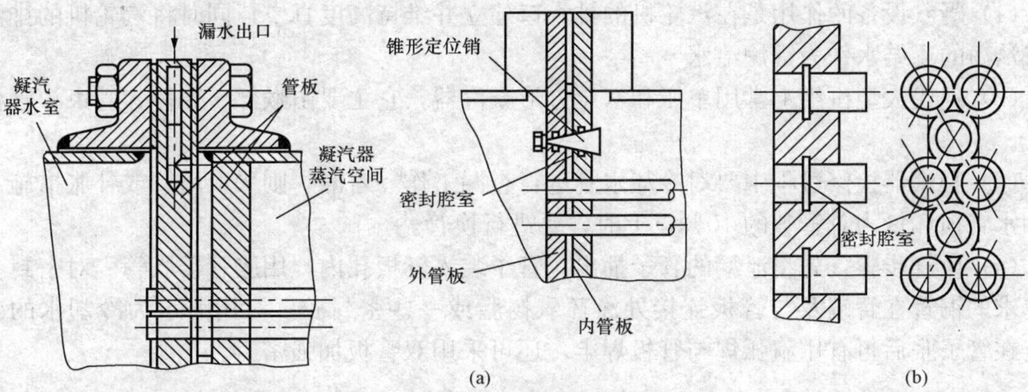

图 2-51　管端漏水预防

（a）双管板；（b）管板中有通道

【技能训练】

按照凝汽器局部铜管的更换工艺完成凝汽器局部铜管的更换。

小　　结

1. 回热加热器

（1）回热加热器的作用是利用汽轮机抽汽加热进入锅炉的给水，以提高热力循环效率。

（2）回热加热器的疏水方式有疏水逐级自流和疏水泵方式，实际回热系统多采用疏水逐级自流方式。

（3）现代大型机组的高、低压加热器普遍采用了卧式管板—U 形管式加热器，它主要由水室、管板、U 形管束和壳体组成。

（4）高压加热器的旁路保护装置有水压液动式和电气式。回热加热器的疏水装置主要有疏水调节阀、U 形水封管、汽液两相流调节器等。

（5）回热加热器常见故障是泄漏故障，主要有管口焊缝泄漏和管束泄漏。查漏的方法主要有：注水法、气压法、内窥镜涡流探伤法和远场涡流管道检测技术。对于管口焊缝泄漏要进行补焊；对管束泄漏要进行堵管，但堵管量不得超过总管数的 10%，否则应予以更换。

2. 除氧器

(1) 除氧器的作用是防止气体对热力设备的腐蚀，并提高热力设备的传热效果。

(2) 热力除氧的原理基于亨利定律和道尔顿定律，热力除氧有两个阶段。为保证良好的除氧效果必须满足三个条件。

(3) 现代大型机组上普遍采用卧式喷雾淋水盘式除氧器，它主要由除氧器本体、凝结水进水室、喷雾除氧段和深度除氧段组成。

(4) 除氧器检修分为除氧器本体检修、恒速喷嘴检修、除氧器水箱检修。安装检修后还要进行表面探伤和水压试验。

3. 凝汽设备

(1) 凝汽设备的作用是在汽轮机的排汽口建立并维持高度真空，同时将汽轮机的排汽凝结成洁净的凝结水作为锅炉给水。

(2) 现代大型机组上常用单压和双压方形凝汽器，它主要由喉部、壳体、管束、管板等组成。

(3) 凝汽器检修过程中要对冷却水管进行查漏工作，若漏，则采取堵管或补胀措施。当冷却水管损坏量为总管数的10%以上时，要进行换管。

(4) 换管步骤：先将泄漏的管子抽出，管子装入管板孔内，用胀管器胀管。对密封有特殊要求的铜管在管端及与管板连接处涂环氧树脂或一些密封胶；对用海水为冷却水的凝汽器，在管子胀后再有用氩弧焊与管板焊牢，还可采用双管板加强密封。

综 合 测 试

一、名词解释

1. 混合式加热器；2. 表面式加热器；3. 加热器端差；4. 蒸汽冷却器；5. 亨利定律；6. 大气式除氧器；7. 凝汽器汽阻；8. 凝结水的过冷度

二、填空

1. 回热加热器按传热方式分为__________和__________，其中热经济性较好的是__________；按布置的方式分为__________和__________；按水侧压力分为__________和__________。

2. 表面式回热加热器的疏水方式有__________、__________和__________，其中热经济性最好的是__________，应用广泛的是__________。

3. 疏水回收到加热器所排挤的抽汽压力越低，机组的热经济性就越__________。

4. 卧式管板—U形管式高压加热器受热面分为__________、__________和__________三部分。

5. 回热加热器疏水装置有__________、__________、__________和__________。

6. 高压加热器自动旁路装置的形式有__________和__________。

7. 加热器管束泄漏检查方法有__________、__________、__________和__________。

8. 除氧器按其工作压力分为__________、__________和__________；按布置的

方式分____________和____________。

9. 热力除氧的原理是基于____________和____________作为理论基础的。

10. 凝汽设备的任务是①____；②____。

11. 凝汽器按汽侧压力分________________和________________；按汽流的形式分____________、____________、____________和____________。

12. 凝汽器一般由____________、____________、____________和____________等主要部件组成。

13. 凝汽器管子在管板上的排列方法有____________、____________和____________；管子在管板上的固定方法有____________、____________和____________。

14. 凝汽器管束布置方式有____________、____________和____________。

三、问答

1. 回热加热器的疏水连接方式有哪些？各有什么特点？
2. 疏水冷却器和蒸汽冷却器的作用分别是什么？
3. 卧式管板—U形管式高压加热器受热面的三个段各有什么作用？
4. 回热加热器疏水装置的作用是什么？不同形式的疏水装置应用情况如何？
5. 试述高压加热器管口焊缝查漏的方法。
6. 高压加热器管束泄漏主要有哪些原因？
7. 简述卧式高压加热器主要部件组成及检修工艺。
8. 简述高压加热器的堵管工艺。
9. 试述轴封加热器的结构特点及检修工艺。
10. 保证热力除氧理想效果的条件是什么？
11. 简述卧式喷雾淋水盘式除氧器结构特点和检修工艺。
12. 简述内置式除氧器的工作过程和主要性能特点。
13. 除氧器及水箱的安装有哪些技术要求？
14. 简述除氧器水压试验的步骤。
15. 简述凝汽设备的工作过程。
16. 简述N-15000-Ⅰ型凝汽器的结构特点。
17. 简述凝汽器解体步骤及冷却水管找漏方法。
18. 简述凝汽器局部铜管的更换步骤。
19. 采用钛管的凝汽器换管时有哪些特殊要求？

项目三　发电厂的汽水管道及阀门

项目目标

了解发电厂管道的规范和材料，管道的补偿、支持与保温；掌握管道的运行维护知识及汽轮机旁路系统控制阀、抽汽止回阀等电厂常用阀门的结构和工作原理。

任务一　发电厂的汽水管道及其运行维护

【任务目标】

了解发电厂管道常用材料、支吊与保温以及涂色规定，掌握管道的技术规范、补偿方法及管道在机组各种运行工况下的运行维护。

【知识准备】

一、管道的类别和材料

1. 管道的类别

发电厂的管道按管内介质的工作压力分为七类，见表 3-1。

表 3-1　　按管内介质的工作压力划分的管道类别

序号	介质工作压力（MPa）	类别	序号	介质工作压力（MPa）	类别
1	25.0 以上	超超临界压力	5	6.0～9.8	高压
2	22.1～25.0	超临界压力	6	2.5～5.9	中压
3	13.8～22.1	亚临界压力	7	2.5 以下	低压
4	9.9～13.7	超高压			

按制造方法不同，钢管可分为有缝钢管和无缝钢管。有缝钢管又分为直缝管和螺旋焊缝管等，无缝钢管又分为冷轧管和热轧管。发电厂高压管子均采用无缝钢管，低压管道可采用直缝管。

2. 管道的材料

发电厂汽水管道多为黑色金属管道，常用的管道材料有普通碳素钢、优质碳素钢、普通低合金钢及耐热合金钢，发电厂管材的选择主要依据管内介质的最高工作温度，表 3-2 给出了常用管材的钢号及推荐使用温度。

无缝钢管材料为 10 号或 20 号优质碳素钢和合金钢。无缝钢管适用的压力和温度范围广，除用于主蒸汽管道、中间再热蒸汽管道和给水管道外，还用于比较重要的低压管道和具有腐蚀性介质或易发生火灾介质的管道，如主凝结水管、低压给水管、燃油管、润滑油管、酸、碱管等。

表 3-2　**常用管材钢号及推荐使用温度**

钢种	钢　号	推荐使用温度（℃）	允许的上限温度（℃）
普通碳素钢	A3F	0～200	250
	A3，A3g	−20～300	350
优质碳素钢	10	−20～440	450
	20	−20～450	450
普通低合金钢	16Mn	−40～450	475
	15MnV	−20～450	500
耐热钢	15GrMo	510	540
	12Gr1MoV	540～555	570
	12MoVWBSiRe（无铬 8 号）	540～555	580
	12Gr2MoWVB（钢 102）	540～555	600
	12Gr3MoVSiTiB（П11）	540～555	600

直缝管是用钢板卷制而成，材料一般为 A3F 钢或 16Mn 钢。主要适用于压力不超过 PN16，温度不超过 300℃ 的低压管道中，如循环水管、补给水管、锅炉烟、风管道、工业水管、除灰管等。通常使用在管径大于 300mm 的大口径管道上。

二、管道规范

为了实现管道制造和使用上的标准化，我国对管子及其附件制定了两个技术规范——公称压力和公称直径，以此作为管道的承压等级和计算直径等级。

1. 公称压力

管道所能承受的最大工作压力，不仅取决于管道材料，还与管内流通介质的工作温度有关。当管材一定时，随着介质温度的升高，管道允许的工作压力就会降低。这给管道的设计与选用带来不便。为此，对同一材料，不同的温度下管道允许的工作压力，都折算成某一固定温度下的允许工作压力，并以此压力表示管道的承压等级，称为公称压力（PN）。对于碳素钢，这一温度为 200℃，耐热钢为 350℃。表 3-3 为 20 钢管子的公称压力、试验压力及在各种介质温度下的最大工作压力。表 3-4 为含钼不少于 0.4%铬钼合金钢管子的公称压力。

表 3-3　**20 钢管子的公称压力**

公称压力 PN (MPa)	强度试验压力 p_T (MPa)	设计工作温度(℃)						
		≤200	250	300	350	400	425	450
		允许工作压力(MPa)						
		p_{20}	p_{25}	p_{30}	p_{35}	p_{40}	$p_{42.5}$	p_{45}
0.1	0.2	0.1	0.09	0.08	0.07	0.06	0.05	0.04
0.25	0.31	0.25	0.24	0.21	0.19	0.17	0.14	0.1
0.4	0.5	0.4	0.39	0.35	0.31	0.27	0.22	0.16
0.6	0.75	0.6	0.58	0.52	0.46	0.40	0.34	0.24
1.0	1.25	1.0	0.97	0.87	0.78	0.68	0.57	0.41
1.6	2.0	1.6	1.56	1.4	1.25	1.08	0.91	0.66
2.5	3.1	2.5	2.4	2.2	1.9	1.7	1.42	1.03

续表

公称压力 PN (MPa)	强度试验压力 p_T (MPa)	设计工作温度(℃)						
		≤200	250	300	350	400	425	450
		允许工作压力(MPa)						
		p_{20}	p_{25}	p_{30}	p_{35}	p_{40}	$p_{42.5}$	p_{45}
4.0	5.0	4.0	3.9	3.5	3.1	2.7	2.2	1.65
6.4	8.0	6.4	6.2	5.6	5.0	4.3	3.6	2.6
10.0	12.5	10.0	9.7	8.7	7.8	6.8	5.7	4.1
16.0	20.0	16.0	15.6	14.0	12.5	10.8	9.1	6.6
20.0	25.0	20.0	19.5	17.5	15.6	13.6	11.4	8.2
25.0	82.0	25.0	24.3	21.9	19.5	17.0	14.2	10.3
32.0	40.0	32.0	31.2	28.0	25.0	21.7	18.2	13.2
40.0	50.0	40.0	39.0	35.0	31.2	27.2	22.8	16.5
50.0	60.0	50.0	48.7	43.8	39.0	34.0	28.5	20.7

表 3-4　含钼不少于 0.4%的铬钼合金钢管子的公称压力

公称压力 PN (MPa)	强度试验压力 p_T (MPa)	设计工作温度(℃)								
		≤350	400	425	450	475	500	510	520	530
		允许工作压力(MPa)								
		p_{35}	p_{40}	$p_{42.5}$	p_{45}	$p_{47.5}$	p_{50}	p_{51}	p_{52}	p_{53}
0.1	0.2	0.1	0.09	0.09	0.08	0.07	0.06	0.05	0.04	0.04
0.25	0.4	0.25	0.23	0.21	20.0	0.18	0.14	0.12	0.11	0.09
0.4	0.6	0.4	0.36	0.34	0.32	0.28	0.22	0.20	0.17	0.14
0.6	0.9	0.6	0.55	0.51	0.48	0.43	0.33	0.3	0.26	0.22
1.0	1.5	1.0	0.91	0.86	0.81	0.71	0.55	0.5	0.43	0.36
1.6	2.4	1.6	1.5	1.4	1.3	1.1	0.9	0.8	0.7	0.6
2.5	3.8	2.5	2.5	2.1	2.0	1.8	1.4	1.2	1.1	0.9
4.0	6.0	4.0	4.0	3.4	3.2	2.8	2.2	2.0	1.7	1.4
6.4	9.6	6.4	6.4	5.5	5.2	4.5	3.5	3.2	2.8	2.3
10.0	15.0	10.0	10.0	8.5	8.1	7.1	5.5	5.0	4.3	3.6
16.0	24.0	16.0	16.0	13.7	13.0	11.4	8.8	8.0	6.9	5.7
20.0	30.0	20.0	20.0	17.2	16.2	14.2	11.0	10.0	8.6	7.2
25.0	35.0	25.0	25.0	21.5	20.2	17.7	13.7	12.5	10.8	9.0
32.0	43.0	32.0	32.0	27.5	25.9	22.7	17.6	16.0	13.7	11.5
40.0	52.0	40.0	40.0	34.4	32.4	28.4	22.0	20.0	17.2	14.4
50.0	62.0	50.0	50.0	43.0	40.5	35.5	27.5	25.0	21.5	18.0
64.0	80.0	64.0	64.0	55.0	51.8	45.4	35.2	32.0	27.5	23.0
80.0	①	80.0	80.0	68.8	64.8	56.8	44.0	40.0	34.4	28.8
100.0	①	100.0	100.0	86.0	81.0	71.0	55.0	50.0	43.0	36.0

① 试验压力根据不同要求自行决定。

国家标准中将管道压力分为若干个公称压力等级，管内介质温度由0℃至材料允许的最高温度间又分为若干个温度等级。每一温度等级下的压力值则为相应温度等级下的允许最大工作压力。在第一个温度等级内允许最大工作压力就是管道的公称压力。在同一公称压力下，随着介质工作温度的升高，管道的最大允许工作压力降低。因此公称压力与管道的工作温度和允许工作压力有关，它是管道工作温度与允许工作压力的组合参数，表示了管道的承压等级，其表示方法如下：

PN9.8：表示管道公称压力为9.8MPa；

p_{40}25：表示管道工作温度为400℃时允许最大工作压力为25MPa。

2. 公称通径

一定外径（D_o）的管子随着管内介质工作压力的不同，为满足强度要求，就应有不同的管壁厚度（S），使得内径尺寸（D_i）各不相同，这给管道的设计、制造和选用带来许多不便，且在允许的介质流速和压损下，管道的通流能力是由管子内径所决定的。因此，国家标准规定管道的内径等级作为公称通径，在进行管子设计、制造及管件连接时，都采用公称通径作为管道的基本尺寸。

管道的公称通径等级范围在1～4000mm之间，共分54级，见表3-5，其表示方法为DN×××，其中×××为公称通径，单位为mm，如DN100表示管道的公称通径为100mm。

表3-5　**我国管道的公称通径**　mm

公称通径 DN						
1	7	50	225	700	1500	3000
1.5	8	65	250	800	1600	3200
2	10	80	300	900	1800	3400
2.5	15	100	350	1000	2000	3600
3	20	125	400	1100	2200	3800
4	25	150	450	1200	2400	4000
5	32	175	500	1300	2600	
6	40	200	600	1400	2800	

公称通径只是名义上的计算内径，一般并不等于管子的实际内径。对于同一材料、同一公称通径的管子，随着公称压力的升高、壁厚的增大，管子的实际内径与公称通径的差距也越来越大。表3-6和表3-7分别为20钢管和高压蒸汽管道的钢管规范。

表3-6　**20号钢钢管规范**

品种	PN2.5、PN4.0		PN6.4		PN≤10.0	
DN	$D_o \times S$ (mm)	每米管重 (kg/m)	$D_o \times S$ (mm)	每米管重 (kg/m)	$D_o \times S$ (mm)	每米管重 (kg/m)
10	—	—	—	—	14×2.0	0.592
15	18×2.0	0.789	18×2.0	0.789	18×2.0	0.789
20	25×2.0	1.13	25×2.0	1.13	25×2.0	1.13
25	38×2.5	1.82	38×2.5	1.82	32×2.5	1.82
32	45×2.5	2.19	45×2.5	2.19	38×2.5	2.19

续表

品种	PN2.5、PN4.0		PN6.4		PN≤10.0	
DN	$D_o\times S$（mm）	每米管重（kg/m）	$D_o\times S$（mm）	每米管重（kg/m）	$D_o\times S$（mm）	每米管重（kg/m）
(40)	57×3.0	2.62	57×3.0	2.62	45×3.0	3.11
50	73×3.0	4.00	73×3.0	4.00	57×3.0	4.00
(65)	73×3.0	5.18	73×3.0	5.18	73×3.5	6.00
80	88×3.5	7.38	88×3.5	7.38	89×4.5	9.38
100	108×4.0	10.26	108×4.0	10.26	108×4.5	11.49
125	133×4.0	12.73	133×4.0	12.73	133×6	18.79
150	159×4.5	17.15	159×4.5	17.15	159×7	26.24
(175)	194×5.0	23.31	194×5.0	23.31	194×8	36.70
200	219×6.0	31.52	219×6.0	31.52	219×9	46.61

表 3-7　　高压蒸汽管道的钢管规范

p_{54}17.4 无缝钢管			p_{54}14.0 无缝钢管					
材料　12Cr1MoV			材料　12Cr1MoV			材料　12CrMo910		
DN	$D_o\times S$	每米管重	DN	$D_o\times S$	每米管重	DN	$D_o\times S$	每米管重
mm		kg/m	mm		kg/m	mm		kg/m
10	16×2.5	0.822	10	16×2.5	0.822	100	133×17.5	49.9
20	28×2.5	1.57	20	28×3.0	1.85	125	168.3×22.2	80
32	42×3.0	2.88	32	42×4.0	3.75	150	193.7×28	114
40	48×3.5	3.84	40	48×5.0	5.30	175	219.1×30	140
45	60×4.5	6.16	45	60×6.0	7.99	200	244.5×36	185
50	76×6.0	10.40	50	76×8.0	13.42	225	273×40	229
65	89×7.0	14.16	65	89×9.0	17.76	250	323.9×45	309
80	108×8.0	19.73	80	108×11	26.31	275	35.6×50	377
100	133×10	30.33	100	133×14	41.09	325	406.4×55	477
125	168×12	46.16	125	168×16	59.98			
150	194×14	62.15	150	194×20	90.26			
175	219×16	80.10	175	219×22	106.86			
200	245×18	100.77	200	245×25	135.64			
225	273×20	124.79	225	273×28	169.18			
250	325×25	185.10	250	325×32	231.23			
300	377×28	241.20	300	377×36	302.77			
350	426×30	292.90	350	426×40	380.77			

三、管道的热膨胀与热应力

（一）管道的热膨胀与热应力的计算

发电厂的许多管道经常工作在较高的温度下，如主蒸汽管道、再热蒸汽管道和主给水管道等，从停运状态到工作状态其温度变化很大，引起管道的热膨胀，由于这些管道自身都很长，其热伸长值会达到很大数值。

管道的热伸长值可用下式计算：

$$\Delta L = \alpha_t L \Delta t \quad \text{m} \tag{3-1}$$

式中　α_t——管材的线膨胀系数，m/(m·℃)，对于钢材 $\alpha_t=(12\sim18)\times10^{-6}$m/(m·℃)；

L——管道长度，m；

Δt——温度差，即管道输送介质时的工作温度与管道安装时的环境温度之差，℃。

如果管道的两端加以固定，那么由于管子膨胀受阻，将在管壁内产生很大的压缩热应力，其应力值可按下式计算：

$$\sigma = E\Delta L/L = \alpha_t \Delta t E \quad \text{Pa} \tag{3-2}$$

式中　E——管材的弹性模数，Pa。

由于热膨胀，对管道两端固定点将产生推力，其大小为

$$F = \sigma A \quad \text{N} \tag{3-3}$$

式中　A——管道的截面积，m^2。

例如：某厂 N300MW 机组的主蒸汽管道 ϕ534.5×83.1，两端由固定支架支撑，管道材料为 A335P22 合金钢（ASTM 标准），停运与工作时温差为 500℃，钢材的弹性模量 $E=1.755\times10^9$Pa，线膨胀系数 $\alpha_t=13.5\times10^{-6}$m/(m·℃)，则应力

$$\sigma = \alpha_t \Delta t E = 13.5\times10^{-6}\times500\times1.755\times10^9 = 1.184\times10^7(\text{Pa})$$

管道的横断面积为

$$A = \frac{\pi(D^2-d^2)}{4} = \pi\times(534.5^2-368.3^2)\times10^{-6}/4 = 0.1178(\text{m}^2)$$

对管道固定支撑点的推力

$$F = \sigma A = 1.184\times10^7\times0.1178 = 1.395\times10^6(\text{N})$$

由此可见，热膨胀所产生的应力和推力很大，若管道的布置或支吊架选择不当，将威胁到管道及与管道相连的热力设备的安全运行。

（二）影响热应力的因素

由前面热应力分析可知，温差、管道弹性和约束是影响管道热应力的主要因素。

1. 温差的影响

由热应力计算公式可知，温差 Δt 越大，产生的热应力和推力也越大，而温差大小是由管道的工作条件决定的，不能改变，但却要特别注意高温管道的热应力。

2. 管道弹性的影响

在同样的固定支架支撑下，直管段刚度大，弹性小，受热膨胀时产生很大的热应力和推力。若采用具有较大弹性的弯曲管子，就能利用其自身的弯曲变形和扭转变形来吸收一部分管道的热膨胀，使热应力以及对固定支架的推力都相应减小，即弹性管道具有吸收热膨胀的补偿能力，因而增大管道的弹性，是降低热应力和推力的有效手段，但弯曲管道的流动阻力和管材耗量却较直管段大。

管道的弹性取决于管材的物理特性（如线膨胀系数 α_t，弹性模量 E 等）、管道的几何特性（如长短、粗细、厚薄）及其布置后管系所具有的结构形状，其中能人为改变的主要是管道布置的形状。

3. 支吊架的影响

支吊架是加在管道上的约束，不同程度地阻碍着管道在热胀冷缩时的变形，变形受阻越大，产生的热应力和对支吊架的推力就越大。因此支吊架的合理布置和选型，对减小热应力和推力有较大的影响。

四、管道的补偿

管道的补偿是指吸收管道热膨胀、减小管道热应力及作用力的措施，常用的补偿方法有热补偿和冷补偿两种。

（一）热补偿

热补偿是利用管道本身的弹性变形来吸收部分热膨胀，减小热应力。管道的热补偿可分为自然补偿和人工补偿。

1. 自然补偿

利用布置中因为自然走向而形成的弯曲管道（平面或空间的弯曲管道）在热膨胀时的弹性变形来吸收热膨胀，减小热应力。

2. 人工补偿

当受到管道敷设条件限制不能采用自然补偿，或自然补偿不能满足要求时，就必须加装专用的补偿器，来增强管道的热补偿能力。常用的补偿器有 π 形、Ω 形和波纹管补偿器，如图 3 - 1 所示。

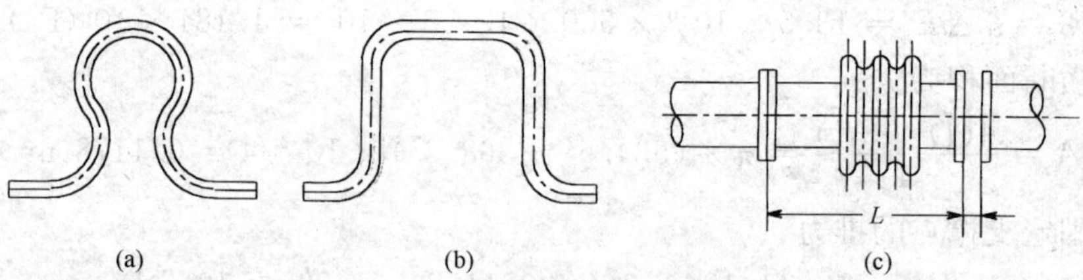

图 3 - 1 人工补偿
(a) Ω 形补偿器；(b) π 形补偿器；(c) 波纹管补偿器

(1) Ω 形和 π 形补偿器。这两种类型的补偿器由管子弯曲而成，具有补偿能力大，结构简单，运行可靠，适用于任何参数的管道等优点。其缺点是：尺寸较大，介质流动阻力大。一般安装在两固定点中间，以使补偿器两侧所受的作用力相平衡。

(2) 波纹管补偿器。该类补偿器用于工作压力在 0.7MPa 以下的管道上，如凝结水管道、低压给水管道等。其补偿能力不大，用于水平管道时，每个波节下部边缘要设疏水管，把凝结水排出，以免发生水冲击。

（二）冷补偿（又称冷紧）

管道的冷补偿是在管道安装时，预先拉伸管道，并焊好就位，使其产生一个与热膨胀应力方向相反的冷紧应力。在管道投运过程中，随着管道温度的上升，冷紧应力逐渐被热膨胀应力所抵消，随后温度再升高，管道承受的应力值才逐渐增大。冷补偿虽然降低了工作温度下管道的热应力及对设备的推力，但却增加了管道在冷态时的应力和对固定点的拉力。从钢材的强度来看，由于冷态时所能承受的载荷比热态时大得多，所以将热膨胀应力转移到冷态是有利的。

此外，在安装补偿器时也应预先冷拉，冷拉长度不小于其补偿能力的一半。当管道受热膨胀时，补偿器首先由拉伸状态回复到正常的不受力状态，随后才进行热补偿，因此降低了工作温度下管道的应力。

五、管道支吊架

管道用支吊架来支撑和固定。支吊架的作用：一方面承受管道的自重和各种附件、保温层以及管内介质的重量；另一方面对管道的热变形进行限制和固定，减少对设备装置的推力和力矩，并防止或减缓管道的振动。

支吊架包括支架和吊架，支吊架用包箍或焊接方式与管道相连。管道支吊架设计的好坏，结构形式选用的恰当与否，对管道的应力状况和安全运行影响很大。

1. 支架

支架可分为固定支架、活动支架、导向支架和恒力支架等，如图 3-2 所示。

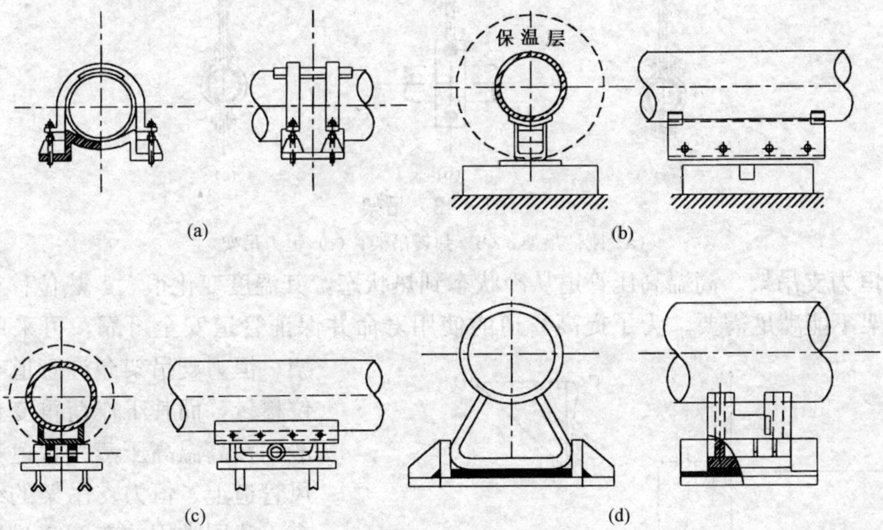

图 3-2　支架

(a) 固定支架；(b) 滑动支架；(c) 滚动支架；(d) 导向支架

(1) 固定支架。固定支架不允许管道有任何方向的位移，它承受着管道的自重和热胀冷缩引起的力和力矩。在锅炉出口、汽轮机入口、切换阀门组处、排汽管口处、两膨胀器之间都设有固定支架，固定支架必须生根在土建结构、主要梁柱或专门的基础上。

(2) 活动支架。活动支架承受管道的重量，但不限制管道的水平移动。为减少活动支架下面的摩擦力，可在支架下面安装滚珠或滚柱，于是活动支架又分为滑动支架和滚动支架两种。

(3) 导向支架。导向支架用于限制或引导管道沿某一方向位移。如在管道热膨胀时，只允许管道在支点处沿水平方向进行轴向位移，而限制其横向位移，则可采用导向支架。

2. 吊架

吊架可分为刚性吊架、弹簧吊架和恒力吊架等，如图 3-3 所示。

(1) 刚性吊架。刚性吊架适用于垂直位移为零或垂直位移很小的管道吊点。

(2) 弹簧吊架。弹簧吊架与刚性吊架不同之处在于其连接件为弹簧组合件，具有一定的伸缩性，当管道发生热位移时，弹簧受到压缩，不会使工作荷重发生很大变化。适用于有中、小垂直位移的管道上并允许有少量的水平位移。

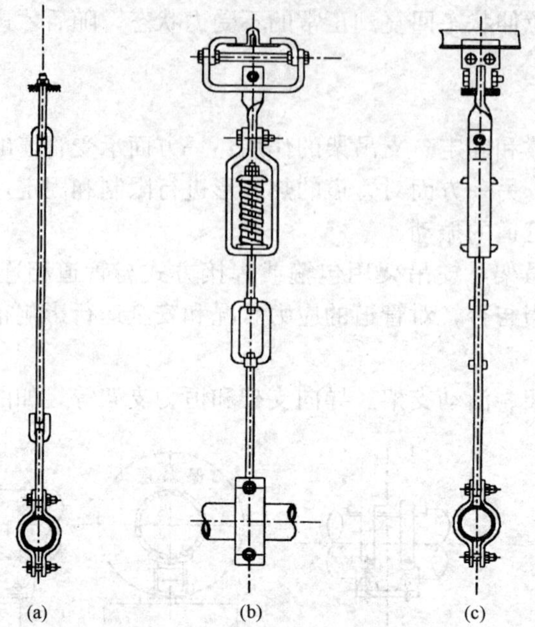

图 3-3　吊架

(a) 刚性吊架；(b) 弹簧吊架；(c) 恒力吊架

(3) 恒力支吊架。高温高压管道从冷状态到热状态，其温度变化很大，热位移很大，普通的弹簧吊架不能满足需要。为了提高管道的使用寿命并保证管道安全可靠，可采用恒力支吊架。恒力支吊架允许管道有较大的热位移量，而其工作荷重变化很小，一般用在高温高压蒸汽管道和锅炉的烟风管道上。恒力支吊架的结构形式很多，我国常用的有 H-1 型恒力吊架和 HZH-1 型恒力支吊架。

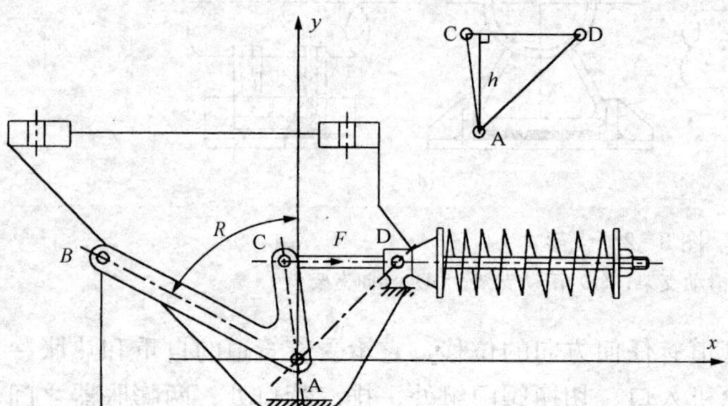

图 3-4　H-1 型恒力吊架的工作原理

图 3-4 所示为 H-1 型恒力吊架的工作原理。它由外壳、转动体、弹簧及载荷杆等组成。当在载荷杆上吊上载荷时，转动体处于动平衡，根据力矩平衡原理，围绕着轴 A 同时有两个作用力矩，一个是由载荷 W 所引起的力矩 $WL_{AB}\sin R$，另一个是由弹簧力 F 所引起的力矩 Fh，由载荷产生的力矩将时刻与弹簧产生的力矩平衡。在选用恒力吊架时，应先按热位移值来选择挂载孔位 B 值，然后根据工作荷重的需要选择吊架的型号。

六、管道连接件

管道的连接件包括大小头、三通、弯头、法兰和焊缝等，大小头又称异径管，用于不同直径管段的连接。三通安装于管道分支处。弯头用于改变管内介质的流向。法兰是发电厂管道连接的一种基本形式，普遍用于中低压管道的连接。对于现代高压、超高压管道，多采用焊接方式，其主要原因是提高管道运行的可靠性，减少维护工作量以及降低工程造价，但在一些高压管上，仍有采用法兰连接的地方，如与设备连接处，或者检修时需要拆卸的地方。

七、管道保温

发电厂中外表面温度高于50℃，需要经常操作、维修的设备和管道一般均应保温。在环境温度为27℃时，保护层外表面温度不应超过50℃。对于个别不宜保温的设备和管道，其外表面温度低于60℃时可以不保温。管道保温有以下作用：①减少散热损失，提高热经济性；②避免主厂房内气温过高，改善仪表、设备等工作条件；③减少高温厚壁管道内外壁的温差，减少管道的热应力；④保护人身安全，避免烫伤及防火等。

管道的保温效果与选用的保温材料性能有关，选用时不仅要注意性能好坏，还要就地取材，以节省投资。保温材料应满足以下要求：导热系数低，密度小，性能稳定；具有一定的机械强度，耐振动；可燃物和水分的含量小，吸水性低，对金属无腐蚀；易于加工成型，便于施工。

八、管道涂色

为了标示介质种类、流向和管道名称，管道必须涂油漆。在管道弯头、穿墙处及需要观察的地方，必须涂刷介质名称、表示介质性质的色环和表示介质流向的箭头。当介质流向有两种可能时，应标出两个方向的指示箭头，文字和箭头用黑色或白色油漆涂刷，油漆颜色应按规定的要求使用。管道的色环、介质名称及介质流向箭头的位置和形状如图3-5所示。根据DL/T 5072—2007《火力发电厂保温油漆设计规程》，发电厂管道涂色规定见表3-8。

图3-5 管道的色环、介质名称及介质流向箭头的位置和形状

1—色环；2—介质名称；3—介质流向箭头

表3-8 常用管道涂色规定

序号	管道名称（管内介质）	面漆底色	色环颜色	序号	管道名称（管内介质）	面漆底色	色环颜色
1	主蒸汽和再热蒸汽	—	无环	13	联氨	橙黄	红
2	抽汽和背压蒸汽	—	红	14	酸液	浅灰	橙
3	凝结水（保温）	—	浅绿	15	碱液	浅灰	雪青
4	凝结水（不保温）	浅绿	无环	16	磷酸三钠溶液	浅绿	红
5	化学净水	浅绿	白	17	氢	橙	无环
6	给水	—	绿	18	空气	天蓝	无环
7	疏水和排水	—	绿	19	二氧化碳	浅灰	红
8	热网水	—	褐	20	冷风	浅蓝	无环
9	循环水、工业水、除尘水、冲灰水	黑	无环	21	热风	—	蓝
10	消防水	红	无环	22	原煤	黑	无环
11	油	黄	无环	23	煤粉（保温）	—	黑
12	氨气	黄	黑	24	烟道	—	无环

➾【任务实施】

一、管道的冲洗和吹扫

汽水管道安装完毕后，在管道系统内常存在一些杂物，如焊渣、金属熔渣、氧化铁皮、金属腐蚀物、沙粒及泥土等给机组的安全运行带来极大的危害。它们可能造成阀门的卡涩和损坏，同时使汽水品质在很长时间内达不到合格要求。若杂物沉积在水冷壁、过热器和再热器内，将造成管道堵塞，并发生爆管。若主蒸汽管道内的杂物随蒸汽进入汽轮机，则可能打坏汽轮机的喷嘴和叶片。因此在管道投运前，除进行水压试验以检查其严密性外，还必须对汽水管道进行冲洗和吹管，以保证汽水品质。

（一）凝结水和给水管道的冲洗

1. 凝结水管道的冲洗

凝结水管道的冲洗包括凝汽器、凝结水泵、轴封加热器、低压加热器、除氧器等。为保证清洗时形成闭式水循环，应由除氧器水箱设一临时管道至凝汽器。冲洗方式是：先采用干净的工业水进行开路冲洗，后采用除盐水进行闭路循环冲洗。

开路冲洗的流程是：冲洗水由凝汽器经凝结水泵、轴封加热器、低压加热器，进入除氧器，经放水管排走。

闭路循环冲洗的流程是：冲洗水由凝汽器经凝结水泵、轴封加热器、低压加热器，进入除氧器，再由除氧器水箱的临时回水管返回凝汽器。

2. 给水管道的冲洗

给水管道的冲洗包括除氧器、给水泵、高压加热器及高压加热器至省煤器入口阀前的管道。冲洗前，需在省煤器前接一临时管道，用于冲洗水的排放。

为了进行给水管道的冲洗，应先试运给水泵。冲洗时先采用水质符合要求的软化水进行冲洗，再用除盐水进行冲洗。把除氧器水箱作为冲洗水箱，注入合格的冲洗水，将给水泵投入运行，逐渐使其达到最大流量，对给水管道系统进行清洗。开始时，不包括高压加热器冲洗，先冲洗旁路，再投入高压加热器进行冲洗。当排水与入口水的水色和透明度目测一致时，即可停止冲洗。

3. 凝结水和给水管道的化学清洗

亚临界压力机组和直流锅炉对汽水品质要求比较高，因而对凝结水和给水管道的清洁程度有较高的要求。除要求将管道中附着的杂质清除掉以外，还要求清除掉管道内壁的腐蚀产物，一般采用化学清洗方法。这种清洗方法不仅可以除掉管道内壁的腐蚀产物，还可节省冲洗水用量，缩短机组启动调试时间，保证试运过程中的汽水品质。

一般化学清洗的工序是：水清洗—碱洗—水冲洗—酸洗—水冲洗—中和钝化处理。在清洗过程中，碱洗是为了除去管道内的油脂、油漆等，对氧化铁等附着物也有一定的松动和去除作用。酸洗是为了除去管道内的氧化铁等腐蚀产物。钝化处理是使酸洗干净的管道内壁形成一层保护膜，以保护金属。

凝结水和给水管道的化学清洗系统包括除盐水补充水管、酸洗溶液箱、凝结水泵、凝结水系统、低压给水系统、高压给水系统等。参加化学清洗的主要有主凝结水管道、高压给水管道和高压加热器，其中低压加热器只进行水冲洗和碱洗，不进行酸洗，这是因为低压加热器管子胀接在管板上，其胀口部位不易保护，易造成酸腐蚀而泄漏。

（二）蒸汽管道的吹扫

蒸汽管道的吹扫又称吹管，再热机组包括过热器、再热器、主蒸汽管道和再热蒸汽管道的吹扫。

利用蒸汽进行吹管有两个目的：一是利用蒸汽在管内高速流动对杂物产生的冲刷力，把管内的杂物冲走；二是利用金属与附着杂物热膨胀系数的差异，产生相对位移，使黏附在管壁上的焊渣、氧化铁皮脱落，随蒸汽带走。

吹管的方法有稳压吹管法、蓄能吹管法和稳压蓄能联合吹管法。

稳压吹管法是在吹管时尽量保持压力、温度、流量近似不变，它适用于任何形式的锅炉。吹管时要加强炉膛燃烧，吹管一般以锅炉主汽门为控制阀门，吹管时间为 10～20min。

蓄能吹管法是在吹管前将锅炉点火，并升压到一定的压力，在吹管时锅炉灭火，利用锅炉的蓄热短时释放，提高吹管流量。吹管时尽快全开控制阀，当压力下降到一定值时关闭控制阀，重新点火升压，准备再一次吹管，经过多次吹管，直到合格为止。

稳压蓄能联合吹管法，以蓄能吹管为主，在蓄能吹管之前增加一段时间的稳压吹管。

吹管要分段进行，同时将吹管系统中易磨损或影响流量的部件（如流量孔板、调节阀阀瓣）拆除，在进入汽轮机处将管子断开或将主汽门门芯取出加堵，再接上临时管道至冷段再热蒸汽管道，临时排汽管接到室外，临时排汽管入口装靶板、出口装消声器。常用的分段吹管有两阶段吹管和三阶段吹管，如图 3-6 所示。

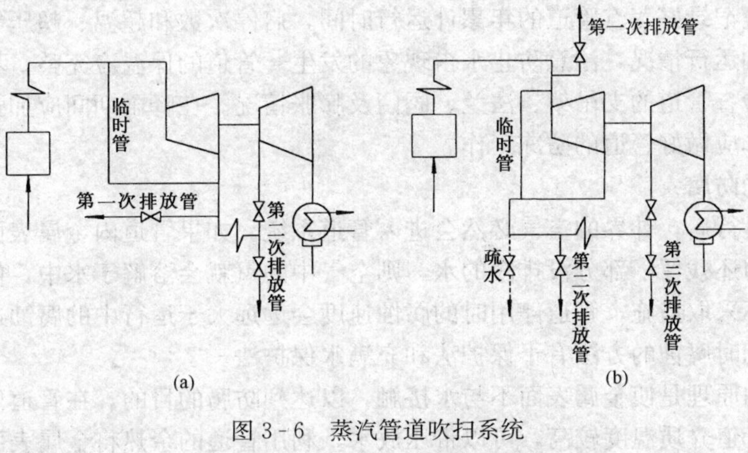

图 3-6　蒸汽管道吹扫系统
（a）两阶段吹管系统；（b）三阶段吹管系统

两阶段吹管系统较为简单，吹管次数较少。第一阶段吹扫蒸汽流程：过热器→主蒸汽管→临时管→冷段再热蒸汽管→临时管排大气。第二阶段吹扫蒸汽流程：过热器→主蒸汽管→临时管→冷段再热蒸汽管→再热器→热段再热蒸汽管→临时管排大气。

三阶段吹管是在保证过热器和主蒸汽管吹扫干净后再吹扫再热器，可防止前面过热器中的杂物吹到后面再热器中，吹扫的比较干净，但系统复杂，施工量大，吹扫时间较长，燃料和给水消耗大。第一阶段是吹扫过热器、主蒸汽管；第二阶段增加吹扫冷段再热蒸汽管；第三阶段再增加吹扫再热器和热段再热蒸汽管。

二、管道的运行维护

（一）管道的启停注意事项

蒸汽管道在开始投入时，要避免温度的急剧升高。如果管道内的温度急剧升高，管道内外壁温度差很大，将产生很大的热应力，过大的热应力使金属材料产生变形，以至管道产生裂纹。因此，机组启动时，对于高温蒸汽管道要进行充分的暖管，同时严格控制其温升率，并加强疏水的排放，以防止过大的热应力和水击现象的发生。按规定，单元制机组在启动中的主蒸汽和再热蒸汽管道的温升率应小于5℃/min，而主汽门、调节汽门的温升率应小于4～6℃/min。

在启动暖管过程中，应检查确认：管道的支吊架工作正常，管道膨胀良好，管道无晃动或振动，管道内没有冲击声，法兰和阀门等处无泄漏。同样，在停机过程中，也要注意控制蒸汽管道的温降率，使之在规定值以内，并进行充分的疏放水，同时加强对管道的监视和检查。

水管道的投入要注意把管内的空气排净，缓慢向管内充水，并避免发生水锤现象，因为这种水冲击的力量很大，往往能破坏阀门和设备。

（二）管道的正常运行维护

正常运行中，要注意蒸汽参数的变化，一般要求主蒸汽管道不超温超压运行，同时应避免温度的频繁变化。按规定：蒸汽压力允许在额定值±0.2MPa范围内变化，超过0.2～0.5MPa时，要采取措施降低压力。蒸汽温度允许在额定温度±5℃范围内变化，超过10℃以上或在这一温度下运行10～30min后仍不能恢复正常时，要停止运行，而且这种情况全年累计数不应超过20h。

运行人员应记录好蒸汽管道的年累计运行时间，启停次数和超温、超压等情况。应定期检查汽水管道的运行情况，注意防止水击现象的发生。管道的保温应完整，不应有脱落或裸露现象。定期检查管道的支吊架、法兰、阀门及膨胀情况。在降雨期间应加强露天布置管道的检查，在冬季应做好管道的防冻工作。

三、管道的防腐

管道停止运行后，外界的空气必然会进入管道系统。如果管道内金属表面因受潮而附着一层水膜或管内还残留一部分没排净的水，则空气中的氧就会溶解于水中，使金属表面遭到氧的腐蚀，如不采取措施，管道停用时的腐蚀速度会远远大于运行中的腐蚀速度。常用的防止汽水管道停用时腐蚀的方法有干保护法和充满水保护法。

干保护法的原理是使金属表面不与水接触，以达到防腐的目的。在管道停运后，立即放水，如果汽水管道介质温度较高，可以带压放水，利用管道的余热将金属表面烘干，然后在管道内充以纯度在99%以上的氮气，以阻止空气渗入。充氮时，要使管内氮气压力高于大气压力，并将汽水阀门关闭严密，以维持必要的氮气压力。要经常检查氮气压力，如果发现管道内压力消失，应及时充氮，并查找原因，予以消除。

充满水保护法是利用保护性水溶液充满停用后的管道内，以防止空气中的氧气进入管道。一般常用的药剂为氨和联氨，其浓度达到200～300mg/L，pH>10。在大气温度不低于零度时，可以采用充满水保护法，若大气温度可能降至零度以下时，则必须采用干保护法。

另外，还有干燥剂法和气相防腐剂法，干燥剂法是采用吸湿能力很强的干燥剂吸收管内水分，保持管内干燥，从而防止腐蚀。气相防腐剂在常温下能缓慢地挥发，并扩散到金属表面而对金属起保护作用。

凝结水和给水管道停用时的防腐工作，可以与加热器同时进行，采用充满水保护法，充以除过氧、含有联氨并调整好 pH 值的凝结水或除盐水。

⇨【知识拓展】

管道的金属监督

蒸汽管道长期在高温和高压下运行，会发生两种变化：一是管道截面沿圆周方向发生变形，管道逐渐变粗；二是钢的组织性质发生变化，钢的强度和高温性能降低。若不采取一定的监督手段，及时发现问题，那么由于上述变化，最终可能造成管道的爆破而引起严重的后果。

发电厂金属技术监督规程规定，工作温度大于 450℃ 的主蒸汽管道和高温再热蒸汽管道，应在温度较高的水平段上安装监察段，进行蠕变监督，监察段应选用该管系中实际壁厚最小的同批钢管，其长度不小于 5m。安装前安装单位应在监察段两端各切取 300～500mm 的一段，作为原始段，移交给生产单位。监察段上不允许开孔和安装仪表插座，也不得安装支吊架。

监察段上要设计三组蠕变测点，每条管道上应设计 3～6 组蠕变测点，并布置在应力较大、管壁较薄、材质较差的直管段，在符合规程要求的直管段上选取一些测量截面来安装蠕变测点。每个测量截面至少要装设 4 个蠕变测点，其测点中心互成 90°角，对于外径大于 350mm 的蒸汽管道，可安装 8 个测点，其中心互成 45°角。为避免蠕变测点在长期高温运行中可能发生的氧化或腐蚀，而造成测量上的误差，测点一般采用 1Gr18Ni9Ti 不锈钢制成。

⇨【能力训练】

1. 根据管道材料和管道中允许工作压力选择某一公称压力的管道。
2. 利用拉管器进行管道的冷补偿训练。

任务二　发电厂常用的阀门

⇨【任务目标】

了解阀门的分类及材料，掌握发电厂常用阀的作用、结构、工作过程及其控制方式。

⇨【知识准备】

一、阀门的分类及材料

阀门的种类很多，可以按不同的分类标准来划分。按阀门的结构分为截止阀、闸阀、旋塞阀、旋启阀和蝶阀等。按用途分为关断用阀、调节用阀和保护用阀门。按驱动方式分手动、电动、液动和气动等。

发电厂阀门的主要材料有铸铁、钢、铸钢、合金钢、青铜以及特种合金钢等。阀门的材料不同，使用范围也不一样。阀门材料根据介质的工作参数来选择，用青铜材料制造的阀门使用温度范围不大于 250℃。低压阀门的壳体用铸铁制成，一般用于介质压力不超过 1.96MPa，温度不超过 300℃ 的管道上。中压阀门可用碳素钢制成。当公称压力大于 6.27MPa 时，应采用标号 15、25 及 35 的优质钢或特殊钢制造。高温高压阀门则用合金钢制成。

二、阀门的结构

发电厂中不同类型的阀门都是由阀体、阀盖、阀杆、阀瓣、填料盒、驱动装置等部件组成的，现以图 3-7 所示的电动截止阀为例来说明阀门的结构。

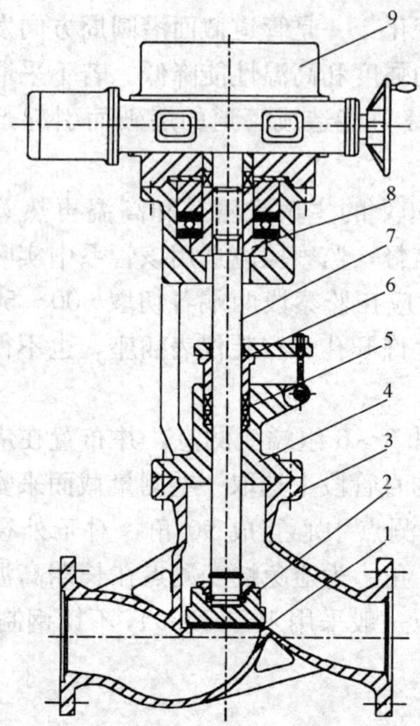

图 3-7 电动截止阀

1—阀座；2—阀瓣；3—阀体；4—阀盖；5—填料盒；6—填料压盖；7—阀杆；8—阀杆螺母；9—驱动装置

(1) 阀体。阀体是介质流通的通道，它承受介质压力和强制关闭时的作用力，阀体与管道的连接方式有丝扣连接、法兰连接和焊接连接等形式。

(2) 阀盖。阀盖与阀体的连接方式有丝扣连接、法兰连接及利用介质压力进行自密封等形式。

(3) 填料盒。填料盒的作用是防止介质泄漏，保证阀盖与阀杆间的密封，加在填料盒中的软质填料受到压盖挤压后，紧紧地压在阀杆与填料盒壁上，实现可靠密封。

(4) 阀杆。阀杆用来传递驱动力带动阀瓣运动，应有足够的强度、刚度和耐磨性。

(5) 阀瓣与密封面。阀瓣是阀门的主要工作部件，它与阀座的接触部分称为密封面。阀门关闭时，密封面能保证阀门的严密性。对于调节阀要求它具有良好的调节性能。

(6) 驱动装置。阀门的驱动方式大部分采用螺纹旋转驱动，在阀门启闭过程中阀杆的运动方式可分为旋转、升降、既旋转又升降三种。

三、发电厂常用阀门

(一) 关断用阀门

关断用阀门用于切断或接通管道与设备之间的介质通路，包括截止阀、闸阀、蝶阀、球阀、旋塞、隔膜阀等。在电厂用得最多的关断用阀门是截止阀和闸阀。

截止阀是利用装在阀杆下面的阀瓣与阀体上的阀座相互配合来开关阀门的，如图 3-7 所示。截止阀对介质的流动方向有一定要求，一般在阀体上用箭头表示出介质的流动方向。其优点是：结构简单，密封性能好，开启高度小，制造维修方便。缺点是：流动阻力大，开关力大，使得其公称直径限制在 200mm 以下。在管径较小且要求有较好的关闭严密性时，多采用截止阀。

闸阀是在阀体内设置与介质流动方向垂直的平面圆盘闸板，靠闸板的升降来启闭介质通路。闸阀的优点是：流动阻力小，开启、关闭省力，介质可以两个方向流动，外壳长度方向尺寸较小，对温度、压力及直径的使用范围较宽。缺点是：闸阀的制造与密封复杂，高度方向尺寸较大，密封面易磨损，检修工作量大等。在蒸汽管道和大直径的供给水管路中一般要求流动阻力较小时多选用闸阀。

在大直径的循环水管道，小汽轮机排汽管道上，以及锅炉的风烟管道上常使用蝶阀，它是利用圆盘形的阀瓣绕着阀体内一固定轴旋转，从而开启或关闭介质通路的。

需要说明的是，对于尺寸比较大同时工作压力较高的闸阀，都设外部旁路阀门，只有在阀门进出口两侧的压力处于平衡状态下，才能开关阀门。对于阀瓣承受压力很大的截止阀，也应设置旁路阀。旁路阀可装在阀体外部，称为外旁路阀；也可装在阀体内部阀瓣上，称为内旁路阀，如图 3-8 所示。要开启阀门时，先用较小的力量开启旁路阀阀瓣，使得主阀瓣两侧压力达到平衡，然后开启主阀瓣。在汽轮机自动主汽门和再热机组Ⅱ级旁路减压阀上均采用了内旁路阀。

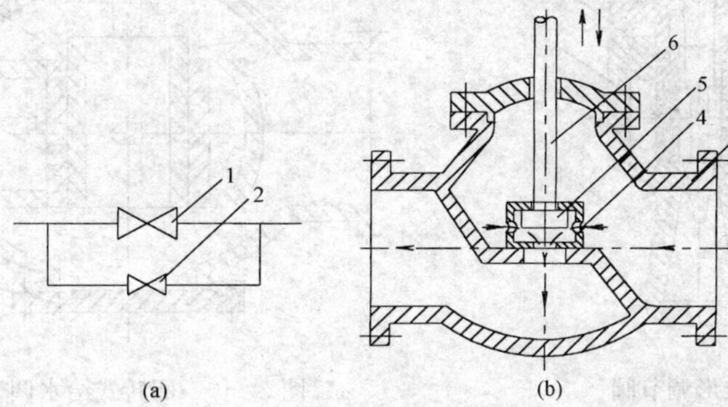

图 3-8　旁路阀示意

（a）外旁路阀；（b）内旁路阀

1—主阀门；2—外旁路阀；3—阀体；4—主阀瓣；5—内旁路阀阀瓣；6—阀杆

（二）调节用阀门

调节用阀门用于调节工作介质的流量和压力，包括调节阀、疏水阀、节流阀、减压阀等。由于调节阀一般严密性较差，故在调节阀前后应装设关断用阀门，以防止介质泄漏，在开启调节阀时先开启关断阀。发电厂中的调节阀大都由调节系统的执行机构来驱动，参与热力系统的自动控制，并要求调节阀具有良好的调节特性。

1. 锥形调节阀

锥形调节阀有单级和多级。单级调节阀的结构与截止阀类似，只是其阀瓣形状为圆锥形。工作介质在阀座与阀瓣之间经过一次节流降压，其流量的大小由阀瓣的型线和阀门的开度来决定，这种调节阀只适用于压降较小的管道，如图 3-9 所示。该阀装有三道节流圈，可使给水压力大部分都降低于此，使锥形阀瓣不易磨损。每道节流圈分四排开设节流小孔，相邻两个节流圈的小孔叉开布置，并有槽道相连，可充分起到节流降压作用。

多级节流调节阀流体要经过 2～5 次节流降压，以达到流量调节的目的，这种调节阀调节灵敏度高，适用于较大压降的管道，如汽轮机的高压旁路减温水调节阀。

2. 窗口形回转式调节阀

窗口形回转式调节阀的阀体上有一固定的阀套，阀套的侧面开有一定型线的窗口，阀套内装入一可旋转的滑阀，滑阀侧面同样开有窗口，随着滑阀的旋转，滑阀上的窗口与固定阀套上的窗口形成不同的配合面积，从而调节介质流量。

图 3-10 所示为回转式给水调节阀，在小开度时，由于压差较大，阀瓣磨损较快，造成泄漏量增加。又因回转式给水调节阀在阀门前后压差较稳定时，才有良好的线性调节性能。因此对定速给水泵，一般要在给水调节阀前加装压力调节阀，以控制给水调节阀前后的压

差；对变速给水泵，给水调节阀前后的压差可由给水泵调速运行来保证。

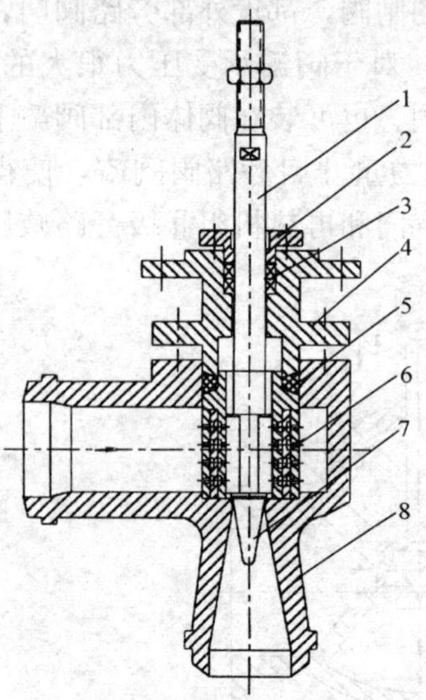

图 3-9 锥形调节阀

1—阀杆；2—填料盖；3—填料；4—阀盖；5—密封圈；6—节流圈；7—阀瓣；8—阀体

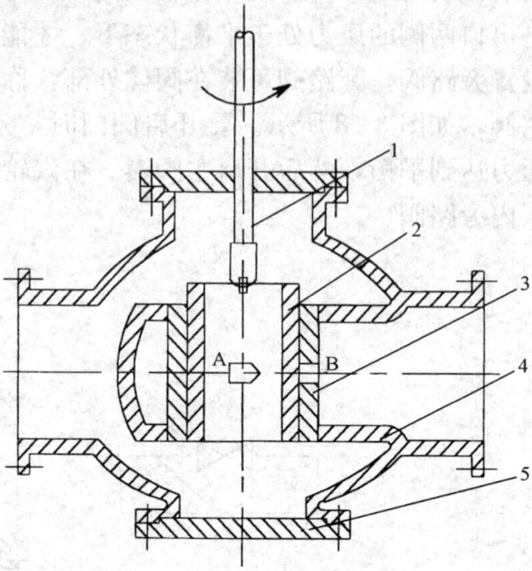

图 3-10 回转式给水调节阀示意

1—阀杆；2—滑阀；3—阀套；4—阀体；5—阀盖

3. 减压阀

减压阀用来降低工作介质的压力，并自动地将减低后的压力维持在一定的范围内。它依靠膜片、弹簧等敏感元件来改变阀瓣位置，从而改变阀瓣和阀座的间隙，实现减压。随着介质及减压特性要求的不同，阀瓣形状也多种多样，一般常用的有圆形、窗形等。其基本结构有薄膜式、弹簧薄膜式、活塞式和波纹管式等。

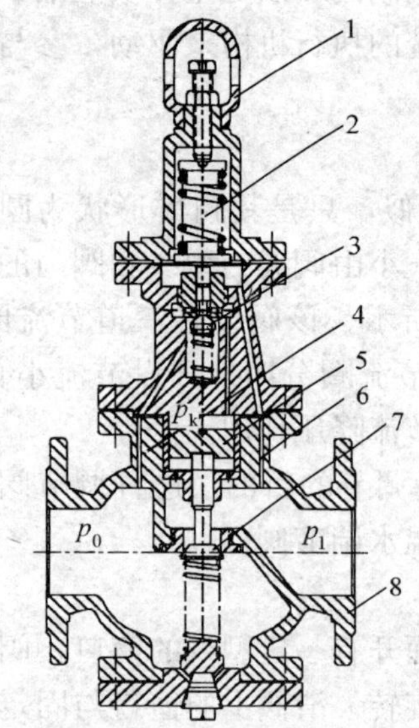

图 3-11 活塞式减压阀

1—封头盒；2—控制弹簧；3—脉冲阀；4—入口脉冲孔；5—活塞；6—出口脉冲孔；7—主阀瓣；8—阀体

图 3-11 所示为活塞式减压阀，当进口压力与流量变化时，利用介质本身的压力变化使活塞上下压差改变，从而带动阀杆、阀瓣移动，自动维持出口压力在一定范围内。其工作过程如下：工作介质从主阀瓣下部导入，其压力为 p_0，通过主阀座流至出口，并减压到 p_1，有一小部分工作介质通过入口脉冲孔到脉冲阀，经过节流后，导入活塞的上方，形成控制压力 p_K，脉冲阀后还有一小部分工作介质流过脉冲阀杆与其阀套之间的间隙，经出口脉冲孔进入减压阀后的出口侧。

当减压阀后的压力 p_1 由于某种原因升高时，活塞下压力也升高，活塞就会上移，主阀瓣也跟着上移，关小阀门通道，使 p_1 维持到规定的数值；反之，当减压阀后的压力 p_1 由于某种原因下降时，活塞下压力也下降，活塞向下移动，主阀瓣开度增大，使 p_1 再升至规定值。

出口减压后的压力值由控制压力 p_K 决定，而 p_K 的大小是由脉冲阀的开度来控制的，脉冲阀的开度可以通过控制弹簧来调整。如果需要增加出口压力 p_1，可打开阀门上头封头盒，调整控制弹簧杆，使弹簧上座下移，于是脉冲阀阀瓣下移，开大脉冲阀，使 p_K 升高，导致活塞下移，推动主阀瓣下移，从而使 p_1 升高。此时减压阀就在较大的开度下达到新的平衡。

在安装时，要注意介质的流动方向，使之与阀体上所标箭头方向一致。

4. 节流阀

电厂中常用节流阀来调节蒸汽或锅炉给水压力，它与截止阀类似，只是阀瓣形状不同，其阀瓣大多为圆锥形或针形，阀瓣的型线根据所需要的调节特性来确定，利用阀瓣的升降改变通道面积以调节通流介质的压力，如图 3-12 所示。

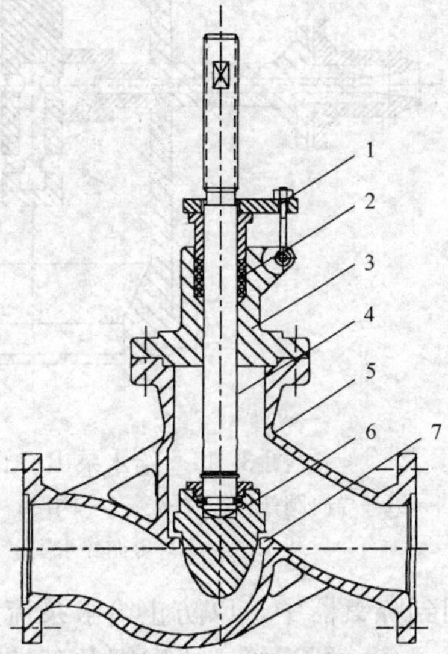

图 3-12　节流阀

1—填料盖；2—填料；3—阀盖；4—阀杆；5—阀体；6—阀瓣；7—阀座

（三）保护用阀门

保护用阀门用于保护设备或管路安全运行，包括止回阀、安全阀和快速关断阀等。

1. 止回阀

用于防止管内介质倒流。当介质倒流时，阀瓣能自动关闭，截断流动介质，避免发生事故。在发电厂中主要用于各种泵的出口、锅炉给水管道、汽轮机抽汽管道等不允许介质倒流的地方。

根据阀瓣动作规律止回阀分为升降式（立式和卧式）和旋启式（单瓣和多瓣），升降式止回阀阀瓣沿着本体阀座的中心线上下移动，旋启式止回阀阀瓣围绕垂直于本体通路的中心轴旋转。如图 3-13 所示，立式升降式止回阀应安装在垂直管道上，卧式升降式止回阀应安装在水平管道上。旋启式止回阀既可安装在水平管道上，又可安装在垂直管道上。在止回阀安装时注意介质流动方向应与阀体上箭头方向一致。

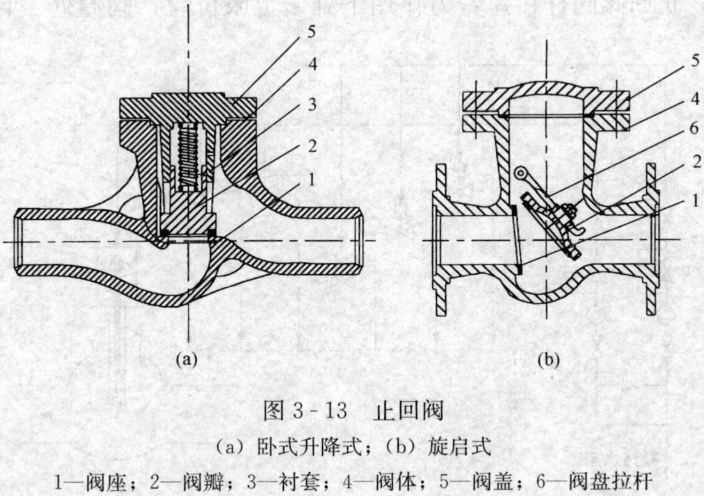

图 3-13　止回阀

（a）卧式升降式；（b）旋启式

1—阀座；2—阀瓣；3—衬套；4—阀体；5—阀盖；6—阀盘拉杆

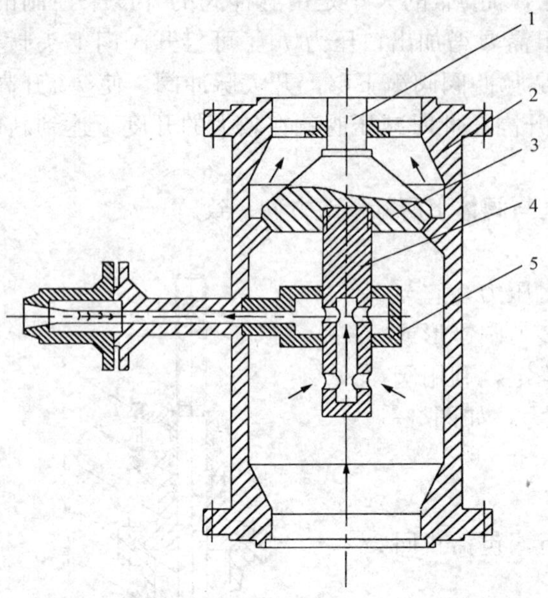

图 3-14　给水泵出口止回阀
1—导向阀杆；2—外壳；3—阀瓣；4—再循环套筒；5—再循环水室

（1）给水泵出口止回阀。给水泵出口止回阀如图 3-14 所示。止回阀阀瓣靠止回阀前后的给水压差来开启，流量越大，压差就越大，止回阀的开度也就越大。止回阀阀瓣呈锥体状。上部与导向阀杆连为一体，下部与再循环套筒采用丝扣连接。在止回阀下部设有再循环水室，再循环套筒穿过再循环水室，套筒下部的窗口为再循环进水窗口，上部的窗口为出水窗口。当止回阀处于关闭状态时，套筒上部的出水窗口正好处于再循环水室中，再循环流量达到最大。随着给水流量的增大，止回阀开大，再循环套筒上移，逐渐关小上部的出水窗口，减小了再循环水量。当上部窗口移出水室后，再循环流量变为零。当给水泵出水流量小于某一值时，止回阀关小，再循环套筒出水窗口又会进入水室，使给水泵出口有一部分给水流过再循环管回到除氧器中，以防止给水泵流量过小而汽化。

（2）抽汽管道止回阀及其控制系统。当汽轮机甩负荷时，为确保止回阀关闭可靠，阀门除了本身结构要能防止蒸汽倒流外，还设有闭锁装置。目前电厂应用的闭锁装置有液压控制和气压控制两种，均由电气开关来控制。

1）液动止回阀液压控制系统。如图 3-15 所示，机组正常运行时，电磁阀关闭，控制水由凝结水泵出口管道引来，经电磁阀旁路的节流孔板节流降压后进入液动止回阀控制活塞上部水室，而活塞上开有小孔，活塞上部的控制水经此孔以及活塞与套筒之间的间隙节流流入弹簧室，再经排放管排放出去。正常运行时进入控制活塞上部的控制水处于节流状态，压力仅为 0.02MPa，止回阀阀杆在弹簧力作用下处于上限位置，阀瓣处于自由状态，在抽汽

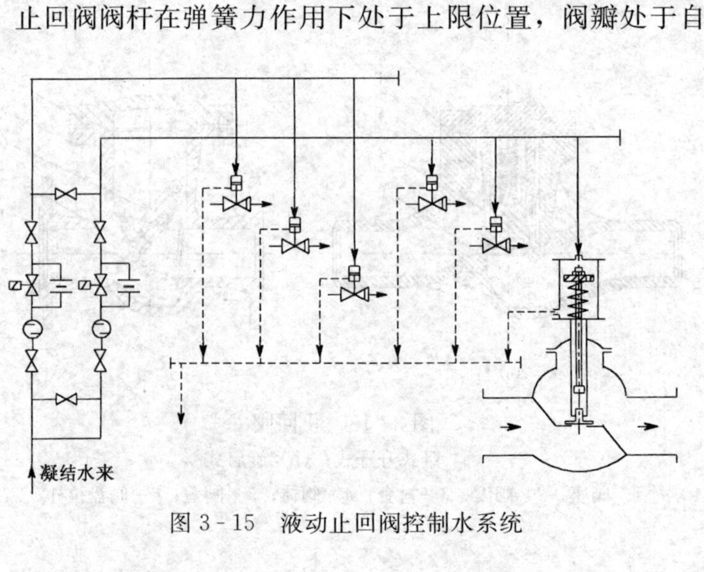

图 3-15　液动止回阀控制水系统

压力作用下阀瓣上移打开。当加热器内的疏水水位过高或自动主汽门因故关闭时，联动装置动作并发出保护信号，使电磁阀开启，来自凝结水泵的 0.3～1.2MPa 的控制水便进入止回阀控制活塞上部，克服弹簧力强行关闭抽汽止回阀，从而防止抽汽倒流入汽轮机。当联动装置失灵时，运行人员可手动打开电磁阀。

2）气动止回阀气压控制系统。如图 3-16 所示，该系统由储气罐、空气过滤器、油雾器、节流孔板、截止阀、双控电滑阀、气动止回阀的操纵装置和连接管道等组成。在汽轮机正常运行时，各抽汽止回阀均处于开启状态。

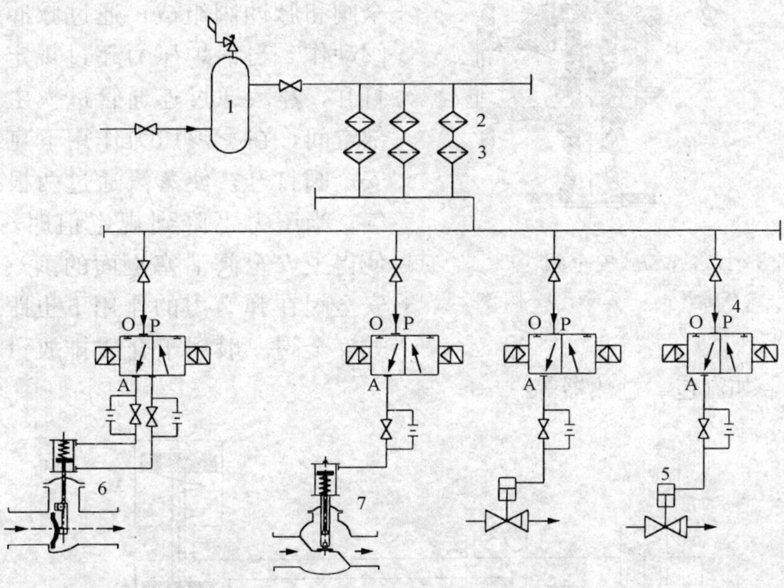

图 3-16　气动止回阀气压控制系统

1—储气罐；2—空气过滤器；3—油雾器；4—双控电滑阀；5—止回阀操纵座；6—旋启式止回阀；7—升降式止回阀

A、P、O—双控电滑阀的出气口、进气口、排气口（固定不动）

当机组甩负荷主汽门关闭或加热器管束大量泄漏时，双控电滑阀的一只电磁铁通电动作，使双控电滑阀位置处于图示状态。对于旋启式止回阀，此时操纵座活塞上部与压缩空气接通，而下部与排气口相通，在弹簧和压缩空气双重作用下，使止回阀迅速关闭。对于升降式抽汽止回阀，压缩空气通过滑阀左边通道进入止回阀操纵座上部，克服活塞下部弹簧力强行将止回阀关闭。

当接到开启信号时，双控电滑阀的另一只电磁铁通电动作，各双控电滑阀左移。对于旋启式抽汽止回阀，此时具有 0.59MPa 压力的压缩空气通过双控电滑阀右边通道，经截止阀和节流孔板并联通路，进入止回阀操纵座活塞下部，克服弹簧力将活塞推向上方，从而使旋启式止回阀打开。而对于升降式抽汽止回阀，因无压缩空气进入止回阀操纵装置中，故在弹簧力和抽汽压力的作用下也处于开启状态。

2. 安全阀

在发电厂中，安全阀主要用于汽包、过热器、再热器、高压加热器、除氧器、抽汽和供汽等压力容器和管道上。当介质压力超过规定值时，能自动开启，把多余的介质排放到低压

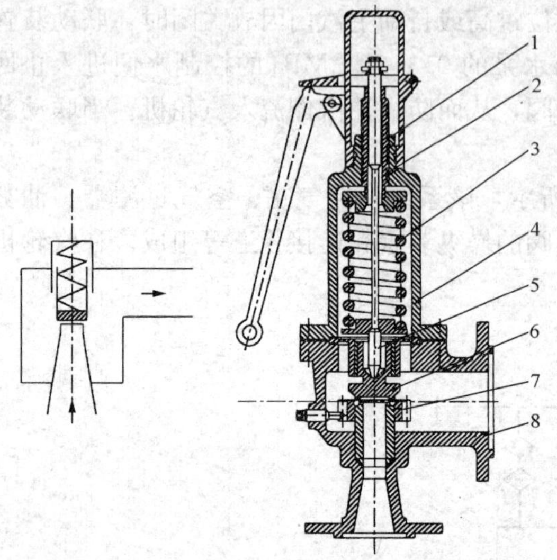

图 3-17 弹簧式安全阀

1—锁紧螺母；2—调节螺丝；3—弹簧；4—阀盖；5—阀杆；6—阀瓣；7—阀座；8—阀体

系统或大气中，而在压力降到规定值时又能自动关闭，防止事故发生，保证安全运行。电厂常用的安全阀有弹簧式和脉冲式。

弹簧式安全阀如图 3-17 所示，该阀多用于排放量不大的压力容器，如除氧器、高压加热器等。

脉冲式安全阀如图 3-18 所示，它由主安全阀和脉冲阀组成，通过脉冲阀带动主安全阀动作。当锅炉压力超过规定值时，脉冲阀打开，蒸汽通过连通管进入主安全阀活塞上部空间，在蒸汽压力作用下克服弹簧力将主安全阀打开，使蒸汽通过两根排汽管排入大气；当压力下降到规定值时，脉冲阀关闭，使得主安全阀活塞上面的蒸汽压力降低，主安全阀在弹簧力的作用下也跟着关闭。脉冲式安全阀一般用于介质排放量比较大的压力容器或管道上，如汽包、过热器等。

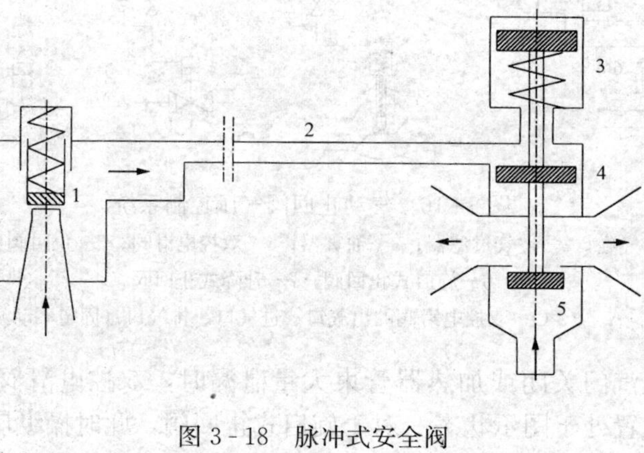

图 3-18 脉冲式安全阀

1—脉冲阀；2—连通管；3—主安全阀；4—工作活塞；5—阀瓣

（四）汽轮机旁路系统控制阀

目前，大容量机组汽轮机旁路系统多采用三用阀旁路系统，如图 3-19 所示。其中高压旁路由高压旁路调节阀、减温水隔离阀、减温水调节阀等组成，其减温水来自给水泵出口的母管。低压旁路由低压旁路调节阀、减温水调节阀、低压减温器等组成，其减温水来自凝结水管道。高、低压旁路均采用油压控制，单独设置供油系统，具有动力大、迅速、可靠及严密性好等优点。

1. 高压旁路调节阀（BP）

高压旁路调节阀如图 3-20 所示。阀体呈双球形，上部小球为高压腔，连接主蒸汽管道，下部大球为低压腔，连接冷段再热蒸汽管道，两腔室之间为汽流通道，在两球腔间安装了阀瓣和阀座的密封面，其密封面呈锥形。阀座与阀体焊接在一起，阀杆与阀瓣连成一体，

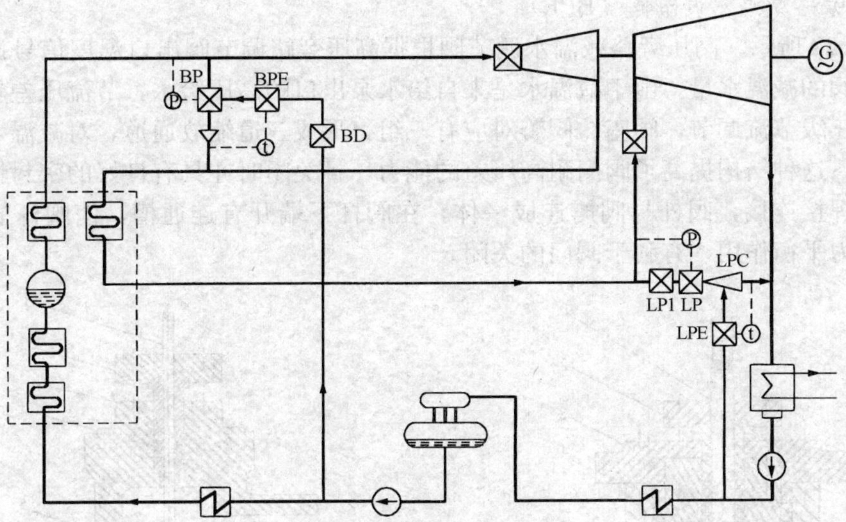

图 3-19　三用阀旁路系统

BP—高压旁路调节阀；LP1—低压隔离阀；BPE—高压旁路减温水调节阀；LP—低压调节阀；BD—减温水减压隔离阀；LPE—低压旁路减温水调节阀；LPC—低压旁路减温器

并在阀瓣的圆柱体上铣出了 16 条槽，当开启阀门时，蒸汽就流过这些槽道而减压。大球端部用法兰盖封闭。法兰盖上有喷水孔，其上支撑着喷嘴体和圆筒形多孔节流罩，用于改善喷水分布，防止水滴直接冲击阀体，同时又能进一步节流降压和降低噪声。

当阀杆向下移动时，由上部进入高压汽室的蒸汽就通过梅花形槽道减压后流入下汽室，减温水则由阀门底部的法兰引入，从喷嘴体的喷水孔喷入下汽室，在下汽室中汽水混合并经多孔节流罩流出。

该阀通流能力大，有良好的调节型线和减温能力，阀瓣与阀座有足够的密封力，并具有急开急关的快速行程装置，阀门全程启闭时间可控制在 1～5s 内，在高压旁路系统中同时起调节阀、截止阀、安全阀的作用，所以又称为三用阀。

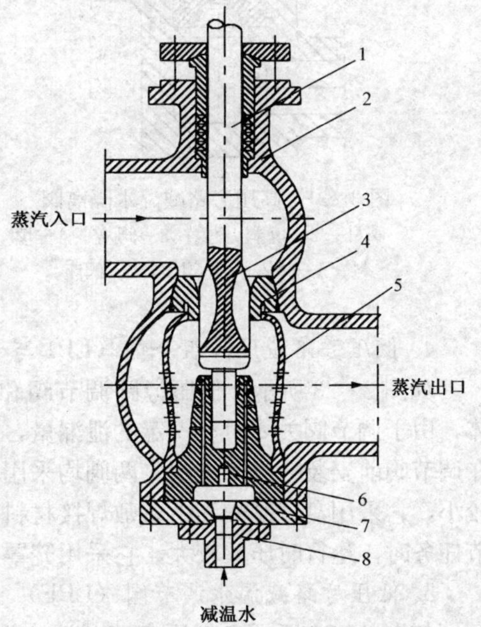

图 3-20　高压旁路调节阀

1—阀杆；2—阀体；3—阀瓣；4—阀座；5—多孔节流罩；6—喷嘴体；7—法兰盖；8—喷嘴法兰

2. 高压旁路减温水隔离阀（BD）

高压旁路减温水隔离阀的主要作用是将锅炉给水泵出口的高压水减压，以保证减温水调节阀有比较稳定的压差。它由阀体、阀盖、阀杆和阀座等组成，如图 3-21 所示。阀体由模锻而成，阀座冲刷面上堆有硬质合金，阀盖采用自密封结构。该阀的密封性能好，耐冲刷、耐高压差，能确保高压旁路的热备用功能。

3. 高压旁路减温水调节阀（BPE）

如图 3-22 所示，高压旁路减温水调节阀根据高压旁路调节阀出口温度信号调节喷入高压旁路调节阀的减温水量。由于减温水是来自给水泵出口的高压给水，节流压差较大，为此阀门设计成三级节流调节，阀座、阀瓣对应有三组，形成三道缩放通道，对减温水进行减压并调节水量。这种结构提高了阀门耐高压差的能力，且关闭时亦具有良好的密封性能。阀座与阀体采用焊接连接，阀杆与阀瓣连成一体，在阀杆下端开有连通槽，使阀杆插孔内外连通，起到压力平衡作用，有利于阀门的关闭。

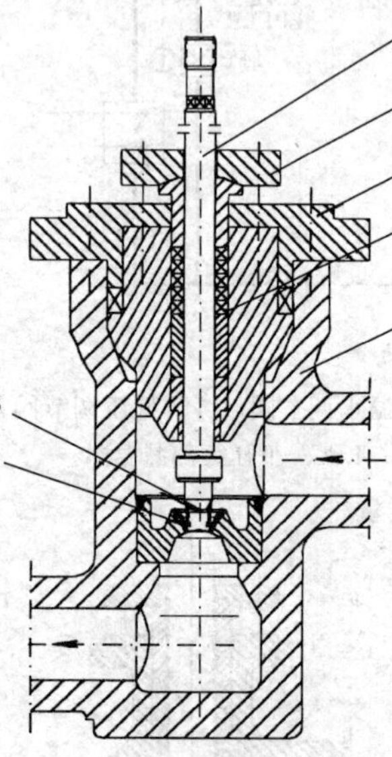

图 3-21 高压旁路减温水隔离阀

1—阀杆；2—填料压盖；3—阀盖；4—填料；5—阀体；6—阀瓣；7—阀座

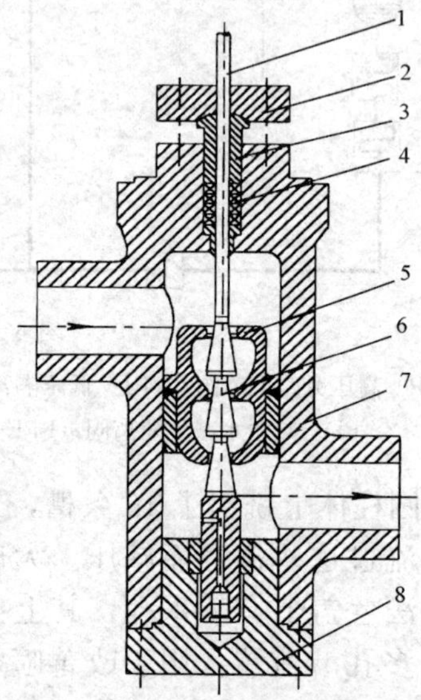

图 3-22 高压旁路减温水调节阀

1—阀杆；2—密封法兰；3—密封轴套；4—填料环；5—阀座；6—阀瓣；7—阀体；8—阀盖

4. 低压旁路减压阀组合体（LP1 与 LP）

如图 3-23 所示，低压旁路调节阀和低压旁路截止阀结合在同一壳体内形成减压阀组合体，由于调节阀关闭时有一定的泄漏量，为避免蒸汽通过调节阀漏入凝汽器而造成热量损失，在调节阀前安装一只截止阀。两阀均采用单阀座结构，低压旁路隔离阀承担开关任务时，压降较小，它采用盘型阀瓣和由熔敷焊接材料直接焊在阀体上的阀座；低压旁路调节阀承担运行调节任务时，运行时压差较大，它采用笼罩式关闭密封阀瓣和一种可调换的硬面阀座。

5. 低压旁路减温水调节阀（LPE）

如图 3-24 所示，低压旁路减温水调节阀为直通式结构，用压成半圆形外壳焊接而成，阀座与阀体采用焊接连接，阀杆与阀瓣构成一体，并带动阀瓣调节减温水量。当旁路系统停运时，为防止漏入空气而影响凝汽器真空，在结构上采取了两项改进措施：一是使阀瓣向上运动为开启，这样即使凝结水泵失压也不致有空气漏入凝汽器；二是在阀杆的引出端设有填料函装置并通有密封水，一旦填料损坏仍能保持水密封，而在阀门关闭时，若出水侧有高温蒸汽泄回，密封水又可兼作冷却用。

6. 低压旁路减温器（LPC）

低压旁路减温器如图 3-25 所示，蒸汽通过多孔锥体节流降压后进入减温器，减温水经

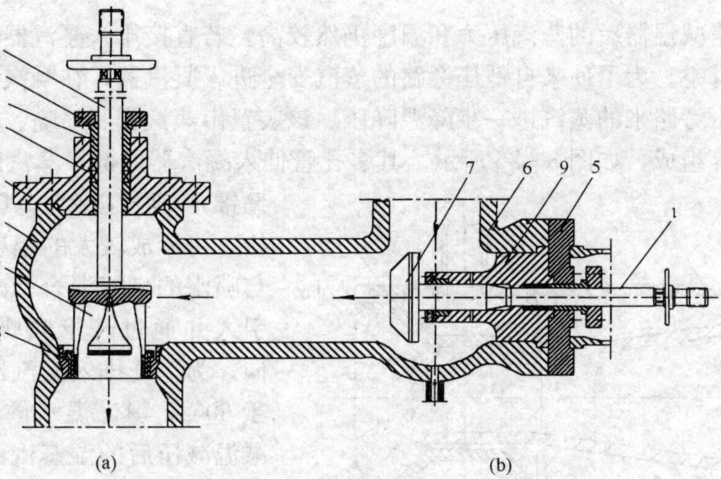

图 3-23　低压旁路截止阀及减压阀

(a) 低压旁路减压阀（LP）；(b) 低压旁路截止阀（LP1）

1—阀杆；2—填料压盖；3—密封套；4—填料；5—阀盖；6—阀体；7—阀瓣；8—阀座；9—导向轴套

一环形管道进入各减温水喷嘴（共有 12 个喷嘴），并喷入减温器中与蒸汽混合，一起进入圆筒形混合室，经降温的蒸汽通过多孔板节流降压至 0.60MPa 左右，温度为 160 ℃左右后进入凝汽器处的减压减温装置。

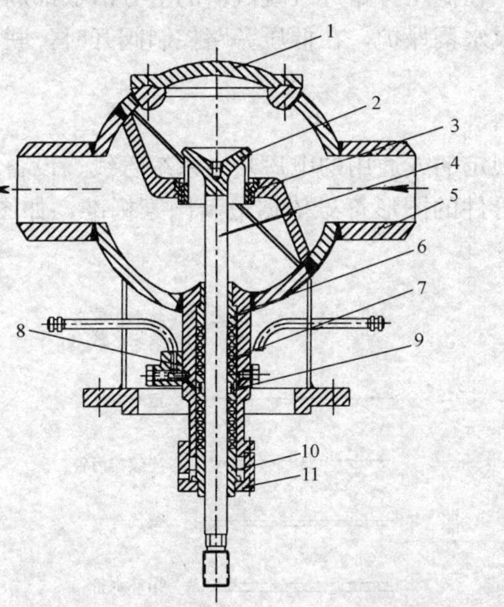

图 3-24　低压旁路减温水调节阀

1—阀盖；2—阀瓣；3—阀座；4—阀杆；5—阀体；6—导向套筒；7—填料环；8—管子连接装置；9—罩架环；10—填料套筒；11—螺母

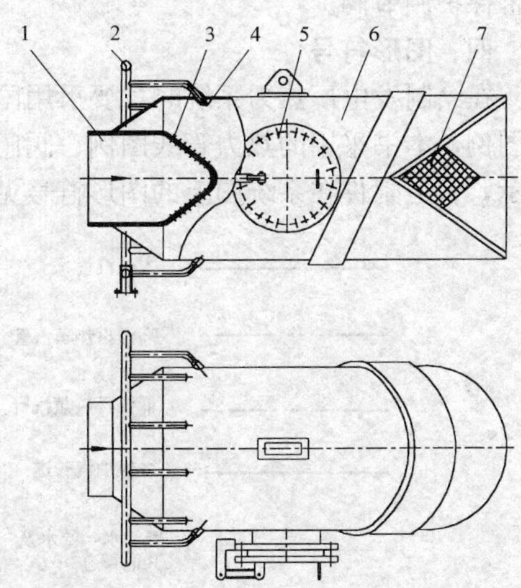

图 3-25　低压旁路减温器

1—进口汽室；2—减温水环形管道；3—多孔锥体；4—减温水喷入口；5—人孔；6—混合室；7—多孔板

7. 凝汽器处减压减温装置

经低压旁路减温器后的蒸汽压力和温度仍然较高，若直接排入凝汽器将造成凝汽器的温度升高和影响真空。为了使来自低压旁路的蒸汽安全进入凝汽器，在凝汽器喉部设有减压减温装置，把低压旁路来的蒸汽进一步降温降压。该装置由蒸汽膨胀喷嘴、环形管道、环形喷嘴和多孔管道等组成，如图 3-26 所示。其多孔管伸入凝汽器内部，蒸汽膨胀喷嘴是一个薄壁锥形管式喷嘴，其出口呈波纹形结构，可形成较大的辐射面，有利于蒸汽与喷水的良好混合。减温水由环形管道引入并通过环形喷嘴喷向蒸汽出口方向。为保证排入凝汽器的蒸汽温度不高于 60℃，其减温水量设计得较富裕，经减温减压后的湿蒸汽由多孔管道排到凝汽器中。由于多孔管道布置在处于真空状态下的凝汽器中，使得该减温器的噪声低。此外，在结构上，蒸汽膨胀喷嘴、环形管道和多孔管道仅用一只法兰连接，法兰又是环形管道的一部分，使得检修和装配较为方便。经该装置减压降温后，可使蒸汽压力降到 0.03MPa 左右，温度降至 60℃以下。

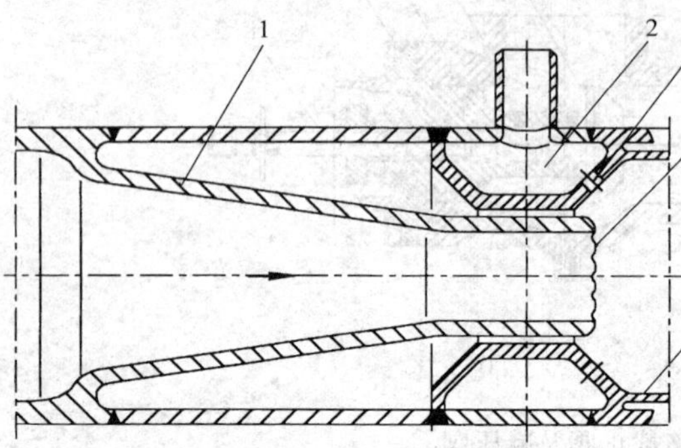

图 3-26　凝汽器喉部的减压减温装置

1—蒸汽膨胀喷嘴；2—环形管道；3—减温水环形喷嘴；4—出口波纹形结构；5—多孔管道

为使排入凝汽器的蒸汽不致返回低压缸，在低压旁路进入凝汽器的上方沿喉部周围设置了若干只喷嘴，有调节阀控制其喷水量，形成水幕保护，在低压旁路控制阀开时，联动开启水幕保护调节阀。

四、图形符号

在绘制发电厂热力系统时，要采用国家规定的或通用的电厂热力系统管线、设备和阀门的图例，本书采用的热力管线图例、阀门和管件的图形符号依据最新国家标准，如图 3-27 所示，管道附件在系统图上的图形符号见表 3-9。

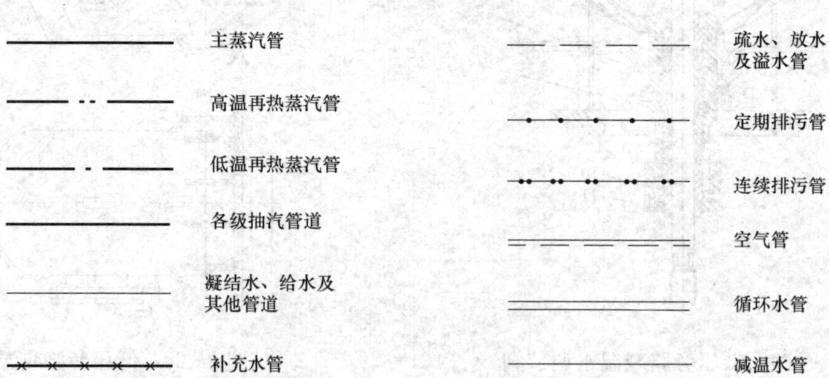

图 3-27　热力管道图例

表 3-9　　管道附件的图形符号

名称			图形符号
阀门	关断用阀门	闸阀	
		截止阀	
		球阀	
		蝶阀	
		旋塞	
		隔膜阀	
	调节用阀门	节流阀	
		调节阀	
		减压阀	
		疏水器	
		减压减温器	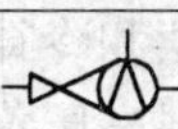
	保护用阀门	止回阀	
		安全阀 重锤式	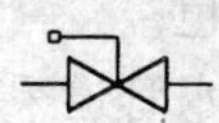
		安全阀 弹簧式	
		安全阀 脉冲式	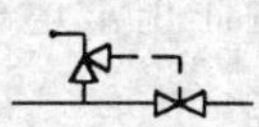
	阀门按介质流向分类	直通阀	
		角阀	
		三通阀	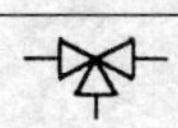
		四通阀	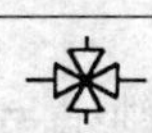

名称			图形符号
阀门	阀门的控制及执行机构	电动	
		电磁	
		气动	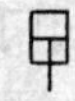
		液动	
		气动薄膜	
		重锤执行机构	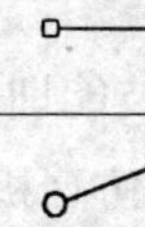
		浮子执行机构	
	连接件	自动主汽门	
		大小头	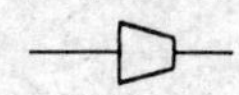
		中间堵板	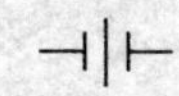
		管间盲板	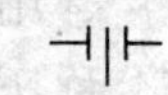
		法兰	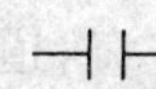
	节流孔板	单级、多级	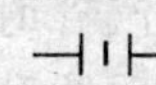
	过滤装置	滤水器	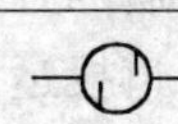
		蒸汽或空气过滤器	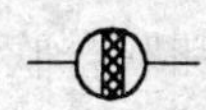
		泵入口滤网	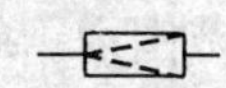
	水封装置	单级	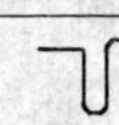
		多级	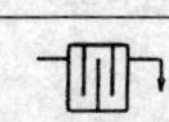
	流量测量装置	孔板	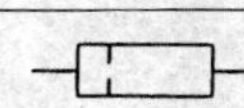
		喷嘴	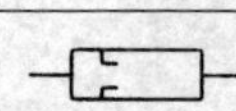

【任务实施】

正确的运行与维护阀门，不仅能保证阀门的安全，而且能延长其使用寿命。阀门运行维护的注意事项如下：

（1）必须按照规程规定和制造厂家的要求操作阀门。在每次开启蒸汽阀门之前，按升温要求预热阀门，升温速度不能过快，避免热冲击，同时开启疏水阀，将凝结水排出。在每次开启水阀门时，要防止水冲击现象发生。

（2）关断用阀门不能作为调节阀使用，应处于全关或全开位置，否则将损坏密封面。在阀门关闭时，如果密封面处有缝隙，介质将从缝隙间高速流出，从而加速密封面的损坏。

（3）对于高温高压的阀门，要经常检查其保温状况，如果阀门本体保温脱落，要及时处理。没有保温的阀门，在运行中其外表面温度比阀门内表面温度低，产生温差，出现热应力。当阀门关闭时，阀门外壳冷却得快，而阀杆与阀瓣冷却得慢，使得阀杆与阀瓣处于受压状态。如果压缩应力过大，会使阀杆弯曲，并产生永久变形。

（4）为了保证阀门经常处于良好状态，能够在必要时紧急开启或迅速关闭，应定期对阀门进行开关试验。在运行中做阀门开关试验时，一定要做好安全措施，以免影响正常运行。

【技能训练】

在仿真机组上结合主蒸汽、再热蒸汽与旁路系统，完成管道的投入训练。

小　　结

1. 管道及其运行维护

电厂常用的管道材料有普通碳素钢、优质碳素钢、普通低合金钢和耐热钢。管道的技术规范有公称压力和公称直径。管道补偿方法有热补偿和冷补偿，热补偿又分为自然补偿和人工补偿。管道的支持采用支架和吊架两种形式，高温高压蒸汽管道常采用恒力支吊架。高温高压蒸汽管道要进行金属监督。对于外表面温度高于 50℃ 的管道和设备必须进行保温。为标示介质的种类、流向和管道名称，必须对管道涂色。

管道投运之前要进行冲洗或吹扫，凝结水和给水管道采用开式冲洗、闭式冲洗，必要时还要进行化学清洗。蒸汽管道的吹扫分两段或三段进行，采用的方法有稳压吹管法、蓄能吹管法和联合吹管法。蒸汽管道在启、停时，要严格控制温度变化率并及时排放疏水，水管道在投用时要进行充水放气工作。高温高压蒸汽管道在正常运行时，要严格监视蒸汽参数在规定的范围内。管道停用后还要采取必要的防腐措施。

2. 阀门

按用途分，阀门形式归纳如下：

- 阀门
  - 关断用阀门
    - 截止阀
    - 闸阀
    - 蝶阀
    - 球阀
  - 调节用阀门
    - 流量调节阀
      - 锥形调节阀
      - 窗口形回转式调节阀
    - 压力调节阀
      - 节流阀
      - 减压阀
  - 保护用阀门
    - 止回阀
      - 给水泵出口止回阀
      - 抽汽止回阀
    - 安全阀
      - 弹簧式安全阀
      - 脉冲式安全阀

抽汽止回阀有液压和气压两种控制方式。汽轮机旁路系统控制阀包括高压旁路调节阀、减温水隔离阀和调节阀，低压旁路减压阀组合体、减温水调节阀及减温器等。

综　合　测　试

一、名词解释

1. 公称压力；2. 公称直径；3. 管道热补偿；4. 管道冷补偿

二、填空

1. 发电厂常用钢材的种类有＿＿＿＿＿＿＿＿、＿＿＿＿＿＿＿＿、＿＿＿＿＿＿＿＿、＿＿＿＿＿＿＿＿。

2. 同一公称压力下随着管内介质温度的升高，金属材料的强度＿＿＿＿＿＿，管内最大允许工作压力＿＿＿＿＿＿。

3. 对于 20 钢其公称压力为 2.5MPa，对应在设计温度为 400℃时，管道的允许工作压力为＿＿＿＿＿＿ MPa。

4. 对于含钼不少于 0.4%的铬钼合金钢，设计温度为 400℃时，管道的允许工作压力为 18MPa，其公称压力为＿＿＿＿＿＿ MPa。

5. p_{45}16.0 表示管道的＿＿＿＿＿＿＿＿＿＿＿＿。

6. DN150 表示管道的＿＿＿＿＿＿＿＿＿＿＿＿。

7. 对于材料为 12Cr1MoV 高压蒸汽钢管，当使用 p_{54}14.0、公称压力为 80mm 的无缝钢管时，其内径为＿＿＿＿＿＿＿＿＿＿。

8. 阀门按用途分为＿＿＿＿＿＿、＿＿＿＿＿＿、＿＿＿＿＿＿。

9. 阀门按传动方式分为＿＿＿＿＿＿、＿＿＿＿＿＿、＿＿＿＿＿＿、＿＿＿＿＿＿。

10. 汽轮机旁路控制阀有＿＿＿＿＿＿、＿＿＿＿＿＿、＿＿＿＿＿＿、＿＿＿＿＿＿、＿＿＿＿＿＿、＿＿＿＿＿＿。

11. 影响管道热应力的因素有＿＿＿＿＿＿、＿＿＿＿＿＿、＿＿＿＿＿＿。

12. 管道的补偿方式有＿＿＿＿＿＿、＿＿＿＿＿＿和＿＿＿＿＿＿。

13. 管道支架的形式有＿＿＿＿＿＿、＿＿＿＿＿＿、＿＿＿＿＿＿、＿＿＿＿＿＿。

14. 管道吊架形式有＿＿＿＿＿＿、＿＿＿＿＿＿、＿＿＿＿＿＿。

15. 发电厂中所有温度高于＿＿＿＿＿＿℃的汽水管道和附件均应保温。

三、选择题

1. 电厂抽汽管道的色环颜色为＿＿＿＿＿＿。

(1) 黄色；(2) 绿色；(3) 红色。

2. 阀门的最主要工作部件是＿＿＿＿＿＿。

(1) 阀盖；(2) 填料；(3) 阀瓣。

3. 不允许管道有任何方向位移和转动点的是＿＿＿＿＿＿。

(1) 滑动支架；(2) 固定支架；(3) 滚动支架。

4. 当要求严密性较好，介质的压力较高且管径不大的管道上应使用＿＿＿＿＿＿。

(1) 截止阀；(2) 闸阀；(3) 蝶阀。

四、判断题

1. 关断性阀门只能处于全开或全关状态，不允许作调节用。(　　)

2. 管道的热补偿就是在管道安装时，预先拉伸管道，使其产生与热膨胀应力相反的冷紧应力。(　　)

3. 调节阀前后一般要设关断阀。(　　)

4. 新安装的管道必须进行严密性试验。(　　)

5. 新安装的管道必须进行清洗和吹扫。(　　)

6. 蒸汽管道投用时，要进行充分的暖管和疏水。(　　)

7. 止回阀起着超压保护的作用。(　　)

8. 安全阀的作用是防止汽水倒流。(　　)

9. 闸阀的流动阻力比截止阀大。(　　)

五、问答

1. 试述凝结水管道系统的开路冲洗和闭路循环冲洗的流程。

2. 试述给水管道系统的冲洗流程。

3. 试述化学清洗的工序和目的。

4. 蒸汽吹管有何作用？有哪几种吹管方法？

5. 试述两阶段和三阶段吹管的蒸汽流程。

6. 管道启停过程中应注意哪些问题？为什么？

7. 管道正常运行时对蒸汽参数的变化幅度有何限制？为什么？

8. 简述管道停运后的防腐方法。

9. 阀门的主要组成零部件有哪些？

10. 关断用阀门在使用过程中应注意哪些问题？为什么？

11. 简述闸阀的优缺点及其在发电厂中的应用。

12. 简述截止阀的优缺点及其在发电厂中的应用。

13. 试说明止回阀的作用、类型及安装要求。

14. 简述液动止回阀液压控制系统的组成及工作过程。

15. 简述气控止回阀气压控制系统的组成及工作过程。

16. 安全阀有何作用？发电厂中常用安全阀有哪些类型？在使用时应注意哪些问题？

17. 简述三用阀旁路系统的组成及特点。

项目四　发电厂热力辅助设备运行

项目目标

掌握回热加热器、除氧器及凝汽器在热力系统中的连接及其运行知识，能初步进行回热加热器、除氧器及凝汽器的启停操作、正常运行监视及其常见故障的处理。

任务一　回热加热器运行

【任务目标】

掌握回热加热器在热力系统中的连接及其运行知识，能初步进行回热加热器的启停操作、正常运行监视及其常见故障处理。

【知识准备】

一、回热抽汽系统

在汽轮机中做过一部分功的蒸汽，引入回热加热器加热给水，可提高电厂的热经济性。再热机组一般设有七或八级抽汽。其中一级供除氧器，二或三级供高压加热器，其余供低压加热器。回热抽汽还提供锅炉汽动给水泵小汽轮机的正常工作汽源及各种用途的辅助蒸汽。有的抽汽管道从高压缸和中压缸排汽管上接出，这样可减少汽轮机的抽汽口。

回热抽汽管道一侧是汽轮机，另一侧是具有一定水位的加热器和除氧器。在汽轮机负荷突降和甩负荷时，就可能使蒸汽和水倒流入汽轮机，引起汽轮机超速及水击事故。为防止上述事故的发生，在回热抽汽管道上采取以下保护措施：

（1）装设液动或气动止回阀。当电网或汽轮机发生故障，自动主汽门关闭时，连锁快速关闭止回阀，切断抽汽管路。对于现代大容量机组，由于除氧器的汽化能量较大，在与除氧器连接的抽汽管道上均增设一个止回阀。

（2）设置电动隔离阀。当任何一台加热器因管系破裂或疏水不畅，水位升高到事故警戒水位时，通过水位信号自动关闭相应抽汽管道的电动隔离阀，与此同时，该抽汽管道上的止回阀也自动关闭。电动隔离阀的另一个作用是在加热器停用时，切断加热器汽源。在有些机组抽汽电动隔离阀上还设置旁路阀，以减小大口径电动隔离阀的预启力，同时可对阀体进行预热。

（3）在每一根与回热抽汽管道相连的外部蒸汽管道（如小汽轮机正常汽源管道，辅助蒸汽汽源管道）上，均设置电动隔离阀和止回阀，严防蒸汽倒流。

（4）安装在汽轮机抽汽口侧的电动隔离阀或止回阀应尽量靠近汽轮机，以减少汽轮机甩负荷时阀前抽汽管道内储存的蒸汽能量，有利于防止汽轮机超速。

（5）电动隔离阀前或后、止回阀前后的抽汽管道低位点均设有疏水阀。当任何一个电动隔离阀关闭时，连锁打开相应的疏水阀，将抽汽管内可能积聚的凝结水疏至扩容器，防止汽轮机进水。机组启动时，疏水阀开启，将抽汽管道暖管的凝结水及时疏放出去；机组低负荷时，利用疏水阀保持抽汽管道处于热备用状态，以便随时恢复供汽。

300MW 机组的回热抽汽系统如图 4-1 所示。全机共有八级不调整抽汽。高压缸共两级，第一级供高压加热器 H1，第二级用高压缸排汽供高压加热器 H2。中压缸共有两级，第三级供高压加热器 H3，第四级供除氧器 HD、驱动锅炉给水泵的小汽轮机和辅助蒸汽联箱。低压缸共有四级，分别供低压加热器 H5～H8。在第一到第六级抽汽管道上，均采取了前述的防止蒸汽和水倒流入汽轮机的保护措施。在第七、八级抽汽管道上未装任何阀门，其原因是：这两级抽汽所供的低压加热器 H7、H8 安装在凝汽器喉部，抽汽压力已经很低，即使机组甩负荷，蒸汽倒流入汽轮机，因其焓降很小引起超速的可能性不大，并且在加热器疏水和主凝结水管道上采取了防止汽轮机进水的措施，这样就可省去不易加工制造且布置安装不便的大口径阀门。600MW 机组的回热抽汽系统与之基本相同。

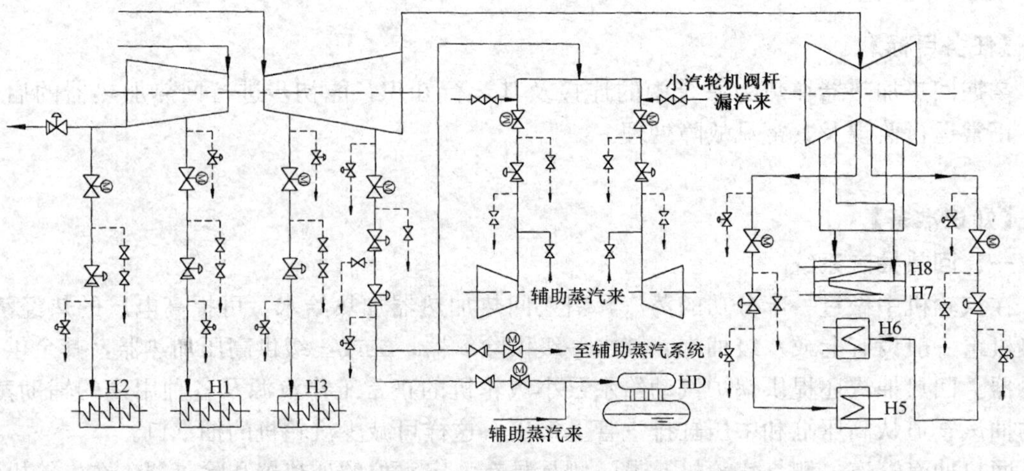

图 4-1　300MW 机组回热抽汽系统

图 4-2 所示为 C12-3.43/0.981 凝汽供热机组的回热抽汽系统。全机共有三级抽汽，分别供一台高压加热器、一台除氧器和一台低压加热器。第一级抽汽还进入供热蒸汽母管作为对外供汽汽源。第二级抽汽汇入加热蒸汽母管，作为除氧器的加热用汽。为保证除氧器定压运行，在其加热蒸汽管上设置调压阀，并有切换第一级抽汽的切换阀，在低负荷时，第一级抽汽经减压阀进入除氧器的加热蒸汽母管。各抽汽管道上均设有液动式止回阀和隔离阀，在止回阀及电动隔离阀前或后设有疏水点，作为防止汽轮机超速和水击的保护措施。

二、回热加热器的疏水系统

图 4-3 所示为国产 300MW 机组回热加热器的疏水与放气系统。

回热加热器疏水系统的作用：①回收加热器内抽汽的凝结水即疏水；②保持加热器中水位在正常范围内，防止汽轮机进水。

1. 高压加热器疏水

（1）正常疏水。正常运行时，各高压加热器疏水经疏水调节阀逐级自流入除氧器。

（2）启动疏水。在机组启动初期，高压加热器疏水通过各台高压加热器的启动疏水支管直接排至地沟。待水质合格后，逐级用疏水调节阀排至高压加热器 H3，然后用疏水调节阀将汇集疏水排至启动疏水扩容器。低负荷时，疏水自流压差不够，各级高压加热器的疏水可

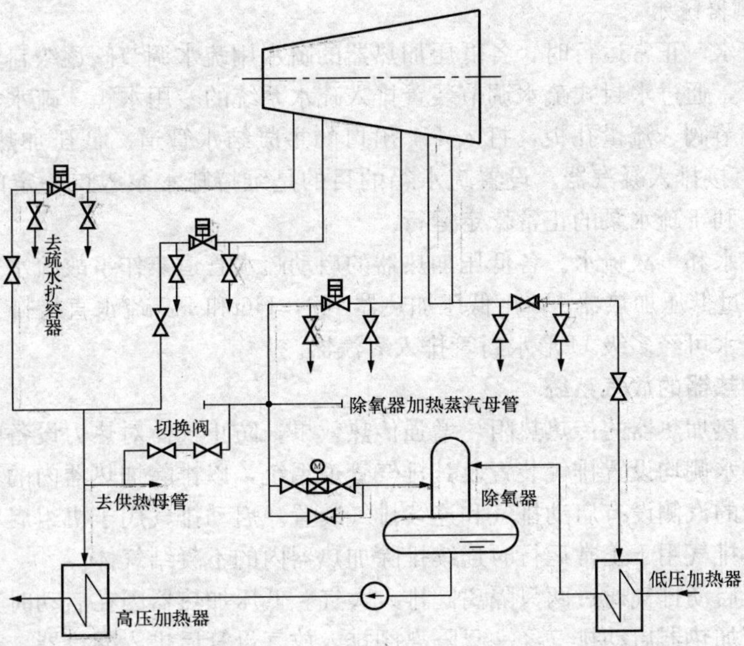

图 4-2　C12-3.43/0.981 凝汽供热机组的回热抽汽系统

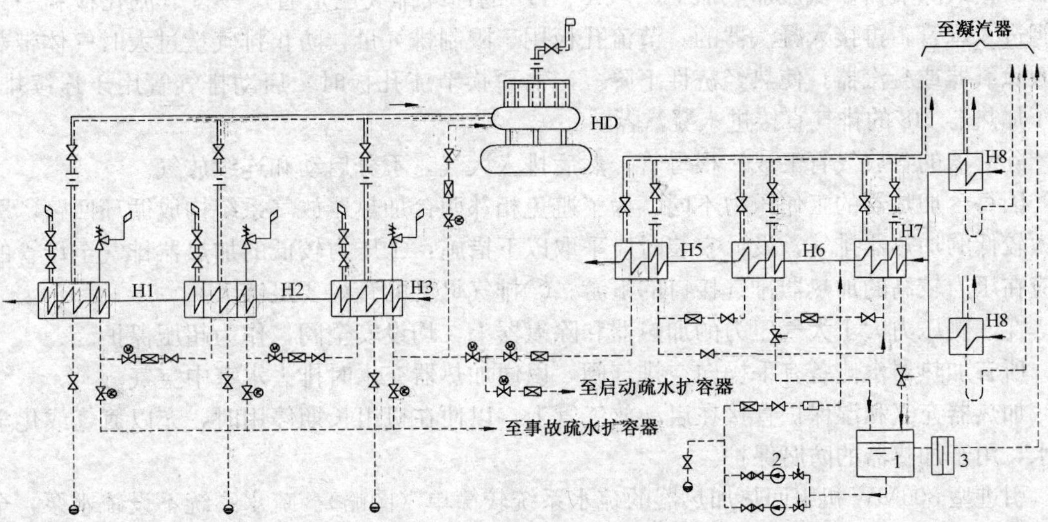

图 4-3　国产 300MW 机组回热加热器的疏水与放气系统

1—疏水箱；2—疏水泵；3—多级水封管

逐级汇集到高压加热器 H3，在低压加热器疏水泵通流量允许的情况下，经疏水调节阀到低压加热器 H5，否则，经启动疏水扩容器后进入凝汽器。

(3) 事故疏水。当高压加热器发生管系破裂或因疏水装置失灵出现高水位时，迅速打开事故疏水阀，疏水通过每台高压加热器一路具有较大通流能力的管道经电动截止阀至事故疏水母管，经事故疏水扩容器后排入凝汽器。

2. 低压加热器疏水

（1）正常疏水。正常运行时，各低压加热器的疏水用疏水调节阀逐级自流入低压加热器H7。H7的疏水，通过水封式疏水调节装置排入疏水系统的专用水箱。疏水箱的疏水，用疏水泵，经疏水调节阀、流量孔板，打入H7出口的主凝结水管道。低压加热器H8的疏水，经U形水封管直接排入凝汽器。设置疏水箱的目的是维持疏水泵入口一定的静水压头，防止水泵汽蚀，有利于疏水泵的正常稳定运行。

（2）启动疏水和事故疏水。各低压加热器的启动疏水管道兼作事故疏水管道。低压加热器H5的疏水绕过低压加热器H6至低压加热器H7，H6和H7疏水直接排至疏水箱。当疏水泵事故时，疏水可经多级U形水封管排入凝汽器。

三、回热加热器的放气系统

为了减小回热加热器的传热热阻，增强传热效果，防止气体对热力设备的腐蚀，在所有加热器的汽侧和水侧均设置排气装置及其排气管道系统，以排除加热器内的不凝结气体。

每台加热器的汽侧设有启动排气和连续排气装置。启动排气用于机组启动和水压试验时迅速排气，连续排气用于正常运行时连续排除加热器内的不凝结气体。

高压加热器启动排气通过两只隔离阀排入大气。低压加热器因在启动时其汽侧处于真空状态，所以低压加热器启动排气经一只隔离阀排入放气母管后进入凝汽器。

高压加热器连续排气管分别从各加热器引出，经一只节流孔板和一只隔离阀进入放气母管后，接入除氧器。低压加热器H5、H6、H7的连续排气也是通过一只节流孔板和一只隔离阀进入母管，再接入凝汽器的。节流孔板用于限制排气量，防止排气量过大时气体带蒸汽进入除氧器或凝汽器，使热经济性下降。当需更换节流孔板时，启动排气管用于连续排气。低压加热器H8的排气直接进入凝汽器。

除氧器的各放气管汇成一根母管，然后排入大气，不分启动和连续放气。

因每台加热器的工作压力不同，为了避免相邻两台加热器放气系统构成循环回路，影响压力较低的加热器排气，设计安装时应采取以下措施：①压力较低的加热器排气至母管的接口应在压力较高的加热器排气接口的下游；②排气母管的管径要足够大。

在汽侧压力大于大气压力的加热器和除氧器上，均设安全阀，作为超压保护。

所有加热器水侧备有手操向空排气阀，以便加热器充水时排去水室中空气。

加热器充氮和湿保护管接在启动放气管上，以便在机组长期停用时，充以氮气或化学处理水，用于加热器的防腐保护。

引进型300MW机组回热加热器的疏水系统较简单（图略）。疏水系统不设疏水泵，全部采用疏水逐级自流方式，即高压加热器疏水逐级自流入除氧器，低压加热器疏水逐级自流入凝汽器。高压加热器启动和事故疏水，均经高压加热器的事故疏水扩容器进入凝汽器；低压加热器启动及事故疏水分别通过各自的疏水管道直接排至凝汽器。放气系统与上述情况基本相同。

600MW机组疏水与放气系统如图4-4所示。正常疏水全部通过气动角式疏水阀采用逐级自流方式。高压加热器H1的启动和事故疏水通过气动疏水阀进入车身的事故疏水扩容器，高压加热器H2、H3的启动疏水和事故疏水进入同一台事故疏水扩容器。低压加热器的事故疏水各自通过疏水集管进入凝汽器。各高压加热器的连续放气经针形调节阀、隔离阀汇集到一根母管后进入除氧器，启动放气通过两只排气管排入大气。各低压加热器的启动放气和连续放气汇入母管后去凝汽器。

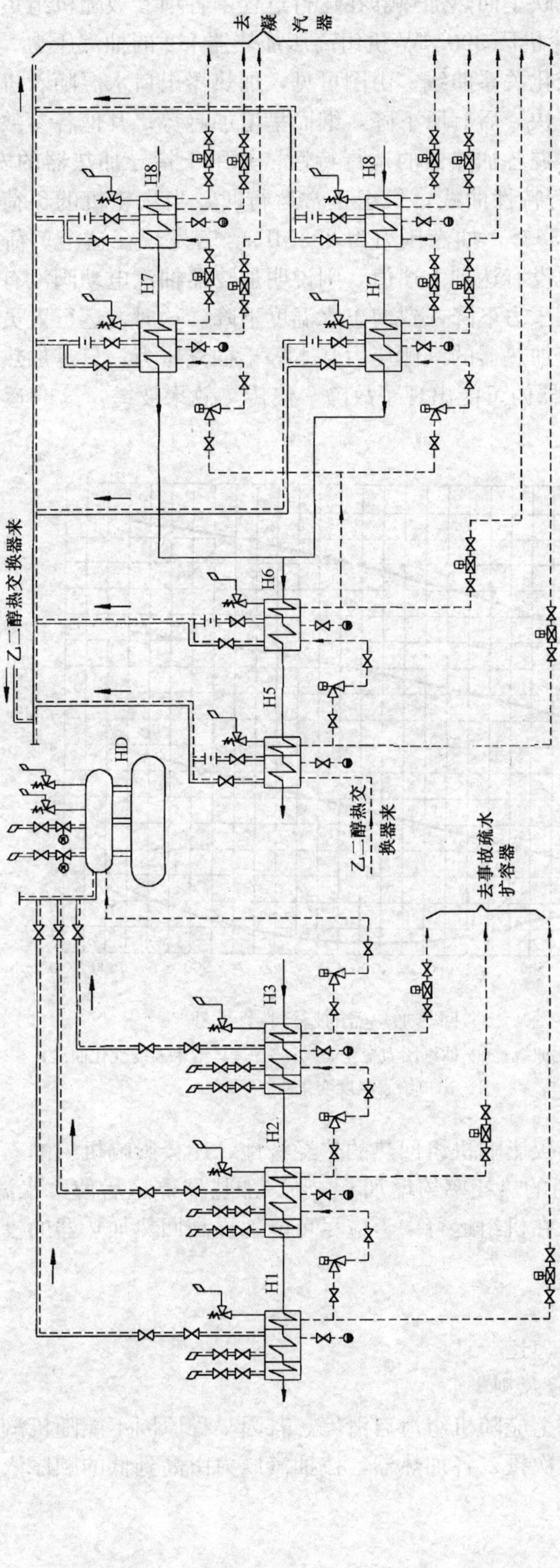

图 4-4　600MW 机组疏水与放气系统

四、回热加热器的运行特性

回热加热器的运行特性反映了回热加热器在运行过程中各项参数随机组负荷之间的变化关系。图 4 - 5 所示为上海汽轮机厂 300MW 机组高压加热器 H2 的抽汽压力、抽汽温度、进出口水温与机组负荷之间的变化关系曲线。由图可见，加热器出口水温随着机组负荷的增加而升高；抽汽温度则先升高较快，后有所下降，继而呈增加趋势；其他各参数随着机组负荷的增加而升高。运行人员应掌握各加热器的运行特性，并用于指导加热器的安全经济运行。例如：根据图 4 - 5 所示的运行特性曲线，机组正常运行时，当汽轮机的负荷为 800t/h 时，该高压加热器的出水温度为 235℃，抽汽压力为 3.2MPa。若发现在这个负荷下，加热器的出水温度和加热器的汽侧压力没有达到上述值，则说明加热器抽汽电动阀没有完全打开，造成抽汽节流损失，加热器汽侧压力下降，致使出水温度下降。这时，运行人员就要检查抽汽电动阀，并将其完全打开。若加热器的汽侧压力基本等于抽汽压力，只是加热器的出水温度没有达到 235℃，则说明加热器内可能出现了故障，使传热效果变差，这时运行人员就要检查原因，并采取措施消除。

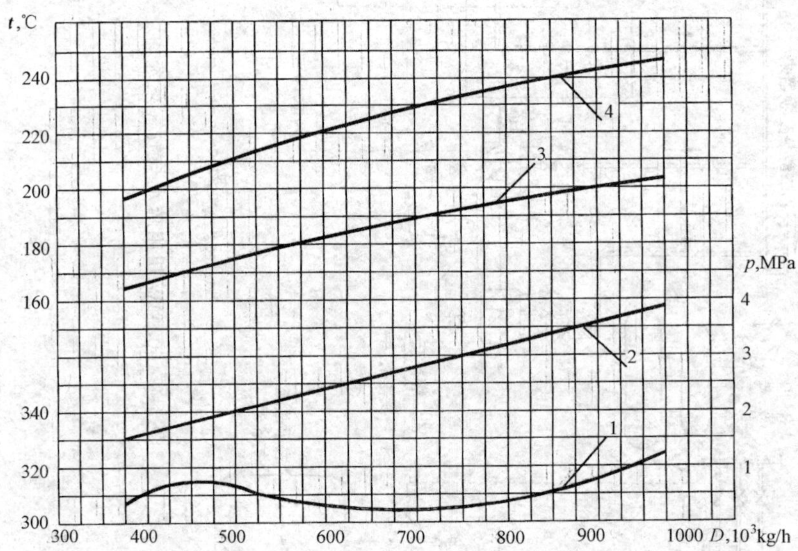

图 4 - 5　回热加热器的运行特性曲线

1—抽汽温度变化曲线；2—抽汽压力变化曲线；3—进口给水温度变化曲线；4—出口给水温度变化曲线

回热加热器是否投入，不仅影响机组回热的热经济性，还会影响机组的安全性。这是因为给水加热每减少 10℃，机组的热耗率约增加 0.4%。加热器停运后使给水温度明显下降，威胁着机、炉的安全。因此，在机组运行中，应尽可能地提高回热加热器的投入率。

【任务实施】

一、回热加热器的投入与停运

（一）回热加热器的投、停原则

（1）高、低压加热器原则上应随机组滑启滑停。若因某种原因不能随机滑启滑停时，应按抽汽压力由低到高的顺序依次投入各加热器，按抽汽压力由高到低的顺序依次停止各加热器。这样一方面可尽可能多地利用较低压力的抽汽，减小传热温差，提高热经济性；另一方面可减小高温加热蒸汽对加热器的热冲击。

（2）严禁泄漏的加热器投入运行。因为加热器U形管中水的流速很高，一旦某一处泄漏，将严重冲刷其他管子，使事故扩大。

（3）必须在加热器各种保护装置及水位计完好的情况下，方可投入加热器。

（4）加热器投入时，要先投水侧，再投汽侧；加热器停止时，要先停汽侧，后停水侧。这是因为汽侧加热蒸汽的温度要比U形管中水（水侧）的温度高，否则将会对加热器产生很大的热冲击。

（5）加热器投运过程中，应严格控制加热器出水温度变化率在规定的范围内，以防热冲击而损坏设备。

（6）运行中每停止一台高压加热器，应根据机组参数的控制情况适当降低机组负荷。

（二）回热加热器投运

1. 低压加热器的投运

低压加热器的启动一般分为机组运行中的启动和随机启动。

（1）机组运行中的低压加热器启动操作步骤：

1）启动之前将电动隔离阀关闭，隔离阀前疏水阀开启，抽汽管道充分疏水暖管。

2）缓慢开启低压加热器至凝汽器的启动放气阀，以排出低压加热器停运时汽侧空间积聚的大量空气，此时要注意凝汽器真空的变化，以防止加热器启动放气阀开得过快而导致凝汽器真空的降低。

3）缓慢开启低压加热器水侧进口阀，向低压加热器注水，并监视加热器疏水水位，注意加热器有无泄漏，同时开启水室的放气阀，待有水流出后关闭。

4）注水正常后，逐渐全开水侧出、进口阀，加热器通水。当用加热器出口阀来调整凝结水水位时，应注意根据水位情况确定出口阀的开度。

5）投入抽汽管道上的止回阀控制系统，使其处于运行状态。缓慢稍开抽汽管道上的电动隔离阀向加热器送汽，对加热器预热，按规程规定预热一段时间后，缓慢逐渐开大电动隔离阀，控制加热器进汽量，注意加热器壳体的温升速度，并根据抽汽管道上的疏水情况，关小直至全关其止回阀前、后的疏水阀。

6）启动期间低压加热器疏水通过启动疏水阀进入凝汽器。对于有疏水泵的回热加热器，待加热器水位升至水位计的3/4时，开启疏水泵，打开疏水泵的出口阀，保持水位正常。若疏水泵工作失常，将疏水切换经水封管至凝汽器。

（2）随机滑启时操作：低压加热器随汽轮机一同启动时，将加热器的进、出口阀，进汽阀，疏水阀及空气阀全部打开，并投入止回阀控制系统，关闭汽侧放水阀，操作较为简单。

2. 高压加热器投入

高压加热器可以随机滑启，也可根据机组情况确定投运时间。

（1）机组运行中高压加热器启动的操作步骤：

1）预热。当加热器在机组运行中启动时，由于抽汽及水侧压力和温度较高，要对加热器进行预热，以减小其热应力。稍开抽汽管道上的隔离阀、止回阀前后的疏水阀，打开汽侧放水阀，对加热器预热。同时，开启汽侧启动排气阀，高压加热器对空排气。预热的时间按规程而定。

2）注水查漏。预热后开启高压加热器的注水阀，向加热器注水，随着注水压力的上升，开启加热器水室放气阀，当有水流出时关闭。当注水到工作压力时关闭注水阀。此时，检查加热器汽侧水位情况及水侧压力是否下降，以判断管子是否泄漏，若漏水则停止投入。

3）通水。高压加热器进口联成阀和出口止回阀开启，通水正常后，旁路阀关闭。关闭汽侧放水阀。

4）向加热器送汽。缓慢开启抽汽管道上的电动隔离阀，控制加热器升压、升温速度。

5）疏水。在加热器启动过程中，注意根据疏水水质和疏水水位的变化及时进行疏水方式的切换。

6）关闭加热器抽汽管上止回阀前、后疏水阀，并注意检查加热器出口水温上升情况。

7）加热器的启动排气切换成连续排气。

（2）随机滑启时操作：当加热器随机启动时，应将加热器的进、出口水阀，进汽阀，疏水阀及空气阀全部打开，投入自动保护装置，关闭汽侧放水阀。

（三）加热器停运

在机组按正常参数停运时，加热器在机组负荷减到规程规定的数值以下时，方可停运。

1. 加热器停运操作步骤

（1）关闭加热器抽汽管道上的电动隔离阀和止回阀，同时全开抽汽止回阀前、后的疏水阀。

（2）当加热器停汽逐渐冷却后，给水可切换旁路，此时全开加热器水侧旁路阀，全关水侧进、出口阀，停运过程中应注意给水温降率不大于规定值。如加热器有保护装置，也应切除。同时注意加热器的疏水水位。

（3）待降到水位计的1/3时，关闭加热器的疏水装置。有疏水泵的加热器，应停运疏水泵，关闭泵的出口阀。

2. 加热器随机滑停时的操作

在机组滑参数停运时，加热器采用随机滑停的方式。汽轮机停机后，加热器水侧的进、出口阀可不关闭，除开启抽汽管道上的疏水阀和汽侧放水阀外，无其他操作。

二、正常运行监视与故障处理

机组正常运行时，所有抽汽管道上的电动隔离阀、气动止回阀均处于开启状态。正常疏水调节阀是由各加热器水位信号控制，自动维持加热器正常水位，并与有关的联动信号系统处于接通状态。各加热器连续放气阀处于开启状态。加热器疏水与放气系统的所有启动阀均关闭。

为了保证回热加热器安全经济运行，在加热器正常运行中，应注意对疏水水位、传热端差等项目的监视，并作好相应的工作。

1. 疏水水位

加热器正常运行时，应控制加热器的疏水水位在正常的范围内。

（1）加热器水位高。加热器水位过高，其传热面会被水淹没，使传热面积减少，传热效果下降，蒸汽不能及时凝结，造成加热器汽侧压力升高，给水温度下降，影响机组的安全经济运行。这种情况主要是由于加热器中的水管泄漏或疏水调节装置失灵所致。若水管泄漏，应及时解列加热器，进行堵漏。若疏水调节装置失灵，应将疏水切换至事故疏水扩容器，检修调节装置；否则，当水位迅速升高到进汽管口时，水就可能从抽汽管倒流入汽轮机造成严重的水击事故。

（2）加热器水位低。加热器水位过低，将引起疏水带汽，蒸汽流入下一级加热器中放出潜热，排挤低压抽汽，会降低热经济性。同时，由于疏水管中汽水的两相流动，将对疏水阀及疏水管弯头产生严重的冲蚀，影响安全。对于卧式加热器，水位过低还会使疏水冷却段入口端露出水面，导致推动疏水通过该段的虹吸受到破坏，凝结段的汽水会同时冲向疏水冷却段，冲蚀该段管子外壁。运行中若发现水位过低，应检查疏水的自动调节装置。

2. 传热端差

加热器的传热端差一般为3～6℃。现代大型机组上的高压加热器由于采用了蒸汽冷却段，传热端差可以为零，甚至为负值。汽轮机生产厂家提供各回热加热器的传热端差，运行人员要做到心中有数。运行中若发现传热端差增大，应查明原因，采取相应的措施，及时消除。传热端差增大可能是以下原因造成的：

（1）传热面结垢，增大了传热热阻。此时，通过水室上的化学清洗接管对水侧进行冲洗，冲洗水通过水侧放水阀排入地沟。

（2）汽侧集聚了空气。空气是不凝结气体，附着在加热器管子表面，降低传热效果。更严重的后果是空气中的氧气加剧加热器管束的腐蚀，导致管子的泄漏。因此在运行中，要使所有加热器各自向处理不凝结气体的设备排气（高压加热器到除氧器、低压加热器到凝汽器），并保持合适的连续排气量。

（3）疏水水位过高。如前所述，水位过高会减少加热器的传热面积，使传热端差增大。

（4）旁路阀漏水、进水联成阀未全开、水室分隔板焊缝的开裂或螺栓连接的分隔板垫圈不严密等都可能使水走旁路，使加热器出水温度降低，传热端差增大。当发现旁路阀不严时，应及时手动关上。检查全开进水联成阀，及时补焊水室分隔板或更换垫圈。

3. 汽侧压力与出口水温

在运行中，如加热器内的汽侧压力比抽汽压力低得多时，加热器出口水温度会下降，回热效果降低，其原因一般是进汽阀或止回阀未开足，造成抽汽管道上节流损失增大。因此，抽汽管道上的止回阀应定期做严密灵活性试验，进汽阀应处于全开位置。

4. 加热器负荷

加热器不允许过分超负荷运行。因为超负荷运行会使流过管束的蒸汽和水的流速大大增加，对加热器传热面的冲刷加剧，并使管束振动而损坏。对于高压加热器还应注意负荷与疏水调节阀开度之间的关系。当负荷未变而疏水调节阀的开度增加时，管束就有可能出现轻度泄漏，此时要停运高压加热器，以防止压力水对邻近管束的冲刷。

三、加热器停运后的保护

若短期停运，高压加热器的所有进汽、进水阀和放水放气阀严密关闭，使高压加热器慢慢冷却并保持密闭，防止空气漏入。凝汽器抽真空系统继续运行，使汽轮机抽汽管道、各低压加热器及其疏水管道处于真空状态并保持干燥，这样可防止设备和管道氧腐蚀。若长期停运，各加热器水侧存水放空后，可通过氮气供应系统向各设备进行充氮保护。

⇒【知识拓展】

加热器出现高水位时的故障处理

（1）由于疏水不畅引起加热器出现高水位时，应立即检查本级的疏水调节阀是否全开。

（2）若本级的疏水调节阀已经全开，水位继续升高，说明加热器U形管泄漏，此时应打开事故疏水阀。

（3）如果水位仍继续升高，应关闭上一级加热器的正常疏水阀，停止上一级疏水的进入，同时开启上一级加热器的事故疏水阀，保证上一级加热器的正常疏水。

（4）加热器水位上升到事故水位警戒线时，水位开关动作，在报警的同时自动关闭该加热器抽汽管道上的电动隔离阀和气动止回阀，并联动开启该抽汽管道上的疏水阀，以排除抽汽管内的积水，确认积水排除干净且不会形成积水后，关闭疏水阀，而汽轮机抽汽口附近的气动疏水阀仍处于开启位置。

（5）低压加热器凝结水走旁路；高压加热器自动旁路保护系统动作时，给水走旁路，加热器解列。此时给水温度将大幅度下降，应按规程规定机组限负荷运行。

【事故案例】

机组小修后投入运行，发现的第一个事故现象是厂房顶上冒汽。运行人员去检查高压加热器，确认是高压加热器汽侧的安全阀动作（这时应停止高压加热器）。检查人员又去检查高压加热器水位计，三台高压加热器中，两台水位正常，一台水位计看不清；操作盘上该高压加热器的低水位指示灯和最高水位指示灯均亮，但高压加热器保护却未动作。当时认为水位信号有问题，然后将保护停止，40min后机组负荷减少25MW。此时2号轴承处冒烟冒汽，中压缸胀差指示到头，继而又发现3、4号轴承处冒烟冒汽，5号轴承处冒火，被迫打闸停机。转子比正常惰走时间少8min。当时手动盘车不动，停机后6h投入盘车。事故的主要原因是高压加热器的疏水装置失灵，使水位升高以至满水，而高压加热器保护装置拒动，致使疏水经抽汽管进入中压缸，造成轴瓦挡油板摩擦冒烟，轴封梳齿磨倒，险些造成大轴弯曲。

【能力训练】

1. 上述事故案例对我们有哪些启发？如何避免上述事故的发生？
2. 当高压加热器解列时，机组为什么要限负荷运行？
3. 在仿真机上按照回热加热器随机滑启的操作步骤，完成低、高压加热器的启动操作训练。

任务二 除氧器运行

【任务目标】

掌握除氧器在热力系统中的连接及其运行知识，能初步进行除氧器的启停操作、正常运行监视及其常见故障的处理。

【知识准备】

一、除氧器汽源的连接方式

除氧器汽源的连接方式有定压连接方式和滑压连接方式两种。在定压连接方式中又分为单独定压连接和前置定压连接两种方式，如图4-6所示。在图4-6（a）中，在除氧器的汽源管道上设置压力调节阀和切换上一级抽汽的切换阀，以保证机组正常运行时除氧器压力稳定在规定的范围内，这种连接方式多用于中压和高压凝汽式机组上。在图 4-6（b）中，除氧器与其相邻的上一级加热器共用一级抽汽，就给水流向而言，高压除氧器位于高压加热器之前，故称为前置连接。为保持除氧器压力稳定，在进入除氧器的抽汽管道上仍设置压力调节阀。

定压除氧器前置连接时，与除氧器共用同一级抽汽的高压加热器出水温度与除氧器的定压无关，因而压力调节阀的节流与该级加热器对应的出口温度无关，这时不存在因装有压力调节阀而降低机组热经济性的现象，但它以增加一台高压加热器为代价，故应用较少，我国仅在 CC-25 型机组上采用这种系统。

在图 4-6（c）中，在除氧器抽汽管道上不设压力调节阀，除氧器的压力不是恒定的，而是随着机组负荷的变化而变化的，从而避免了蒸汽节流损失。同时，滑压运行的除氧器能很好地作为一级回热加热器使用，所以在汽轮机设计制造时，其回热抽汽点能得到合理布置，使机组的热经济性进一步提高。需要说明的是，滑压运行的除氧器在启动初期、机组甩负荷和低负荷工况下使用辅助蒸汽加热时，仍然维持低压定压运行状态，此时压力的调节是通过辅助蒸汽管道上的压力调节装置实现的。

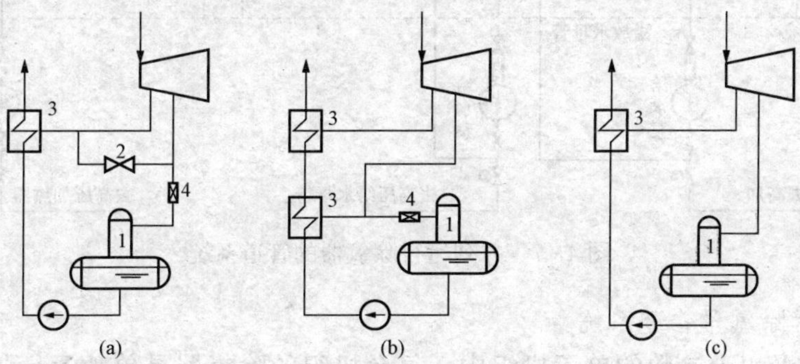

图 4-6 除氧器汽源的连接方式

（a）单独定压连接方式；（b）前置定压连接方式；（c）滑压连接方式

1—除氧器；2—切换阀；3—高压加热器；4—压力调节阀

二、除氧器管道系统

除氧器不仅具有除氧和加热给水的作用，同时还有汇集蒸汽和水流的作用，与除氧器相连接的管道和附件称为除氧器管道系统。

1. 并列运行除氧器的管道系统

在中参数电厂中一般都使用相同参数的除氧器并列运行；高参数大容量机组因给水量大，为保证除氧器压力稳定，有的机组也采用两台除氧器并列运行。

图 4-7 所示为并列运行除氧器的管道系统。由两台凝汽式汽轮机组的第二级抽汽供除氧器加热蒸汽母管经压力调节阀进入除氧器，除氧器内的压力由该调节阀自动维持其定压运行。在加热蒸汽压力调节阀之前接出去除氧器水箱的再沸腾管。为使并列运行除氧器的工况保持一致，设置了汽平衡管与除氧器水箱相连，以免产生压力和水位波动。化学除盐水经除氧器水位调节阀补入除氧器，除氧器的水位由除盐水管上的水位调节阀控制。由全厂疏水系统经疏水泵来的疏水经疏水母管接入除氧器除盐水管道。来自各机组低压加热器的凝结水汇入凝结水母管经止回阀进入除氧器。各机组高压加热器的疏水汇入母管后进入除氧器。给水

泵出口的给水最小流量再循环水引至再循环母管，经节流孔板降压后进入除氧器水箱。各除氧器的除氧水进入低压给水母管，由给水泵送入高压加热器。给水箱下部装有溢放水母管，除氧器发生高水位事故和停机检修时由溢放水管将水放入疏水箱，除氧器高水位放水经U形水封管进入溢放水母管。

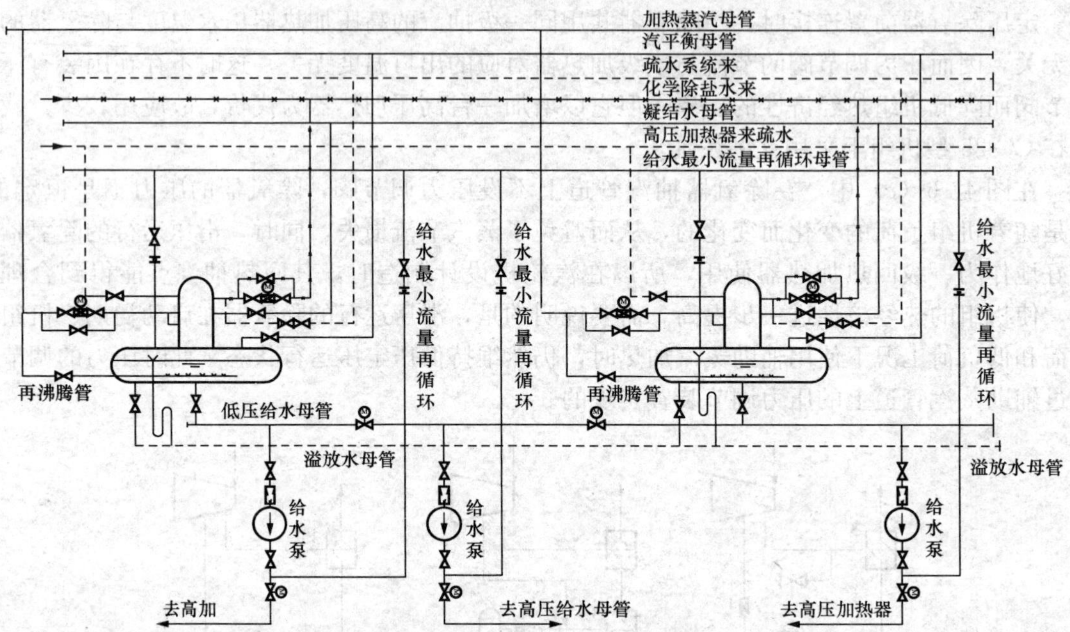

图 4-7 并列运行除氧器的管道系统

2. 单元运行除氧器管道系统

在超高参数及以上参数的单元机组中，每台机组的除氧器是单独运行的。如图 4-8 所示为 300MW 机组的除氧器管道系统。

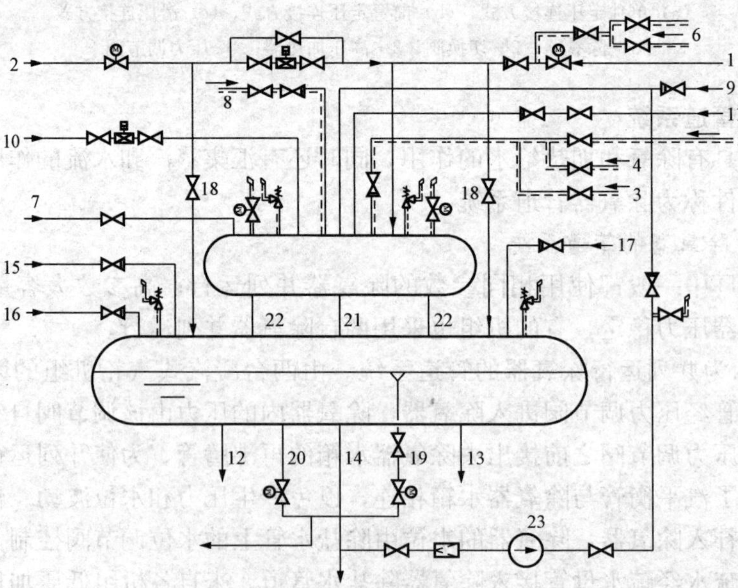

图 4-8 300MW 机组除氧器管道系统

接入、接出除氧器的管道如下：

（1）加热蒸汽管道。进入除氧器的加热蒸汽管道包括：正常加热汽源（四抽汽）1，备用汽源（辅助蒸汽）2，汽轮机高、中压门杆漏汽3、4，高压轴封漏汽5，小汽轮机高压门杆漏汽6，锅炉连续排污扩容器来汽7，来自高压加热器的连续排气8。

在机组启动、甩负荷及低负荷运行期间，正常汽源汽轮机抽汽不能满足除氧要求时，切换至备用汽源——辅助蒸汽，在辅助蒸汽管道上设有压力调整阀，用于调节除氧器压力，使其此时处于定压运行状态。

（2）需除氧的水管道。进入除氧器需除氧的水管道包括：主凝结水9、高压加热器来的疏水10和锅炉暖风器疏水11。为防止凝结水倒流，在进入除氧器之前的主凝结水管道和锅炉暖风器疏水管道上装有止回阀。

（3）与给水箱相连的管道。在除氧器给水箱上连接的管道包括：去两台汽动给水泵的两根低压给水管道12、13，去电动给水泵的低压给水管道14，三台给水泵的最小流量再循环管15、16、17，加热蒸汽再沸腾管18，给水箱至定期排污扩容器的溢水、放水管19和20，还有去凝汽器用于循环清洗管道等。除氧器下部有一根下水管21和两根汽平衡管22与除氧水箱相连。直流锅炉除氧器给水箱上还接有来自启动分离器的水管道。

（4）除氧循环泵。为了在机组启动前使除氧器给水箱中的化学除盐水能够均匀迅速加热并除氧，除氧器管道系统中还装设一台除氧器循环泵23。其进水管从电动给水泵的进口给水管上引出，出水管接至凝结水进除氧器的管道上。水泵进口装一只手动闸阀和一只抽屉式滤网，出口装一只手动闸阀和一只止回阀。机组正常运行时，除氧循环泵进、出口闸阀全关，其出口止回阀装在靠近凝结水管处，以防凝结水倒流。对于给水箱中设置了启动加热和再沸腾装置的除氧器，系统中不再设置除氧循环泵。

三、除氧器的运行方式

除氧器的运行方式包括定压运行和滑压运行两种。

1. 定压运行

定压运行是指除氧器在运行过程中其工作压力始终保持定值。这种运行方式要求供除氧器的抽汽压力一般要高出除氧器工作压力的0.2～0.3MPa，经抽汽管道上设置的压力自动调节器能保证机组负荷变化时除氧器的工作压力恒定不变，但会造成蒸汽的节流损失。当机组在低负荷运行，本级抽汽不能满足定压运行的需要时，还要切换较高压力的上一级抽汽，损失将更大。另外，定压运行除氧器因有切换较高压力抽汽的切换阀，增加了阀门误操作的机会，并且一旦误开高压抽汽阀，将引起除氧器的恶性事故。

2. 滑压运行

现代大容量机组，为保证机组的运行可靠性，提高热经济性，大都采用滑参数运行方式，除氧器也相应采用滑压运行方式。

滑压运行是指除氧器的运行压力不是恒定的，而随着机组负荷与抽汽压力的变化而变化。因此在除氧器正常汽源（汽轮机抽汽）蒸汽管道上不设压力调节器，从而避免了运行中的蒸汽节流损失。同时，滑压运行的除氧器，能很好地作为一级回热加热器使用，所以在汽轮机设计制造时，其回热抽汽点能得到合理布置，使机组的热经济性得到进一步提高。

需要说明的是，滑压运行的除氧器在启动初期、机组甩负荷和低负荷工况下使用辅助蒸汽加热时，维持低压定压运行状态，此时压力的调节是通过辅助蒸汽管道上的压力调节装置实现的。

除氧器的滑压运行也存在一定的问题。滑压运行中，除氧器的工作压力随着机组负荷不断地变化，而除氧器内给水温度的变化总是滞后于其压力变化的。当机组负荷增大时，除氧水温度的升高跟不上压力的增加，除氧水不能及时达到饱和状态，致使除氧效果恶化。当机组负荷减小时，除氧水温度的下降滞后于压力的减小，使除氧水的温度高于除氧器压力对应下的饱和温度，这虽然使除氧效果变好，但安装于除氧器下面的给水泵容易发生汽蚀。工程实际中，在除氧水箱内装设再沸腾管来解决机组负荷增大时除氧效果恶化的问题，采取提高除氧器的安装高度、给水泵前设前置泵、加速给水泵入口处的换水速度等措施保证给水泵在负荷减少时安全运行。

四、除氧器的运行特性

除氧器的运行特性是指除氧器抽汽量、抽汽温度、抽汽压力、进入除氧器的主凝结水温度和除氧器给水出口温度等与机组负荷之间的变化关系，对于不同型号和处于不同运行方式下的除氧器具有不同的运行特性，图 4-9 所示为我国 300MW 机组上采用的除氧器滑压运行特性。另外，除氧器的特性还应反映除氧器出水溶氧量与其进水量、进水温度、排气量等参数之间的变化关系。除氧器的运行特性通过除氧器热力试验得出，用于指导运行事故分析以及检验检修后的除氧器特性变化情况。例如：根据图 4-9 所示的运行特性曲线，除氧器正常滑压运行时，机组负荷为 900×10^3kg/h 时，其出水温度为 169℃，若运行中监视发现，除氧器出水温度降低，则说明除氧器内出现了故障，可能是进水温度过低、进水量过大；恒速喷嘴故障，使其雾化效果下降；抽汽关断阀没有完全打开，造成除氧器压力下降等原因引起的。这时运行人员就要立即查找原因，并及时消除，可确保除氧器的安全、经济运行。

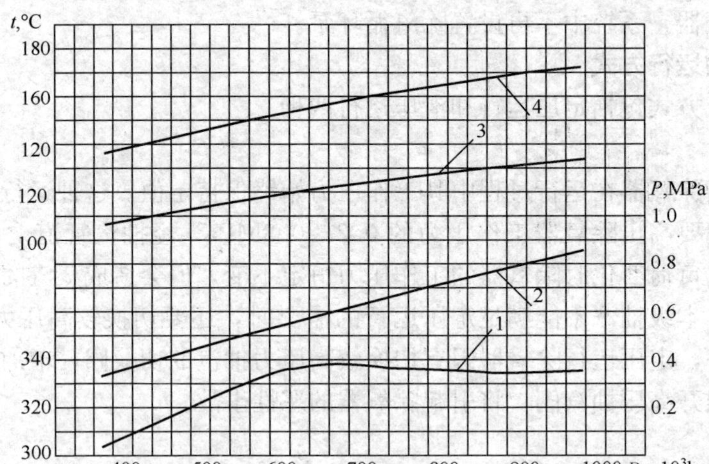

图 4-9 除氧器的滑压运行特性曲线

1—抽汽温度变化曲线；2—抽汽压力变化曲线；3—进水温度变化曲线；4—出水温度变化曲线

【任务实施】

一、除氧器启动与停运

1. 除氧器启动

除氧器的启动操作步骤如下：

(1) 用补充水泵或凝结水输送泵向除氧器上水至正常水位。

(2) 检查开启除氧循环泵，打开除氧器的排气阀。

(3) 开启辅助蒸汽至除氧器的调节阀，投入除氧器压力自动控制，对除氧器加热。对于不设除氧循环泵、用除氧器水箱再沸腾管加热的除氧器，可启动给水泵前置泵，通过给水再循环管，使除氧器水箱的水循环流动，促进给水均匀加热。在加热期间，应注意控制除氧器温升，保证其在规定的范围内，保持水量变化缓慢，以防除氧器振动。同时注意监视除氧器压力、水位应稳定，溶氧量应合格。

(4) 当由低压加热器来的凝结水合格后，开启主凝结水调整阀向除氧器供水。

(5) 当机组启动带负荷后，四抽汽压力略大于辅助蒸汽的供汽压力时，检查四抽汽至除氧器进汽阀应自动打开，辅助蒸汽至除氧器的进汽阀应关闭。除氧器由定压运行改为滑压运行。

2. 除氧器停运

除氧器应随机组的停止而滑停。除氧器停运的操作步骤如下：

(1) 当四抽汽压力低于辅助蒸汽的供汽压力时，辅助蒸汽至除氧器管道上的调节阀自动打开，除氧器由辅助蒸汽供汽，除氧器在供汽调节阀的控制下定压运行。

(2) 当机组停止运行，锅炉已不需要进水时，停止向除氧器进水、进汽。

(3) 除氧器停运后，要对其进行必要的保养。若停运后检修，则对其进行全面隔绝，并放尽余汽、余水。

二、除氧器正常运行维护与监视

为保证除氧器的安全经济运行，在运行中应监视和控制溶氧量、压力、温度和水位。

1. 溶氧量

除氧器在运行中，要求水中的溶氧量必须符合规定的标准。要获得良好的除氧效果，必须满足热力除氧的基本条件。运行中溶氧量不合格可能有以下原因：

(1) 除氧水达不到饱和温度。运行中汽轮机负荷增加，使除氧器内压力的突然升高，或进水温度太低、进水量过大、喷嘴雾化效果不好等原因都会导致除氧水达不到饱和温度，使除氧效果恶化。为防止加热不足，在加装再沸腾管的除氧器中，投入给水再沸腾蒸汽，以改善除氧效果。

(2) 气体不能及时排出。溶氧量不合格也可能是排气阀开度不够，气体不能及时排出，此时应及时调整排气阀开度，使气体能及时排出，以减小气体在水面上的分压力，从而减小溶氧量。

(3) 一、二次蒸汽分配比例不合适。对于喷雾填料式除氧器，当溶氧量不合格时，应调整进入喷雾除氧空间的一次蒸汽和进入填料层的二次蒸汽的分配比例。当一次蒸汽量较小时，喷雾空间的压力降低，填料层的蒸汽压力增加，可能形成蒸汽把水托起的现象，使蒸汽的自由通路减少。同时，一次加热蒸汽量的不足又可能使雾化水加热不足，使初期除氧效果降低。如果一次加热蒸汽量过大，又会使二次加热蒸汽量减少，影响深度除氧效果。所以合适的一、二次蒸汽分配比例是保证喷雾填料式除氧器除氧效果的又一条件。

2. 压力和温度

除氧器运行中，应监视除氧器内的压力和温度，要求两者相对应，即除氧水的温度达到除氧器压力下的饱和温度，否则要采取措施消除加热不足。还要监视除氧器内的压力和温度与当时机组运行工况相对应，注意除氧器有可能超压时安全阀的动作情况，确保除氧器在运行中的安全可靠性。

3. 给水箱水位

除氧器运行中，应严密监视除氧器水位并控制其在正常值。若水位过高，会造成除氧器满水，使除氧器振动及排汽带水等，严重时会使水通过抽汽管道进入汽轮机，造成汽轮机的水击事故；若水位过低，使给水泵的倒灌高度降低，容易造成给水泵汽蚀。水位过低也就意味着除氧器水箱存水量减少，一旦补充水发生故障，会威胁锅炉上水，造成停炉等事故。

三、除氧器常见的故障与处理

除氧器常见的故障与处理方法见表 4 - 1。

表 4 - 1　　除氧器故障与处理方法

故障现象	原　　因	处理方法
内部有撞击声，振动逐渐剧烈，排气管喷水，压力摆动	(1) 进水温度过低 (2) 进汽量突然增大，内部汽水过负荷	(1) 暂停补充冷水，提高水温 (2) 机组降负荷运行
水位低	(1) 进水减少或补水中断 (2) 误开事故放水阀 (3) 凝结水再循环阀开度过大 (4) 锅炉进水突然增加或排汽量、排污量过大	(1) 加大进水或补水 (2) 关严事故放水阀 (3) 关小或全关凝结水再循环阀 (4) 关小锅炉排污阀或暂停排污
水位高	(1) 进水量过大 (2) 给水泵故障 (3) 凝汽器泄漏（热井水位同时升高） (4) 锅炉突然降负荷	(1) 减小进水量 (2) 启动备用给水泵 (3) 对凝汽器查漏 (4) 查明锅炉原因，迅速处理 (5) 必要时，开启放水阀放水
压力下降	(1) 进水量过大，进水温度过低 (2) 抽汽电动隔离阀或抽汽止回阀误关或未完全打开 (3) 排气阀开度过大 (4) 安全阀误动 (5) 机组甩负荷	(1) 适当减少进水量，提高进水温度 (2) 全开进汽阀或使用备用汽源 (3) 调整排气阀开度 (4) 阀门误动，应立即恢复 (5) 使用备用汽源
排气带水	(1) 排气阀开度过大 (2) 喷雾填料式除氧器一次加热不够 (3) 内部汽流速度过大	(1) 合理调整排气阀开度 (2) 调整一次加热的汽、水比 (3) 适当降负荷

⇨【事故案例】

一台中间再式机组的除氧器，在运行中由于监视不够，水位降至正常值以下，运行人员采取了向除氧器补充大量低温水的不正常措施，致使除氧器压力下降。为了调整压力，又将上一级的高压抽汽阀全开（蒸汽压力为 2.4MPa），而当时的负荷为额定负荷，按规定应该使用正常工作汽源——本级抽汽。除氧器的压力回升速度较快，当水位补到 1.8m 时停止补水。当时除氧器内的表压力为 0.47MPa，在补水停止后，高压抽汽汽阀未及时关闭，致使除氧器压力急剧上升。尽管安全阀已经动作，但因排汽量不足，在停止补水后约 2min，除氧器爆炸，造成了严重的设备损坏及人员伤亡事故。

➡【能力训练】

1. 上述事故案例对我们有哪些启发？针对上述事故案例，分析原因，并寻求避免上述事故发生的措施。

2. 在仿真机上按照除氧器系统启动操作步骤，完成启动除氧器操作训练。

3. 在仿真机上按照设置除氧器水位高事故，完成除氧器水位调节操作训练。

任务三　凝汽器运行

➡【任务目标】

掌握凝汽器的运行知识，能初步进行凝汽器的启停操作、正常运行监视及其常见故障处理。

➡【知识准备】

一、凝汽器的运行特性

凝汽器是在给定的汽轮机额定排汽量、凝汽器压力、冷却水进口温度及选定的循环水量等条件下设计制造出来的。在实际运行中，汽轮机的排汽量（又称蒸汽负荷）、冷却水进口温度及循环水量都是经常变化的，凝汽设备及系统的严密性及冷却水管的清洁程度也要变化，因此凝汽器的真空必然随之变化。通常把凝汽器的真空随蒸汽负荷、冷却水进口温度、循环水量及凝汽器传热端差之间的关系称为凝汽器的运行特性或热力特性，对应的变化关系曲线称为凝汽器的运行特性曲线。

凝汽器内部处于汽水两相共存的饱和状态，因此在抽气设备工作正常、设备严密性合格的条件下，凝汽器的真空是由蒸汽凝结时的温度 t_c 决定并与之相对应的。因此，影响凝汽器真空的因素即为影响 t_c 的因素。

如图 4-10 所示，进入凝汽器的冷却水温度用 t_1 表示，在凝汽器中吸收蒸汽的热量后温度升高至 t_2，则冷却水在凝汽器中的温升 $\Delta t=t_2-t_1$。

由于凝汽器为表面式换热器，存在传热端差 δt，它等于凝结水的温度与冷却水出口水温之差（见图 4-10），即 $\delta t=t_c-t_2$，则凝汽器中凝结水的温度为

$$t_c = t_1 + \Delta t + \delta t \qquad (4-1)$$

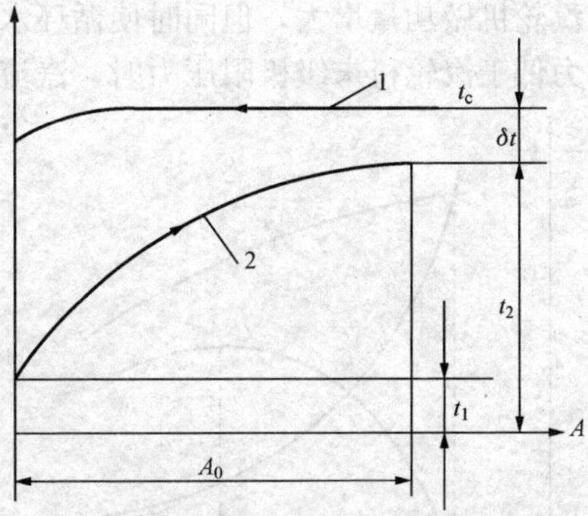

图 4-10　凝汽器中蒸汽和冷却水的温度沿冷却表面的变化曲线

1—饱和蒸汽放热过程；2—冷却水温度的升高过程

式（4-1）表明：凝结水的温度是由冷却水进

口水温 t_1、冷却水温升 Δt 及传热端差 δt 三个量的大小决定的。因此，影响凝汽器真空的就是这三个因素，下面分别讨论。

1. 冷却水进口温度 t_1 对真空的影响

当其他条件不变时，t_1 降低，则凝汽器中的凝结温度也降低，真空会升高；反之，t_1 升高，真空就降低。

t_1 的高低主要与自然条件有关，在其他条件一定的情况下，冬天 t_1 较低，凝汽器真空会高些；夏天 t_1 较高，凝汽器真空就低些。

对于采用冷却水塔的电厂来说，t_1 还与冷却水塔的冷却效果有关，冷却效果好时，t_1 低些，真空就高些；冷却效果差时，t_1 会高些，真空就低些。

2. 冷却水温升 Δt 对真空的影响

假定汽轮机排汽在凝汽器中凝结时放出的热量全部由冷却水吸收带走，则凝汽器的热平衡式为

$$D_c(h_c - h'_c) = D_W(h_{W2} - h_{W1})$$

式中　D_c——汽轮机的排汽量，kg/h；

h_c——汽轮机的排汽焓，kJ/kg；

h'_c——凝结水焓，kJ/kg；

D_W——冷却水量，kg/h；

h_{W1}、h_{W2}——冷却水的进口、出口焓，kJ/kg。

在低温范围内，水的焓约等于水温的 4.187 倍，即 $h_{W2} - h_{W1} = 4.187\Delta t$，则冷却水的温升值 Δt 为

$$\Delta t = \frac{h_c - h'_c}{4.187 D_W} D_c \tag{4-2}$$

由式（4-1）和式（4-2）可知：由于在凝汽器的实际排汽压力范围内，每 1kg 排汽所放出的热量变化不大，一般可近似取 2177kJ/kg，所以在冷却水进口温度 t_1、传热端差 δt 及排汽量 D_c 保持一定的情况下，冷却水温升 Δt 与冷却水量成反比。减小冷却水量 D_W，Δt 增大，则真空降低；增大冷却水量 D_W，Δt 减小，真空则升高。

凝汽器在运行中，并不是真空越高越好。冷却水量的增大，虽然提高了凝汽器的真空，使汽轮机做功量增大，但同时使循环水泵的耗功增加。而且，当凝汽器的高真空对应的排汽压力低于汽轮机末级极限压力时，汽流就会在喷嘴中斜切部分以外膨胀，这时，不仅不能增大蒸汽在汽轮机中的有效焓降，增加做功量，反而增加汽流的膨胀不足。因此，只有当凝汽器所处的真空使汽轮机做功的增加量与循环水泵的耗功增加量之差为最大时，才能获得最好的经济效益，这一真空称为凝汽器的最佳真空或最有利真空。最佳真空一般由试验通过图解法确定。

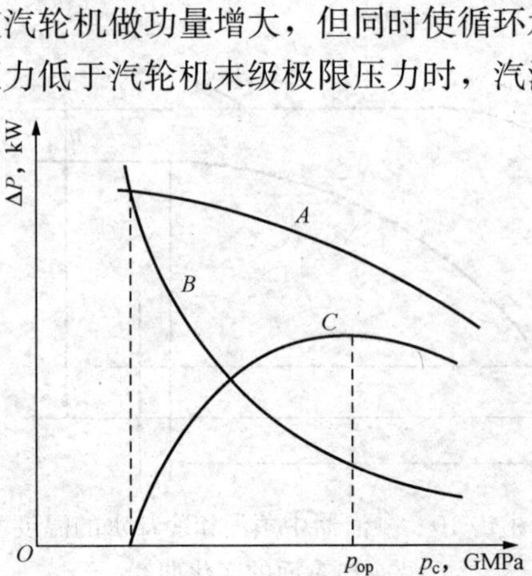

图 4-11　确定凝汽器最佳真空的图解法

图 4-11 所示为确定凝汽器最佳真空的图解法。图中横坐标表示凝汽器压力（真空）的变化，纵坐标表示汽轮机和循环水泵功率的变化 ΔP。图中曲线 A 和 B 分别表示当冷却水量 D_W 增大，凝汽器压力减小

（真空升高）时，汽轮机净增功率和循环水泵消耗功率的变化。曲线 C 表示随着凝汽器压力的减小（真空升高），汽轮机净增功率与循环水泵消耗功率之间的差值的变化。曲线 C 的最高点对应的横坐标压力值 p_{op}，就是汽轮机在某一负荷下凝汽器的最佳真空。

3. 蒸汽负荷及传热端差对真空的影响

由式（4-2）可知，在冷却水量不变的情况下，冷却水的温升 Δt 与排汽量 D_c 成正比（$h_c - h_c'$ 近似不变）。D_c 增加，Δt 增大，则真空降低；D_c 减少，Δt 减小，则真空升高。

由式（4-1）可知，在冷却水进口温度 t_1 及冷却水温升 Δt 不变的情况下，凝汽器的传热端差 δt 减小，真空提高；反之，真空降低。

由凝汽器的热力计算和数学推导可得出凝汽器传热端差 δt 的数学表达式，即

$$\delta t = \frac{\alpha}{e^{\frac{AK}{c_p D_W}} - 1} D_c \tag{4-3}$$

式中　α——冷却水量不变的条件下近似为常数，$\alpha = \frac{h_c - h_c'}{c_p D_w}$；

K——传热系数，kJ/(m² · h · ℃)；

A——凝汽器的传热面积，m²；

c_p——水的比定压热容，在低温范围内可视为定值（c_p=4.1868）kJ/(kg · ℃)。

对于运行中的凝汽器，其传热面积 A 已确定不变，若循环水量 D_W 一定，假定传热系数 K 也不变的条件下，则由式（4-1）和式（4-3）可知，传热端差 δt 与排汽量 D_c 成正比。D_c 减少，δt 减小，真空提高；反之，D_c 增大，δt 增加，真空下降，如图 4-12 中的虚线所示，而实际上只有当排汽量达到 60%～70%额定排汽负荷以上时，才能如此。当蒸汽负荷较小时，K 值随负荷的下降而减小。因为当蒸汽负荷下降时，真空变高，漏气量增加，空气使传热系数减小，则 δt 增大。蒸汽负荷下降使 δt 减小与传热系数减小使 δt 增大的同时作用，使 δt 在较小蒸汽负荷下变化的速度减慢，并逐渐趋于常数，如图 4-12 中实线所示。由图 4-12 中还可看出，冷却水进口温度越低，δt 开始趋于常数的蒸汽负荷就越高。这是因为 t_1 较低时，凝汽器在较高的蒸汽负荷下就能达到较高的真空，在该负荷下，凝汽器的漏气量已显著增大。排汽量相同的情况下，冷却水进口温度越低，传热端差就越大。

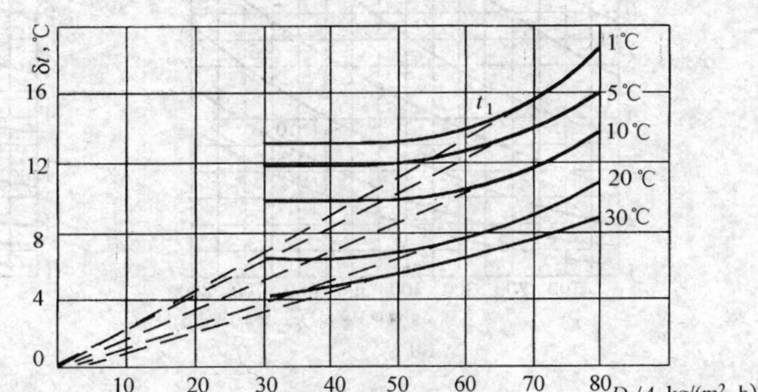

图 4-12　端差 δt 与负荷率 D_c/A 及冷却水温度 t_1 的关系曲线

凝汽器运行中，空气的漏入与冷却水管结垢，都要减小传热系数，增大传热端差，在蒸汽负荷、冷却水量和冷却水温一定的情况下，凝汽器的真空会降低。

二、凝汽器的运行特性曲线

在凝汽器的实际运行中，影响凝汽器真空的因素往往是三个因素或两因素同时变化，并且它们之间相互牵连和影响，制造厂通过试验或计算法绘制出凝汽器压力随冷却水量 D_W、冷却水进口温度 t_1 及蒸汽负荷 D_c 的变化关系曲线，称为凝汽器的运行特性曲线。这些运行

特性曲线虽然具有一定的近似性，但对于指导凝汽器运行还是有很好的参考价值的。

图 4-13 所示为300MW 机组上采用的 N-17650 型凝汽器的运行特性曲线，图（a）和图（b）分别表示在冷却水量 D_W=29 000m³/h 和 D_W=34 300m³/h 下，凝汽器压力随冷却水进口温度 t_1 和蒸汽负荷 D_c 之间的变化关系。从图中可以看出：

（1）在一定的冷却水温度和蒸汽负荷的情况下，凝汽器压力随着冷却水量增大而降低。例如：冷却水温度为 20℃，汽轮机的排汽量为 600×10³kg/h，当冷却水量从 29 000m³/h 增大到 34 300m³/h 时，凝汽器压力由 5.5kPa 下降到 5kPa。

（2）在一定的冷却水量和冷却水进口温度条件下，凝汽器压力随着蒸汽负荷的增大而升高。例如：冷却水量为 29 000m³/h，冷却水温度为 25℃，当汽轮机的排汽量从 200×10³kg/h 增大到 800×10³kg/h 时，凝汽器压力从 4.4kPa 升高到 9.25kPa。

（3）当冷却水量与蒸汽负荷不变时，凝汽器压力随着冷却水温度的升高而升高。例如：冷却水量为 34 300m³/h，汽轮机的排汽量为 700×10³kg/h，当冷却水温度由 10℃升高到 33℃时，凝汽器压力由 3.5kPa 升高到 10.75kPa。

这与以上分析所得出的结论完全一致。

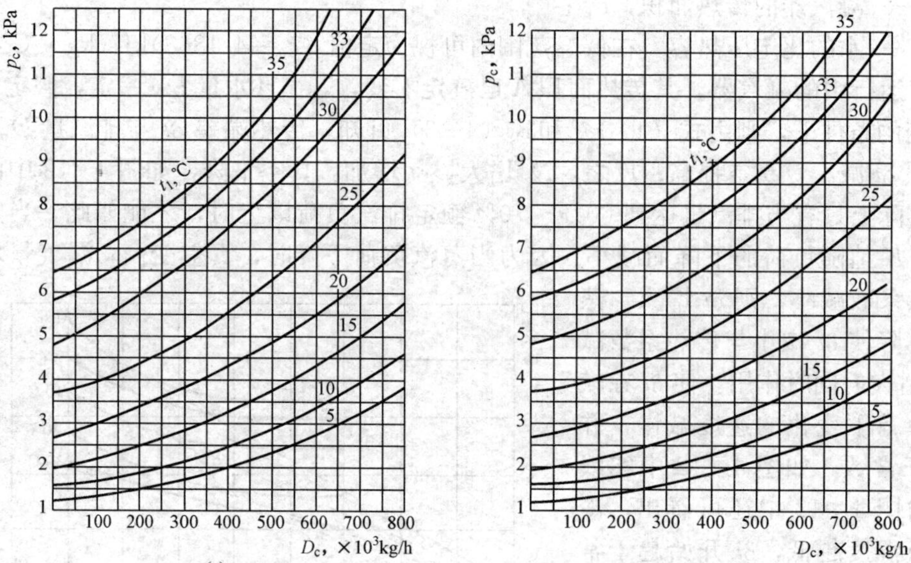

图 4-13　N-17650 型凝汽器的特性曲线

（a）冷却水量 D_W=29 000m³/h；（b）冷却水量 D_W=34 300m³/h

【任务实施】

一、凝汽器的投入与停运

凝汽器一般在汽轮机本体启动前投入运行，在汽轮机本体停运后停运。凝汽器的启动包括启动前的检查和启动操作两部分。

（一）投运前的检查和试验

投运前的检查和试验是保证凝汽器顺利投运的重要步骤，便于及早发现问题及时处理，防止一些设备缺陷影响机组启动。凝汽器投运前的检查与试验项目如下：

（1）凝汽器灌水试验。该试验是凝汽器找漏最有效的方法之一，可以及时发现凝汽器管子及与凝汽器相连的部分管道和附件有无泄漏。其方法是把所有与真空系统相连的管道阀门关闭，然后向凝汽器的汽侧空间注水，其灌水高度应在汽封洼窝以下100mm处，各加热器、抽汽管道以及在主汽轮机启动时处于真空状态下的管道和设备均应灌水。灌水后进行仔细检查，不严密的地方会有水渗出，应及时消除。

（2）电动阀的开关试验。与凝汽设备有关的循环水系统、补充水系统及胶球清洗系统等处的电动阀门和气动阀门均应做开关、调整试验，以确保其动作灵活可靠及关闭严密。对于循环水系统电动阀门，还应注意终端开、关位置是否正确，并记录其全开至全关的动作时间，供运行时参考。

（3）按照运行规程要求对凝汽器的汽、水系统阀门进行检查，各阀门的开关状态应符合要求。一般汽水侧放水阀关、水侧入口阀开、水侧出口阀适当开启。

（4）检查热工仪表在正确投入状态，如水位表、压力表和温度表等。

（5）应封闭人孔门，灌水试验用的临时支撑物应拆除，设备处于启动状态。

（二）凝汽器的投运

凝汽器投运分水侧投运和汽侧投运两个步骤。水侧投运在机组启动前完成，不宜过早，以节约厂用电。汽侧投运与机组启动同步进行，是机组启动的一部分。

1. 凝汽器的投运操作步骤

（1）水侧投运。对于单元制系统，凝汽器水侧的投运与循环水系统同步进行。启动循环水泵，循环水系统及凝汽器水侧投入运行。凝汽器通水后应检查人孔门等部位是否漏水，调整凝汽器的出口阀门开度，保持正常的循环水流量。

（2）汽侧投运。凝汽器汽侧投运分清洗、抽真空、带热负荷三个步骤。

1）汽侧清洗。凝汽器汽侧的清洗是保证凝汽器水质合格的重要手段之一。清洗前应联系化学分场储备足够的补充水量，并检查关闭凝汽器汽侧放水阀。启动补充水泵，向凝汽器补水至一定水位后，开汽侧放水阀，继续冲洗凝汽器汽侧冷却水管外壁及室壁，直到水质合格。

2）抽真空。机组冷态启动时，应在锅炉点火前抽真空，以保证疏水的畅通、工质的回收和汽轮机冲转的顺利进行。抽真空时，应监视凝汽器真空的上升情况，判断抽真空系统是否正常。

3）带热负荷。锅炉点火后，随着汽水的进入，凝汽器开始接带热负荷，到机组冲转并网后，凝汽器的热负荷逐渐增加。这一阶段，应注意与凝汽器相连的各系统运行应正常，监视凝汽器真空是否稳定，确保机组的顺利启动。

2. 凝汽器投运时的注意事项

（1）投运前要拆除临时支撑物，否则将影响凝汽器的膨胀，甚至造成机组振动。

（2）在抽真空及进入蒸汽后，应检查凝汽器各部分的温度和膨胀变形情况，并对真空、水位、排汽温度及循环水压力和温度等参数进行监视。

（3）凝汽器水侧投运前，禁止有疏水进入。抽真空之前，要控制进入凝汽器的疏水量。

（4）真空低于规定值时，禁止投汽轮机的旁路系统。

（三）凝汽器停运

凝汽器停运应在机组停机后进行，操作顺序是先停汽侧，后停水侧。凝汽器停运时应注意以下几点：

(1) 真空到零后，开启真空破坏阀。

(2) 排汽缸温度低于50℃后，方可停运水侧循环水泵。

(3) 为防止凝汽器因局部受热或超压造成损坏，停运后应做好防止进汽及进水的措施。较长时间停运时，还应做好防腐工作。

(4) 在凝结水系统运行或停运后，应认真监视凝汽器水位，防止满水后冷水进入汽缸，造成恶性事故。

二、凝汽器的正常运行监视

为保证汽轮机组的安全经济运行，凝汽器在运行中，要求能达到最有利的真空值，保证凝结水水质合格。因此，必须对凝汽器运行情况进行严格的控制和监视。凝汽器正常运行中应监视真空、温度及水位等项目。

1. 凝汽器真空

正常运行时，凝汽器真空应在规定的范围内。真空下降会减小蒸汽在汽轮机中的有效焓降，使机组的热经济性下降。严重的是在真空下降的同时，汽轮机排汽温度升高，可能导致排汽缸变形，引起汽轮机动静部分碰摩，损坏设备。

当发现真空下降时，机组要降负荷运行，同时查找原因，并采取措施予以消除。当真空降低到允许的下限值，仍不能减轻或消除时，就要作紧急停机处理。

真空下降可能的原因如下：

(1) 冷却水量减少或中断。此时，汽轮机的排汽没有足够的循环水冷却，不能凝结，真空将会明显下降。

(2) 抽真空设备系统故障。这种情况下，凝汽器中的空气不能及时抽出，真空无法建立，真空急剧下降。

(3) 凝汽器水位高。凝汽器的水位过高，会淹没一部分传热面，使传热效果变差，凝汽器中温度升高，真空下降。

(4) 处于真空状态下的设备或系统不严密。设备或系统的不严密，会使大量的空气漏入，导致真空下降，这时空气的分压力增加，蒸汽的分压力减小。由于空气在水中的溶解度与其分压力成正比，致使凝结水的溶氧量增加。同时，由于蒸汽分压力的减小，凝结水的温度下降，将造成凝结水的过冷度增大，热经济性降低。因此，应该密切监视凝汽设备在运行中的严密性，并定期进行真空严密性试验。

(5) 冷却水温度升高。若冷却水温度不正常地升高，则会使蒸汽的冷却效果变差，真空下降。

(6) 凝汽器冷却水管管内结垢或堵塞。这时，传热端差增大，真空下降，应及时对冷却水管进行清洗。

2. 凝汽器温度

凝汽器汽侧温度与正常工作压力相对应。温度过高会使排汽缸变形，造成汽轮机事故；温度过低，不仅会使凝结水的溶氧量增加，而且增加了凝结水的过冷度，降低机组的热经济性。凝汽器温度过高，可能是旁路投入时水幕保护不能投入、蒸汽汽阻过大等原因造成的。凝结水温度过低的主要原因：①凝汽器水位过高，淹没冷却水管，凝结水的热量直接由冷却水带走；②凝汽器内积聚空气，使蒸汽分压力减小；③管子排列不佳，蒸汽流动阻力过大等。

3. 凝汽器水位

运行中应保持凝汽器水位在正常范围内。水位过高，不仅使凝汽器真空下降，还会造成冷却水带走凝结水的热量，致使凝结水过冷度增大；水位过低，会使凝结水泵汽蚀。凝汽器水位由主凝结水系统的补水调节阀和高水位放水阀控制。

4. 凝结水品质

为了防止热力设备结垢和腐蚀，在运行过程中还要经常对凝结水水质进行监督，使凝结水的硬度、溶氧量及 pH 值等在规定的范围内。运行中水质不合格的主要原因是冷却水漏到汽侧。这时，应查出泄漏的冷却水管，并给予消除。

凝汽器的运行监视项目见表 4 - 2。

表 4 - 2　　凝汽器的运行监视项目

序号	测量项目	单位	仪表测点位置
1	大气压力	kPa	表盘
2	排汽温度	℃	排汽缸
3	凝汽器真空	kPa	凝汽器喉部
4	冷却水进口温度	℃	冷却水进口处之前
5	冷却水出口温度	℃	冷却水出口处
6	凝结水温度	℃	凝结水泵之前
7	被抽的气、汽混合物温度	℃	抽气器抽空气管道上
8	冷却水进口压力	kPa	冷却水进口之前
9	冷却水出口压力	kPa	冷却水出口处
10	凝结水流量	m^3/s	再循环管后的凝结水管道上

三、凝汽器的运行维护

1. 真空严密性试验及检漏方法

（1）真空系统的严密性试验。运行中应定期做真空严密性试验，以确定真空系统的严密性。其方法是：调整汽轮机负荷为 80%～100%MCR，待汽轮机负荷稳定以及各部分运行正常时，缓慢关闭抽真空管道上的空气阀（抽气设备仍继续运行）。此时要严密监视凝汽器真空的变化，当空气阀完全关闭时，开始观察并记录凝汽器真空的下降速度。试验应维持 3～5min，如真空下降速度小于或等于 0.13kPa/min 为优秀，不大于 0.267kPa/min 为良好，不大于 0.4kPa/min 为合格。若大于 0.4kPa/min 时，说明真空系统的严密性不合格，必须进行检查并设法消除漏气点。在试验过程中，若真空下降至接近规定的低限值时，应停止试验，恢复到试验前的状态。

（2）真空系统检漏的方法。检漏方法有蜡烛火焰法、汽侧灌水试验法和氦气检漏仪法三种。①蜡烛火焰法是查找漏气的传统方法。检查时，将点燃的蜡烛置于真空系统的法兰及阀门连接处及其他可疑的漏气点，如有泄漏处，火焰将被吸向漏气点。查出漏气点后，用黄油涂抹在漏气点上即可临时消除泄漏。应当注意的是，火焰法不适用于氢冷发电机组。②汽侧灌水试验法检漏是一种最有效的检漏方法，但是它必须在汽轮机停运并已达到冷态后进行。其方法同凝汽器灌水试验法。③氦气检漏仪法是近年来采用的检漏方法，如图 4 - 14 所示。利用该仪器可以检查真空系统中的焊缝、管接头、法兰和阀门接合处的泄漏点。使用时，将氦气释放于真空系统中可能泄漏的地方，然后经真空泵取样，由检漏仪指示出试样中的含氦气的浓度，从而确定泄漏的位置和泄漏的严重程度。

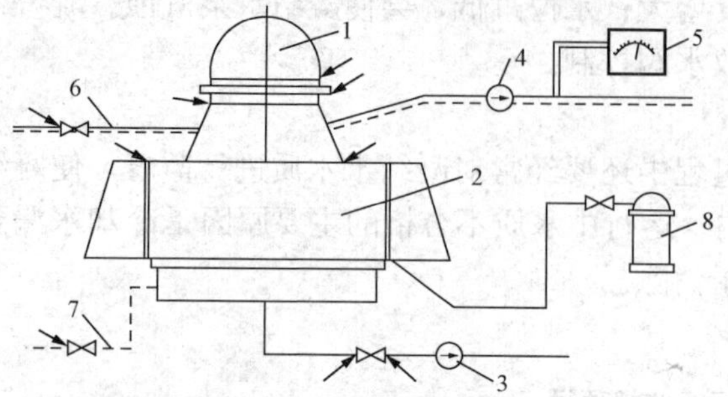

图 4-14 氦气检漏仪

1—汽轮机低压缸；2—凝汽器；3—凝结水泵；4—真空泵；5—检漏仪；6—排气管；7—疏水接管；8—氦气瓶

→泄漏探测点

2. 凝汽器的清洗

凝汽器在运行中，由于循环水水质不良，其中的悬浮物、有机物、微生物以及钙和镁盐类等会堵塞或沉积在冷却水管内，从而导致传热恶化，真空下降，影响机组的热经济性。

当发现真空缓慢下降且传热端差逐渐增大、冷却水出口温度稍有升高，以及抽气器抽出的空气温度与冷却水进口温度之间的温差增大时，即可判断是凝汽器冷却水管脏污或堵塞。此时，应根据结垢、堵塞的情况及严重程度对凝汽器进行清洗。作为预防性措施，应在运行中对凝汽器进行定期清洗。

凝汽器的清洗方法有：用钢丝刷人工捅刷，用橡皮球、毛刷借助压力水或压缩空气冲洗，开式供水系统的反冲洗，对积有泥垢的干燥法清洗以及对积有盐垢的酸洗等。这些清洗的方法均需在停机或减负荷的情况下进行，而且劳动强度大，消耗时间多。目前，多采用胶球连续清洗法。这种方法可在机组正常运行时，定期、自动地对凝汽器进行清洗，避免了上述清洗方法的缺点。

（1）胶球清洗的工作原理。胶球清洗是将密度近似于水的胶球投入凝汽器循环水中，利用循环水的流动，使胶球通过冷却水管从而达到清洗的目的。胶球有硬胶球和软胶球（海绵橡胶球）两类。由于硬胶球的除垢效果、耐磨性能都较差，因此，现在较少采用。目前，广泛采用的是软胶球清洗装置，其清洗效果好。图 4-15 所示为软胶球在冷却水管中的行进过程，海绵球的直径比冷却水管内径大 1～2mm，海绵球被水带进冷却水管时，压缩变形，与管壁全周接触，在流经水管时将水管内壁擦洗一遍。采用高分子材料制成的胶球，可清洗硬垢或沉积特别快及黏附力强的污垢，而不损伤冷却水管中的保护膜。

（2）胶球连续清洗系统。胶球连续清洗系统主要由胶球泵、装球室和收球网等组成，如图 4-16 所示。为防止循环水中的杂物进入凝汽器，影响清洗效果，有的机组在循环水管道的入口处还装有反冲洗型二次过滤器。

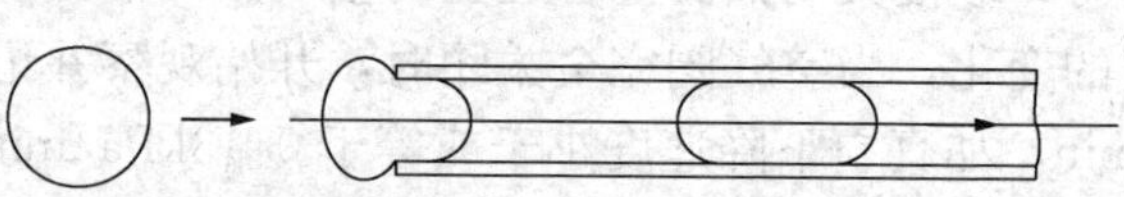

图 4-15 软胶球在冷却水管中的行进示意

胶球泵是单级、悬臂、端部吸入式离心泵，是胶球在水中循环的动力设备。

收球网将凝汽器流出的胶球进行回收使之重新使用。其原理是利用网板把胶球从循环水中分离出来，如图 4-17 所示的活动栅格分流型收球网，它是由网板及其转动轴、导流板和外壳等组成。两块栅格型网板搭成“∧”形，覆盖了循环水出口管道的整个截面，分离出来的胶球由网板底部的引出管排出，进入胶球再循环管。网板由驱动机构操纵可绕转动轴旋转，当网板前后的压差测量装置发出压差大信号时，网板上脏物过多，此时网板在驱动机构的带动下旋转成“∨”形，使网板得到水流的反冲洗，从而除去网板上的脏物。收球网还有活动栅格漏斗形、活动栅格单板形等，它们的原理是相同的。

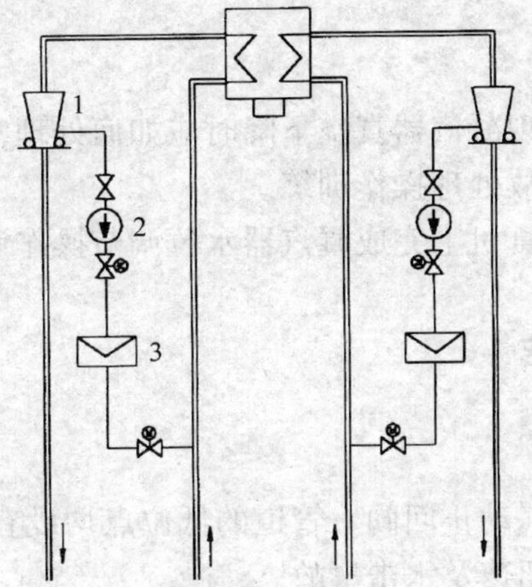

图 4-16　凝汽器的胶球连续清洗系统

1—收球网；2—胶球泵；3—装球室

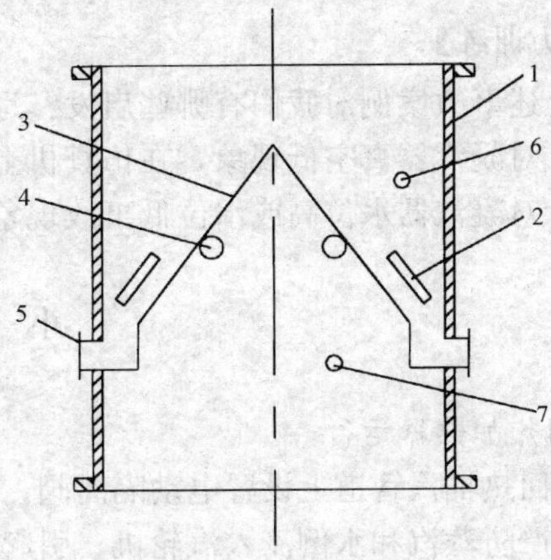

图 4-17　活动栅格分流型收球网结构简图

1—外壳；2—导流板；3—网板；4—网板转动轴；5—胶球引出管；6、7—网前、后测压点

胶球连续清洗系统的工作过程：密度与水相近的海绵胶球加进装球室，启动胶球泵，胶球在比循环水压力略高一点的水流带动下，进入循环水进口管道，与循环水混合后由凝汽器水室进入冷却水管。胶球在循环水压差的作用下，压缩变形呈卵状进入冷却水管，清洗管内壁。当胶球流出管口时，由于自身的弹性突然恢复原状，从而清除胶球表面携带的污垢（即使胶球表面还有些污泥，将在之后的随水流动中清除），并随水流向收球网，在网板的阻拦及出水的冲带下，胶球进入网底。胶球在胶球泵入口负压的作用下被吸入泵内，在泵内获得能量后，重新进入装球室重复以上清洗过程。胶球投放的数量应为清洗管子数量的 10%～20%，这样可使凝汽器的每根管子在 1～2min 内清洗一次。由于在清洗过程中胶球不能完全回收，为保证清洗效果，必须不断地向系统内补充一定数量的胶球，胶球是经装球室投入系统的。

胶球质量的好坏以及运行中胶球回收率的高低，是保证凝汽器清洗效果的关键。通常对海绵球的质量要求除直径、密度合适外，还应具有一定的机械强度和弹性、良好的耐磨性、吸垢性和附着污物的自身脱落性。胶球回收率的高低，取决于循环水的净化程度及凝汽器水室和装球室中的旋涡区。当有杂物堵塞及有旋涡区时，将影响胶球的通过，使胶球滞流，从而降低清洗效果。

【事故案例】

某热电厂汽轮机组（调整抽汽式机组）启动过程中，机组并列后，由于凝汽器热井水位高，值班人员调整凝汽器热井过程中，机组的真空由 0.089MPa 下降至 0.06MPa，机组低真空保护动作，主汽门关闭，造成停机。事故原因主要是凝汽器热井（DCS 显示）水位高且化验人员通知凝结水水质不合格，值班人员在调整凝结水排地沟门时（凝汽器热井就地没有安装水位计），通过微机监视水位变化，经过对微机上的水位显示进行检查，发现微机上的水位显示偏大，使值班人员对凝汽器水位的判断失误，造成调整不当致使凝汽器热井水位被抽空，大量空气通过排地沟门经再循环管进入凝汽器，机组真空破坏，低真空保护动作。

⇨【能力训练】

1. 上述事故案例对我们有哪些启发？运行中发现凝汽器真空下降时应如何处理？
2. 针对凝汽器真空低现象，在仿真机上完成事故处理操作训练。
3. 针对凝汽器水位高或水位低事故现象，在仿真机上完成凝汽器水位调节操作训练。

小　　结

1. 回热加热器运行

(1) 回热抽汽管道上设置电动隔离阀、液动或气动止回阀、管道的低位点均设有疏水阀等措施，严防蒸汽和水倒流入汽轮机，引起汽轮机超速及水击事故。

(2) 高压加热器的正常疏水经疏水调节阀逐级自流入除氧器，低压加热器的正常疏水经疏水调节阀逐级自流入凝汽器，或逐级自流入 2 号低压加热器，由疏水泵送入该加热器的凝结水管道；高压加热器的启动疏水当水质不合格时直接排至地沟，水质合格后的启动疏水和事故疏水均排至疏水扩容器后送入凝汽器。低压加热器的启动疏水管道兼作事故疏水管道，疏水经 U 形水封管排入凝汽器。

(3) 高压加热器的启动排气直接进入大气，连续排气进入除氧器；低压加热器的启动排气和连续排气均进入凝汽器后由抽真空系统抽出。

(4) 回热加热器在正常运行中，应监视的项目：疏水水位、传热端差、汽侧压力与出口水温以及加热器负荷。回热加热器正常运行中传热端差增大的主要原因：传热面结垢、汽侧集聚了空气、疏水水位过高、旁路阀漏水、进水联成阀未全开、水室分隔板焊缝的开裂或螺栓连接的分隔板垫圈不严密等。

2. 除氧器运行

(1) 除氧器采用定压运行和滑压运行两种方式，高压除氧器均采用滑压运行方式。除氧器滑压运行中除氧器内给水温度的变化总是滞后于其压力变化的。当机组负荷增大时，除氧水温度的升高跟不上压力的增加，除氧效果恶化，这时投入除氧水箱内的再沸腾管来解决机组负荷增大时除氧效果恶化的问题；当机组负荷减小时，除氧水温度的下降滞后于压力的减小，给水泵容易发生汽蚀，一般采取提高除氧器的安装高度、给水泵前设前置泵、加速给水泵入口处的换水速度等措施保证给水泵在负荷减少时安全运行。

(2) 除氧器在运行中应监视和控制的项目：溶氧量、压力和温度以及给水箱水位。运行中溶氧量不合格可能的原因有：汽轮机负荷增加、进水温度太低、进水量过大、喷嘴雾化效果不好、排气阀开度不够或对于喷雾填料式除氧器一、二次蒸汽分配比例不合适等。

(3) 除氧器常见的故障有：内部发撞、水位低、水位高、压力下降以及排气带水等，运行中应进行严密监视，发现故障及时分析、处理。

3. 凝汽器运行

(1) 影响凝汽器真空的因素主要：冷却水进口温度、冷却水温升（或冷却水量）、蒸汽负荷和传热端差。

(2) 凝汽器运行中应监视的项目：凝汽器真空、温度、水位、凝结水品质等。

（3）凝汽器运行中真空下降可能的原因：冷却水量减少或中断、抽真空设备系统故障、凝汽器水位高、处于真空状态下的设备或系统不严密、冷却水温度高、凝汽器冷却水管管内结垢或堵塞等。

综合测试

一、填空

1. 在回热抽汽抽汽管道上设置________、________和________，以防止汽轮机超速和水击事故。

2. 高压加热器的启动疏水的水质不格时，排入________；水质合格时，排入________；事故疏水进入________；正常疏水通过________的控制逐级自流入________。

3. 低压加热器的启动疏水进入________，正常疏水通过________的控制逐级自流入________。

4. 高压加热器的启动排气进________，正常排气进________，在正常排气管道上设置节流孔板以________；低压加热器的启动和正常排气进入________。

5. 回热加热器在正常运行中应监视的项目有________、________、________和________。

6. 除氧器在正常运行中应监视的项目有________、________和________。

7. 除氧器常见的故障有________、________、________、________和________。

8. 影响凝汽器真空的因素主要有________、________、________和________。

9. 凝汽器在正常运行中应监视的项目有________、________、________和________。

二、简答

1. 根据图 4-5，当汽轮机组负荷为 800×10^3kg/h 时，该加热器的抽汽压力和进、出口温度分别为多少？运行中若其他参数不变，只是加热器出水温度没有达到上述值时，可能是哪些原因？若给水出口温度和加热器内压力同时降低是什么原因？

2. 回热加热器的投、停原则是什么？

3. 简述低压加热器的启动步骤。

4. 简述高压加热器的启动步骤。

5. 当回热加热器疏水出现高水位时，应采取什么措施消除？

6. 回热加热器在运行中传热端差过大可能是哪些原因？

7. 除氧循环泵的作用是什么？

8. 除氧器运行方式有哪些？各有什么特点？

9. 除氧器滑压运行会带来什么问题？如何解决这些问题？

10. 根据图 4-9，当汽轮机组的负荷为 700×10^3kg/h 时，该除氧器的抽汽压力、出水温度分别为多少？运行中其他参数不变，除氧器内压力与抽汽压力相差较大，且出水温度变低，这是什么原因？除氧器内压力升高可能有哪些原因？

11. 简述除氧器的启动过程。

12. 除氧器在正常运行中应监视哪些项目？

13. 除氧器运行中溶氧量增大可能有哪些原因？如何消除？

14. 除氧器运行中水位高可能有哪些原因？如何处理？

15. 除氧器运行中压力下降可能有哪些原因？如何处理？

16. 试分析影响凝汽器真空的因素。

17. 根据图 4-13（a）和（b），试回答下列问题并进行分析。

（1）当冷却水温度为 30℃，汽轮机的排汽量为 650×10^3kg/h，冷却水量分别为 29 000m^3/h和 34 300m^3/h时，凝汽器的压力分别为多少？

（2）当汽轮机的排汽量为 550×10^3kg/h，冷却水量为 34 300m^3/h，冷却水温度由 10℃升高到 33℃时，凝汽器的压力分别为多少？

（3）当冷却水量为 29 000m^3/h，冷却水温度为 30℃，汽轮机的排汽量由 200×10^3kg/h 增大到 700×10^3kg/h 时，凝汽器的压力分别为多少？

18. 凝汽器投运前应做哪些检查和试验？

19. 简述凝汽器投、停的步骤。

20. 凝汽器真空下降可能的原因有哪些？

21. 简述凝汽器真空严密性试验的方法。

22. 简要说明凝汽器真空系统检漏的方法。

23. 简述胶球连续清洗系统的工作过程。

项目五　发电厂热力系统及其运行

项目目标

掌握发电厂的主蒸汽与再热蒸汽系统、再热机组的旁路系统、抽真空系统、主凝结水系统、给水系统、锅炉排污系统、汽轮机轴封蒸汽系统、汽轮机本体疏水系统、辅助蒸汽系统、工业冷却水系统和发电机外部冷却系统等各实际局部热力系统的组成、连接方式及运行知识。

任务一　主蒸汽与旁路系统及其运行

【任务目标】

识读单元机组的主蒸汽与旁路系统图，掌握系统中各管道附件和蒸汽支管的作用。能进行机组各种工况下主蒸汽、再热蒸汽及旁路系统的运行维护工作，能进行旁路系统投、停操作。

【知识准备】

一、主蒸汽系统

锅炉与汽轮机之间连接的新蒸汽管道，以及由新蒸汽送往各辅助设备的支管，都属于发电厂的主蒸汽管道系统。

发电厂主蒸汽管道所输送的工质流量大、参数高，因此对发电厂运行的安全性和经济性影响大。对主蒸汽管道的要求：系统简单；工作安全、可靠；运行调度灵活，便于切换；便于检修、扩建；投资小，运行费用低。发电厂常用的主蒸汽管道系统有集中母管制、切换母管制、单元制和扩大单元制四种形式，如图 5-1 所示。

（一）集中母管制系统

集中母管制系统是指发电厂所有锅炉产生的蒸汽先集中送往一根蒸汽母管，再由母管引至每台汽轮机和其他用汽处。为增加其可靠性，集中母管一般用分段阀分段，当某一段出现故障时，分段阀可以将其隔离，使故障不会波及其他段。

（二）切换母管制系统

切换母管制系统是指每台锅炉与其对应的汽轮机组成一个单元，各单元之间设联络母管，每一单元与母管相连处加装一段联络管和三个切换阀门，单元之间可以交叉运行。

图 5-2 所示为背压、凝汽式热电厂的主蒸汽系统，三台型号为 SG-130/3.82-M247 的循环流化床锅炉配两台凝汽式供热机组 C12/3.43/0.981 和一台背压式供热机组 B12/3.43/0.981。主蒸汽系统采用切换母管制，机组正常运行时，采用一机配一炉的单元式系统，在事故情况下，机组切换由联络母管供汽，运行灵活。在主蒸汽母管上接出至供热母管的管道，当机组由于某种原因不能为热用户提供汽源时，由主蒸汽经减温减压后送至供热母管，

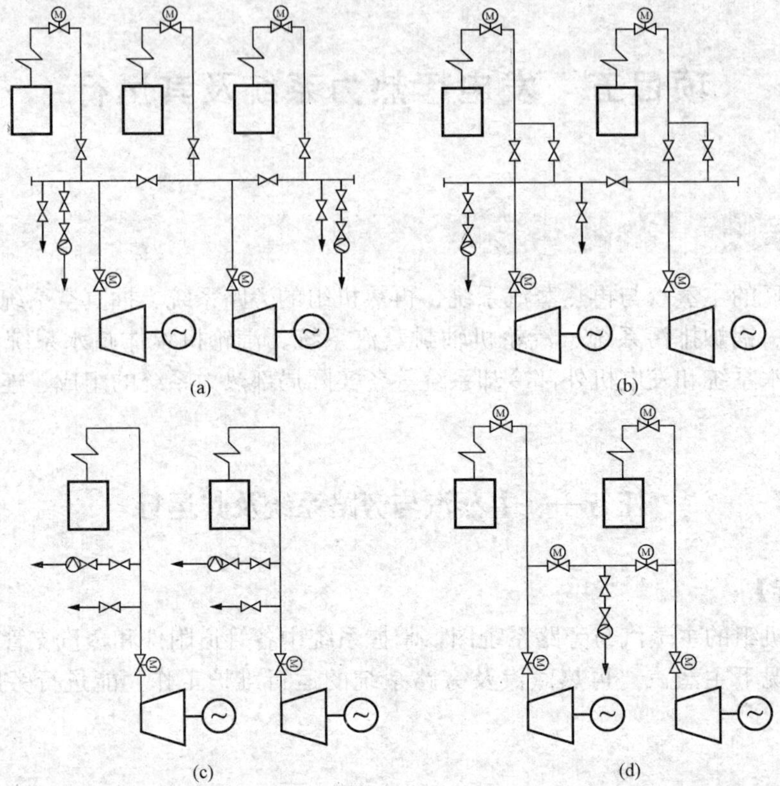

图 5-1 主蒸汽系统的形式

(a) 集中母管制；(b) 切换母管制；(c) 单元制；(d) 扩大单元制

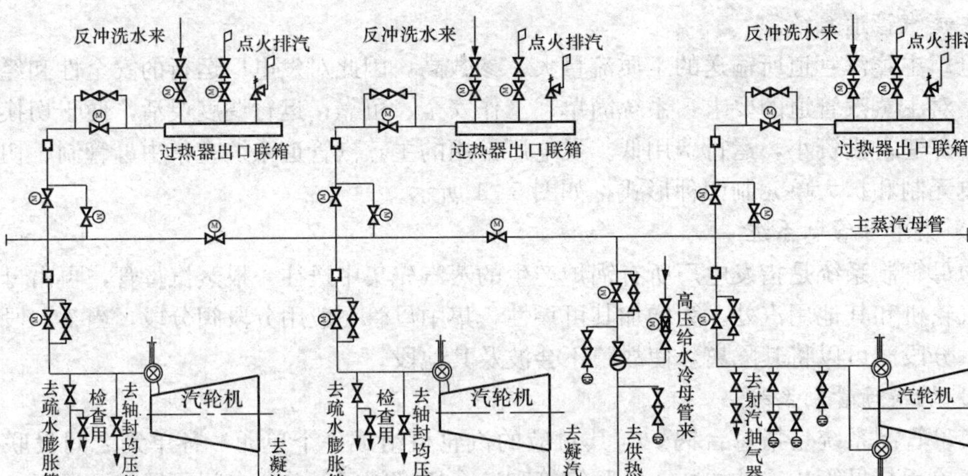

图 5-2 背压、凝汽式热电厂的主蒸汽系统

以满足热用户的需求。

在各台锅炉过热器出口联箱至母管的主蒸汽管道以及母管至各汽轮机进汽管上装设有带

旁路阀的电动主闸阀，其作用是保证锅炉本体水压试验时，起隔离作用，使压力水不会因主汽门密封不严而进入汽轮机。电动主闸阀并联两个串联的手动截止阀，以减小电动主闸阀的预启力，同时供启动暖管用。

在背压式机组的进汽主蒸汽管道上接出至射汽抽气器的支管，在凝汽式机组的进汽主蒸汽管道上接出至轴封均压箱的支管。主蒸汽管道还设有启动暖管和停机时用的疏水管，在各主蒸汽管道上设有流量计，以测量主蒸汽流量。

集中母管制和切换母管制主蒸汽系统由于运行灵活，被中、小容量机组广泛采用。

（三）单元制系统

单元制系统是指一机一炉相配合的连接系统，汽轮机和供它蒸汽的锅炉组成独立的单元，与其他单元之间无任何蒸汽管道相连。

单元制主蒸汽管道系统主要有以下优点：①单元与其他机组之间无任何连接管道，其管子的长度最短，阀门等管道附件最少，因此可节省大量的高级合金钢管和阀门，投资少；②管道的压降和散热损失少，热经济性好；③便于机电炉的集中控制，运行费用少；④事故的可能性减少，事故的范围只限于一个单元，不影响其他机组的正常运行。其缺点是：各单元机组之间不能相互切换，运行灵活性差，单元机组中任何一个主要热力设备发生故障，整个单元就要停止运行。

现代大容量电厂，机、炉容量相匹配，为节省投资，便于机、电、炉的高度自动化集中控制，都采用单元制系统。由于再热式机组之间的再热蒸汽很难实现切换运行，所以再热机组的主蒸汽系统必须采用单元制。

单元制主蒸汽系统又分为双管式系统，单管－双管式系统和双管－单管－双管式系统三种形式。

1. 双管式主蒸汽系统

为避免用管壁厚、管径大的主蒸汽和再热蒸汽管道及大口径阀门，以节省投资，并使蒸汽流速在允许范围内，不造成过大的蒸汽流动压降，国产中间再热式机组上广泛应用双管式主蒸汽系统。

图 5-3 所示为 300MW 机组上采用的双管式主蒸汽系统。主蒸汽从锅炉过热器出口联箱两端，引出两根对称的管道，至汽轮机左右两侧进入高压缸。

主蒸汽管道上依次装设的附件有弹簧式安全阀、电磁释放阀、流量测量装置、电动主闸阀、自动主汽门等。

两套弹簧式安全阀，一套由汽包压力控制，另一套由过热器压力控制，当过热器和汽包超压时，安全阀动作放汽，确保运行安全。电磁释放阀的整定压力值小于安全阀，当锅炉超压时，电磁释放阀首先动作排汽，也可在集控室迅速开启排汽，以减少安全阀的动作次数。电动主闸阀的作用同上所述。主汽门的主要作用是在汽轮机故障或甩负荷时迅速切断进入汽轮机的主蒸汽，也用于正常停机时切断主蒸汽。主汽门内设有旁路门，用于冷态启动时汽轮机暖机，以及在主汽门开启之前平衡其阀座两侧的压力。在主汽门中还装有滤网，以防止焊渣、杂物等进入汽轮机。

主蒸汽管道上装设以下蒸汽支管：①两根去驱动给水泵小汽轮机的高压备用汽源管道；②电动主闸阀前，两侧主蒸汽管道各引出的一根管道合并后接至高压旁路装置；③高压旁路装置之前，接出去汽缸夹层和法兰螺栓加热装置的供汽管道，以调整汽轮机在启停过程中的

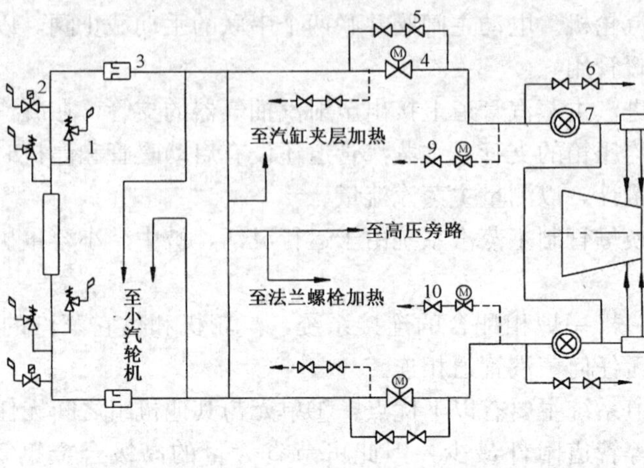

图 5-3 300MW 机组双管式主蒸汽系统

1—弹簧式安全阀；2—电磁释放阀；3—流量测量装置；4—电动主闸阀；5—电动主闸阀旁路阀；6—疏汽管；7—自动主汽门；8—调节汽门；9、10—疏水管

金属胀差；④在两侧主汽门后，装设一根中间联络管，用来平衡汽轮机左右两侧的压力偏差和温度偏差。机组运行中，由于锅炉的原因和管道阻力不同，在两侧主蒸汽管道上产生过大的蒸汽温度和压力偏差。过大的温度偏差，会使汽缸等高温部件受热不均，造成汽缸变形，严重时会引起动、静部分摩擦，损坏设备；过大的压力偏差，将会引起汽轮机机头因受力不均发生偏转位移，致使汽轮机产生强烈振动。

为防止主蒸汽管道中的凝结水进入汽轮机、控制暖管的温升率以及水压试验的放水，该系统还设有疏水、放水和疏汽管。在电动主闸阀前和主汽门前管道的低位点均设有疏水点。锅炉检修后需要进行水压试验时，应严密关闭汽轮机主汽门和蒸汽管道上的电动闸阀，防止炉水进入汽轮机。水压试验完毕后，必须开启电动闸阀前的疏水管，放净蒸汽管道中的积水。自动主汽门前的疏汽管主要用于机组启动初期冲转前，电动闸阀和自动主汽门间管段的暖管，疏汽点设在紧靠自动主汽门处，这样可以有效地防止汽轮机冲转时，由于蒸汽骤然被冷却而引起的机组振动。

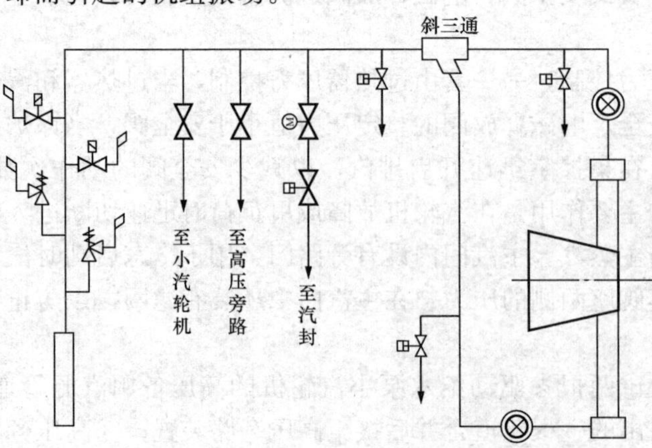

图 5-4 300MW 机组单管—双管式主蒸汽系统

2. 单管—双管式主蒸汽系统

图 5-4 所示为单管—双管式主蒸汽系统。主蒸汽从锅炉过热器出口联箱经一根主管道引出，在靠近汽轮机处用一只斜三通再分为二根管道分别接到汽轮机高压缸进口的左右侧主汽门。该系统有下列特点：

（1）由于采用单管，有利于消除进入汽轮机的主蒸汽由于锅炉可能产生的两侧温度偏差，以及由于管道布置阻力不同引起的压力偏差。

同时简化了系统，节省投资。

(2) 在主蒸汽管道上不安装流量测量装置，主蒸汽流量根据主蒸汽压力与汽轮机调速级后蒸汽压力之差来确定。这样可以避免由于喷嘴节流而造成的压强损失，提高经济性。

(3) 主蒸汽管道上不装设电动主闸阀。汽轮机进口处的自动主汽门具有可靠的严密性。水压试验采用主汽门直接隔绝，或将主汽门门芯拆除，换以专供水压试验用的主汽门堵板门芯，可保证水压试验的顺利进行。使用主汽门内旁路及机头的调速汽门来控制汽轮机的冲转暖机及升速。这样，既减少了主蒸汽管道上的压强损失，又减少了运行维护费用。

(4) 在主蒸汽单管末端靠近斜三通处、主汽门前、去锅炉给水泵汽轮机新蒸汽管道的低位点及小汽轮机的高压汽门前，均设有疏水点。

在引进型 300MW 机组上采用这种形式的主蒸汽系统。

3. 双管—单管—双管式主蒸汽系统

图 5-5 所示为引进技术国产 600MW 机组上采用的双管—单管—双管式主蒸汽系统。在过热器出口联箱两侧各有一根引出管，经斜三通后汇集成单管，到主汽门前再经斜三通分成两根管道与汽轮机相连。

这种主蒸汽系统由于中间部分采用了单管，使汽流能够很好地混合，减小了进入汽轮机蒸汽的温度偏差和压力偏差。一般要求单管的长度至少为其管径的 20 倍，管径亦按最大蒸汽流量工况设计。

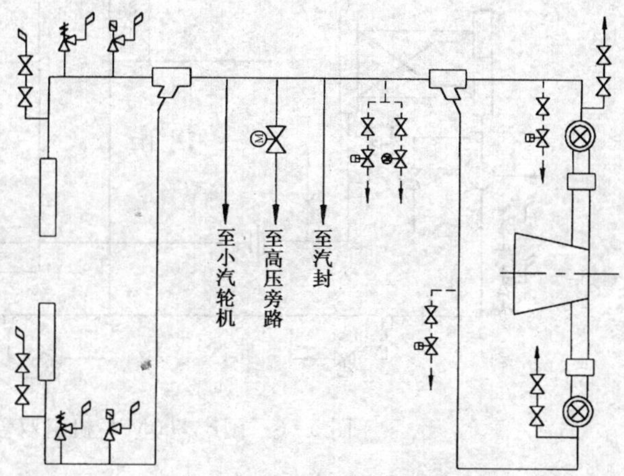

图 5-5　600MW 机组双管—单管—双管式主蒸汽系统

在锅炉过热器出口联箱两侧的主蒸汽管道上，各接有一路放气管（启动放气用）、一只弹簧式安全阀和一只电磁安全阀。两个斜三通之间的单管上，引出汽轮机高压旁路管道、去锅炉给水泵汽轮机的高压蒸汽管道和至汽轮机轴封蒸汽系统的高压汽源管道。在靠近主汽门斜三通前设有疏水点。靠近主汽门前两侧的主蒸汽管道上，装设疏水管和暖管用的疏汽管道。

(四) 扩大单元制系统

扩大单元制系统是指将单元制系统用一根母管和隔离阀门相互连接起来的主蒸汽系统。这种系统的特点介于单元制和切换母管制之间，与单元制相比机炉可交叉运行，运行灵活；与切换母管制相比，高压阀门少。我国一些高压凝汽式发电厂也有采用这种形式的。

二、再热蒸汽系统

1. 再热蒸汽系统及其形式

再热蒸汽系统是指从汽轮机高压缸排汽口经锅炉再热器至汽轮机中压联合汽门前的全部蒸汽管道和分支管道。按再热蒸汽温度的高、低，分为再热冷段和再热热段蒸汽系统，再热冷段蒸汽系统是指从汽轮机高压缸排汽口到锅炉再热器进口联箱的再热蒸汽管道及其分支管道，再热热段蒸汽系统是指从锅炉再热器出口联箱至汽轮机中压缸进汽门之间的再热蒸汽管道及其支管。

再热蒸汽系统都采用单元制系统，与单元制主蒸汽系统一样，也有双管、单管—双管、双管—单管—双管三种形式，并且在国产机组上多采用双管式系统。

2. 再热蒸汽系统举例

图5-6所示为国产300MW机组上采用的双管式再热蒸汽管道系统。蒸汽从高压缸两侧排汽口经两根管道引入锅炉两侧再热器进口联箱。锅炉再热器出口联箱两侧各接出一根再热热段蒸汽管道，至汽轮机基座下部，然后分成四根导汽管，分别与汽轮机中压缸的四只联合汽门相连。

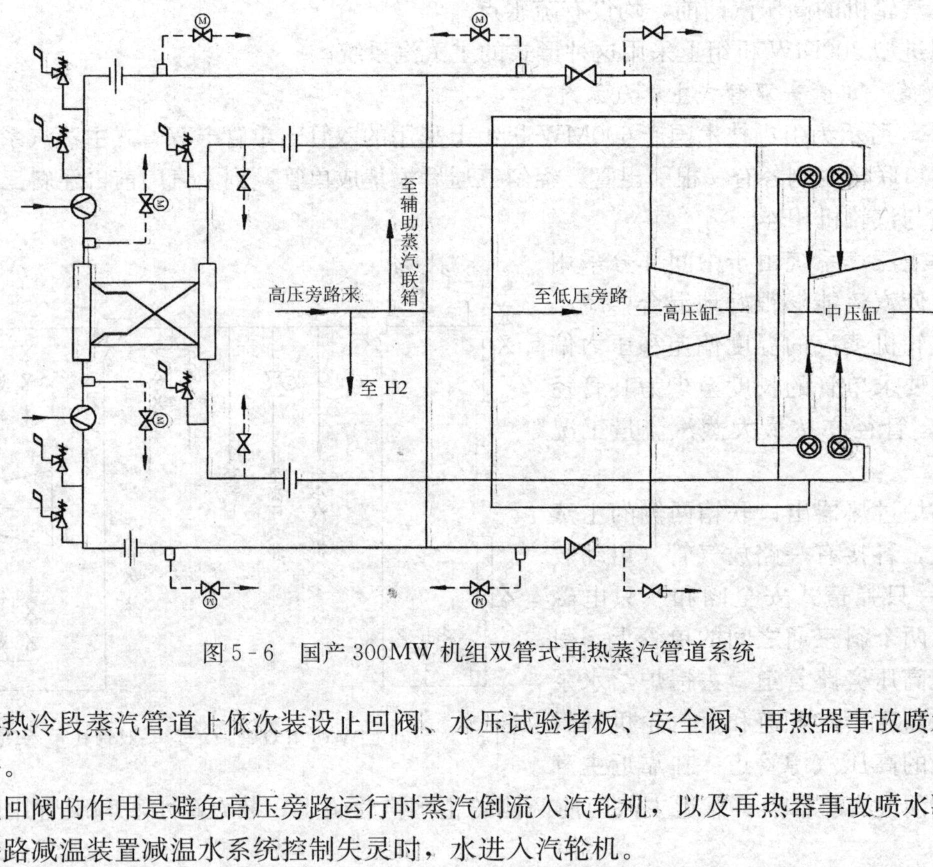

图5-6 国产300MW机组双管式再热蒸汽管道系统

再热冷段蒸汽管道上依次装设止回阀、水压试验堵板、安全阀、再热器事故喷水减温器等附件。

止回阀的作用是避免高压旁路运行时蒸汽倒流入汽轮机，以及再热器事故喷水减温器和高压旁路减温装置减温水系统控制失灵时，水进入汽轮机。

水压试验堵板安装在两片对焊法兰之间，以便在再热器水压试验时隔离汽轮机。水压试验完毕，应撤除堵板，用与堵板等长、并与冷段管道内径相等的钢制垫环代替。

在再热器进口联箱前的冷段管道上，两侧各装两只冲量式单排汽弹簧安全阀。一套由汽轮机高压缸排汽压力控制，另一套由再热器入口处压力控制。

再热器进水联箱之前设有再热器事故喷水减温器。当再热蒸汽超温，调整锅炉燃烧及微量喷水又无法控制时，快速投入事故喷水减温器进行减温，以维持再热器出口蒸汽温度在要求的范围内。减温水来自锅炉给水泵中间抽头。用事故喷水减温，在整个热力循环中，会增加中参数循环功率，减少超高参数再热循环功率，使发电效率降低，因此不宜作为正常减温使用。

高压旁路出来的蒸汽管道经再热冷段管道进入锅炉再热器。高压旁路之后进入再热冷段管道之前，引出 H2 高压加热器抽汽管道和辅助蒸汽管道。其好处是在启动初期，只要旁路投入运行，且蒸汽参数又能满足要求时，上述各种用汽就可投入工作。

为彻底防止再热冷段管道的水进入汽轮机，在再热冷段蒸汽管道上，止回阀前、后的管道低位点和阀体底部以及再热器事故喷水减温器后的管道上，均设有疏水管。止回阀前、后广泛采用了自动化水平高且疏水量大的疏水罐疏水控制方式（将在汽轮机本体疏水系统课题中介绍），严防汽轮机进水。

再热热段蒸汽管道上依次装设安全阀、水压试验堵板、中压联合汽门等。与自动主汽门一样，中压联合汽门装设内旁路，以便在联合汽门开启时，平衡阀座的两侧压力，内部还装有滤网，以防杂物进入汽轮机。

从靠近中压联合汽门处的再热热段两侧的蒸汽管道上，分别接出一根管道合并后接到低压旁路装置的进口。

在中压联合汽门前所有管道低位点，均装设有疏水装置（图 5-6 中未标出）。这是由于再热热段蒸汽管道管径大、管壁厚、管段长，在机组启动时，有较多的凝结水需要排除，同时为控制暖管温升率和联合汽门前的再热蒸汽温度，在暖管阶段还需要排放湿蒸汽。

在再热器出口水压试验堵板前的管道低位点，还装设放水管，以便在再热器水压试验完毕后，将管内存水放到锅炉定期排污扩容器。

图 5-7 所示为引进型 300MW 机组上采用的再热蒸汽管道系统。其再热冷段蒸汽管道是单管—双管式，冷再热蒸汽从高压汽轮机的排汽口经一根管道通往锅炉，靠近锅炉再热器处，分成两根管道分别接到再热器入口联箱的两个接口上。

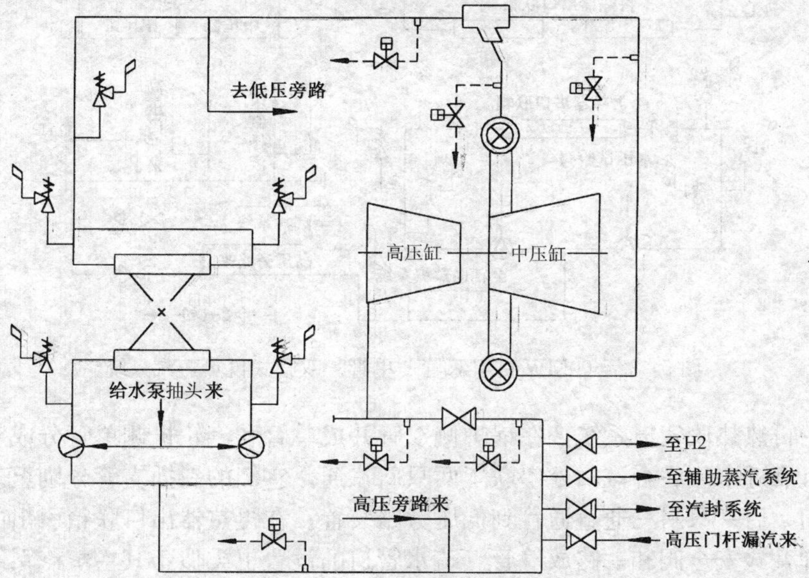

图 5-7 引进型 300MW 机组单管—双管式再热蒸汽系统

再热冷段管道上接出到高压加热器 H2、辅助蒸汽系统、汽轮机汽封去的蒸汽管道。在这些支管上，都装设有动力驱动止回阀，以防止蒸汽倒流入汽轮机。

汽轮机主汽门及调速汽门的门杆汽封高压腔室漏汽，由一根合金钢管接入再热冷段蒸汽管道，以回收工质，该管上装设动力驱动止回阀。高压旁路管道接入冷段再热管道。

该机组再热热段管道系统为双管一单管一双管式。从锅炉再热器出口联箱各引出两根蒸汽管道，然后汇成单管，在汽轮机中压缸前，又分成两根管道，各接到汽轮机中压缸的左右侧的联合汽门。

在再热器出口两根管上各安装了一只弹簧安全阀，去低压旁路装置的支管接在单管上，只在汽轮机侧单管分成双管时用了斜三通，疏水管道的设置类似于其主蒸汽系统。

图 5-8 所示的 600MW 机组再热蒸汽系统中冷段蒸汽管道和热段蒸汽布置为双管—单管—双管的形式。从高压缸两侧排汽口引出两根管道，汇总成单管，到再热器减温器前，分成双管进入再热器进口联箱。来自高压门杆的漏汽，接入靠近汽轮机高压缸排汽口的两侧再热冷段管道上。靠近汽轮机高压缸排汽口的单管管头处，安装有蒸汽冲洗接口。在单管的止回阀前，接有去 H2 及汽轮机汽封系统的管道，止回阀后接有自高压旁路来和去辅助蒸汽系统的管道。止回阀前、后，各设有疏水点到凝汽器疏水扩容器，各疏水管道上串联两个截止阀，其中一个为气动。在再热器进口联箱之前的两根冷段管道上，各装设三只弹簧式安全阀和一个再热器水压试验阀。

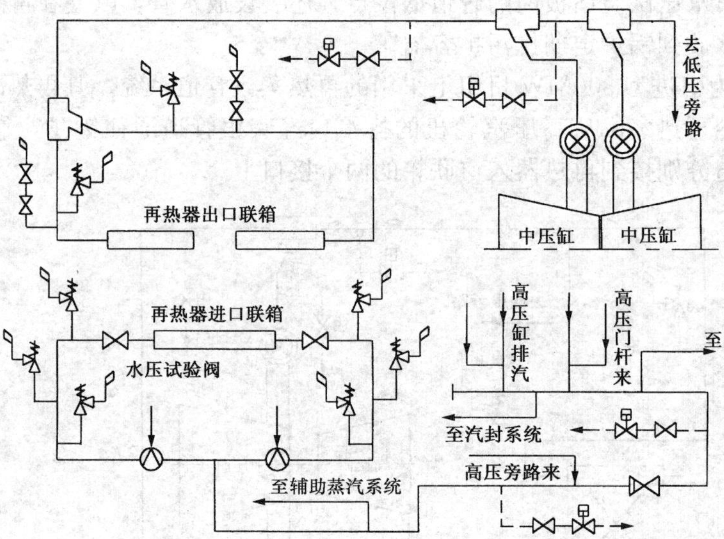

图 5-8 600MW 机组双管—单管—双管式再热蒸汽系统

该机组的再热热段管道系统，在锅炉侧双管并成单管和汽轮机侧单管分成双管处均用了斜三通，并且靠近中压联合汽门处串联了两只斜三通，它们的斜插支管分别至对称布置的中压缸再热汽门，后一只斜三通直通管到低压旁路装置。在再热器出口联箱引出的双管上，各装设了一只弹簧式安全阀和一路放气管。疏水管道的设置也类似于其主蒸汽系统。

三、再热机组旁路系统

（一）旁路系统的作用

目前，蒸汽中间再热机组多采用烟气再热的方法。这样，布置在锅炉烟道中的再热器，在机组启、停和甩负荷工况下，再热器中无蒸汽冷却，再热器有可能被烧坏。为适应再热机组启、停和事故工况下的特殊要求，以及保证再热机组有较好的负荷适应性，再热机组都设置一套旁路系统。

汽轮机的旁路系统是指蒸汽绕过汽轮机，经过与汽轮机并联的减温减压装置，到参数较低的蒸汽管道或凝汽器中的连接系统，如图 5-9 所示。主蒸汽绕过汽轮机高压缸，经减温减压后进入再热冷段蒸汽管道的系统称为高压旁路或Ⅰ级旁路。再热后的蒸汽绕过汽轮机中、低压缸，而通过减温减压后直接排入凝汽器的系统称为低压旁路或Ⅱ级旁路。主蒸汽绕过汽轮机经减温减压后直接进入凝汽器的系统则称为整机旁路或一级大旁路。任何再热机组的旁路系统均是上述三种形式中一种、两种、三种形式的组合。

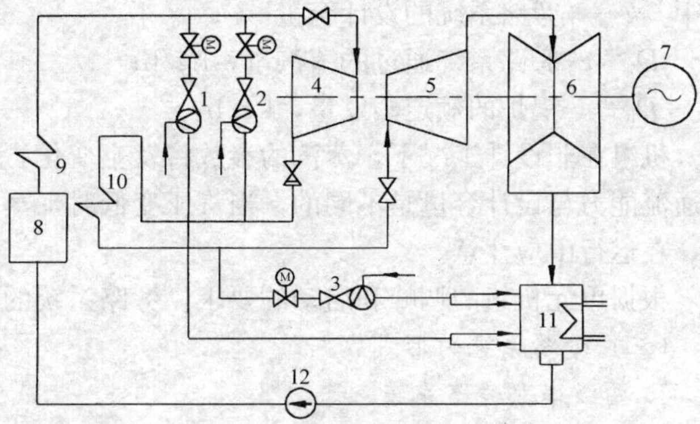

图 5-9　再热机组三级旁路系统

1—整机大旁路；2—高压旁路装置；3—低压旁路装置；4—高压缸；5—中压缸；6—低压缸；7—发电机；8—锅炉；9—过热器；10—再热器；11—凝汽器；12—水泵

再热机组的旁路系统有以下三个方面的作用。

1. 保护再热器

机组正常运行时，汽轮机高压缸排汽进入再热器，再热器可以得到充分冷却。但在启动过程中，汽轮机冲转前，或在机组甩负荷，高压缸无排汽时，再热器因无蒸汽流过或流量不够时，就有超温烧坏的危险。设置旁路系统，使蒸汽流过再热器，达到冷却再热器的目的。

2. 改善启动条件、加快启动速度

单元机组普遍采用滑参数启动方式，为适应汽轮机启动过程中在不同阶段（暖管、冲转、暖机、升速、带负荷）对蒸汽参数的要求，锅炉要不断地调整汽压、汽温和蒸汽流量。若单纯调整锅炉燃烧或运行压力很难达到上述要求。采用旁路系统就可改善启动条件，尤其在机组热态启动时，利用旁路系统，能很快地提高新蒸汽和再热蒸汽的温度，缩短启动时间，延长汽轮机寿命。

对于大容量机组，当发电机负荷减少、解列或只担负厂用电负荷、或汽轮机甩负荷时，旁路系统能在几秒钟内完全打开，使锅炉逐渐调整负荷，并保持在最低稳燃负荷下运行，而不必停炉，在故障消除后可快速恢复发电。从而减少停机时间和锅炉的启、停次数，大大缩短了单元机组的重新启动时间，有利于系统稳定。

3. 回收工质、消除噪声

机组在启、停过程中，锅炉的蒸发量大于汽轮机的汽耗量，在负荷突降或甩负荷时，有大量的蒸汽需要排出。多余的蒸汽若直接排入大气，不仅损失了工质，而且对环境产生很大的噪声污染。设置旁路就可以达到回收工质和消除噪声的目的。另外，在机组负荷突降或甩负荷时，利用旁路系统排放蒸汽，可减少锅炉安全门的动作次数。

总之，再热机组的旁路系统是机组在启、停或事故工况下的一种调节和保护系统。

（二）旁路系统的容量

旁路系统的容量即旁路系统的通流能力，是在机组的设计压力下，旁路系统能够通过的蒸汽量 D_1 与锅炉额定蒸发量 D_b 比值的百分数，即

$$k = \frac{D_1}{D_b} \times 100\% \tag{5-1}$$

式中 k——旁路系统的设计容量，%；

D_1——旁路系统通过的蒸汽量，kg/h；

D_b——锅炉的额定蒸发量，kg/h。

机组在非设计工况下，蒸汽的参数将发生变化，容积流量也要改变。因此旁路系统的实际通流能力与设计容量是不同的，当汽压变低时，蒸汽的比体积就会增大，通流能力就会变小，在运行中应注意。

根据单元机组的调峰和启动的要求，旁路系统的容量一般选定在30%～70%之间。

（三）旁路系统的形式

1. 两级串联旁路系统

如图5-10所示，由锅炉来的新蒸汽绕过汽轮机高压缸，经高压旁路减压减温后进入锅炉再热器。由再热器出来的再热蒸汽绕过汽轮机的中、低压缸，经低压旁路减压减温后排入凝汽器。

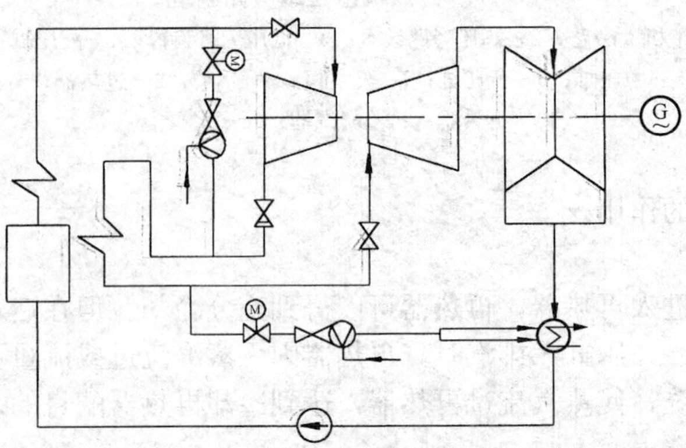

图5-10 两级串联旁路系统

经低压旁路减压减温后的蒸汽，在进入凝汽器之前，压力和温度仍较高，为保证凝汽器的安全经济运行，在凝汽器喉部装有膨胀扩容式减压减温装置。所以，两级串联旁路系统实际上是三级减压减温。

两级串联旁路系统，由于阀门少，系统简单，又具有保护再热器的功能，被广泛地应用于再热机组上。

2. 一级大旁路

如图5-11所示，由锅炉来的新蒸汽，绕过全部汽轮机，经整机大旁路减压减温后排入凝汽器。

一级大旁路应用于再热器不需要保护的机组上。例如：国产HG-670锅炉，全负荷时再热器区域的烟温约为685℃，在50%MCR负荷以下时，再热器区域的烟温一般不超过580℃，当再热器材料用12Cr1MoV或12Cr2MoVSiB时，其允许温度分别为590℃和620℃。因此，当锅炉运行负荷在50%MCR以下时，再热器不通蒸汽冷却，允许短时间干烧。

采用一级大旁路，可以提高机组运行的可靠性，但在低负荷运行和机组热态启动时，再热汽温的调节比较困难。因此，在中压联合汽门前装有对空排汽阀，在必要时用于提高再热蒸汽的汽温。

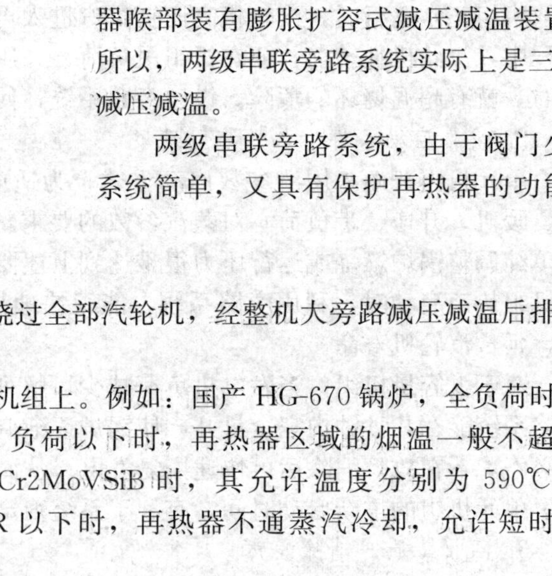

图5-11 一级大旁路系统

3. 两级并联旁路系统

由高压旁路和整机旁路并联组成的两级并联旁路系统如图5-12所示。高压旁路的容量为17%，主要用于保护再热器，只有在再热器可能超温时才开启，机组热态启动时也可用它向空排汽来提高再热汽温。整机旁路的容量为20%，其作用是：在机组启、停或甩负荷时，将多余的蒸汽排入凝汽器；当锅炉超压时，起到安全阀的作用，以减少安全阀的动作次数。国产300MW机组上采用这种形式。

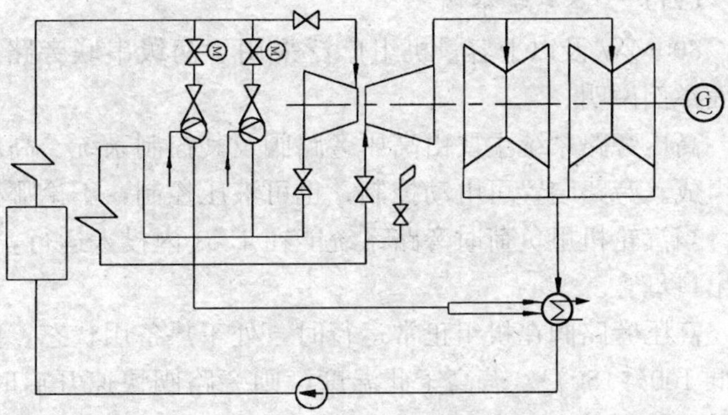

图5-12 两级并联旁路系统

4. 三级旁路系统

三级旁路系统是由两级串联旁路系统和整机旁路组成的（见图5-9）。旁路系统的总容量为45%，其中整机旁路为30%，串联旁路为15%。三级旁路系统功能较齐全，但系统复杂，旁路装置多，投资和运行费用高。因此这种系统只在国产200MW机组上采用过。

再热机组旁路系统的形式、参数和容量见表5-1。

表5-1 再热机组旁路系统的形式、参数和容量

旁路系统 \ 数值 \ 参数 \ 机组		N125-135/550/550				N200-130/550/550			
		压力（MPa）	温度（℃）	通流量（t/h）	喷水量（t/h）	压力（MPa）	温度（℃）	通流量（t/h）	喷水量（t/h）
两级串联	高压旁路	13.5/2.55	550/330	120	20	14.0/0.95	540/160	100	20
	低压旁路	2.3/0.59	550/160	140	40	0.85/0.59	540/160	120	30
	凝汽器扩容减温	0.59/0.029	160/70			0.59/0.0165	160/56		
两级并联	高压旁路								
	整机大旁路								
	凝汽器扩容减温								
大旁路	整机大旁路					14.0/0.59	540/160	200	30
	凝汽器扩容减温					0.59/0.0165	160/56		

旁路系统 \ 数值 \ 参数 \ 机组		N300-165/535/535				N600-16.67/537/537			
		压力（MPa）	温度（℃）	通流量（t/h）	喷水量（t/h）	压力（MPa）	温度（℃）	通流量（t/h）	喷水量（t/h）
两级串联	高压旁路	17.0/3.6	550/330	300	47.5	16.67/2.41	537/282.5	680.4	106.56
	低压旁路	3.1/0.59	550/160	347.5		2.2/0.59	537/160	346.32	108.72
	凝汽器扩容减温	0.59/0.029	160/70		16				
两级并联	高压旁路	16.5/3.2	550/341	170	20				
	整机大旁路	16.5/0.59	550/160	300	36.4				
	凝汽器扩容减温	0.59/0.029	160/70						
大旁路	整机大旁路								
	凝汽器扩容减温								

（四）旁路系统举例

300MW 及以上容量机组广泛采用了两级串联旁路系统，它由高、低压旁路系统组成。下面举例说明。

高压旁路系统主要由高压旁路阀及其控制系统、高压喷水隔离阀和调节阀等及其连接管道组成。旁路装置可电动控制，也可液压控制，不论哪种控制方式，都要具有快速开启的功能，当汽轮机甩负荷时旁路系统能在 1.5s 内投入运行，在 5s 内全开。高压喷水来自给水泵的出口母管。

高压旁路阀在机组正常运行时，处于热备用状态，要求旁路阀入口处的温度比主蒸汽温度低 100～150℃。若高于此温度，则旁路阀快速开启时，热冲击太大；若低于此温度，则容易积聚凝结水，当旁路阀突然开启时，会引起汽水冲击的危险。

低压旁路系统主要由低压旁路阀及其控制系统、减温器、低压喷水调节阀等及其连接管道组成。与高压旁路装置一样，低压旁路装置也有电动控制和液压控制两种，其动作与高压旁路同步。低压喷水来自主凝结水系统。

图 5-13 所示为引进型 300MW 机组上采用的两级串联旁路系统。

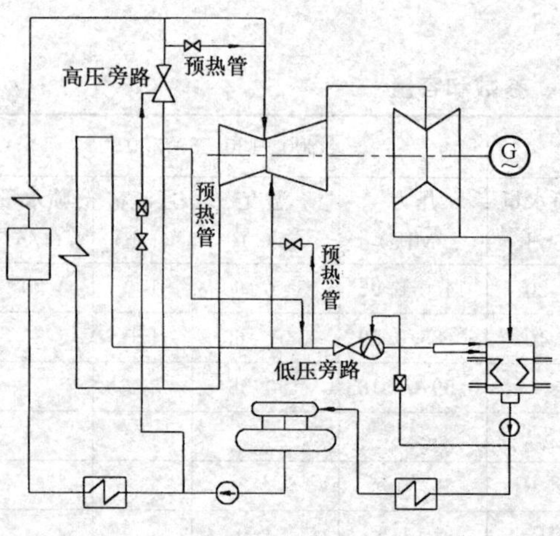

图 5-13　引进型 300MW 机组旁路系统

该旁路系统的高、低压旁路减压阀前均不设隔离阀。在旁路系统停运时，高、低压旁路减压阀能保证系统的严密性。

高压旁路自汽轮机附近的主蒸汽管道上接出后沿坡度向下，最后接到标高较低的再热冷段蒸汽管道上。为使高压旁路在机组运行中处于热备用状态，在高压旁路阀前设一根通汽预热管，接至汽轮机主汽门前的垂直管道上，利用主蒸汽管上高压旁路接口与预热管接口处的压差，使少量蒸汽在预热管内缓慢流动，以加热高压旁路阀的阀体及阀前管道，同时回收该部分预热蒸汽，在汽轮机内做功，以提高机组的热经济性。在预热管上还设有一只调节阀，用于调节预热管中蒸汽的流量，使高压旁路停运期间阀体入口端能达到比主蒸汽温度低 100～150℃的最佳预热温度。

在高压旁路阀关闭期间，从高压旁路阀后至高压旁路与再热冷段蒸汽管道接口，将形成蒸汽不流通的盲管。为防止该管段内蒸汽凝结并预热该管段，在旁路阀后引出一根预热管，接至低压旁路蒸汽管道，自低压旁路阀前接出一根预热管至中压联合汽门前的再热蒸汽管道上，其上设有调节阀，利用再热蒸汽管道冷段与热段的压差，使少量蒸汽在预热管内缓慢流动，并进入中压缸继续做功，以加热这段盲管和低压旁路阀，同时回收这股汽流。要求预热管从管道（水平布置时）的上方接出或接入。

高、低压旁路阀前均设有疏水点，疏水经气动疏水阀后进入凝汽器（图 5-13 中未标）。高压旁路阀后不设疏水点，启动时形成的凝结水通过再热冷段蒸汽管道上的低位点疏水装置，排至凝汽器。低压旁路阀后疏水采用疏水罐方式，疏水直接进入凝汽器。旁路系统的疏水阀在机组启动时，用于排除旁路管道内的蒸汽凝结水，在旁路暖管备用期间关闭。

【任务实施】

主蒸汽、再热蒸汽和旁路系统都属于高温高压蒸汽管道。这些高温高压管道及其附件，在运行中容易产生裂纹而损坏，其原因有两个：一是高温蠕胀，即管道及其附件经过长时间在高温高压状态下运行逐渐形成裂纹，最后导致破裂；二是机组启停时，管道及其附件中工作介质温度的改变，使管道承受温差热应力，在交变应力的作用下，材料产生疲劳形成裂纹，最后导致破裂。因此，在管道运行中必须采用适当的方式，限制管道内的温度及温度的变化速度，以满足机组在启、停、正常运行和事故工况下的运行要求，确保机组安全经济运行。

一、主蒸汽与旁路系统投入

1. 机组启动时的系统投入

机组启动状态是根据机、炉的停运时间和汽轮机缸壁温度划分的，一般分为冷态、温态、热态和极热态。不同的机组启动状态，主蒸汽与旁路系统的启动操作也不尽相同。机组冷态启动时系统的操作步骤如下：

（1）冷态启动时，机炉和蒸汽管道的金属处于较低的温度状态下，锅炉点火后，应开启主蒸汽管道上的所有暖管疏水阀，进行暖管。在暖管过程中，要监视管道的内外壁温差不能太大，采用调节疏水阀开度的方法，控制管壁温升率在规定的范围内，避免管道因热胀不均而引起裂纹。

（2）当锅炉汽压上升，烟气温度增高到再热器需要通汽冷却时，应投入旁路系统运行。在控制室手操投入旁路系统时，应同时开启高、低压旁路装置，或先投入低压旁路，再投入高压旁路。

（3）旁路系统投入后，应开启再热热段蒸汽管道上全部低位点的疏水阀进行暖管，这时同样要控制再热蒸汽管道系统的管壁温升率在允许的范围内。

（4）当汽轮机主汽阀前主蒸汽的汽压、汽温达到汽轮机冲转参数的要求时，可对汽轮机进行冲转、暖机、升速、并网、带负荷等工作。在机组的整个启动调节过程中，应注意高、低压旁路的配合调节，除汽轮机有特殊需要外，一般情况下，应尽量使高、低压旁路的流量相接近，以免造成汽轮机高压缸和中、低压缸的负荷不匹配，引起汽轮机胀差的变化。

（5）汽轮机带负荷后，根据运行情况，关闭主蒸汽、再热蒸汽管道上的疏水阀。

（6）当汽轮机负荷达到一定值时，关闭高、低压旁路装置，开启高压旁路阀前、后的预热管或高、低压旁路阀前后经常疏水阀，使旁路系统处于热备用状态。

（7）高、低压旁路解列后，中压缸调节汽阀全开，不再调节再热蒸汽流量。

（8）对于采用汽动给水泵的机组，当负荷增大到一定值时，小汽轮机汽源通过内切换逐步由主汽轮机的抽汽供给，停用新汽汽源。此时，应开启小汽轮机高压主汽阀前预热管或经常疏水阀，使新汽汽源（高压汽源）管道处于热备用状态。

机组温、热态启动时，汽轮机本体内部的金属温度较高，而汽轮机冲转的条件要求主、再热蒸汽温度应高于高、中压缸内下缸壁温约50℃。因此，锅炉的升温升压速度要求较快，这时应尽快投入旁路系统，提高主、再热蒸汽温度，以满足汽轮机对于蒸汽参数的要求。由于在机组停运后，主、再热蒸汽管道系统的冷却速度比汽轮机汽缸冷却得快，主、再热蒸汽管道温度要低一些，所以热态启动暖管时，也要注意控制主、再热蒸汽管道的温升率不超过允许值。

2. 机组故障甩负荷时的系统投入

(1) 汽轮机带厂用电或空载运行、停机不停炉的情况下，锅炉维持最低稳燃负荷运行，一般只维持0.5～1h，故障排除后，应立即向汽轮机供汽。这两种运行工况下，应尽快投入旁路系统，排放多余蒸汽，协调机炉运行，同时可避免锅炉安全阀的动作。

(2) 在锅炉故障停机停炉的情况下，投入旁路系统运行，排放多余蒸汽，回收工质，也可避免锅炉安全阀的动作或减少动作安全阀的个数。

二、机组正常运行时系统的运行维护

(1) 机组正常运行中，旁路系统应处于热备用状态，以便需要时及时投入。主蒸汽系统按汽轮机的负荷，提供参数符合要求的蒸汽，根据汽轮机负荷的变化，由高压缸调节汽门控制进汽量，中压缸调节汽门全开，不调节进汽量。中压缸进汽量随高压缸排汽量而定。

(2) 进入汽轮机的主、再热蒸汽温度应保持在额定参数范围内，当主、再热蒸汽温度超过上限时，应通过锅炉调节，降低汽温。若汽温下降到低于允许的下限值时，应开启主、再热蒸汽管道上的疏水阀，防止汽轮机进水，同时要求锅炉调节中采取措施，并按规程要求，限制负荷运行。运行中还应监视主蒸汽和再热蒸汽管道两侧的蒸汽温度偏差不超过允许值，否则，要通过锅炉进行调整。

(3) 机组正常运行中，主蒸汽的压力应控制在额定参数范围内，当超过上限时，应联系锅炉运行人员调整，若调整不能满足要求时，应投入旁路系统，排出多余工质，以降低汽压，减少锅炉安全阀的动作次数。

三、机组停运时系统运行

不论是采用滑参数停机方式还是正常停机方式，为了使汽轮机温差、胀差不超限，应严格控制主、再热蒸汽的温降率在允许值以内。采用滑参数停机时，还应注意主蒸汽要有不小于50℃的过热度。在机组停运时，通常锅炉的蒸发量大于汽轮机的汽耗量，应投入旁路系统，将多余蒸汽排入凝汽器，可以协调机、炉停运，并回收工质。

若停机检修或机组长时间停运，应放尽管道中的积水，并进行管道的防腐保护，具体方法已在项目三中讲述，这里不再重复。

【知识拓展】

三用阀的旁路系统

三用阀的旁路系统实际上是一种由高、低压旁路组成的两级串联旁路系统（见图3-19)，其高压旁路的容量为100%，控制阀结构已在项目三中讲述。这种系统是目前较为先进的旁路系统，在引进型300MW和600MW机组上得到了广泛应用。

高压旁路三用阀具有以下功能：

(1) 启动调节功能。在启动过程中，为协调锅炉产汽量与汽轮机用汽量的供求矛盾，保护再热器，并使蒸汽参数与汽轮机的冲转要求相匹配，从锅炉点火开始，高压旁路始终呈调节状态，以维持汽轮机的正常启动压力和启动流量。随着汽轮机冲转后用汽量的增加，高压旁路逐渐关小，直至锅炉产汽量与汽轮机用汽量相平衡时，高压旁路关闭。由于阀门的通流能力大，锅炉启动时可以采用较大的燃烧率，将多余的蒸汽通过旁路排入凝汽器，使过热器内保持适当的压力，以适应各种启动工况，并可缩短机组的启动时间。

（2）截止功能。当汽轮机用汽量与锅炉产汽量相平衡以后，高压旁路作为截止阀将主蒸汽系统与再热蒸汽系统隔离，使整个汽水系统处于正常运行状态。为保证机组在正常运行时，高压旁路保持热备用状态，在高压旁路阀后接有预热管，作为高压旁路阀后的管道暖管用，以避免要求高压旁路立即投入时，其阀后管道产生过大的热冲击。

（3）安全阀功能。在事故工况下，如当汽轮机甩负荷主蒸汽压力上升很快时，高压旁路能在1～3s内打开，其通流能力为100%，完全可以替代过热器出口安全阀，起到溢流的作用，以保证锅炉各受热面免遭超压的危险。由于高压旁路具有安全阀的作用，所以在高压旁路阀前、后不设置隔离阀，以确保其溢流作用。机组采用三用阀的旁路系统时，在锅炉过热器出口就不再设安全阀。

需要说明的是，低压旁路的容量不是100%，而是为60%～70%，这是因为随着机组容量的不断增大，过多的蒸汽进入凝汽器，将给凝汽系统的设计带来很大的困难。因此，低压旁路阀不起安全阀的作用，在再热器出口仍设置有安全阀，作为再热器超压保护。

【能力训练】

1. 识读仿真机界上主蒸汽与旁路系统图。
2. 在仿真机上按照旁路系统的投运操作步骤，完成旁路系统的投运操作训练（参见项目六）。

任务二 抽真空系统及其运行

【任务目标】

掌握抽气器和水环式真空泵的结构、工作原理及其对应抽真空系统连接方式和运行知识，能进行凝汽器抽真空的启、停操作及正常运行维护工作。

【知识准备】

一、抽真空系统的作用和形式

在机组启动过程中，除氧器加热凝结水后，可能会有热水进入凝汽器，待到锅炉点火汽轮机进汽暖机时，将有更大量的蒸汽进入凝汽器。如果凝汽器内没有建立一定的真空，汽水进入凝汽器会使凝汽器形成正压，损坏设备，凝汽器建立真空是汽轮机冲转必不可少的条件。凝汽器及一些低压设备（如凝结水泵、疏水泵及部分低压加热器等）在正常运行时，内部处于真空状态，由于管道和壳体存在缝隙，空气就会漏入，从而破坏凝汽器真空，危及汽轮机的安全经济运行。同时，空气在凝汽器中的分压力增加，致使凝结水的溶氧量增加，加剧对热力设备及管道的腐蚀。空气的存在还增大凝汽器中的传热热阻，影响循环冷却水对汽轮机排汽的冷却，增加厂用电耗。因此，在凝汽器运行时，必须不断地抽出其中的空气。

抽真空系统的作用是：①在机组启动初期建立凝汽器真空；②在机组正常运行中保持凝汽器真空，确保机组的安全经济运行。

凝汽器的抽真空设备主要有抽气器和真空泵。由于抽气器系统简单、工作可靠，被广泛地应用于国产机组。

真空泵抽真空系统具有以下优点：①运行经济。在启动工况下，低真空的抽吸能力远远大于射水抽气器在同样吸入压力的抽吸能力，大大缩短了机组的启动时间。在持续运行工况下，真空泵的单位耗功仅为射水抽气器的23%～33%。②汽水损失较小。③泵组运行自动化程度高，操作安全、简便。另外，还有噪声小，结构紧凑等。其缺点是一次性投资大。但由于其明显的优越性，真空泵的抽真空系统被普遍应用于引进型机组。

二、抽气器抽真空系统

（一）射水抽气器结构及工作原理

现代发电厂中，应用最为广泛的是喷射式抽气器，它具有布置紧凑、结构简单、维护方便、工作可靠以及能在短时间内建立所需真空等优点。喷射式抽气器根据工作介质不同可分成射汽式抽气器和射水式抽气器。这两种抽气器的原理基本相同，区别只是工作介质不同。射汽抽气器的工作介质是压力蒸汽，射水抽气器的工作介质是压力水。小容量机组多采用射汽式。对于高参数大容量机组，由于都采用滑参数启动方式，在机组启动之前不可能有足够的汽源供给射汽式抽气器，加之需采用由高压新汽节流到1.2～1.6MPa压力的蒸汽供射汽抽气器，显然极不经济，并且为回收工质还要设置射汽抽气冷却器（见图1-37），这使热力系统也很复杂。因此，目前我国大容量机组都采用射水抽气器。

图5-14所示为射水抽气器结构简图，它主要由工作水入口、工作喷嘴、混合室、扩压管和止回阀等组成。

由射水泵来的压力水，通过喷嘴将压力能转变成动能，以一定的速度从喷嘴喷出，在混合室中形成高度真空。凝汽器中的气汽混合物被吸入混合室与工作水混合，一起进入扩压管，在扩压管中将动能转变成压力能，在略高于大气压力的情况下随水流排出。

在混合室与凝汽器连通的接口处装有自动止回阀（借助止回阀前后的压力差关闭），其目的是当射水泵发生故障时，防止水和空气倒流入凝汽器。

（二）抽真空系统

图5-15所示为射水抽气器抽真空系统。它由射水抽气器、射水泵、射水箱及连接管道组成。

各台低压加热器的排气、凝结水泵及疏水泵的排气经排气管汇入凝汽器。凝汽器与射水抽气器的工作室相连。由循环水或深水井来的射水箱的水，用射水泵（一台正常运行，一台备用）升压后，打入射水抽气器。抽气器中喷嘴射出的高速水流，在工作室内产生高真空以抽出凝汽器中的气汽混合物，这些气汽混合物经扩压后回到射水箱。

在凝汽器与射水抽气器相连的抽气管道上设有真空破坏阀。该阀电动闸阀，其作用有两个：一是在汽轮机启动过程中调节凝汽器真空；二是在汽轮机事故紧急停机时，由运行人员在集控室手操打开，破坏凝汽器真空，以缩短汽轮机转子的惰走时间，加速停机过程，防止事故扩大。

射水抽气器的水循环方式有两种：一种为开式循环，由水源来水经离心式射水泵升压后进入抽气器，排水到出水渠；另一种为闭式循环，如图5-15所示，射水抽气器排水到射水箱，射水泵抽吸射水箱的水，升压后进入抽气器，如此循环。

有的机组轴封加热器微负压状态，是利用凝汽器抽真空系统射水抽气器扩压管上的射水抽气喷嘴实现的。

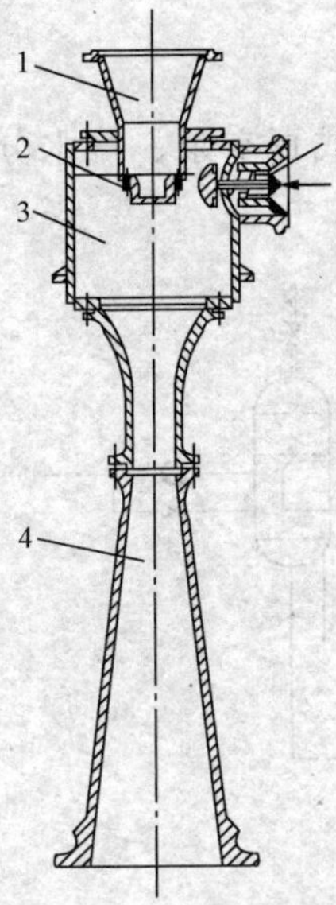

图 5-14　射水抽气器结构简图
1—工作水入口；2—喷嘴；
3—混合室；4—扩压管；
5—止回阀

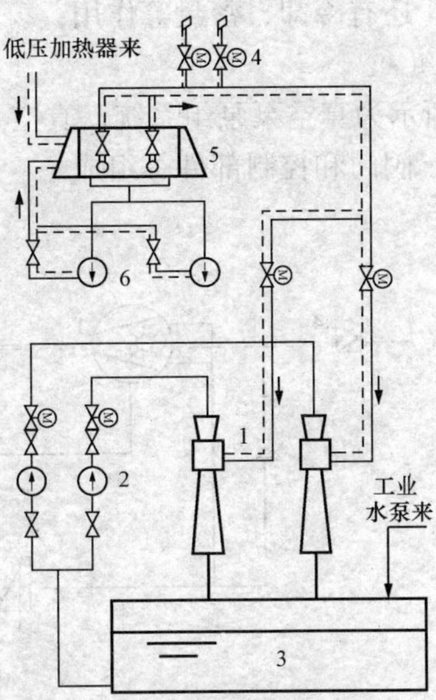

图 5-15　射水抽气器抽真空系统
1—射水抽气器；2—射水泵；
3—射水箱；4—真空破坏阀；
5—凝汽器；6—凝结水泵

三、真空泵抽真空系统

（一）真空泵及其泵组

1. 真空泵的工作原理

真空泵的工作介质是水，但其工作原理与射水抽气器不同，它属于离心式机械泵，如图 5-16 所示。在圆筒形泵壳内偏心安装着叶轮转子，其叶片为前弯式（也有径向直板式）。当叶轮旋转时，工作水在离心力的作用下，形成沿泵壳旋流的水环，因此称为水环式真空泵。由于叶轮的偏心布置，水环相对于叶片作相对运动，使相邻两叶片与水环之间的空间容积呈周期性变化，就像液体“活塞”在叶栅中作径向往复运动，当叶片从右上方旋转到下方时，水环与叶片之间的容积逐渐变大，压力逐渐降低，从而形成真空，到最下部时真空最高，经轴向进气口将凝汽器中的气汽混合物抽吸出来。当叶片从最下方向左上方转动过程中，水环与叶片间的容积由大变小，压力不断升高，气汽混合物被压缩，通过排气口排出。随着叶轮的稳定转动，吸、排气过程连续不断地进行。

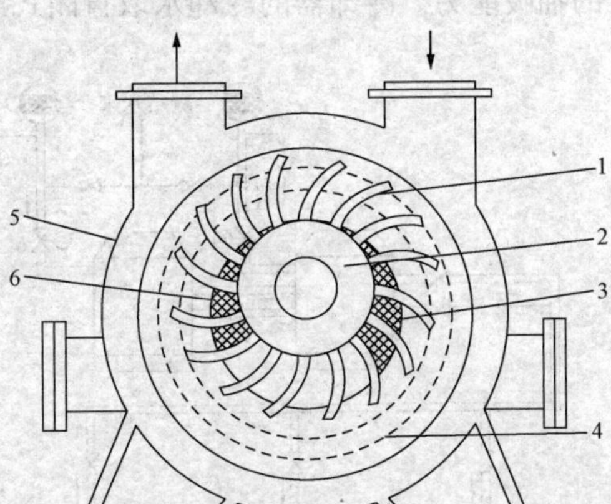

图 5-16　水环式真空泵工作原理
1—叶轮；2—轮毂；3—进气室；
4—水环；5—泵体；6—出气口

真空泵的工作水与被压缩的气体是一起排出的。因此水环需用新的冷水连续补充，以保持稳定的水环厚度和温度。水环除起液体“活塞”的作用外，还有冷却、密封等作用。

2. 真空泵组

图 5-17 所示为真空泵泵组系统。真空泵组主要由水环式真空泵、气水分离器、冷却器及其连接管道、阀门和控制部件等组成。

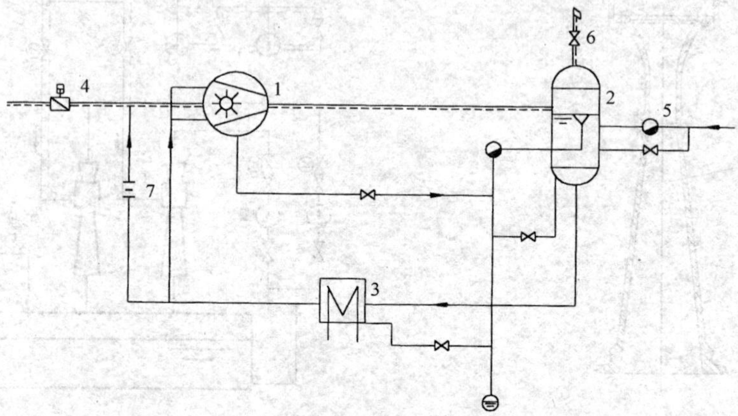

图 5-17 真空泵组系统

1—水环式真空泵；2—气水分离器；3—冷却器；4—进口蝶阀；5—浮子式疏水器；6—放气阀；7—节流孔板

从凝汽器来的气体，经过气动蝶阀后，沿泵抽气管进入水环式真空泵，泵排出的水和气体的混合物从泵的出口管到达气水分离器，分离后的气体经气体排放口排入大气，分离出的水与来自水位调节器的补充水（一般用凝结水）一起进入冷却器，冷却后的水分为两路：一路直接进入泵体作为工作水（水环）的补充水，使水环保持稳定而不超温；另一路经节流孔板喷入真空泵抽气管，使即将进入真空泵的气体中所携带的蒸汽冷却凝结下来，以提高真空泵的抽吸能力。冷却器的冷却水取自闭式或开式冷却水系统。分离器高水位溢水，以及真空泵和冷却器停用时的放水排入地沟。

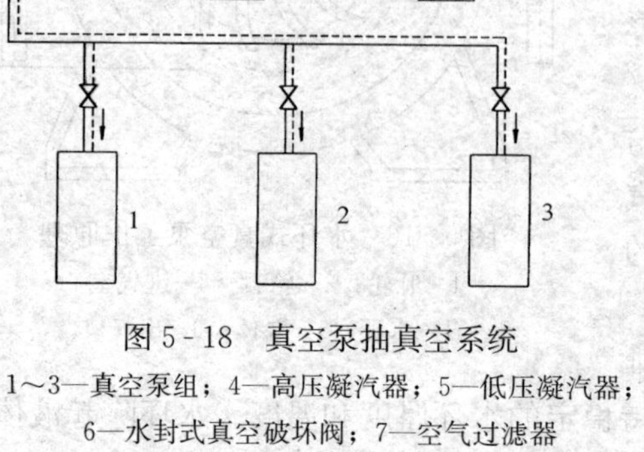

图 5-18 真空泵抽真空系统

1～3—真空泵组；4—高压凝汽器；5—低压凝汽器；6—水封式真空破坏阀；7—空气过滤器

（二）抽真空系统

图 5-18 所示为 600MW 机组真空泵抽真空系统。凝汽器为双压式，高压凝汽器的空气进入低压凝汽器的空冷区，从而减小了真空泵的负荷。在凝汽器两个分隔水室各有一个抽真空接口，引出凝汽器后合并成一根。为避免单边运行、单边检修或清洗时蒸汽从检修侧倒入真空泵，影响真空泵的正常工作，破坏凝汽器真空，在合并前的每根抽出管道上分别装设一个隔离阀。总管再分成支管分别接到真空泵组的进口，在每一泵组的进口还分别有一个手动闸阀，起隔离作用，以免开启备用泵之前空气由备用泵倒流入凝汽器。每一真

空泵组容量为100%，该系统配三台真空泵，一般300MW机组配两台真空泵。

该系统中，还设有较为完善的凝汽器真空破坏系统。它由真空破坏阀、空气过滤器和水封系统组成。真空破坏阀的作用如前所述。空气过滤器的作用是在破坏真空时，防止空气中携带杂质进入凝汽器，造成凝结水水质恶化。水封系统由补充水管、水封管、玻璃水位计、溢流管组成，其作用是防止机组正常运行时，由于真空破坏阀泄漏，空气进入凝汽器影响真空。凝结水从杂项用水母管进入水封管对真空破坏阀进行密封，通过接在水封管上的水位计可监视真空破坏阀的严密性。若水位不断下降，表示真空破坏阀已泄漏，必须向水封管不断补水，以防空气漏入凝汽器；若水位保持一定，说明真空破坏阀是严密的，可停止补水。多余的补水和外界经空气过滤器进来的雨水，经溢流管排入无压放水管。

【任务实施】

一、射水抽气器抽真空系统运行

1. 抽真空系统投入

（1）确认汽轮机真空系统、抽真空设备和系统已经置于抽真空前的准备状态，射水泵以循环水为水源时，循环水母管必须已经充压，有足够的水量可供射水泵使用。

（2）检查开启一台射水抽气器的进水阀，启动一台射水泵，检查射水泵及其系统运行正常。

（3）校验射水泵电气联动及低水压自启动装置，动作正常后投用连锁开关，开足使用抽气器的空气阀抽真空，并调节真空破坏阀维持凝汽器真空在规定值。对于设置一套小程控的射水抽气系统，在开始抽真空时也需进行校验。

（4）设有小程控的射水抽气系统，一台泵对一台抽气器。启动时，按程控启动按钮后，启动射水泵，开抽气器进水阀，开抽气器空气阀（抽气器混合室真空达93.3kPa以上时），程控启动完毕。当凝汽器真空低至86.7kPa、射水泵出口压力低于0.3MPa或运行泵掉闸时都可联动程控启动备用抽气器和射水泵。程控停用的程序与启动相反，当故障射水泵未按程控停用时，应立即关闭故障抽气器空气阀。

汽轮机启动时，需抽出的空气量较多，两台射水泵同时运行，以加快凝汽器的抽真空过程。

2. 正常运行监视

正常运行时，一台射水泵运行能保证汽轮机对凝汽器真空度的要求，另一台处于能自启动的备用状态。运行中应注意监视射水泵的运行状况，射水泵发生故障时，应及时切换备用射水泵及抽气器。还要注意监视抽气器的入口水压和混合室入口压力、射水箱水位和工作水温，保证抽真空系统的正常运行。

二、真空泵抽真空系统运行

1. 系统启动

由于水环式真空泵是利用水工作的，所以真空泵启动前必须投入工作水回路。启动步骤如下：

（1）由分离器的补充水阀向分离器进水至正常水位。

（2）向泵内灌水，灌水高度不应超过泵轴的高度。

（3）开启与凝汽器相连的空气管道上的闸阀。

(4) 合上电动机电源，真空泵启动，注意抽气管道上的气动蝶阀应自动开启。

(5) 当电动机速度达到额定值时，开启冷却器的冷却水进水阀。

(6) 待系统呈真空状态时，关闭真空破坏阀，并送上水封。

在机组启动时，需抽的空气量较大，要求所有的真空泵并列运行。

2. 系统停运

(1) 停运真空泵，并注意抽气管上的气动蝶阀应自动关闭，同时注意凝汽器真空的变化。

(2) 停止工作水系统，若较长时间停运，应放尽泵中的积水。

3. 正常运行监视

机组正常运行时，其中一台真空泵处于自动备用状态，能随时根据系统真空度变化自动启停。运行过程中，应监视工作水温度、分离器水位、电机与泵的振动情况和轴承温度。进入泵内的工作水温度，通过冷却器的闭式冷却水或开式冷却水进水调节阀控制。气水分离器中的水位由浮球式调节阀控制，当水位降低时，加大补水。

【知识拓展一】

射水抽气器的工作特性

在一定的工作水压力下，抽气压力 p_c（混合室入口压力）与抽气量 D_g 之间的关系称为抽气器的工作特性。

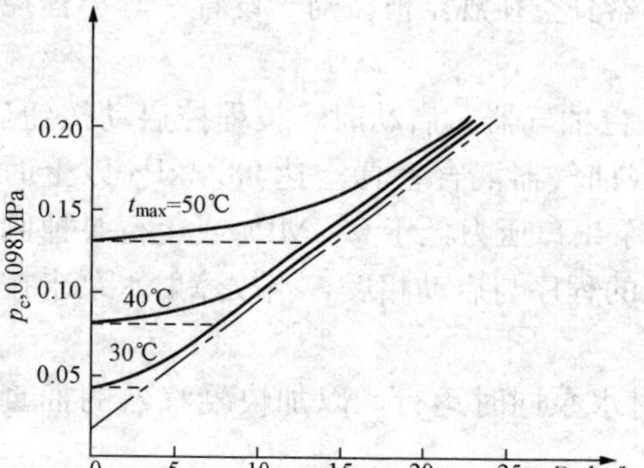

图 5-19 射水抽气器的特性曲线

图 5-19 所示为射水抽气器的特性曲线，其中点画线为抽吸干空气时的特性曲线，虚线为实际特性曲线，实线为近似特性曲线。射水抽气器在抽吸干空气时，其特性曲线为一斜线。当抽吸气汽混合物时，在工作水温度低于 30℃，工作特性与抽吸干空气时相似，这是因为工作水冷却、凝结了混合物中的部分蒸汽，抽气器效率较高。而当工作水温度过高时，就会出现明显的过载，其原因是此时气汽混合物中的蒸汽不能凝结，致使抽气负荷过大，当抽气量大于设计值时，混合室压力升高，扩压管偏离设计工况，效率降低，从而使工作水在喷嘴中发生膨胀不足损失，引起抽吸能力急剧下降，凝汽器真空迅速恶化。为避免过载，一般选用设计抽气量比正常运行时凝汽器的漏气量大 3～4 倍，以保证抽气器在正常工作范围内运行。

射水抽气器的变工况特性如图 5-20 所示，在相同抽气量和工作水压力的情况下，工作水温度 t_w 升高，抽气器混合室压力也升高。这是因为混合室绝对压力低，工作水温度升高，水易汽化，而汽的比体积比水的比体积大得多。混合室压力升高，将导致抽气能力下降，凝汽器真空下降。据有关资料表明，工作水温度在 26～42℃变化时，水温每升高 1℃，凝汽器真空下降 66.6～133.3Pa。使工作水温度升高的热源主要有：①气汽混合物的热量；②射水泵功耗、工作水与管壁的摩擦。因此，在运行中必须监视工作水温度的变化，尤其是对闭式循环系统，应向射水箱定期或连续补充冷却水，以降低工作水温度。

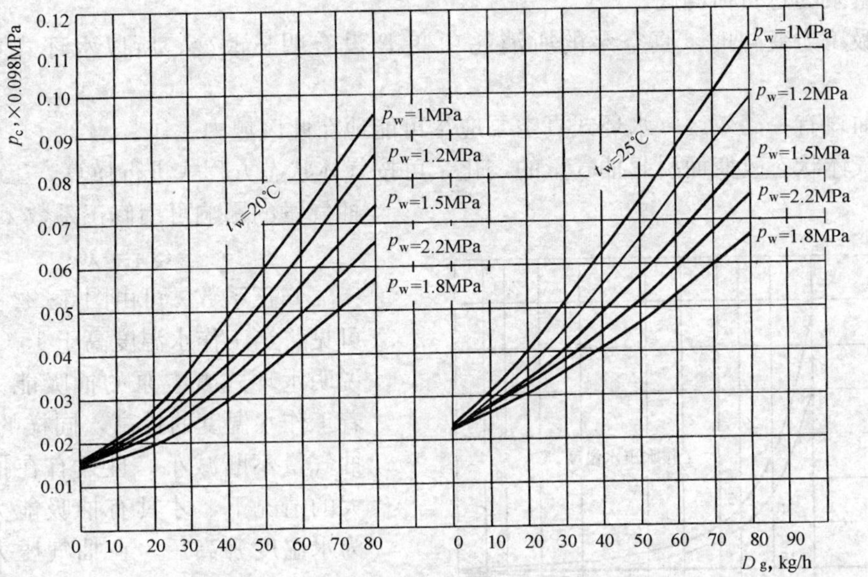

图 5-20　射水抽气器的变工况特性曲线

在抽气量和工作水温度不变的条件下，随着工作水压力 p_w 的升高，工作水流量增加，喷嘴出口流速增大，抽吸能力提高，抽气压力下降，凝汽器真空提高。但当工作水压力从1.8MPa增加到2.2MPa时，虽然抽气量未变，但混合室的压力却增高了。这是因为抽气器的结构尺寸已经确定，工作水压力继续升高，会使流量增加过多，在扩压管出口发生排水阻塞现象，排水压力升高，这样必然造成混合室压力升高，抽吸能力下降。因此，对任何一台射水抽气器都有一个最佳的工作水压。

【知识拓展二】

真空泵的运行特性

真空泵的运行特性是指在一定条件下，抽气容积流量 Q_S、泵轴功率 P、等温效率 η 与抽气压力 p_c 的变化关系。图 5-21 所示为在大气压力为 0.1MPa、气温为 20℃、空气的相对湿度 70%和工作水温度 15℃的条件下真空泵的运行特性曲线。由图可以看出：水环式泵的抽气量随着抽气压力的降低而减小，当汽轮机在高真空运行时，由于真空区域扩大，系统漏气量增加，这时抽气容积流量下降很快，出现了水环式真空泵的过负荷现象，这对现代大功率汽轮机显然不能满足运行要求。因此，一般采用两台真空泵的并列运行和在真空泵前并接一个喷射器等方式解决

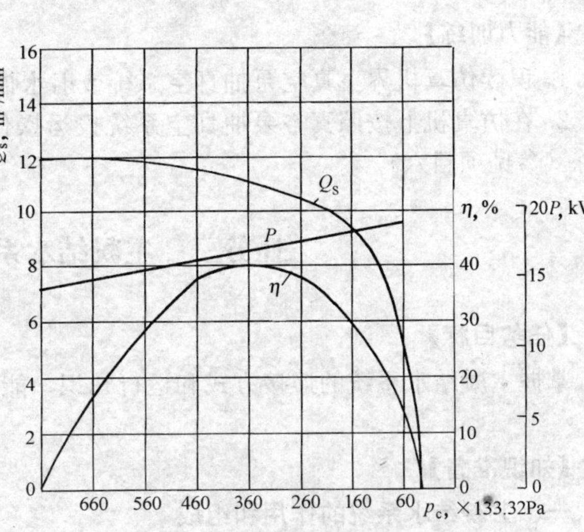

图 5-21　真空泵的运行特性曲线

水环式真空泵的过负荷问题。

当抽吸压力变化时，真空泵的所消耗功变 P 没有明显改变，所以水环式真空泵比较经济。

效率曲线有一高效区，水环式真空泵应尽可能地在此区域内工作。

由于气体状态改变而引起抽气量的变化，可按气体状态方程式进行换算。工作水温度对抽气量的影响可用修正系数 λ 进行修正：

$$Q'_S = \lambda Q_S \tag{5-2}$$

修正系数 λ 可由图 5-22 查取。由图可见，当工作水温度高于 15℃时，$\lambda<1$，说明水环式真空泵的抽吸能力降低。随着工作水温度的提高，同样的抽气压力，抽气量不断减小，且只有在抽气压力较大的情况下，才具有抽吸能力。这是因为水温度升高后，在抽气压力较低的情况下，工作水可能汽化，阻塞抽气通道，使抽吸能力大降低。因此，在运行中要注意保证冷却器的正常运行，以保持水环式真空泵的抽吸能力。

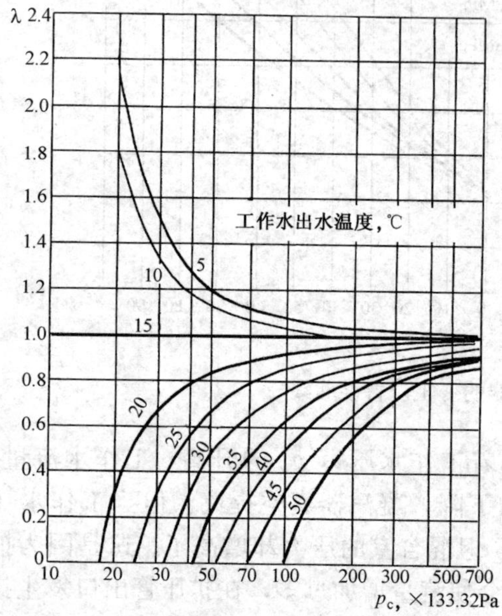

图 5-22 工作水温度对水环式真空泵抽气量的修正

另外，在水环式真空泵的运行过程中，还应注意维持其转速在额定值。转速过低，水环的形成受到影响，显然是不允许的。转速增加，泵的抽吸能力增大，但泵的耗功则与转速的平方成正比，而且转速过高，在同样的补充水压力下，水环变薄，不利于真空泵工作。因此，用提高转速的方法来提高水环式真空泵的抽吸能力是不可取的。

【能力训练】

1. 识读仿真机界上真空泵抽真空系统或射水抽气器抽真空系统图。
2. 在仿真机上按照真空泵抽真空系统投运操作步骤，完成真空泵抽真空系统投运操作训练（参见项目六）。

任务三　主凝结水系统及其运行

【任务目标】

掌握主凝结水系统的连接方式和运行知识，能进行凝结水系统的启停操作及故障处理。

【知识准备】

一、主凝结水系统的作用和组成

主凝结水系统的主要作用是把凝结水从凝汽器热井送到除氧器。为保证整个系统可靠工作，提高效率，在输送过程中，还对凝结水进行除盐净化、加热和必要的控制调节，同时在运行过程中提供有关设备的减温水、密封水、冷却水和控制水等，另外还补充了热力循环过程中的汽水损失。

主凝结水系统一般由凝结水泵、轴封加热器、低压加热器等主要设备及其连接管道组成。亚临界及超临界参数机组由于锅炉对给水品质要求很高（特别是直流锅炉），在凝结水泵后设有除盐装置。国产机组由于除盐装置耐压条件的限制，凝结水采用二级升压，因此在除盐装置后还装设凝结水升压泵。对于大型机组，主凝结水系统还包括由补充水箱和补充水泵等组成的补充水系统。一般机组的主凝结水系统具有以下共同点：

（1）设两台容量为100%的凝结水泵或凝结水升压泵，一台正常运行，一台备用，运行泵故障时连锁启动备用泵。

（2）低压加热器设置主凝结水旁路。旁路的作用是：当某台加热器故障解列或停运时，凝结水通过旁路进入除氧器，不因加热器事故而波及整个机组正常运行。每台加热器均设一个旁路，称为小旁路；两台以上加热器共设一个旁路，称为大旁路。大旁路具有系统简单、阀门少、节省投资等优点，但是当一台加热器故障时，该旁路中的其余加热器也随之解列停运，凝结水温度大幅度降低，这不仅降低机组运行的热经济性，而且使除氧器进水温度降低，工作不稳定，除氧效果变差。小旁路与大旁路恰恰相反。因此，低压加热器的主凝结水系统多采用大小旁路联合应用的方式。

（3）设置凝结水最小流量再循环。为使凝结水泵在启动或低负荷时不发生汽蚀，同时保证轴封加热器有足够的凝结水量流过，使轴封漏汽能完全凝结下来，以维持轴封加热器中的微负压状态，在轴封加热器后的主凝结水管道上设有返回凝汽器的凝结水最小流量再循环管。

（4）各种减温水及杂项用水管道接在凝结水泵出口或除盐装置后，因为这些水要求是纯净的压力水。

（5）在凝汽器热井底部、最后一台（沿凝结水流向）低压加热器的出口凝结水管道上、除氧器水箱底部都接有排地沟的支管，以便在机组投运前，冲洗凝结水管道时，将不合格的凝结水排入地沟。

（6）化学补充水通过补充水调节阀进入凝汽器，以补充热力循环过程中的汽水损失。

二、主凝结水系统举例

图5-23所示为C12-3.43/0.981型机组的主凝结水系统。凝结水经凝结水泵（一台正常运行，一台备用）、射汽冷却器、轴封加热器和低压加热器进入凝结水母管去除氧器。射汽冷却器和轴封加热器共用大旁路，低压加热器设有小旁路。最小流量再循环管从轴封加热器后接入凝汽器。

图5-24所示为引进型300MW机组的主凝结水系统。该系统的流程：凝结水泵→化学除盐装置→轴封加热器→四台低压加热器（H8、H7、H6、H5）→除氧器。下面分别介绍系统组成与连接方式。

1. 凝结水泵及其管道

凝结水从凝汽器热井水箱引出一根管道，用T形三通分别接至两台凝结水泵（一台正常运行，一台备用）的进口，在各泵的进口管上各装有电动闸阀和一个带法兰的锥形滤网。闸阀用于水泵检修隔离，滤网可防止热井中可能积存的残渣进入泵内，滤网上装有压差开关，当滤网受堵压降达到预定值时，向集控室发出报警信号。如确认热井内部已经洁净，也

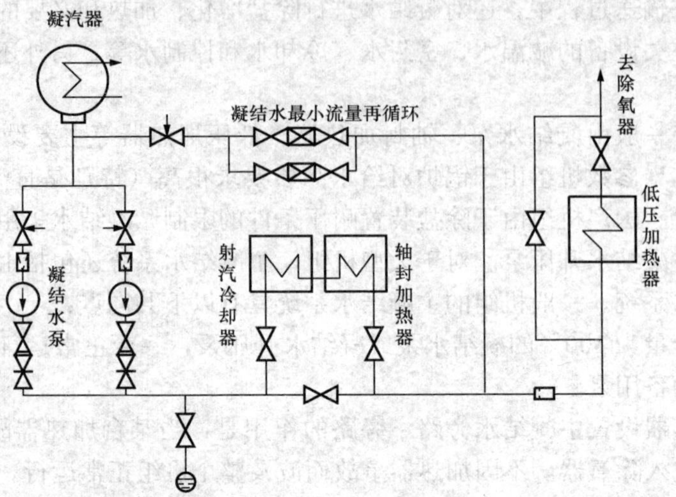

图 5-23 C12-3.43/0.981 型机组的主凝结水系统

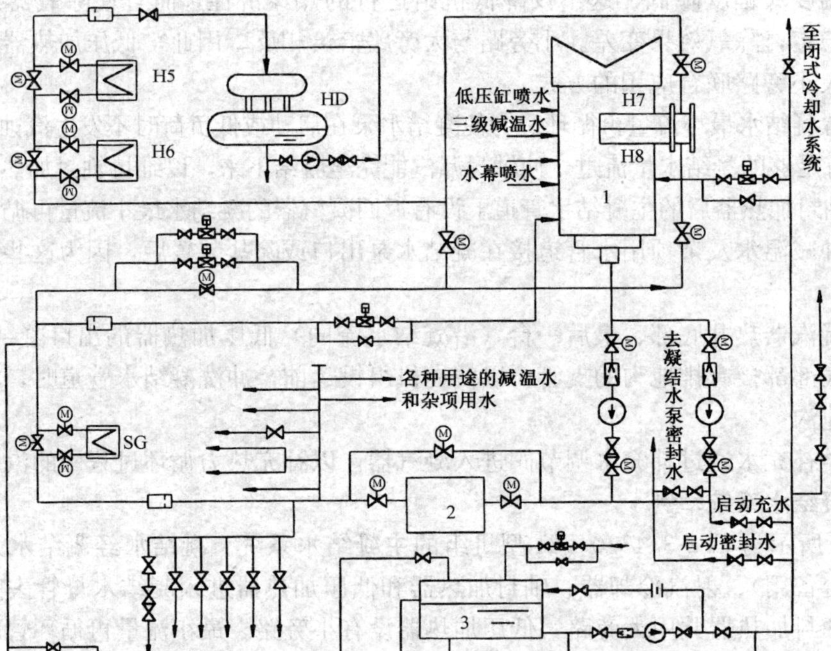

图 5-24 引进型 300MW 机组主凝结水系统
1—凝汽器；2—除盐装置；3—补充水箱

可拆除滤网以减少阻力损失。在两台凝结水泵的出水管道上均装有止回阀和电动闸阀，闸阀上装有行程开关，便于控制和检查阀门的开闭状态，止回阀防止凝结水倒流。两台凝结水泵出口汇成一根总管道接至化学除盐装置。

2. 凝结水的化学处理

为了确保锅炉给水品质，防止由于凝汽器铜管泄漏或其他原因造成凝结水中含有盐质固形物，在凝结水泵之后设置一套凝结水除盐装置，以控制凝结水溶解固形物的浓度。除盐装置进、出水管上各装一只电动隔离阀和一只电动旁路阀，在启动充水或运行中除盐装置故障需切除时，旁路阀开启，进、出口阀关闭，主凝结水走旁路。除盐装置投入运行时，进、出口阀开启，旁路阀关闭。

3. 凝结水最小流量再循环

在轴封加热器后、低压加热器 H8 前设置一根通往凝汽器的凝结水最小流量再循环管道。该管上设有凝结水最小流量再循环装置，它由一个调节阀、两个隔离阀和一个旁路阀组成。调节阀的信号取自轴封加热器前凝结水流量装置，当运行中流量小于凝结水升压泵和轴封加热器所要求的最小流量时，自动开启再循环管路，以维持凝结水升压泵和轴封冷却器中的最小流量。

4. 除氧器给水箱水位控制

除氧器给水箱水位控制台设在轴封加热器之后、低压加热器 H8 的进水侧，它由主、副两只调节阀组成。正常运行时，副阀全开，由主调节阀利用给水箱水位、锅炉给水流量和凝结水流量三冲量控制，自动调节保持给水箱水位正常。当机组负荷小于 30%MCR 或当主调节阀故障检修时，在集控室手控副阀维持给水箱水位。

给水箱设有水位保护，当水位升高到高水位警戒线时，高水位开关动作，在控制室报警，以引起运行人员的警觉；当水位继续升高到高一高水位警戒线时，高一高水位开关动作，报警的同时，开启水箱上放水阀，关闭主凝结水管道上的所有水位调节阀及高压加热器 H3 的正常疏水阀，凝结水最小流量再循环自动开启；如果水位升高到事故水位警戒线时，事故水位开关动作，报警的同时关闭抽汽止回阀和电动隔离阀，打开其前后疏水阀，以防止除氧器的凝结水通过抽汽管道进入汽轮机。当给水箱水位降低到低水位警戒线时，低水位开关动作，在控制室报警，必要时加大除氧器进水量；若水位继续下降至低一低水位警戒线时，应联动解列给水泵，做停机处理。一般低一低水位警戒线尽量设计得低一些，以免轻易解列，造成不必要的单元机组停机事故。

5. 低压加热器及其管道

低压加热器 H8、H7 为内置式，安装在凝汽器喉部，共用一根旁路管道。其进、出口阀和旁路阀与该加热器高一高水位联动，当加热器出现高一高水位时，旁路阀开启，进、出口阀门关闭，凝结水走旁路，以免由于该加热器中的 U 形管泄漏，水和蒸汽经过没有任何防止汽轮机进水、进汽保护性阀门的抽汽管道进入汽轮机。低压加热器 H5、H6 各设有电动小旁路。每台加热器水侧均装设一个泄压阀。在进入除氧器之前的主凝结水管路上装有止回阀，以防止机组事故甩负荷时，除氧器内的蒸汽倒流入凝结水系统。

6. 补充水系统及凝汽器水位控制

机组的补充水来自化学处理水，由气动调节阀自动控制进入补充水箱。机组启动时，通过补充水泵完成向凝汽器热井补水、锅炉上水、启动期间水泵密封用水及管路充水工作。正常运行时，开启补充水泵的旁路阀，停运补充水泵，依靠补充水箱与凝汽器之间的压差进行自流补水。

凝汽器热井水位由设置在凝汽器之前补充水管路上的调节阀控制。正常运行时，由热井水位信号通过调节阀自动控制补充水量，以维持凝汽器水位。当水位低时，开大调节阀；当水位继续下降，低水位信号报警时，在集控室快速开启旁路阀，增加补水量。当热井出现高水位时，关小调节阀；当水位继续升高时，开启轴封加热器后的高水位放水阀，凝结水通过凝结水泵、除盐装置和轴封加热器回到补充水箱。

7. 各种减温水和杂项用水

在除盐装置后接出各种用途的用水支管，主要有汽轮机低压缸排汽减温水，真空阀水封用水，旁路系统的二、三级减温水，凝汽器水幕喷水，疏水扩容器减温水，水环式真空泵用水，汽封蒸汽减温水，给水泵和凝结水泵的密封水等。

图 5-25 所示为超临界压力 600MW 机组的主凝结水系统，该系统与引进型 300MW 机组基本相同，只是凝汽器为双压凝汽器。

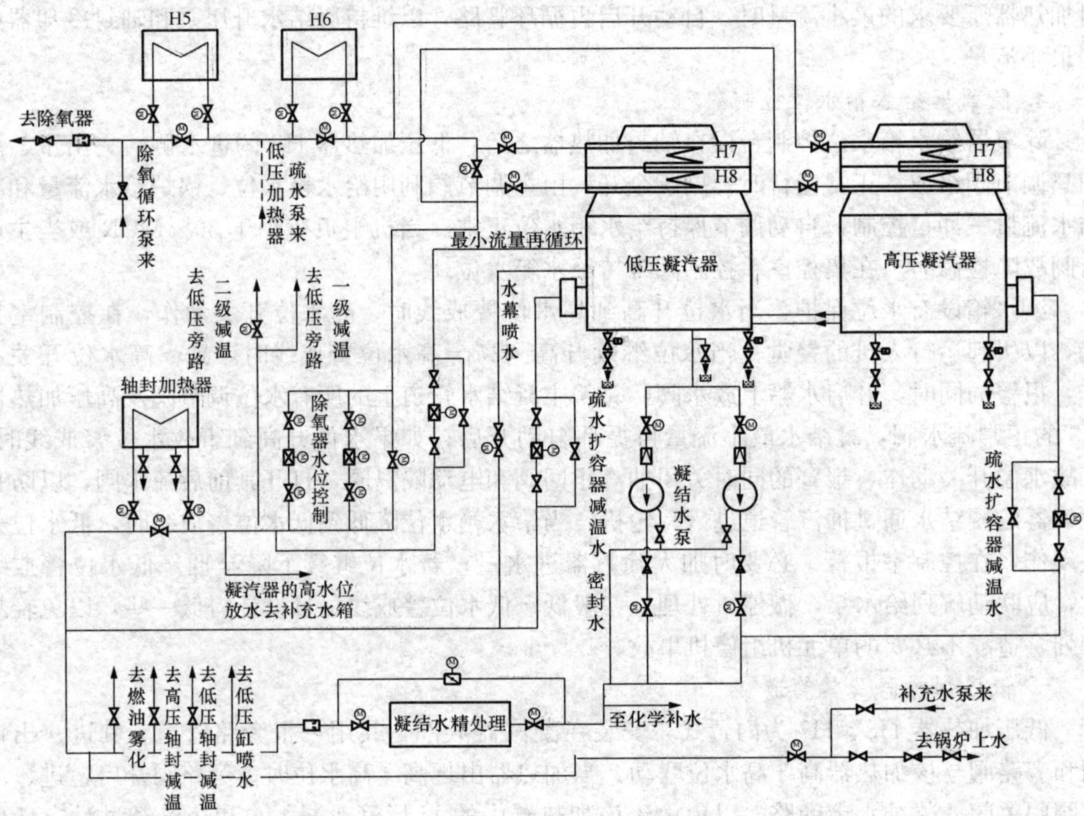

图 5-25 超临界压力 600MW 机组的主凝结水系统

【任务实施】

一、系统启动

1. 启动前准备

凝结水系统启动前，必须具备下列条件：

(1) 结水补充水箱充水到正常水位，至凝汽器热井的补充水管路充水，补充水泵已灌水，并为投运做好准备。

(2) 凝结水系统、给水箱已冲洗完毕。凝结水系统已充水放气，凝汽器热井、除氧器给水箱充水至较高水位。

(3) 凝结水最小流量再循环阀开启，除氧器给水箱、凝汽器热井水位等自动控制装置处于可运行状态。全部控制系统均处于完善状态。

2. 系统启动

(1) 启动补充水泵，向凝结水泵供密封水。

(2) 手控启动凝结水泵，通过凝结水最小流量再循环运行。

(3) 当凝汽器真空能满足自流补水时，停运补充水泵，各种水泵的密封水切换由凝结水供给。低压加热器的启动见项目四任务一。

二、正常运行监视

机组正常运行时，凝结水系统根据汽轮机发电机组的要求，在各种变负荷工况下运行。密切监视除氧器给水箱、凝汽器热井、补充水箱等水位，均应自动维持在正常值。凝结水最小流量再循环在低负荷时应自动投入。

三、非正常运行

1. 低压加热器解列

由于加热器管子泄漏或疏水不畅，引起加热器汽侧水位过高，则加热器解列，凝结水走旁路。根据加热器的停运台数，按规定降低汽轮机出力。

2. 除盐装置旁路运行

当除盐装置发生故障或需反冲洗，停运一台或更多的除盐罐时，根据具体情况，凝结水部分或全部旁路运行，当部分通过旁路运行时，应手调旁路阀平衡凝结水量。

3. 汽轮机甩负荷

机组甩负荷造成汽轮机主汽阀跳闸时，除氧器给水箱水位调节阀自动关闭，暂时中断凝结水进入除氧器，这样可减缓除氧器压力的急剧下降，防止给水泵汽蚀。这时凝结水通过最小流量再循环管运行。

四、停运

(1) 机组开始减负荷，关闭凝结水补充水箱的水位调节阀，降低水箱水位。

(2) 负荷逐渐减少到凝结水不能满足轴封加热器流量要求时，应投入凝结水最小流量再循环运行。

(3) 汽轮机解列后，关闭除氧器给水箱和凝汽器热井的水位调节阀。

(4) 当所有接至热井的疏水中断且凝汽器真空破坏后，才能停运凝结水泵。

(5) 凝结水泵停运后，若给水泵尚需继续运行，应启动补充水泵提供密封水。

➯【能力训练】

1. 识读仿真机界上凝结水系统图。

2. 在仿真机上按照凝结水系统投运操作步骤，完成凝结水系统投运操作训练（参考项目六）。

任务四 给水系统及其运行

➯【任务目标】

掌握给水系统的连接方式和运行知识，能进行给水系统的启停操作及主要故障的处理。

⇨【知识准备】

一、给水系统及其形式

发电厂的给水系统是指从除氧器给水箱经前置泵、给水泵、高压加热器到锅炉省煤器前的全部给水管道，还包括给水泵的再循环管道、各种用途的减温水管道以及管道附件等。

给水系统的主要作用是把除氧水升压后，通过高压加热器利用汽轮机抽汽加热供给锅炉，提高循环的热效率，同时提供高压旁路减温水、过热器减温水及再热器减温水等。

因给水泵前后的给水压力相差很大，对管道、阀门和附件的金属材料要求也不同，所以给水系统通常分为低压和高压给水系统。低压给水系统是由除氧器给水箱经下水管至给水泵进口的管道、阀门和附件组成，由于其承受的给水压力较低，故称为低压给水系统。为减少流动阻力，防止给水泵汽蚀，低压给水系统一般采用管道短、管径大、阀门少、系统简单的管道系统。高压给水系统是由给水泵出口经高压加热器到锅炉省煤器前的管道、阀门和附件组成，由于其承受的给水压力很高，故称为高压给水系统。高压给水系统水压高、设备多、对机组的安全经济运行影响大，所以对其要求严格。

（一）低压给水系统

低压给水管道常分为单母管分段制和切换母管制两种。

1. 单母管分段制

单母管分段制低压给水管道系统如图 5-26 所示，除氧器给水箱下水管接至低压给水母管上，给水再由母管分配到给水泵中。母管上设有分段阀，便于事故或检修时分段运行，母管还兼作除氧器的水侧平衡管。

这种系统由于系统简单，布置方便，阀门少，压力损失小，故应用较为广泛。

2. 切换母管制

切换母管制系统如图 5-27 所示，一台除氧器与一台给水泵组成单元，单元之间用母管连接，备用给水泵接在切换母管上。这种系统调度灵活，阻力小，但管道布置复杂，投资大，切换运行时阻力增加，该系统多用于给水泵出力与机炉容量匹配的情况。

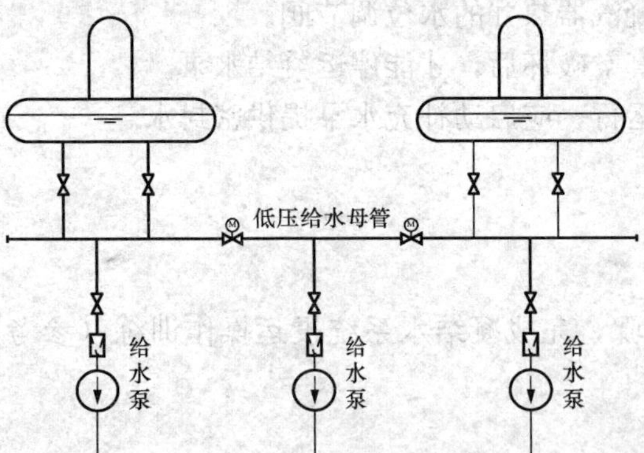

图 5-26 单母管分段制低压给水管道系统

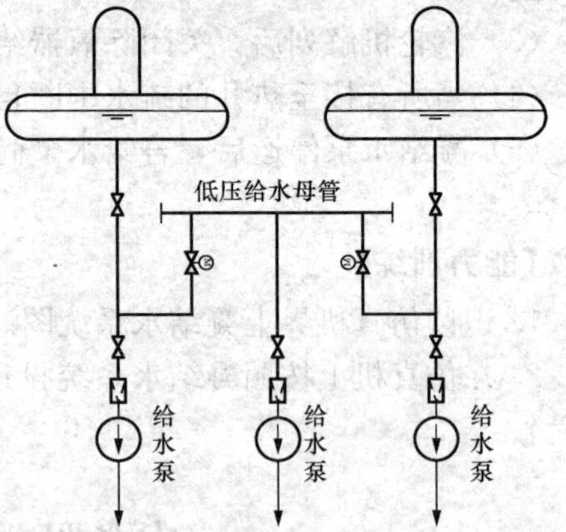

图 5-27 切换母管分段制低压给水管道系统

（二）高压给水系统

高压给水管道系统有集中母管制、切换母管制、扩大单元制和单元制四种形式。前三种形式的给水管道系统，由于运行调度灵活、供水可靠，并能减少备用泵的台数，在我国超高参数以下机组中普遍采用，如图 5-28 所示。它们的共同特点是：①在给水泵出口的高压给水管道上按水流方向装设一个止回阀和一个截止阀。止回阀用于防止高压水倒流，截止阀用于切断高压给水与事故泵和备用泵的联系。②为防止低负荷时给水泵汽蚀，在各给水泵的出口止回阀前接出至除氧器给水箱的再循环管，保证在低负荷工况下有足够的水量通过给水泵。③高压加热器均设有给水自动旁路，当高压加热器故障解列时，可通过旁路向锅炉供水。④在冷、热高压给水母管之间，设置直通的“冷供管”，作为高压加热器事故停用或锅炉启动时向锅炉直接供水，机组正常运行时，处于热备用状态。⑤备用泵设在合适的位置，以便投运时阻力最小，操作方便。单元制给水系统由于具有管道最短，阀门最少，阻力小，可靠性高，又非常便于集中控制等优点，因此是现代发电厂中最为理想的给水系统，在 300MW 及其以上容量机组得到广泛应用。

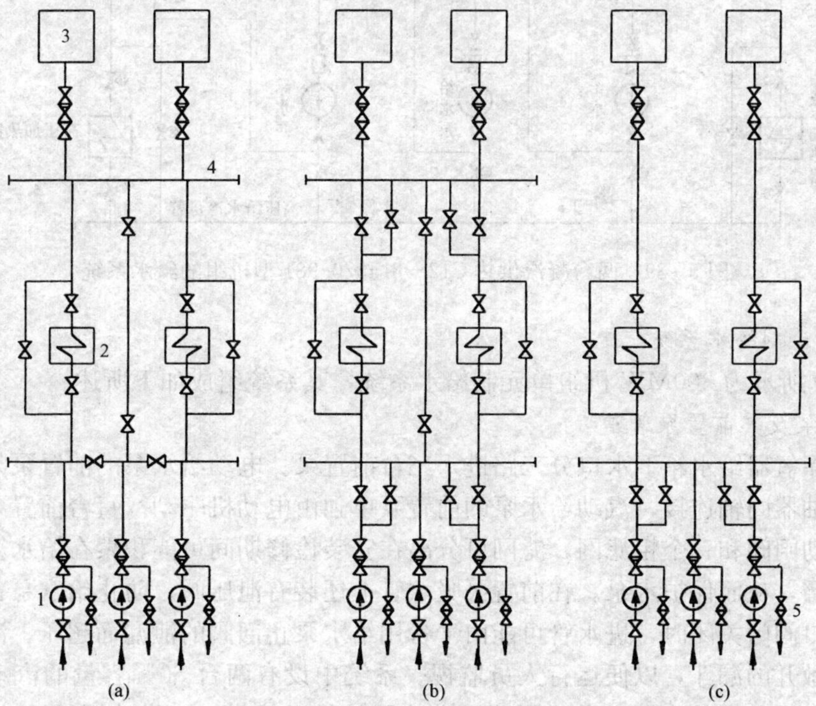

图 5-28　高压给水管道的形式

(a) 集中母管制；(b) 切换母管制；(c) 扩大单元制

1—给水泵；2—高压加热器；3—锅炉；4—给水母管；5—给水再循环管

二、给水系统举例

（一）母管制给水系统

图 5-29 所示为两台凝汽供热 C12-3.43/0.981 型机组的给水系统，其低压给水管道系统采用单母管分段制，而高压给水管道系统切换母管制系统。正常运行时，接在低压给水母管上给水泵将水打入高压加热器，通过给水操作台控制流量后进入省煤器。当某水泵故障时，连锁启动备用给水泵经切换阀进入高压给水冷母管，将给水通过高压加热器加热后送入锅炉。

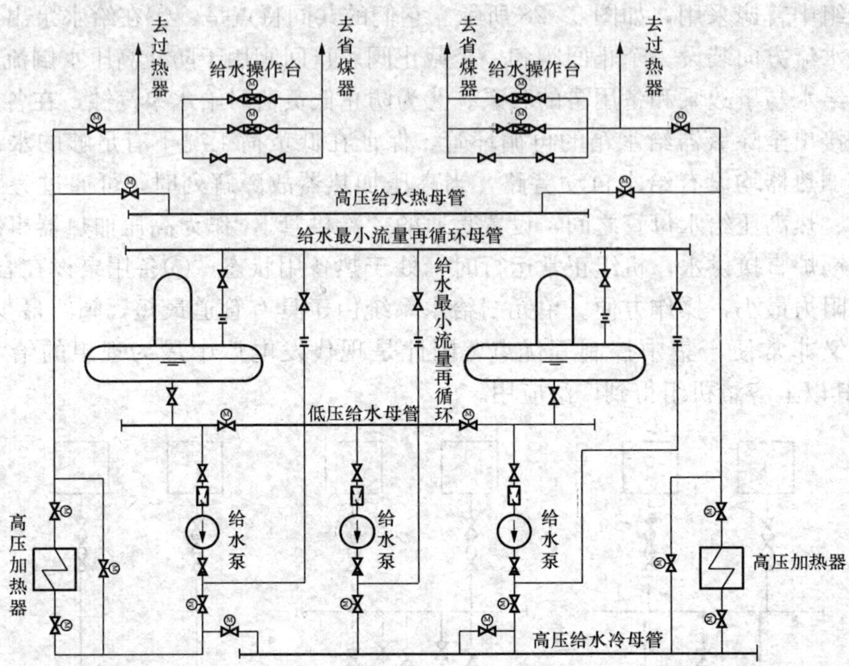

图 5-29 两台凝汽供热 C12—3.43/0.981 型机组的给水系统

（二）单元制给水系统

图 5-30 所示为 300MW 机组单元制给水系统，其系统组成如下所述。

1. 给水泵及其前置泵管道

给水从除氧器给水箱下水口分三路进入三台前置泵。电动给水泵的前置泵与电动给水泵通过液力联轴器同轴连接，汽动给水泵的前置泵单独由电动机驱动。每台前置泵吸水管上各装设一个手动闸阀和一个粗滤网，滤网可分离在安装检修期间可能积聚在给水箱和给水管内的焊渣、铁屑，从而保护水泵。在前置泵吸水管上还装有泄压阀，防止给水泵备用期间，给水前置泵进口阀门关闭时，进水管可能由于备用给水泵止回阀的泄漏而超压。泄压阀出口接管进入一个敞开的漏斗，以便运行人员监视。系统中设有两台 50%容量的汽动给水泵，由两台容量为 6000kW 的汽轮机变速驱动，汽动泵单独运行时，能供给锅炉 60%的额定给水量。电动给水泵的容量也为 50%，主要供机组启、停期间使用。在机组正常运行时，电动泵处于热备用状态，当汽动给水泵故障或汽轮机甩负荷时，电动泵可立即投入运行。

每台给水泵进口安装一个细滤网，保护水泵的安全运行。其出口管上各装设一只止回阀、一套流量测量装置和一只电动闸阀。给水泵的平衡水管接至细滤网之前的给水泵入口管道上。

2. 暖泵管路

为防止启动时温度较高的除氧水对给水泵产生热冲击，使泵壳体上下出现温差，造成热变形，引起动、静部分摩擦，给水泵启动前要进行充分暖泵，所以大型机组的给水泵均设置了正、反暖泵管路。

正暖是在所有泵都停止运转后，若准备启动一台给水泵（可以是电动泵也可以是汽动泵）时，除氧器水箱内的热水在除氧器压力和给水箱静压的作用下，经前置泵、给水泵入

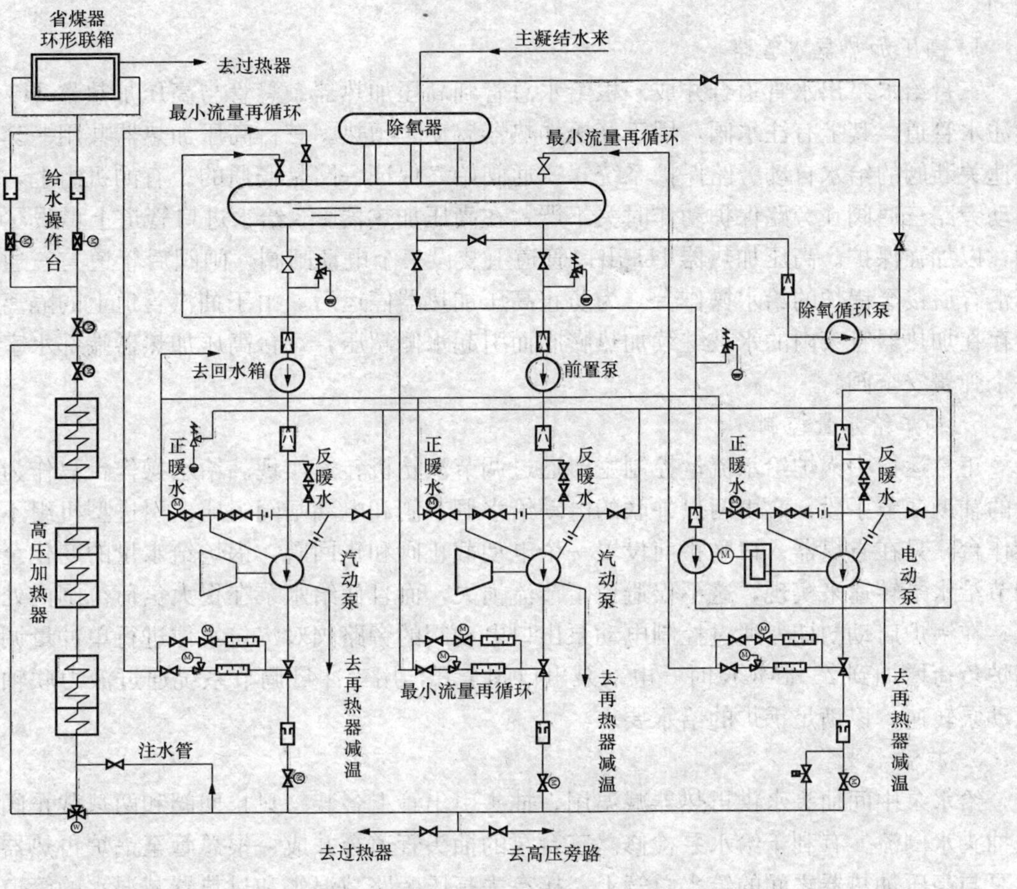

图 5-30　300MW 机组单元制给水系统

口，通过泵体，从泵出口端排至凝结水回收水箱。在每台泵的暖泵排水管上装设两个截止阀，三台给水泵共用一根排水母管接至凝结水回收水箱。

反暖是当一台或两台给水泵处于热备用状态时，利用运行前置泵出口的热水从备用给水泵出口端两侧底部接入，流过泵体，经给水泵入口、前置泵返回给水箱。每台前置泵出口供暖管上装设截止阀、止回阀各一个，止回阀后分成两路：一路至匹配的给水泵暖泵系统；另一路设一个截止阀切换至暖泵水母管向邻泵供水。在两端的反向暖泵供水管上均装一个不同直径的节流孔板，以控制不同的暖泵水流量。在出口端的反向暖泵供水管上各装一只截止阀和一只止回阀。在给水泵正常运行中，截止阀、止回阀应关闭，以免高压给水倒流入暖泵水系统。为防止误操作引起暖泵水系统超压，还在联通母管上装设了一个弹簧安全阀。

3. 给水泵最小流量再循环

每台给水泵出口止回阀前引出最小流量再循环管，其上装有一套最小流量调节装置，它由多级节流孔板、电动角式调节阀和隔离阀组成。其调节信号取自给水泵出口流量计，保证给水泵出力不小于额定流量的 30%，以防水泵汽蚀。为防止最小流量调节装置在运行中发生故障，另设置旁路作为备用，旁路管上装有一只多级节流孔板和两个串联的常闭隔离阀。正常情况下，最小流量调节阀后的隔离阀锁定在开启位置，以免误操作使再循环不畅。最小流量调节装置靠近除氧器水箱布置，防止当给水通过调节阀后，可能产生汽化出现的两相流动。

4. 高压加热器水管路

三台给水泵出水管道合并成一根给水总管到高压加热器。总管与高压加热器H3之间设置注水管道，其上有注水阀，用于高压加热器启动时预热。三台高压加热器共用一套带三通快速关断阀的给水自动旁路保护系统，三通阀始终保证一路是畅通的。有的机组上，为防止自动旁路三通阀在旁路保护动作时关不严，在高压加热器H3给水进口管道上增设了电动闸阀，以加强保护。高压加热器H1出口管道上装设一个电动闸阀，闸阀后管道与三通阀旁路管汇合后接至锅炉的给水操作台。为防止高压加热器停运后，由于抽汽管道上的隔离阀泄漏使存在加热器管束内的水被继续加热膨胀而引起水侧超压，每台高压加热器端部水室上安装一个弹簧安全阀。

5. 锅炉给水量控制

正常运行中锅炉给水流量控制主要通过调节汽轮机转速实现。给水操作台只作为给水流量的辅助调节手段，它由两只并联的电动给水调节阀和电动闸阀组成。引进型机组不设给水操作台，只在省煤器入口联箱前设置一个电动截止阀和止回阀，锅炉给水量的变化全部依靠调节给水泵转速来实现，这不仅避免了节流损失，而且使给水泵在很大负荷范围内处于高效区。在锅炉启动初期，通过控制电动泵出口电动阀的旁路阀对汽包水位进行单冲量调节，当锅炉负荷增加到25%MCR时，电动泵出口阀全开，用三冲量调节系统通过液力联轴器调节电动泵转速，以满足锅炉的给水要求。

6. 减温水支管

给水泵中间抽头水供再热器减温用，抽头引出管上各装一只止回阀和两只截止阀，以防止抽头水倒流，有利于给水泵检修。三台泵的抽头管道合并成一根总管至锅炉再热器。在给水泵与高压加热器之间的给水总管上，接有去高压旁路减温水和过热器减温水的管道。在省煤器环形进水联箱上，引出一根管至过热器减温水管。在引进型300MW机组的过热器减温水管均由给水泵出水母管接出。600MW机组的给水系统中，两台汽动泵的前置泵也设置了再循环管道，并且每台高压加热器都设置一套小旁路。其余与以上所述给水系统相似。

⇨【任务实施】

一、给水系统启动

1. 启动前的准备及注意事项

(1) 给水系统清洗。直流锅炉或亚临界参数的汽包锅炉对给水品质要求严格，因此高压给水系统在停运或大小修后再次投运前，必须进行清洗。启动电动给水泵，对给水管道和高压加热器水侧进行冲洗，同时对高压加热器进行充水查漏工作，然后对锅炉进水冲洗。锅炉排放冲洗水质合格后，进行循环清洗。待循环清洗水质合格后方可投入给水系统。

(2) 注水。给水系统在启动前应全部注满水，排走系统内部积存的水和空气。

(3) 暖泵。如给水已经过加热除氧，则给水泵必须进行暖泵。给水系统启动时，采用正暖方式，当泵的上下壳温差小于10℃时，暖泵结束。

(4) 启动泵的润滑油系统且油压合格，投入泵体的密封水及密封水的冷却水系统。

(5) 开启泵的入口阀门，关闭出口阀门，打开再循环阀。

(6) 对于汽动给水泵还要投入小汽轮机的润滑油系统且油压达额定值，投入盘车，投入轴封蒸汽系统，打开有关的疏水阀，小汽轮机随主汽轮机一起抽真空，送蒸汽至主汽阀前。小汽轮机冲转前，给水泵必须具备启动条件，并进行冲转前的试验工作。

2. 启动

（1）电动给水泵启动。启动电动泵时，与之匹配的前置泵入口闸阀全开，给水泵的出口电动阀门全关，启动初期水泵通过给水再循环运行，其出口电动阀门随锅炉进水自动投入，并逐渐开大。当锅炉所需给水流量大于最小给水流量时，再循环阀将自动关小直至全关。

（2）汽动给水泵启动。当负荷增加至30%MCR左右时，可启动一台汽动给水泵。首先启动与之匹配的前置泵，给水通过再循环管回到给水箱。待前置泵运行正常后，手动开启小汽轮机高压主汽阀，同时开启给水泵的出口电动阀，汽动给水泵开始向母管供水。如继续手动增加小汽轮机转速，电动给水泵的转速随汽包水位控制而降低，直到最低转速时出口调节阀开始关闭，当该阀关闭到70%时，将小汽轮机转速切换到自动。当负荷增加到一定值时，汽动给水泵转速随三冲量调节而自动升速。这时电动给水泵仍继续运行，直到机组负荷大于50%MCR，第二台汽动给水泵投入运行为止。当汽轮机负荷增加，抽汽压力和流量可以驱动小汽轮机时，小汽轮机的低压调节汽阀自动打开，逐步由抽汽汽源供汽，高压调节汽阀自动关小直到全部使用抽汽时关闭，高压汽源处于热备用状态。

高压加热器启动如项目四任务一所述。

二、正常运行

正常运行中，在机组不同负荷下，要求两台汽动给水泵和三台高压加热器全部投运，给水流量自动调节。即使机组负荷降到低于50%MCR时，两台汽动给水泵均应投入运行。这是因为此时抽汽参数低没有足够的能量驱动一台满出力的给水泵，加之小汽轮机启停过程中操作较多，不便于机组快速增加负荷。

三、故障及处理

1. 给水泵跳闸

若机组负荷大于60%时，一台汽动给水泵跳闸时立即检查电动给水泵是否联动投入，否则应手动投入。若电动泵启动不成功，应降负荷至60%MCR以下运行，因一台汽动泵单独运行时，只能供60%的额定给水量。若机组负荷小于60%MCR时，一台汽动给水泵跳闸，可不必启动备用泵，因另一台汽动泵单独运行，可满足锅炉给水量的要求。

当一台汽动给水泵的前置泵跳闸时，对应的汽动给水泵将跳闸。

2. 机组甩负荷

当机组甩负荷引起汽轮机主汽阀关闭时，汽动给水泵抽汽汽源中断，主蒸汽高压汽源自动投入维持给水泵运行。此时电动给水泵也自动投入运行，以满足锅炉对给水的需求。当给水流量下降时，给水泵将通过给水再循环运行，直到手动停运为止，同时自动关闭给水泵出口隔离阀。当两台汽动给水泵解列后，电动给水泵继续运行，直至锅炉停止给水。

3. 高压加热器故障

由于管子泄漏或疏水不畅，引起高压加热器汽侧水位超过最高水位时，高压加热器自动旁路保护系统动作，给水走旁路，三台高压加热器解列。此时给水温度将大幅度下降，应按规程规定机组限负荷运行。

四、停运

（1）若机组按正常参数方式停运，随着负荷的降低，两台汽动给水泵逐渐降负荷，降至 50%MCR～40%MCR 时，可先停一台汽动给水泵，然后再逐渐停另一台汽动给水泵。当负荷降到规程规定负荷以下时，可停运高压加热器。首先关闭加热器抽汽管道上电动隔离阀和止回阀，切断汽源，同时开启抽汽管道上的疏水阀；当加热器停汽逐渐冷却后，加热器给水可切换旁路，关闭加热器水侧进、出口阀。停运过程中应注意给水温降率不大于规定值。

（2）若机组按滑参数方式停运，当负荷降到 50%MCR～40%MCR 时，停一台汽动给水泵；当负荷降到 35%MCR～30%MCR 时，汽动泵切换到电动给水泵运行，三冲量调节信号也随之切换到电动给水泵，切换后手动停运汽动给水泵及其前置泵；随着负荷的进一步下降，电动给水泵三冲量调节改为单冲量调节直到停泵。机组停运后，高压加热器可停止水侧运行，此时，只需开启抽汽管道上的疏水阀和汽侧放水阀。

（3）若短时间停机，各加热器水侧可在给水中加联氨调整 pH 值到 8；若长时间停机，各加热器水侧存水放空后，采用充氮系统进行干燥保养。

➾【能力训练】

1. 识读仿真机界上的给水系统图。

2. 在仿真机上按照给水系统投运操作步骤，完成给水系统投运操作训练（参考项目六）。

任务五　汽轮机轴封蒸汽系统及其运行

➾【任务目标】

掌握汽轮机轴封蒸汽系统的连接方式和运行知识，能进行轴封蒸汽系统的启停操作。

➾【知识准备】

一、轴封蒸汽系统的作用

汽轮机在各种运行工况下，轴封蒸汽系统都应提供合乎要求的轴封和门杆密封用汽。轴封蒸汽系统的作用归纳如下：

（1）防止汽缸内蒸汽和门杆漏汽向外泄漏，污染汽轮机房环境和轴承润滑油油质。

（2）防止机组正常运行期间，高温蒸汽流过汽轮机大轴使其受热，从而引起轴承超温。

（3）防止空气漏入汽缸的真空部分。在机组启动及正常运行期间，保证凝汽器的抽真空效果及真空度。在汽轮机打闸停机及凝汽器需要维持真空的整个热态停机过程中，防止空气漏入汽轮机，加速汽轮机内部冷却，造成大轴弯曲。

（4）回收汽封和门杆漏汽，减少工质和能量损失。

二、轴封蒸汽系统的形式及组成

大型机组都采用具有自动调节装置的闭式轴封蒸汽系统，不同机组的轴封蒸汽系统各不相同，但其设计原理基本一致，按供汽的方式大致可分为外来汽源供汽方式及自密封供汽两种形式。目前我国中小型机组主要采用前者，后者常用于引进型 300MW 和 600MW 机组上。

(一) 用外来汽源供汽的轴封蒸汽系统

图 5-31 所示为凝汽式供热 C12/3.43/0.981 型机组上采用的用外来汽源供汽的汽轮机轴封蒸汽系统，该轴封蒸汽系统由均压箱、轴封冷却器（即凝结水系统中的轴封加热器）、压力调节装置及其连接管道组成。

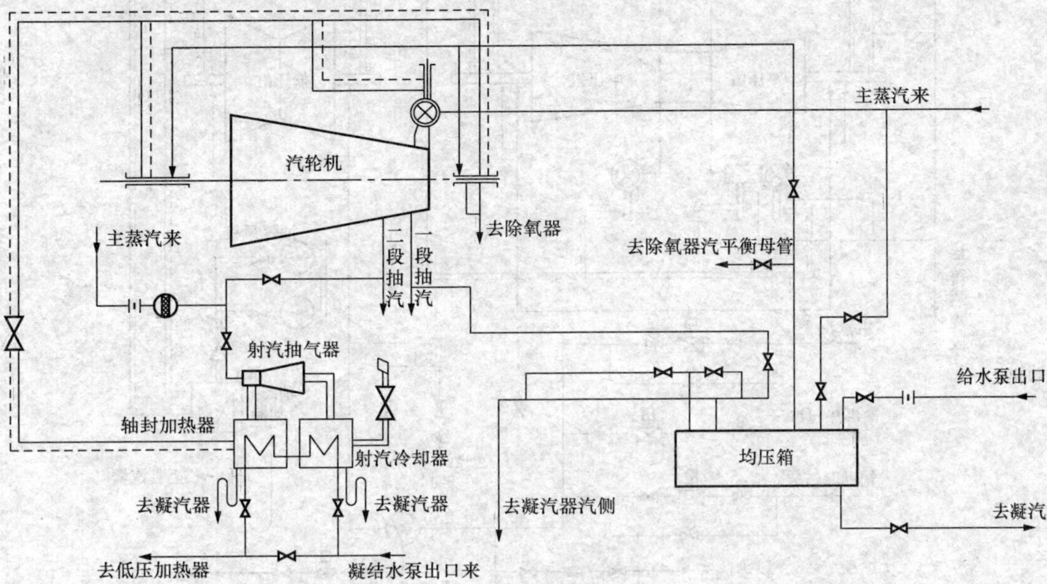

图 5-31 用外来汽源供汽的汽轮机轴封蒸汽系统

轴封供汽汽源在机组启动过程中由主蒸汽供给，正常运行时由第一级抽汽供应。轴封蒸汽由均压箱调温调压后作为汽轮机轴封供汽，减温水来自给水泵出口，压力由进汽阀和进入凝汽器汽侧的溢流阀控制。

汽轮机高压侧的轴封漏汽回收至除氧器。汽轮机汽封外档腔室以及自动主汽阀和调节汽阀的漏汽（汽气混合物）进入轴封冷却器，通过轴封冷却器中凝结水的冷凝及射汽抽气器作用，使其保持在 0.095MPa 左右的微负压状态下，以达到轴封和门杆漏汽不向外泄漏的目的。射汽抽气器抽出的汽气混合物通过射汽冷却器中凝结水冷凝成疏水，经 U 形水封管回收到凝汽器，空气则排大气。

(二) 自密封供汽式轴封蒸汽系统

图 5-32 所示为引进型 300MW 机组上采用的自密封轴封蒸汽系统。

该轴封蒸汽系统的特点是高、中压缸轴封与低压缸轴封通过母管连接起来，在机组正常运行时，可实现两者之间的自身平衡蒸汽密封。

在汽封母管上设有三个汽源管道，即主蒸汽、辅助蒸汽和冷再热蒸汽。在机组启动初期，由辅助蒸汽向轴封供汽。当主蒸汽参数满足轴封供汽要求时，由主蒸汽向轴封供汽。当机组负荷为 10%MCR～20%MCR 时，由冷再热蒸汽供汽。各汽源的供汽压力由设在各汽源管道上的气动调节阀控制。随着机组负荷的增加，当负荷大于 25%MCR～30%MCR 时，高、中压缸的内挡漏汽压力满足低压缸汽封用汽要求时，由高、中压缸的内挡漏汽向低压缸供汽。供汽温度由减温器控制，供汽压力由溢流站控制，它将多余的蒸汽通过气动调节阀排入凝汽器，以保持低压缸供汽压力稳定。这时的各供汽汽源则处于热备用状态，以便随时启

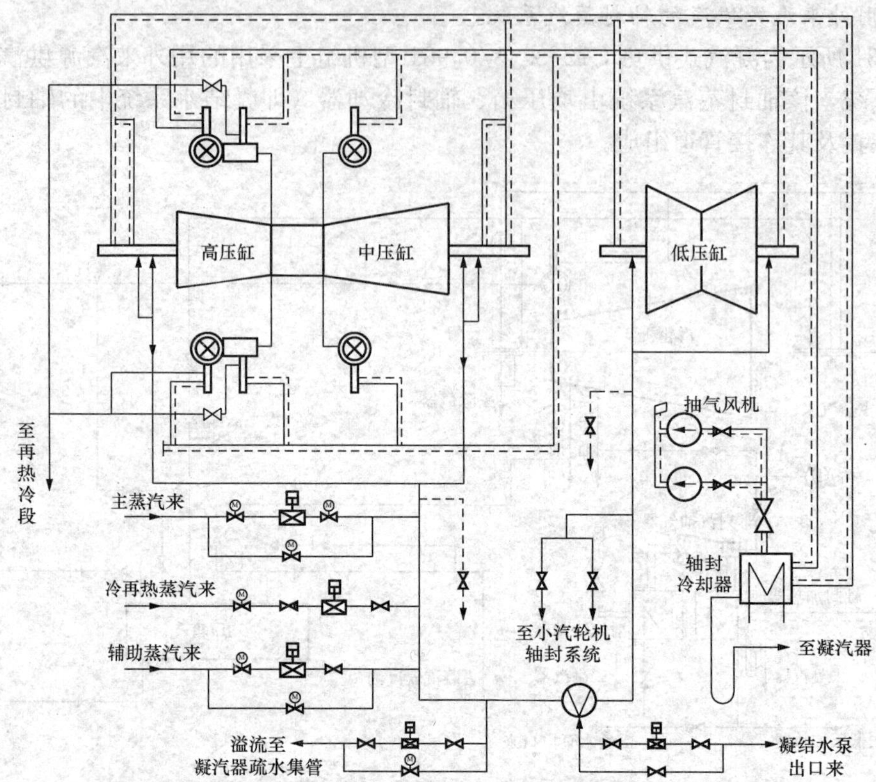

图 5-32 自密封轴封蒸汽系统

用。该类型的轴封蒸汽系统在机组启动或停机时由外来汽源供汽；在机组正常运行时，能实现自平衡密封供汽，消耗蒸汽量小，运行经济、安全可靠，被普遍应用于引进型 300、600MW 机组上。

【任务实施】

一、启动

确认轴封蒸汽系统已具备投运的条件。开启汽源供汽阀门，对轴封蒸汽系统中有关供汽设备和管道进行暖管和疏水，以防止凝结水进入轴封蒸汽系统。汽轮机冷态启动时，凝汽器开始抽真空之前或同时向轴封供汽；但在热态启动时，必须先投轴封蒸汽系统再抽真空，以使机组热应力减至最小并缩短启动时间。

轴封蒸汽系统启动的步骤如下：

（1）启动轴封加热器的射水抽气器或抽气风机，并调节射水抽气器的排气阀或抽气风机的蝶阀，使漏汽腔室压力保持在 0.095MPa 的微真空状态。

（2）投入轴封供汽，开启疏水阀一段时间后关闭，通过自动调节装置保持供汽压力在规定的范围内。冷态启动时，高、中、低压缸的轴封供汽温度为 160～170℃；热态启动时，高、中压缸的供汽温度必须与汽轮机转子表面的温度相适应，一般要求供汽温度不得高于轴封区域金属温度 110℃，低压缸和小汽轮机的轴封蒸汽温度应控制在 120～170℃范围内。

（3）对于自密封轴封蒸汽系统，注意各汽源的切换，当负荷达到一定值时，实现自密封供汽，检查轴封母管溢流阀应打开。

二、正常运行

在机组正常运行时，调整并保持供汽压力和温度稳定在正常值，维持漏汽腔室处于微负压状态。在机组各种运行工况下，保证轴封蒸汽系统的正常工作。

三、停机

汽轮机解列打闸停机后，轴封蒸汽系统仍需继续供汽，以防止冷空气漏入汽轮机内部，过快地局部降低金属温度而引起热应力。根据停机过程的具体情况，适时停止轴封蒸汽系统。当凝汽器真空为零时，可停止向汽轮机轴封供汽。

轴封蒸汽系统停运的步骤如下：

(1) 关闭供汽装置进汽阀；

(2) 停运减温器；

(3) 停止轴封加热器的射水抽气器或抽气风机；

(4) 打开轴封蒸汽系统各疏水阀。

⇨**【能力训练】**

1. 识读仿真机界面上的轴封蒸汽系统图。

2. 在仿真机上按照汽轮机轴封蒸汽系统投运操作步骤，完成轴封蒸汽系统投运操作训练（参考项目六）。

任务六　发电厂疏放水系统及其运行

⇨**【任务目标】**

掌握发电厂的疏放水系统组成、疏水的控制方式及运行知识，能进行疏放水系统的启、停操作。

⇨**【知识准备】**

一、发电厂疏放水系统的作用及组成

汽轮机组在各种运行工况下，当蒸汽经过汽轮机和管道时，都可能积聚凝结水。例如：机组启动暖管、暖机或蒸汽长时间处于停滞状态时，蒸汽被金属壁面冷却而形成的凝结水；正常运行时，蒸汽带水或减温喷水过量的积水等。当机组运行时，这些积水将与蒸汽一起流动，由于汽水密度和流速不同，就会对热力设备和管道造成热冲击和机械冲击。轻者引起设备和管道振动，重者使设备损坏及管道发生破裂。一旦积水进入汽轮机，将会造成叶片和围带损坏，推力轴承磨损，转子和隔板产生裂纹，转子永久性弯曲，汽缸变形及汽封损坏等严重事故。另外，停机后的积水还会引起设备和管道的腐蚀。为了保证机组的安全经济运行，必须及时把汽缸和管道内的积水疏放出去，同时回收凝结水，减少汽水损失，因此发电厂设置了疏放水系统。

在机组启动过程中排出暖管、暖机的凝结水称为启动疏水，机组正常运行时的疏水称为经常疏水，疏放机组长时间停用时积存的凝结水称为自由疏水或放水。

中小容量机组常采用母管制蒸汽管道系统，长期热备用管道和设备较多，经常疏水较为突出，因此一般设置全厂性的疏放水管道系统进行统一回收和利用。现代大容量机组，因为采用单元制蒸汽管道系统，长期热备用管道和设备较少，管道的保温性能好，机组采用滑参数运行方式，经常疏水量少，只是因管径大、管壁厚，启动疏水量大，所以单元机组一般设置汽轮机本体疏水系统即可满足汽轮机组对疏水的要求。

全厂性的疏放水管道系统可分为锅炉和汽轮机本体及其汽水管道的疏放水系统，汽轮机本体疏水主要包括：主蒸汽管道的疏水，再热蒸汽冷、热段管道的疏水，高、低压旁路管道疏水，抽汽管道疏水，高、中压缸主汽门和调节汽门的疏水，高、中压缸缸体疏水，汽轮机轴封疏水等。上述疏水管道、阀门和疏水扩容器等组成了汽轮机的本体疏水系统。

二、汽轮机本体疏水系统

1. 疏水点的设置

疏水点一般设在容易积聚凝结水的部位及有可能使蒸汽带水的地方，如蒸汽管道的低位点，汽缸的下部，阀门前、后可能积水处，喷水减温器之后，备用汽源管道死端等。这些部位设置疏水点能够将疏水全部疏出，保证机组安全。

2. 疏水装置及控制

疏水的控制是通过疏水装置实现的。疏水装置包括手动截止阀、电动调节阀、气动调节阀、节流孔板、节流栓和疏水罐等。大型机组多采用电动疏水阀或气动疏水阀作为疏水控制的主要机构。电动阀可以自动开关，也可在集控室由运行人员手操控制。气动疏水阀一般为气关式，由电磁阀控制，当电源、气源和信号中断时，阀门向安全的方向（开启方向）动作，以确保疏水的畅通，可根据机组的运行情况由程序控制自动开启，也可在集控室手操控制。手动截止阀、节流孔板、节流栓和疏水罐，一般与以上两种疏水阀配合使用组成不同的疏水控制方式。由于各处对疏水的要求不同，疏水的控制方式也不尽相同。

一只手动截止阀一般用于 PN≤2.452MPa 的疏水管道，截止阀全开全关，不调节疏水流量，以防止误操作，确保疏水畅通；在 PN≥3.923MPa 的疏水管道上，用一只截止阀串联一只电动调节阀，进行疏水控制。

压力较高的疏水采用几根疏水管先汇集到节流孔板组件，减压后由一根管引出，通过一个气动调节阀控制疏水，如图 5-33（a）所示。这种疏水方式常见于引进型 300、600MW 机组的高压调节汽门导汽管的疏水。

在最易引起汽轮机进水或疏水量大的疏水点，采用图 5-33（b）所示的疏水罐疏水方式，疏水罐是直径 DN>150mm、长度以能接外视水位计为限的疏水短管，其上设有高水位开关和高一高水位开关。当疏水水位达高水位时，高水位开关通过电磁阀全开气动疏水调节阀，并向集控室发出高水位报警和疏水阀开启信号。当水位达高一高水位时，向集控室发出高一高水位报警信号。当机组负荷小于 10%MCR 时或汽轮机跳闸时，疏水阀自动打开。这种疏水方式疏水量大且疏水控制的自动化水平高，一般用于大型机组的高压缸排汽止回阀前、后，再热热段蒸汽管道中压联合汽门前，高压旁路阀后，低压旁路阀前、后，减温器后以及小汽轮机高压汽源管道等处。

对于处于热备用状态的管道，需要经常有少量的疏水流动进行暖管，确保备用管道随时启动。采用带有旁路的疏水节流栓的疏水方式，可使疏水节流降压，控制疏水量。当需要增大疏水量时，旁路阀同时开启，如图 5-33（c）所示。这种疏水方式多用于大型机组高压旁

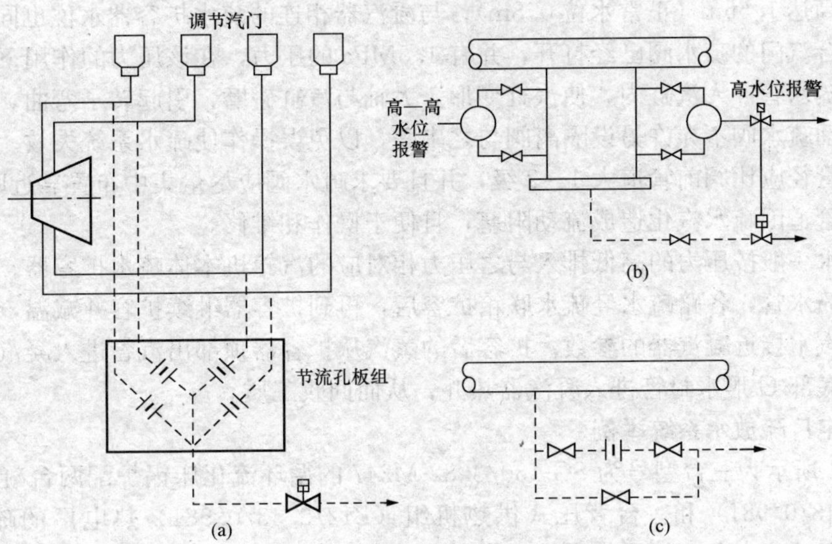

图 5-33　不同的疏水控制方式

(a) 节流孔板组件；(b) 疏水罐；(c) 节流栓

路阀进口蒸汽管道上疏水及小汽轮机高压备用汽源管道上的疏水。

3. 疏水管道布置

疏水管道的布置以及疏水管道和疏水阀内径的确定，应考虑在各种不同的运行方式下都能排出最大疏水量，且在任何情况下管道和阀门内径均不应小于 20mm，以免被污物阻塞。疏水管道的布置原则如下所述。

(1) 疏水管道都应有顺气流、方向向终端的坡度。对依靠重力疏水或疏水压力差较小的疏水管道，其坡度越大越好。疏水管道上不应有低位点或比本体疏水扩容器接口标高还要低的管段。如为满足管道的热补偿要求，疏水管道上需要设置补偿管段，则补偿段应位于在水平方向或垂直方向有坡度的平面内。

(2) 每根疏水管道应单独引至本体疏水扩容器。同一管道不同标高或同一管道压力相差较大处接出的两根或数根疏水管道不应合并再通向本体疏水扩容器，否则较高位或较高压力的疏水会阻滞较低位或较低压力的疏水。不同标高和不同压力的管道和设备接出的疏水管道不可合并后再引向疏水扩容器。

(3) 为减少本体疏水扩容器的开孔，扩容器上装有几根进水联箱，其内横截面积要足够大（不能小于接入该联箱的所有疏水管内横截面积之和的 10 倍），使所有疏水管道同时开启的情况下，联箱内部的压力都能低于接入该联箱压力最低疏水点的压力，并且要求进水联箱的标高必须高于凝汽器热井的最高水位和扩容器的运行水位，以防止凝汽器或扩容器中的水通过进水联箱、疏水管倒流入汽轮机。

(4) 工作压力相近（同一压力等级）的疏水管才能接到同一进水联箱，并按压力从高到低的顺序排列（沿联箱的水流方向），否则，压力高的疏水就可能从压力低的疏水管返至汽轮机，造成汽轮机进水事故。例如：某机组在运行中，由于锅炉汽温升高到 570℃，汽轮机停机。锅炉通过旁路系统排汽到凝汽器。停机后半小时，盘车跳闸且启动不起来。检查发现，高压缸上下壁温差达 260℃，中压缸上下壁温差达 180℃，说明汽缸已进水。此时，凝汽器水位升高达 1.65m（正常水位 0.8m），与凝汽器相连的疏水扩容器水位也同时升高，因为中压缸联合汽门的疏水阀已经打开，并有 1.5MPa 的压力，在该压力的作用下，扩容器内的水经汽缸疏水管冲入汽缸内，使汽缸变形，大轴与汽缸碰磨，引起转子弯曲，盘车跳闸。

（5）自动疏水阀不允许另设隔离阀与之串联，以免误操作使疏水系统失效。所有疏水阀后的疏水管管径应比阀前管道大 1～2 级，并且要求疏水阀应尽量集中布置靠近联箱接口处，可防止阀后管道因疏水汽化造成流动阻塞，且便于操作和维修。

（6）疏水一般按压力的高低排入与之压力相对应的汽轮机本体疏水扩容器。疏水扩容器上装有减温喷水管，各路疏水经疏水联箱扩容后，再到扩容器继续扩容并减温，使得流出疏水扩容器的汽水接近凝汽器的参数。扩容后的蒸汽从扩容器顶部出汽管进入凝汽器喉部，而凝结水通过底部 U 形水封管进入凝汽器热井，从而回收工质。

三、发电厂疏放水系统举例

图 5-34 所示为三台型号为 SG-130/3.82-M247 的循环流化床锅炉配两台凝汽式供热机组（C12/3.43/0.981）和一台背压式供热机组（B12/3.43/0.981）热电厂的疏放水系统，锅炉、除氧间的疏水和除氧器的事故放水进入疏水扩容器后经 U 形水封管流入疏水箱，通过疏水泵将其送入除氧器。汽轮机各抽汽止回阀前后及主汽阀的疏水进入疏水膨胀箱后，蒸汽至凝汽器汽侧，水至凝汽器热井。三台机组高压加热器的危急疏水进入高压加热器危急疏水扩容器，其工质不再回收。

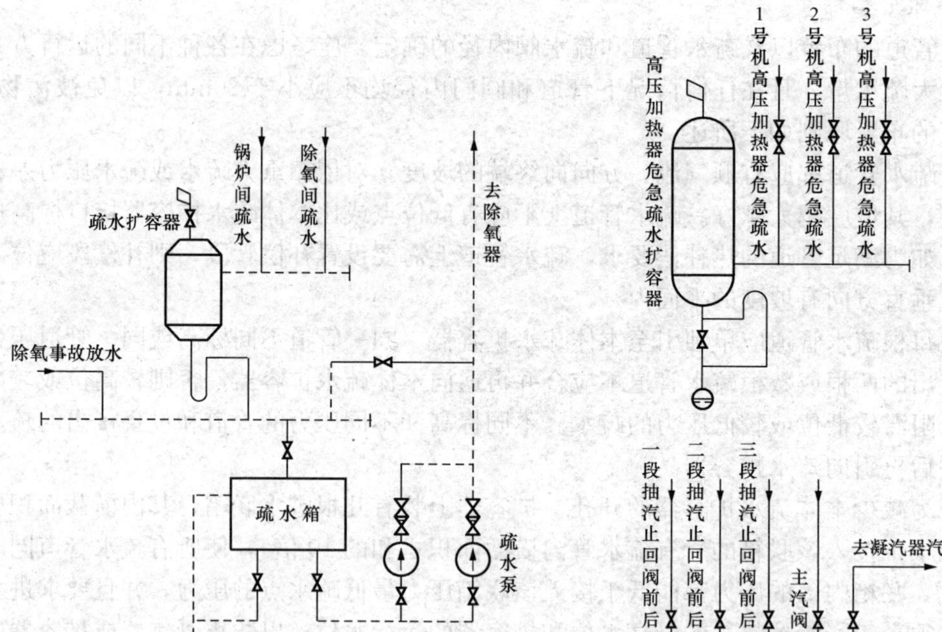

图 5-34 背压、凝汽式热电厂的疏放水系统

图 5-35 所示为 300MW 机组的汽轮机本体疏水系统。该系统设有高、中、低三个汽轮机本体疏水扩容器，扩容后蒸汽进入凝汽器喉部，水引入凝汽器热井。

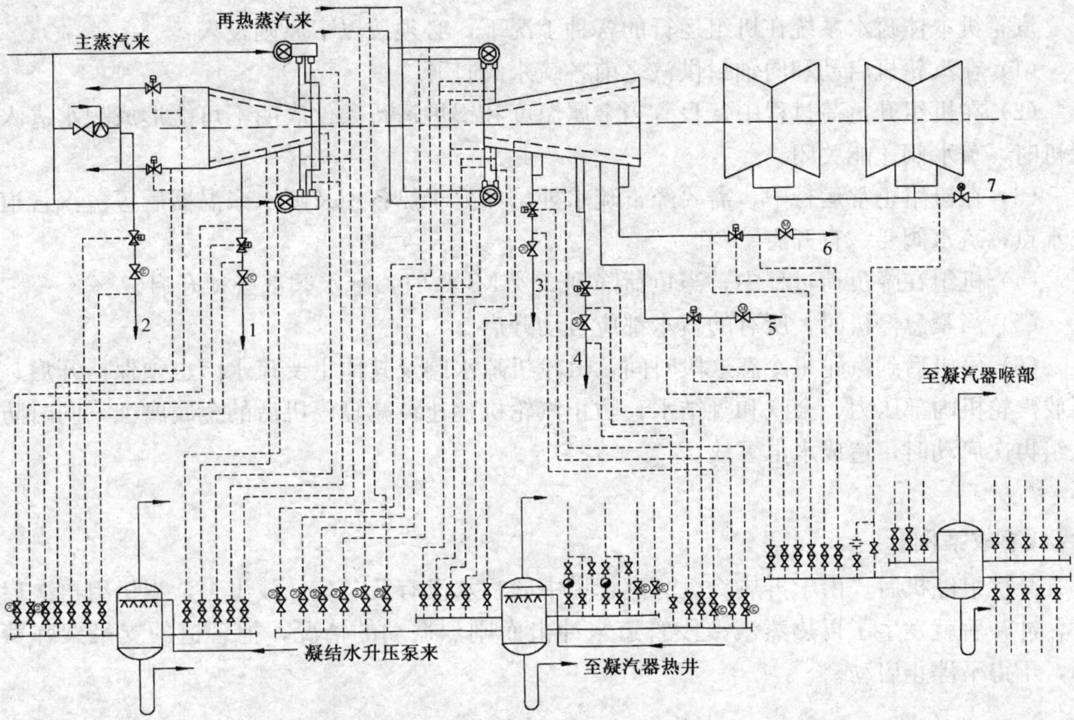

图 5-35　300MW 机组汽轮机本体疏水系统
1～7—各级抽汽管道

高压疏水扩容器两侧装设两个进水联箱供以下疏水进入：汽轮机高压汽缸和夹层疏水，第一、二段抽汽管道疏水，高压缸排汽止回阀前再热冷段管道疏水，主汽门后主蒸汽联通管及调节门后导汽管疏水。

中压疏水扩容器两侧共有 4 个进水联箱，接受下面疏水：中压汽缸进汽室下部、外缸下部和汽缸夹层的疏水，联合汽门前再热热段蒸汽管道疏水，联合汽门后导汽管疏水，以及第三、四级抽汽管道的疏水（其中包括抽汽至辅助蒸汽联箱管道疏水、小汽轮机低压汽源蒸汽管道疏水等）。

低压疏水扩容器两侧共有 4 个进水联箱，分别接受下列各处疏水：汽轮机低压缸汽缸夹层及法兰螺栓加热集汽联箱疏水，主汽门、调节汽门等门杆高压腔室漏汽至除氧器的蒸汽母管疏水；第五～七段抽汽管道疏水；汽轮机高、中、低压缸轴封漏汽管道疏水，主汽门、调节汽门、抽汽止回阀等门杆漏汽至轴封加热器的蒸汽管道疏水；高、低压轴封均压箱疏水，高、中、低压缸轴封供汽管道疏水等。

引进型 300MW 机组的汽轮机本体疏水系统不设汽轮机本体疏水扩容器，疏水分别引入疏水集管，疏水集管与凝汽器壳体上的疏水扩容装置连接。疏水经疏水管、疏水集管、凝汽器的疏水扩容装置降压降温后进入凝汽器，系统比较简单。

【任务实施】

汽轮机本体疏水系统投入

汽轮机本体疏水系统在机组运行的各种工况下，必须按以下原则投入：

（1）在汽轮机启动和向轴封供汽之前各疏水阀打开。

（2）在机组升负荷过程中，只有当金属温度和锅炉运行条件表明不可能形成积水进入汽轮机时，疏水阀才能关闭。

（3）在机组正常运行中，需要经常疏水处，如处于热备用及喷水减温器后等蒸汽管道的疏水点，疏水阀要一直开启。

（4）机组在降负荷过程中，当负荷降到20%MCR时，疏水阀都必须开启。

（5）当紧急停机时，所有的疏水都应自动开启。

（6）停机后到汽轮机冷态这段时间，汽轮机疏水阀及其他主要疏水阀也须保持开启，以释放汽轮机内部压力、余汽和凝结水，防止汽轮机超速，减轻停机后的金属腐蚀，同时防止机组再次启动时，造成水击事故。

【事故案例】

某机组停机后，由于再热冷段蒸汽管道中的积水没有及时疏、放出去，当机组再次启动时，冲转后就发生了再热蒸汽冷段管道水冲击而剧烈振动的情况，把管道的支吊架弹簧振掉，不得不停止启动。

【能力训练】

1. 上述事故案例对我们有哪些启发？如何避免上述事故的发生。
2. 识读仿真机界上汽轮机本体疏水系统图。
3. 在仿真机上结合机组启动，完成汽轮机本体疏水系统运行操作训练（参考项目六）。

任务七　锅炉排污系统及其运行

【任务目标】

掌握减少发电厂汽水损失的措施及锅炉排污系统的组成，能进行锅炉排污系统的启动及正常运行维护工作。

【知识准备】

一、发电厂的汽水损失及补充

（一）发电厂的汽水损失及减少汽水损失的措施

发电厂在进行汽水动力循环的过程中，总是存在原因不同、数量不等的汽水损失，同时伴随着热量损失。要使发电厂正常运行，就必须对损失的工质进行补充。

根据损失的部位不同发电厂的汽水损失分为内部损失和外部损失两类。内部损失包括热力设备及其管道的暖管疏放水、汽包锅炉的排污水、各种动力设备（汽动泵、射汽式抽汽器等）的用汽、汽封用汽、蒸汽吹灰用汽、加热重油用汽、汽水取样及设备检修时的排放水等，这些属于工艺上必需的正常性汽水损失。另外还有非工艺上偶然性汽水损失，即通常所讲的由于热力设备和管道的不严密造成的跑冒滴漏。外部损失是指热电厂对外供热设备及管道的工质损失，它与热负荷的性质（热水负荷还是蒸汽负荷）、供热方式（直接或间接供汽，开式或闭式水网）及回水的质量（是否被污染）有关，变化范围很大，甚至完全不能回收（如热水负荷）。

发电厂的汽水损失，有工质损失，又伴随着热量损失。汽水损失的大小，不仅影响电厂的热经济性，还危及设备的运行安全和使用寿命。因此，不论是在机组的启停、正常运行和检修过程中，都要尽可能减少汽水损失。减少汽水损失的措施有：①选择合理的热力系统及汽水回收方式，尽量回收工质并利用其热量，如锅炉的连续排污利用系统、轴封蒸汽利用系统、发电厂的疏放水系统等对汽水的回收及利用；②改进工艺过程，如蒸汽吹灰改为压缩空气、炉水吹灰，锅炉、汽轮机和除氧器由额定参数启停改为滑参数启停或滑压运行方式；③提高设备及其管道的安装检修质量，如用焊接取代法兰等；④提高运行技术、管理和维修人员的素质，完善监督机制及考核管理办法等。

根据 DL 5000—2000《火力发电厂设计技术规程》（以下简称《设规》），火电厂各项正常汽水损失及考虑机组启停或事故而增加的水处理设备的出力见表 5-2。

表 5-2　火电厂各项正常汽水损失及考虑机组启停或事故而增加的水处理设备的出力

损失类别		正常损失	考虑机组启停或事故而增加的水处理设备的出力（按 4 台机组计）
厂内汽水循环损失	200MW 以上机组	锅炉的最大连续蒸汽量的 1.5%	为全厂最大 1 台锅炉最大连续蒸汽量的 6%
	100～200MW 以上机组	锅炉的最大连续蒸汽量的 2.0%	
	100MW 以下机组	锅炉的最大连续蒸汽量的 3.0%	为全厂最大 1 台锅炉最大连续蒸汽量的 10%
对外汽水损失		根据资料	—
发电厂其他用水、用汽损失		根据资料	—
汽包锅炉的排污损失		根据计算，但不少于 0.3%	—
闭式热水网损失		热网水量的 1%～2%或根据资料	水热网水量的 1%～2%，但与正常损失之和不小于 20t/h
厂外其他用水量		根据资料	—

（二）火电厂的汽水质量

为保证机组的经济运行，必须对火电厂的汽水质量进行监督，监督的重要依据是汽水质量标准，主要有国家标准 GB/T 12145—2008《火力发电机组及蒸汽动力设备水汽质量》和行业标准、DL/T 938—2005《火电厂排水水质分析方法》等。

由于热力设备蒸汽参数的不断提高，单机容量不断增大，对水汽质量的要求越来越高，而且水处理的方式不同，以及水处理和测试技术不断发展，同一种水的质量标准值略有差异。水汽标准有：锅炉补充水、给水、炉水、蒸汽、汽轮机凝结水、疏水、生产返回水、热网补给水、冷却水及水冷发电机冷却水等标准。如汽轮机冲转前的蒸汽质量标准见表 5-3。

表 5-3 汽轮机冲转前的蒸汽质量标准

炉型	锅炉过热蒸汽压力 MPa	电导率（μS/cm）（氢离子交换后，25℃）	二氧化硅	铁	铜	钠
			μg/kg			
汽包锅炉	3.8～5.8	≤3.0	≤80	—	—	≤50
	5.9～18.3	≤1.0	≤60	≤50	≤15	≤20
直流锅炉	—	—	≤30	≤50	≤15	≤20

（三）发电厂汽水损失的补充

发电厂在机组运行过程中，必须对汽水损失进入补充。对于凝汽式电厂，化学处理后的补充水通常进入凝汽器。对于热电厂，由于其外部汽水损失很大，有的甚至回收率为零，补充水量很大，所以，化学处理后的补充水进入专门为之设置的大气式除氧器，经除氧合格后进入与之温度压力最为接近的热力系统。

二、锅炉排污及其利用系统

（一）锅炉的排污率

为保证锅炉的炉水品质，在汽包锅炉的炉水中要加入某些化学药品，使随给水进入锅炉的结垢物质生成水渣或呈溶解状态，或生成悬浮细粒呈分散状态，这些杂质留在炉水中，随着运行时间的增长，炉水中含盐量超过允许值，这不仅使蒸汽带盐，影响蒸汽品质，还可能造成炉管堵塞，影响锅炉的安全运行。

为获得清洁蒸汽，在汽包锅炉运行中，把一部分含盐浓度较大的炉水、悬浮物和水渣通过排污排出，同时补入同量纯净的水，使炉水中的含盐量在一定的范围内。锅炉排污分为连续排污和定期排污。连续排污是从汽包中含盐量较大的部位连续排放炉水，由于连续排污量大，对连续排污要求回收工质和热量。定期排污是从炉水循环的最低点（水冷壁下联箱）排放炉水，一般在低负荷时进行，排污时间为 0.5～1min，排污量为锅炉额定蒸发量的 0.1%～0.5%，定期排污能迅速地降低炉水的含盐量。所以汽包锅炉均设置一套完整的连续排污利用系统和定期排污系统。

锅炉在运行过程中，需要连续不停地排污，才能保证管道和设备的安全运行，连续排污水量的大小用排污率表示。锅炉连续排污水量与锅炉额定蒸发量比值的百分数称为锅炉的排污率，即

$$\beta_{bl} = \frac{D_{bl}}{D_b} \times 100\%$$

式中 β_{bl}——锅炉的排污率，%；

D_b——锅炉的额定蒸发量，kg/h；

D_{bl}——锅炉的排污量，kg/h。

锅炉的排污量过大，会使电厂工质损失增大，热经济性下降；排污量过小又使炉水含盐量增大。因此根据 DL/T 5068—2006《火力发电厂化学设计技术规程》的规定：汽包炉的排污率不得低于 0.3%；以化学除盐水和蒸馏水为补充水的凝汽式电厂不得超过 1%；以化学除盐水或蒸馏水为补充水的热电厂不得超过 2%；以化学软化水为补充水的热电厂不得超过 5%。

（二）锅炉连续排污利用系统及其经济性分析

锅炉连续排污不仅造成工质损失，而且还伴有热量损失。锅炉连续排污损失几乎占全厂

汽水损失的二分之一，并且随着机组容量的不断增加，排污水量越来越大。为了回收这部分工质，利用其热量，发电厂设置了连续排污利用系统。锅炉连续排污利用系统一般由排污扩容器、排污水冷却器及其连接管道和阀门组成。

在高压发电厂中，为提高排污利用系统的回收效果，常采用依次串联的两级排污利用系统；在超高参数和亚临界参数的发电厂中，为简化系统，常采用单级排污利用系统，如图5-36所示。

锅炉连续排污水流出汽包后进入排污扩容器，在扩容器压力下一部分水汽化为蒸汽，因蒸汽含盐量少，所以可以进入热力系统，一般是送入与扩容器压力相应的除氧器中，从而回收一部分工质和热量。单级排污利用系统中，回收蒸汽一般进入除氧器。扩容器内未汽化的排污水含盐量很大，工质已不能回收，但其温度仍在100℃以上，为充分利用这部分热量，流出排污扩容器后的排污水通过排污冷却器，以加热化学补充水，当排污水温度降至50℃以下时，排入地沟。

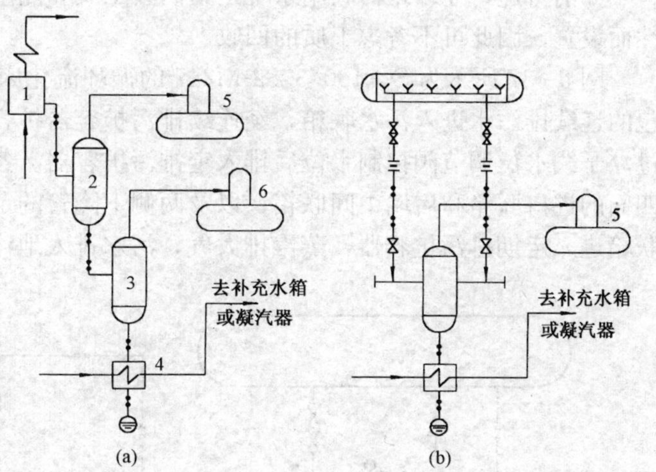

图5-36　锅炉连续排污利用系统

(a) 两级串联排污利用系统；(b) 单级排污利用系统

1—锅炉；2—Ⅰ级连续排污扩容器；3—Ⅱ级连续排污扩容器；4—排污冷却器；5—高压除氧器；6—大气式除氧器

在压力变化不大时，扩容器压力下1kg排污水的汽化潜热近似为常数。因此，当汽包压力一定时，回收蒸汽的量取决于扩容器的压力。扩容器的压力越低，回收工质的数量就越多，但能位的贬值也越大。这是因为压力低的扩容蒸汽引入回热系统时，排挤的回热抽汽压力越低，使回热抽汽的做功比减小。在机组定功率的情况下，回热抽汽做功越少，凝汽做功就越大，导致额外的冷源热损失越大，使机组的热经济性降低也越大。也就是说，回收工质并利用其“废热”的热经济性，并未体现在机组的热经济性上，而是反映在能提高全厂的热经济性，降低煤耗上。扩容器的压力通常是以额定工况下除氧器的工作压力为基准，再考虑扩容蒸汽管道的压损而确定。

两级串联排污利用系统中，回收蒸汽经第一级排污扩容器进入高压式除氧器，经第二级排污扩容器后进入大气式除氧器或与之压力温度最接近的回热加热器。当其他条件不变，两级系统中的低压扩容器压力若与单级扩容器压力相同并引入相同压力的除氧器中时，则两系统工质的回收率基本相同，因两级系统中高压扩容器回收工质的品位较高，引入热力系统相应的设备中排挤的是较高压力的抽汽，所以两级系统的热经济性比单级高，但要增加一级扩容设备和相应的管道、阀门，使系统的投资增加。

以上对锅炉连续排污利用系统的热经济性分析，同样适用于火电厂其他工质的回收和“废热”的利用系统。发电厂工质回收和“废热”利用的原则如下：

(1) 发电厂工质回收的同时，总有热量的利用，因而不仅要考虑工质回收的数量，还要考虑其能量品位的高低，要尽量减少利用热量时的能位贬值。回收的工质应尽可能引至与之压力、温度取最接近的回热系统，使其排挤回热抽汽导致额外冷源热损失最小。

(2) 回收工质并利用其“废热”的热经济性并未体现在机组的热经济性指标上，而是反映在全厂的热经济性指标上，即体现在降低全厂的煤耗率上。因此，工质回收和“废热”利用系统，不仅考虑热经济性，还要考虑投资、运行费用等的影响，应通过技术经济比较来确定。

(三) 全面性锅炉排污系统举例

如前所述，连续排污利用系统是为回收工质和热量而设置的，定期排污系统主要为安全性而设置，因此可不考虑工质的回收。

图 5-37 所示为 SG-130/3.82-M247 的循环流化床锅炉排污系统。并列运行三台锅炉汽包的连续排污水进入污水联箱，经连续排污扩容器扩容降压后，蒸汽回收至除氧器，污水通过浮子式水位调节阀控制水位后排入定排污扩容器。各台锅炉汽包高水位紧急放水、水冷壁四面的进口联箱和后墙中间联箱，以及两侧下降管的定期排污进入定期排污母管后，经排污联箱进入定期排污扩容器，蒸汽排大气，污水排入地沟。

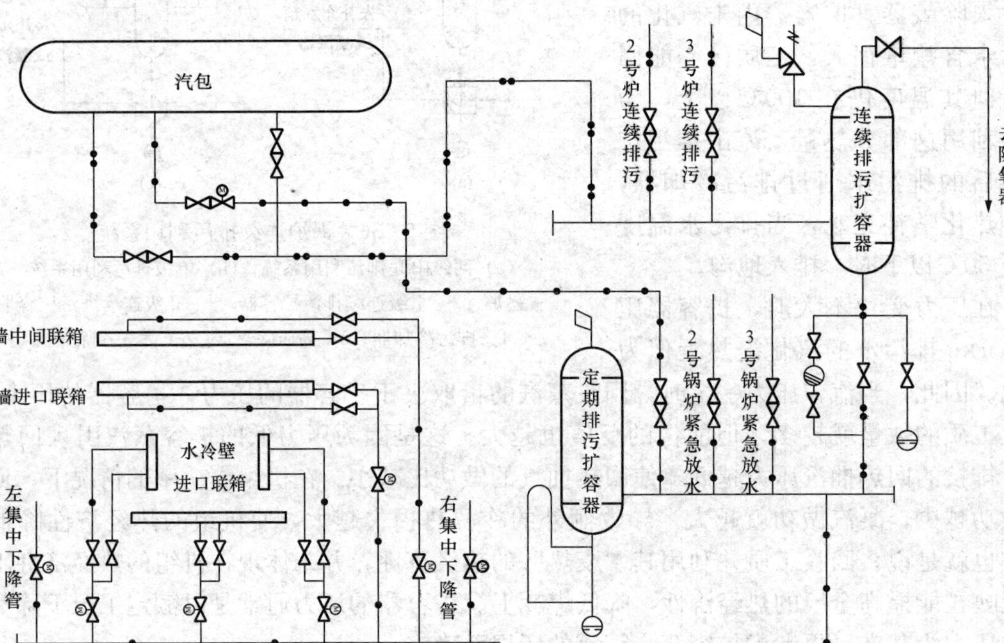

图 5-37 SG-130/3.82-M247 的循环流化床锅炉排污系统

图 5-38 所示为某 300MW 机组汽包锅炉排污系统。在从汽包底部接出的连续排污管道上装设电动截止阀、调节阀各一只，调节阀信号来自汽包内炉水硅酸根含量，自动控制连续排污量，以维持炉水硅酸根在允许值以内。另外，在该管上还装设一套流量测量装置，以便监视排污水流量和调节阀的工作情况。

连续排污扩容器上部二次蒸汽出口管上设置一个关断闸阀和止回阀，供检修关断和防止蒸汽倒流，下部排水管上装设一个气动水位调节阀，就地自动调节扩容器的水位，调节阀前后装设关断阀和旁路阀，便于调节阀故障检修。在扩容器出口装有一个放水闸阀，供扩容器

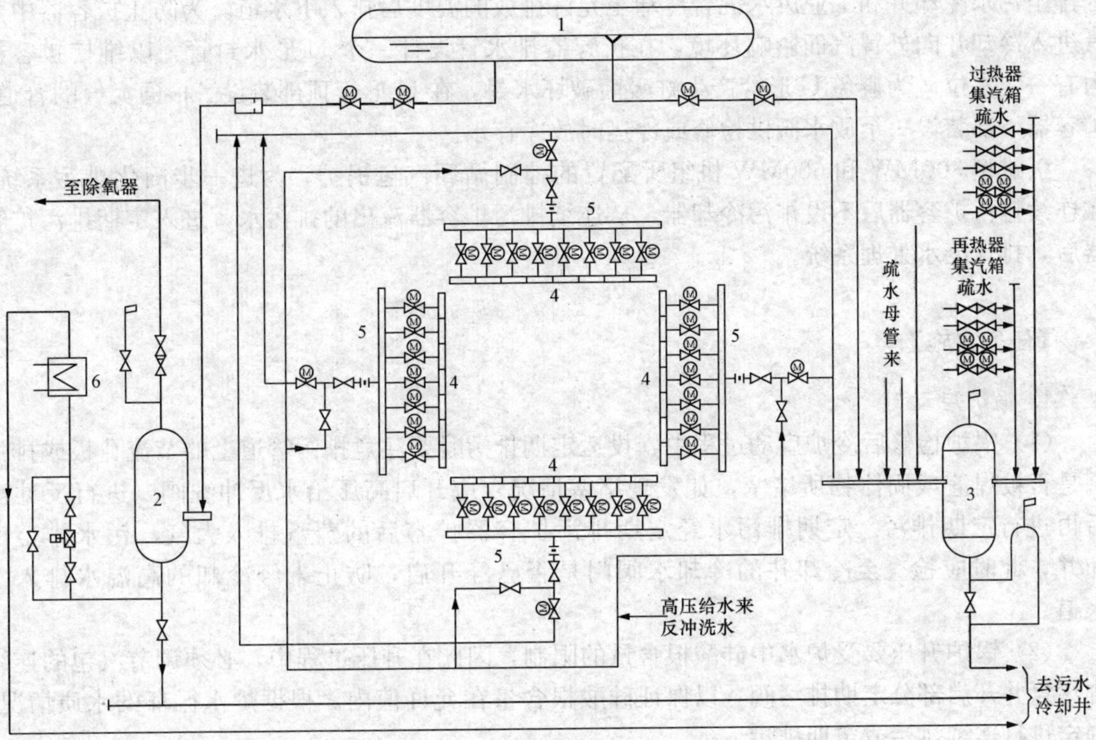

图 5-38　300MW 机组汽包锅炉排污系统

1—汽包；2—连续排污扩容器；3—定期排污扩容器；4—水冷壁下联箱；
5—排污联箱；6—排污冷却器

检修放水。

定期排污系统由定期排污扩容器及其连接管道和阀门组成。锅炉汽包的紧急放水、定期排污水、锅炉检修或水压试验后的放水、锅炉点火升压过程中对水循环系统进行冲洗的放水、过热器和再热器的下联箱及出口集汽箱的疏水等均进入锅炉定期排污扩容器后，排入排污冷却井或地沟。为防止汽包满水事故的发生，在汽包中部装设有汽包高一高水位紧急放水管，该放水管上串联二个电动放水阀和汽包水位信号联锁，当汽包水位超过允许值时，自动开启电动放水阀，汽包水位恢复正常时自动关闭，紧急放水电动阀还可以在集控室操作。放水通往锅炉定期排污扩容器。

锅炉炉膛每一个水冷壁下联箱均设一只供定期排污用的电动排污阀，作快开快关用。炉膛四周设置四个定期排污联箱，所有水冷壁下联箱的排污管道按所在位置就近接至相应的排污联箱。每个排污联箱的排污引出管均通过一个节流孔板、手动截止阀、电动截止阀后接至定期排污母管。节流孔板是为了限制排污水量，防止由于操作不当而破坏水循环，手动截止阀经常处于全开位置，电动截止阀作为调节用。节流孔板后接有一路从高压给水管道来的反冲洗管，当孔板被焊渣堵塞时，可使用高压水反冲洗。定期排污母管接受四个排污联箱来的污水通至定期排污扩容器的进水联箱。所有的电动阀开、关由程序控制并可在集控室远方操作，各水冷壁下联箱的排污阀也可采用程序控制以减少运行操作。

进入定期排污扩容器的污水和疏放水经扩容降压后，蒸汽通过上部排汽管排入大气，污水排至污水冷却井和工业废水混合冷却至允许排放的温度后排入下水道。为防止扩容器中蒸汽进入冷却井向外冒汽而影响环境，在扩容器排水管设计一个U形水封管，以维持扩容器内有一定水位。为避免U形管产生虹吸而破坏水封，在U形管顶部装设一根通大气的管道。扩容器下部装设一个放水阀供检修或停运时放净存水。

引进型300MW和600MW机组所配置的控制循环汽包锅炉，为进一步简化排污系统，在连续排污扩容器后不设排污冷却器，从连续排污扩容器流出的排污水，进入定期排污扩容器后，排入废水处理系统。

⇨【任务实施】

1. 锅炉启动时

(1) 锅炉检修后冷炉启动过程中，投运定期排污时要注意排污管道上的节流孔板或排污阀是否被焊渣或固体物所堵塞，如发现堵塞情况，应开启高压给水反冲洗阀，进行反冲洗后再进行定期排污。定期排污水经定期排污扩容器扩容后的蒸汽排入大气，污水排至冷却井，此时应检查至冷却井的冷却水阀门是否已经开启，防止未经冷却的高温水排入下水道。

(2) 锅炉升压要受炉水中硅酸根含量的限制，因此在升压过程中，必须调节汽包的连续排污量并开启部分定期排污阀，以保证硅酸根含量在允许值内。根据炉水循环的水质情况，确定进行连续排污或定期排污。

(3) 连续排污水通过连续排污扩容器排出的饱和蒸汽含硅量应进行检测，如含硅量超过允许值时，应开启扩容器蒸汽出口的向空排汽阀，并关闭至除氧器的供汽阀将不合格的蒸汽排入大气。污水经排污冷却器后排入定期排污冷却井。

2. 锅炉正常运行时

(1) 在正常运行中，汽包连续排污投入自动，调节阀接受炉水硅酸根含量的信号，自动调节连续排污水量，维持炉水硅酸根含量在允许值内，一般情况下，连续排污量应控制在规定的范围以内。

(2) 锅炉水冷壁下联箱的定期排污，在正常运行中，如果锅炉水质合格，水循环系统管内壁洁净无垢时，可不进行定期排污，但在给水和炉水中固形物含量超过允许极限值时，应进行定期排污。定期排污时，必须注意汽包水位的变化，每个水冷壁下联箱轮流进行排污，电动阀快开快关，不许破坏炉水循环。

3. 锅炉停运时

锅炉停运检修时，应释放汽包的压力至大气压力，炉水自然冷却至70℃时方可进行放水工作。

⇨【技能训练】

1. 识读仿真机界上锅炉排污系统图。

2. 在仿真机上按照锅炉启动时定期与连续排污系统运行操作步骤，完成锅炉系统排污运行操作训练。

任务八　辅助蒸汽系统及其运行

【任务目标】

掌握辅助蒸汽系统的组成，能进行机组各种工况下的辅助蒸汽汽源切换操作。

【知识准备】

一、辅助蒸汽系统的作用与容量

单元制机组的发电厂均设有辅助蒸汽系统。辅助蒸汽系统的作用是保证机组在各种运行工况下，为各用汽项目提供参数、数量符合要求的蒸汽。

辅助蒸汽系统容量按一台机组启动与另一台机组正常运行用汽量确定，一般说来，对于两台并列运行的机组，可共用一套辅助蒸汽系统，互相供应辅助蒸汽。辅助蒸汽的参数，是根据各电厂对辅助蒸汽用汽要求而定的。

二、辅助蒸汽系统的组成

辅助蒸汽系统主要由供汽汽源、用汽支管、辅助蒸汽联箱（或称辅助蒸汽母管）、减压减温装置、疏水装置及其连接管道和阀门等组成。图 5-39 所示为 300MW 机组的辅助蒸汽系统。

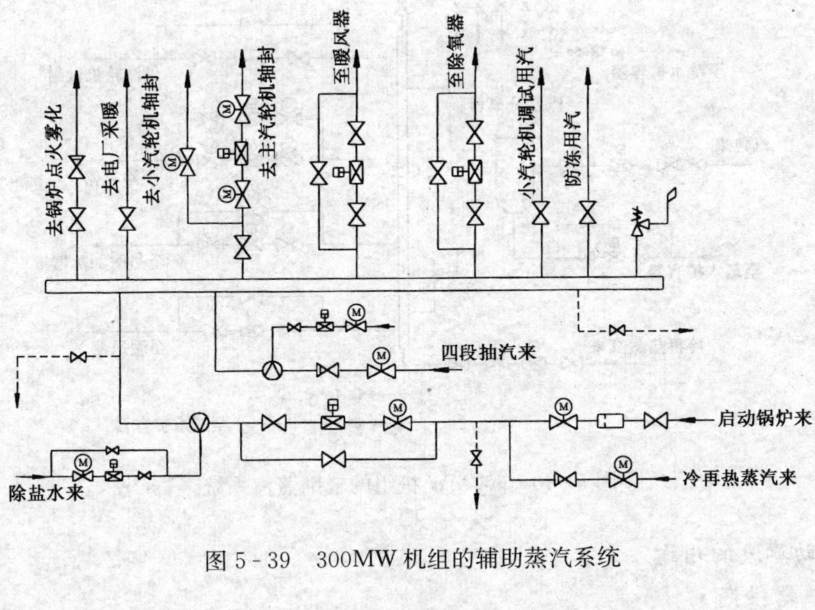

图 5-39　300MW 机组的辅助蒸汽系统

（一）供汽汽源

辅助蒸汽系统汽源的确定要充分考虑到机组启动、低负荷、正常运行及厂区的用汽情况。

1. 启动锅炉或老厂供汽

对于新建电厂的第一台机组，要设置启动锅炉，用锅炉新蒸汽来满足机组的启停和厂区用汽。对于扩建电厂，可利用老厂锅炉的过热蒸汽作为启动和低负荷汽源。

2. 再热冷段供汽

再热冷段供汽汽源可接至高压旁路之后，这样在机组启动、低负荷及机组甩负荷工况下，只要旁路系统投入，且其蒸汽参数能满足用汽要求时，就能供应辅助蒸汽。当旁路系统切除，再热冷段蒸汽能满足要求时，由高压缸排汽供辅助蒸汽。该供汽管道上装有止回阀，防止辅助蒸汽倒流入汽轮机。

3. 汽轮机抽汽供汽

当负荷大于70%MCR～85%MCR时，利用汽轮机与辅助蒸汽联箱压力相一致的抽汽供辅助蒸汽，并且在抽汽供汽管与辅助蒸汽联箱之间不设减压阀，在辅助汽联箱所要求的一定压力范围内，滑压运行，从而减少了压力损失，提高机组运行的热经济性。接入辅助蒸汽联箱的抽汽管道上也装有止回阀。

图5-40所示为600MW机组的辅助蒸汽系统。该机组除启动锅炉（或老厂蒸汽）和从高压旁路装置后接出的冷再热蒸汽作为辅助蒸汽系统的汽源外，还有一路由锅炉汽包接出的供汽管道。当机组突然甩负荷，旁路系统未能投入时，为了保证必需的辅助蒸汽用汽，由锅炉汽包引来的饱和蒸汽，经汽水分离器分离后，水进入疏水扩容器，蒸汽进入辅助蒸汽联箱，从而利用锅炉的余压向辅助蒸汽系统供汽。

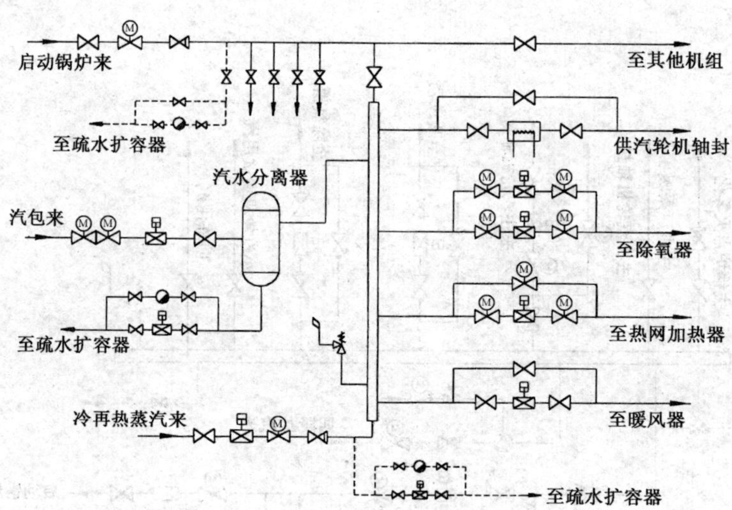

图5-40 600MW机组的辅助蒸汽系统

（二）辅助蒸汽的用途

1. 向除氧器供汽

（1）机组启动时，供除氧器加热用汽。

（2）低负荷或停机过程中，当除氧器压力低于一定值时，抽汽汽源自动切换至辅助蒸汽，以维持除氧器定压运行。

（3）甩负荷时，辅助蒸汽自动投入，以维持除氧器内具有一定的压力。

（4）在停机情况下，向除氧器供应一定量的辅助蒸汽，使除氧器内储存的凝结水表面覆盖一层蒸汽，防止凝结水直接与大气相通，造成凝结水溶氧量增加。

2. 小汽轮机的调试用汽

机组启动之前，若给水泵小汽轮机需要调试用汽，可由辅助蒸汽供给。供汽管接在小汽轮机低压主汽门前。

3. 主汽轮机和小汽轮机的轴封用汽

对于采用辅助蒸汽供汽的轴封蒸汽系统，在各种工况下，辅助蒸汽系统都要提供符合要求的轴封用汽。对于在正常运行时采用自密封平衡供汽的轴封蒸汽系统，当机组启停及低负荷工况下，由辅助蒸汽向主汽轮机和小汽轮机供轴封用汽。600MW 机组在供给轴封蒸汽管道上设有电加热器，用于机组热态启动，因汽缸壁温度过高而辅助蒸汽温度不能满足需要时，应投入电加热器提高辅助蒸汽的温度以满足启动要求。

4. 采暖用汽和锅炉暖风器用汽

正常运行时，电厂的采暖用汽和锅炉暖风器用汽由汽轮机抽汽供给。当机组低负荷运行，汽轮机抽汽压力不能满足用汽要求时，由辅助蒸汽系统供汽。

5. 其他用汽

辅助蒸汽还提供卸油、油库加热、燃油加热及燃油雾化用汽，以及机组停运后的露天管道和设备的保暖用汽等杂项用汽。

（三）减压、减温和超压保护装置

1. 减压、减温装置

当供汽参数不符合辅助蒸汽参数的要求时，在接入辅助蒸汽联箱的供汽管道上，装设有减压装置和喷水减温器，如在启动锅炉和再热冷段供汽管道上均设有减压减温装置。减压装置由压力调节阀及其前后的隔离阀和一只旁路阀组成，如图 5 - 41 所示。压力调节阀前是电动隔离阀，压力调节阀后是手动隔离阀，旁路阀为手动。压力调节信号取自减压装置后的辅助蒸汽联箱。压力调节阀故障需要检修时，可用旁路阀手动调节辅助蒸汽压力。

减温器设在减压装置之后，喷水减温器的温度调节信号取自减温器后的辅助蒸汽联箱，减温水来自除盐水或主凝结水。

2. 安全阀

为防止压力调节阀失灵时，辅助蒸汽联箱超压，在辅助蒸汽联箱上安装一只弹簧安全阀作为超压保护。

（四）辅助蒸汽系统的疏水

为防止辅助蒸汽系统在启动、正常运行及备用状态下，管道内积聚凝结水，在供汽管道低位点和辅助蒸汽联箱的底部均设有疏水点，疏水进入两台专用疏水箱后，利用重力（凝汽器抽真空前）或重力加压差（凝汽器抽真空后）自流入运行机组的凝汽器热井。当水质不合格时，排到主厂房外废水处理系统，并在控制室报警。

600MW 机组疏水先进入疏水扩容器，之后进入专用疏水箱，合格的疏水由专用疏水泵送入除氧器，不合格的疏水通过气动调节阀进入排水系统。

【任务实施】

1. 机组启动

机组启动时，根据机组的运行情况，适时切换辅助蒸汽汽源。其汽源的切换步骤如下：

(1) 投入启动锅炉或老厂来汽，向辅助蒸汽系统供汽，并根据用汽需要，加大启动锅炉的负荷。

(2) 当再热冷段蒸汽压力达到要求时，改由再热冷段蒸汽供汽，逐步减少启动锅炉的供汽量。

(3) 当抽汽压力满足各用汽设备要求的压力时，切换由抽汽汽源供汽。

2. 机组正常运行

机组正常运行时，辅助蒸汽系统汽源为汽轮机抽汽，300、600MW 机组普遍采用四段抽汽，有的机组也有用冷再热蒸汽（即高压缸排汽）。此时，辅助蒸汽系统供给除由汽轮机抽汽供汽外的其他用汽。

3. 机组甩负荷

机组甩负荷时，辅助蒸汽系统汽源可由高压旁路后的蒸汽供给。当旁路不能投入时，由相邻机组正常辅助蒸汽汽源供汽，亚临界压力 600MW 机组可由锅炉汽包汽源供汽。

【能力训练】

1. 识读仿真机界上辅助蒸汽系统图。
2. 在仿真机上完成辅助蒸汽系统的投运操作训练（参考项目六）。

任务九　发电厂供水系统及其运行

【任务目标】

掌握直流供水系统、循环供水系统组成及其应用，了解发电厂对供水的要求以及冷却水塔的类型、结构和工作原理，能进行循环供水系统及其设备的启停操作和正常运行维护工作。

【知识准备】

一、发电厂的供水量及对供水的要求

1. 热力发电厂水的消耗量

火力发电厂的用水量很大，如一座 1×600MW 的火电厂，每小时的用水量约为 8 万 m^3。发电厂的用水一般分为两类，一类是生产用水，另一类是生活和消防用水。用水的主要项目有：凝汽器中凝结汽机排汽冷却水，机组润滑油冷却水，辅助机械轴承冷却水，发电机空气、氢气或水冷却器冷却水，因汽水损失所需的补充水，水力除灰用水，其他生产及生活用水等。

在发电厂的这些用水中，最大的一项是凝结汽轮机排汽的冷却水，其数值一般按下式计算：

$$D_w = mD_c$$

式中 D_w——凝汽器的冷却水量，t/h；

m——冷却倍率，即冷却 1kg 蒸汽需要的水量；

D_c——进入凝汽器的排汽量，t/h。

冷却倍率 m 与地区、季节、供水系统、凝汽器结构等因素有关，其值见表 5-4。

发电厂的其他用水量可按实际情况计算，也可按相对于冷却水量的多少进行估算，其他用水的相对耗水量见表 5-5。

表 5-4　　冷却倍率 m 的一般数值

地　区	直流供水		循环供水	直流供水夏季平均水温(℃)
	夏季	冬季		
北方（华北、东北、西北）	50～55	30～40	60～75	18～20
中部	60～65	40～50	65～75	20～25
南部	65～75	50～55		25～30

表 5-5　　火电厂其他用水的相对耗水量

用水项目	水的消耗量（%）	用水项目	水的消耗量（%）
冷却凝汽器排汽用水	100	热电厂的厂内、外损失的补充水	<1.5
冷却大型汽轮发电机的油和空气（气体）用水	3～7	排灰渣用水	2～5
冷却辅助机械轴承用水	0.6～1	生活及消防用水	0.03～0.05
凝汽式发电厂厂内损失的补充水	0.06～0.12	采用冷却塔或喷水池时补充损失用水	4～6

2. 热力发电厂供水的要求

发电厂在生产过程中需水量大，用水量随机组配置与装机容量的不同有差异，而且供水的可靠与否直接影响汽轮发电机组的安全经济运行。因此，供水应满足如下要求：

(1) 水源必须可靠，保证发电厂任何时候都有充足的水量。

(2) 水质必须符合使用要求，若采用海水或腐蚀性水源，则应采用相应的措施或特殊设备。

(3) 厂址应靠近水源，并力求系统简单，以减少设备投资和运行费用。

二、发电厂的供水系统

发电厂的供水系统由水源、取水、供水设备和管道等组成。根据地理条件和水源特征，供水系统可分为直流供水（也称开式供水）和循环供水（也称闭式供水）两种。

（一）直流供水系统

直流供水系统是以江、河、海为水源，将冷却水供给凝汽器等设备使用后，再排放回水源的供水系统。按引水方式的不同，直流供水又可分为三种。

1. 岸边水泵房直流供水系统

如图 5-41 所示，岸边水泵房直流供水系统是将循环水泵置于岸边水泵房内较低的标高上，冷却水经循环水泵升压后由铺设在地面的供水管道送至汽轮机房，从凝汽器和其他冷却设备出来的热水经排水渠流至水源的下游。冬季时，为防止水源结冰，可将一部分热水送回取水口，以调节水温。在取水设备的入口处，设有拦污栅，以防大块杂物或鱼类等进入。大型电厂一般多用旋转式滤网。

当发电厂的厂址标高与水源水位相差较大或水源水位变化较大时，采用这种系统。

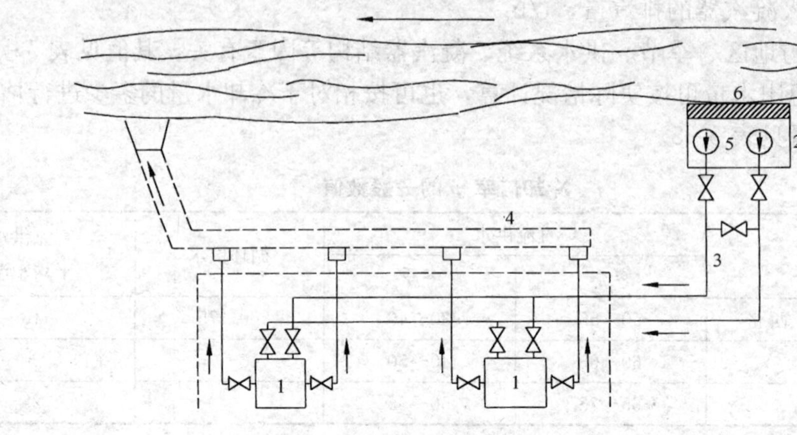

图 5-41 具有岸边水泵房的直流供水系统

1—凝汽器；2—岸边水泵房；3—压力水管；4—排水明渠；5—水源水泵；6—拦污栅

2. 具有两级升压泵的直流供水系统

如图 5-42 所示，具有两级升压泵的直流供电系统有两级泵房，一个设在岸边，一个靠近主厂房内或在主厂房内。两个水泵之间有较长距离，通过明渠或供水管道连接。

当发电厂的厂址标高与水源水位相差很大或厂址距水源很远时，采用这种系统。

3. 循环水泵布置在汽轮机房的直流供水系统

如图 5-43 所示，这种供水系统由于用明渠代替了供水管道及不需设水泵房，所以能节省投资，减少运行费用，但汽轮机房的占地面积略有增大。

当厂区标高低于水源水位或相差很小及水源水位变化不大时，采用这种系统。

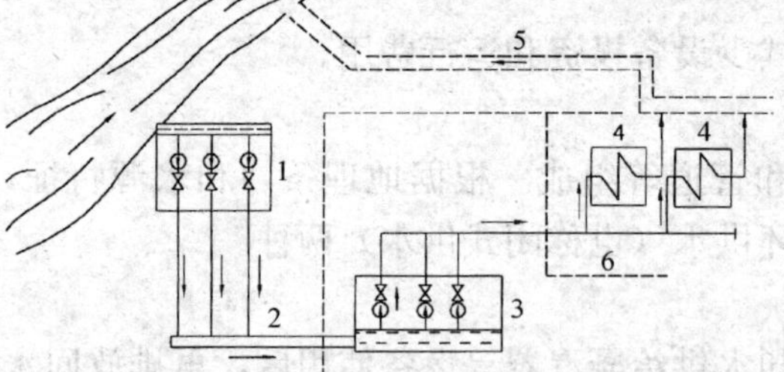

图 5-42 具有两级升压泵的直流供水系统

1—岸边水泵房；2—暗渠；3—中继水泵房；4—凝汽器；5—排水明渠；6—压力管道

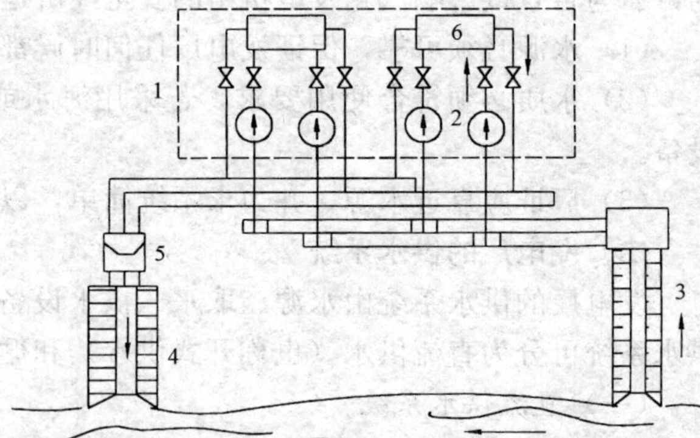

图 5-43 循环水泵布置在汽轮机房的直流供水系统

1—汽机房；2—循环水泵；3—进水渠；4—排水渠；5—虹吸井；6—汽轮机房

（二）循环供水系统

循环供水系统是指冷却水经凝汽器吸热后进入冷却设备，将热量传给空气而本身冷却后，再由循环水泵送回凝汽器重复使用的供水系统。

在水源不足的地区，或水源虽充足，但采用直流供水系统在技术上较困难或不经济时，则采用循环供水系统。

循环供水系统根据冷却设备的不同又可分为冷却塔循环供水系统、冷却水池循环供水系统和喷水池循环供水系统。由于后两种供水系统占地面积大，冷却效果差，只用于小中型电厂。大型电厂广泛采用自然通风冷却塔的循环供水系统。冷却塔循环供水系统，根据通风方式的不同又可分为自然通风和机力通风两种。自然通风冷却塔循环供水系统如图 5 - 44 所示。

其工作流程是：由凝汽器吸热后出来的循环水，经压力管道从冷却塔的底部进入冷却塔竖井，送入冷却塔上部。然后分流到各主水槽，再经分水槽流向配水槽。在配水槽上设有喷嘴，水通过喷嘴喷溅成水花，均匀地洒落在淋水填料层上，其喷溅水逐步向下流动，造成多层次溅散。随着水的不断下淋，将热量传给与之逆向流动的空气，同时水不断蒸发携带汽化潜热，使水的温度下降，从而达到冷却循环水的目的。冷却后的循环水，落入冷却塔下部的集水池中，而后沿自流渠进入吸水井，由循环水泵升压后再送入凝汽器重复使用。

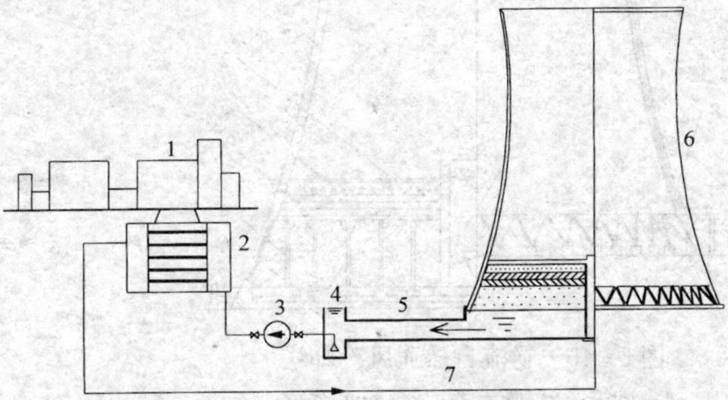

图 5 - 44　自然通风冷却塔循环供水系统

1—汽轮发电机组；2—凝汽器；3—循环水泵；4—吸水井；5—自流渠；6—冷却塔；7—压力循环水管

循环供水系统主要设施是冷却塔，按通风方式冷却塔可分为自然通风冷却塔和机械通风冷却塔两种。

1. 自然通风冷却塔

自然通风冷却水塔为高大的双曲线形风筒，靠塔内外空气的密度差造成的通风抽力使空气由下部进入塔内，并与下淋的水形成逆向流动，因而冷却效果较为稳定。塔内外空气密度差越大，则通风抽力越大，对水的冷却越有利。

自然通风冷却塔按水流与气流方向又可分为逆流冷却塔和横流冷却塔。逆流自然通风冷却塔的构造如图 5 - 45 所示。

逆流自然通风冷却塔的塔筒是用钢筋混凝土建造的双曲线旋转壳体，塔筒荷重由设在壳体底部沿圆周均匀分布的支柱承受，支柱间构成进风口。底部为集水池。壳体内由淋水构架、淋水填料、配水系统和除水器等组件构成塔芯。淋水构架是塔内各组件的支承体系。淋水填料是循环冷却水和空气进行热、质交换的中心部件，布满塔内整个平面。按循环水在其中通过的不同状态，淋水填料有点滴式、薄膜式和点滴薄膜式等几种。淋水填料多采用塑料、钢丝水泥或木材制成，也有用石棉水泥、陶瓷制作的。

横流式冷却塔的构造如图 5 - 46 所示，它是将配水、淋水装置布置在筒底的周围，空气横向穿过淋水装置进入塔筒最后从塔顶排出。这种冷却塔与逆流式冷却塔相比，具有通风阻力小、风筒直径小、送水高度低、造价低等优点。但空气与水之间传热效果较差，占地面积较大，在国外虽有少数国家采用，但在我国目前还处于探索阶段。

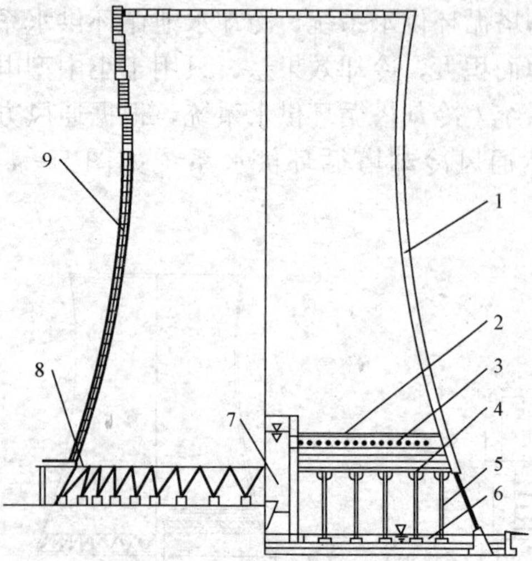

图 5-45 逆流自然通风冷却塔

1—塔筒；2—除水器；3—配水系统；4—淋水填料；5—淋水构架；6—集水池；7—竖井；8—进风口；9—爬梯

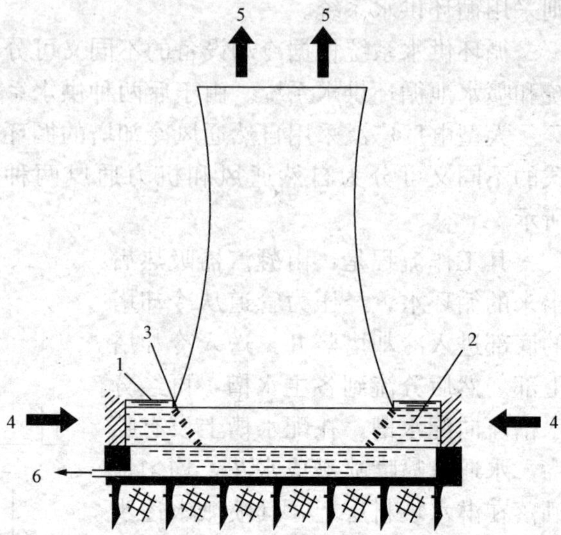

图 5-46 横流式自然通风冷却塔

1—冷却水入口；2—淋水装置；3—收水器；4—冷空气入口；5—热空气及水蒸气出口；6—冷却水出口

2. 机械通风冷却塔

机械通风冷却塔不设高大的风筒，其塔内空气流动是靠安装在塔顶部的轴流式风机所形成的吸力完成的。

机械通风冷却塔具有冷却效果好，塔的体积小，占地面积小，造价低等优点；缺点是风机及其传动装置的运行维护工作量较大，排出的湿热空气以及风机噪声对环境会产生较大影响，耗电量大。因此，我国的大、中型电厂很少采用，只用于小型电厂。

三、空气冷却系统

目前，我国实行西电东送的能源利用策略，但富煤地区往往缺水，为适应“富煤缺水”地区建设大型火力发电厂的需要，发电厂汽轮机凝汽系统采用空气冷却系统，简称发电厂空冷系统。发电厂空冷系统有间接空冷系统和直接空冷系统两种。间接空冷系统又分为混合式凝汽器间接空冷系统和表面式凝汽器间接空冷系统。

1. 间接空冷系统

(1) 混合式凝汽器间接空冷系统。混合式凝汽器间接空冷系统又称海勒式间接空冷系统，如图 5-47 所示。该系统由喷射式凝汽器和装有福哥型散热器的空冷塔构成。凝汽器的一部分凝结水由循环水泵送入空冷塔散热器，在散热器中经空气冷却后喷入凝汽器与汽轮机排汽直接混合，从而将乏汽冷凝成水。这种系统适合于气候温和、无大风、带基本负荷的发电厂。

(2) 表面式凝汽器间接空冷系统。表面式凝汽器间接空冷系统又称哈蒙式间接空冷系统，如图 5-48 所示。该系统由表面式凝汽器和装有散热器的空冷塔构成，与常规循环冷却水系统基本相同，不同之处在于循环水是除盐水，并由循环水泵送入空冷塔散热器内，在散热器经空气冷却后进入凝汽器冷却管内将乏汽冷凝成水，除盐水在空冷塔和凝汽器中形成闭式循环，以减小冷却水损失。这种系统适合于核电厂、热电厂和调峰大电厂。

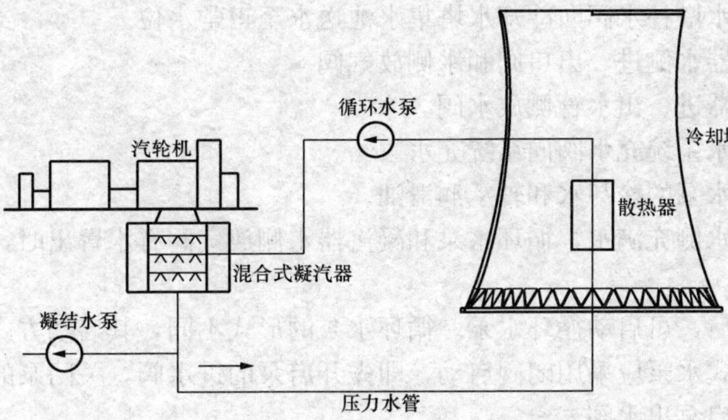

图 5-47 海勒式间接空冷系统

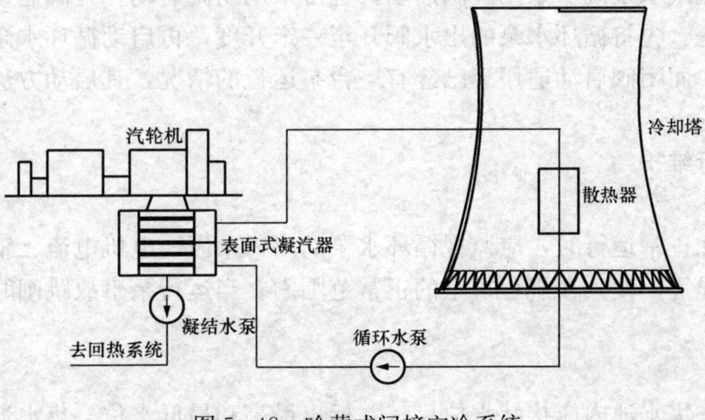

图 5-48 哈蒙式间接空冷系统

2. 直接空冷系统

直接空冷系统如图 5-49 所示，它是指汽轮机排汽直接用空气冷凝成水，空气与蒸汽间通过管壁进行热交换。所需冷却空气通常由轴流冷却风机通过机械通风方式供应。这种系统适用于各种环境和各类燃煤电厂，尤其适用于“富煤缺水”地区。

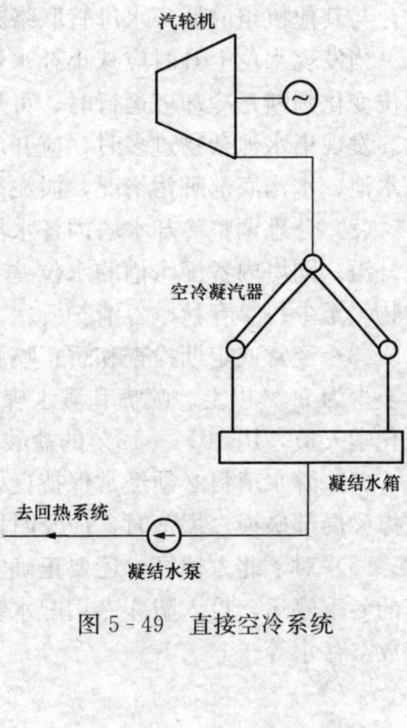

图 5-49 直接空冷系统

【任务实施】

现以自然通风冷却塔的循环供水系统为例来说明供水系统的运行。

一、启动

1. 启动前的准备

循环供水系统在启动前应做好以下准备工作：

(1) 确认循环水系统正常、凝汽器已具备送水条件。

（2）开启冷却水塔补水阀向冷却水塔集水池送水至正常水位。

（3）打开凝汽器水侧进、出口阀和水侧放气阀。

（4）关闭凝汽器进、出水管侧放水阀。

（5）打开循环水系统充水阀向系统充水。

（6）送上循环水泵的冷却水和轴承润滑油。

（7）待凝汽器水侧充满水，循环水泵和凝汽器水侧放气阀有水冒出时，关闭放气阀。

2. 循环水泵启动

以上工作完成后，可启动循环水泵。循环水泵的形式不同，其启动方式也不同。

（1）对于离心式水泵应采用闭阀启动，即先开启泵的进水阀，关闭泵的出水阀，然后启动循环水泵，再开启泵出水阀。

（2）轴流式水泵则应采用开阀启动，即首先开启泵的进、出水阀，然后启动水泵。

（3）对于混流式水泵既可采用开阀启动，也可采用闭阀启动。开阀启动适用于机组启动初期，具体做法是：先将循环水泵的出水阀开至一定开度，再启动循环水泵，之后出水阀继续开大直至全开。而闭阀启动适用于已经有一台泵运行的情况，其启动方法是循环水泵与其出水阀同时打开。

二、正常运行维护

1. 循环水泵

循环水系统在正常运行时，应监视循环水泵的出口水压、电机电流、轴承温度以及水泵与电机的振动情况等，使其在规程规定的正常范围内。当运行泵事故跳闸时，备用泵能及时投入。

2. 冷却水塔

（1）冷却水塔集水池内应接装水位尺，并标出最高和最低水位。集水池的水位应保持正常，否则应进行检查处理。当发现水位下降时，应加大补水，同时，检查补水系统是否正常，与其他机组的循环水母管联络阀是否打开，循环水系统放水阀是否误开，系统是否外泄等。当发现水位上升时应减小补水量。要注意观察集水池的渗漏情况，冷却塔停运时，可从水位变化判断；冷却塔运行时，可从补水量和水位的变化综合判断，必要时采取措施加以消除。发现集水池杂物过多时，应开启旋转滤网和冲洗泵，及时清理杂物。每年还要检查一次集水池、水沟底部脏污情况，淤泥杂物积存厚度超过20～30cm时，应安排彻底清理。

（2）合理调整冷却水塔内各水槽水位，使淋水密度分布均匀。不允许配水槽水位过高直接外溢。同塔内各配水槽的水位差不大于10%～15%。定期清除配水槽内的青苔、泥垢和杂物。至少每年春秋季各清扫一次。经常检查和消除配水槽的泄漏、断裂、破损等缺陷。

（3）经常或定期检查和矫正喷溅装置，使喷嘴喷出的水流能垂直对准溅水碟中心，对中率至少为90%以上。喷嘴和溅水碟如有堵塞或损坏，应及时清理或更换，如有水垢应联系系统化学人员，用10%～12%的盐酸溶液清洗。

（4）淋水填料必须经常保持良好。脏污堵塞时要及时清理；淋水填料锈蚀、淋水板及其支撑梁局部破损、塌落时，应及时修补、配齐和更换。

（5）对于北方地区，还要正确实施冬季运行方案和防冻措施。其中包括：合理操作冷却塔的冬季停运，投入防冻专用配水装置和调整防冻挡风板，及时清理有害的挂冰，对停运设备放空存水等。

三、停运

当要求循环供水系统停运时，应断开循环水泵的连锁开关，循环水泵在其出口阀门关闭或关闭至一定时位置时，可停止循环水泵运行，没有全关的阀门继续关严，并记录惰走时间。

【能力训练】

1. 识读仿真机界上的循环供水系统图。
2. 在仿真机上完成循环供水系统启动操作训练（参考项目六）。

任务十　工业冷却水系统及其运行

【任务目标】

掌握工业冷却水系统的组成、连接及运行知识，能进行开式冷却水系统和闭式冷却水系统的启停及正常运行维护工作。

【知识准备】

一、工业冷却水系统的作用及形式

在发电厂中有许多转动机械因轴承摩擦而产生大量的热量，各种电机和变压器运行中因存在铁损和铜损也转变成大量的热能，某些设备因高温流体流过而吸热等。所有这些热量如不及时排出，则设备或部件的温度会越来越高，将引起设备超温而烧坏。为确保设备的安全运行，必须对这些设备进行冷却。此项冷却任务通常由发电厂的工业冷却水系统完成。

发电厂根据各设备对冷却水水温和水质的不同要求，采用开式冷却水系统和闭式冷却水系统。

开式冷却水系统是指冷却水取自水源经开式循环水泵升压后，经过各设备的冷却器吸热后再排入水源的冷却水系统。闭式冷却水系统是指冷却水经闭式冷却水泵升压后，送入各设备冷却器中吸热，然后进入闭式水冷却器中，将热量传给冷却介质（开式冷却水），经冷却后的冷却水再由闭式冷却水泵送入各设备冷却器重复使用的冷却水系统。

二、开式冷却水系统

1. 系统的组成和要求

开式冷却水系统一般由两台开式循环水泵、各设备冷却器及其连接管道、阀门和附件组成，有的机组同时设有一台事故备用泵。图 5-50 所示为 300MW 机组的开式冷却水系统。

由于开式冷却水品质较差、水温较低，因此一般是满足下列条件的设备热交换器或冷却器接入开式冷却水系统：①冷却水品质低于“凝结水”品质的设备，如管式冷却器等；②冷却水的温度低于闭式冷却水温度的设备；③需要大量冷却水的设备。

开式冷却水泵的总压头应根据冷却水系统的管道、附件和设备的阻力总和确定。为保证冷却水的洁净，在冷却水泵的入口装有可自动反冲洗的过滤器。开式冷却水的流程是：循环水供水母管→过滤器→开式冷却水泵→各冷却器→循环水排水母管。

2. 水源

开式冷却水系统一般设有两个水源。

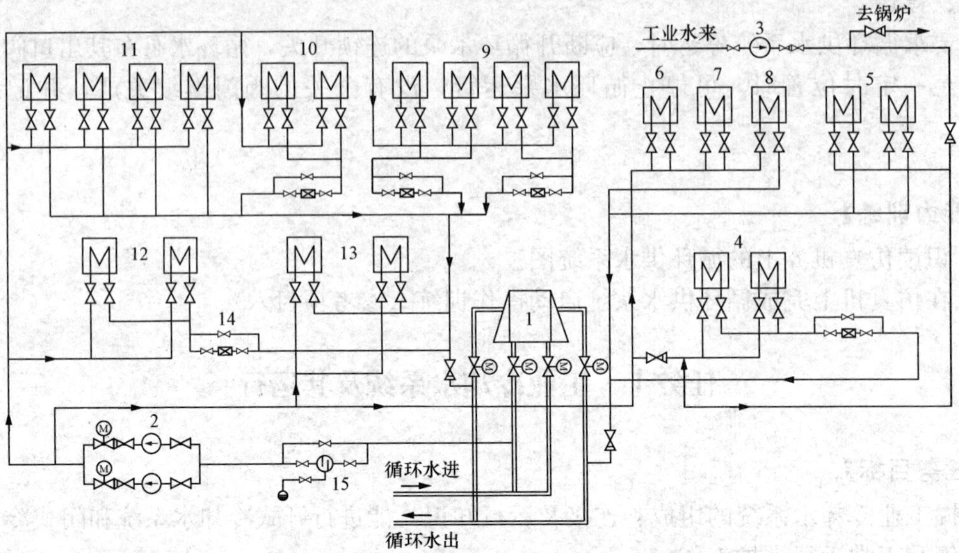

图 5-50　300MW 机组开式冷却水系统

1—凝汽器；2—开式冷却水泵；3—停机事故备用泵；4—汽轮机发电机组冷油器；5—汽动泵冷油器；6—电动泵电动机空冷器；7—电动泵工作油冷却器；8—电动泵润滑油冷却器；9—发电机氢气冷却器；10—发电机定子水冷却器；11—励磁机空冷器；12—闭式水冷却器；13—真空泵冷却器；14—温度控制站；15—过滤器

正常水源是凝汽器循环水。在机组正常运行期间，开式冷却水泵自凝汽器循环水进水母管取水，回水排入凝汽器循环水出水管。

备用水源是工业水。在电厂停电或夏季运行期间，启动柴油发电机拖动一台事故备用泵，向汽动泵冷油器、汽轮发电机组冷却器、柴油发电机组冷却器、锅炉循环泵冷却器及清洗冷却器（见图 5-51）等提供工业冷却水。在工业水系统的管道上设有一只止回阀，以防止开式冷却水倒流入工业水系统。

3. 开式冷却水泵

系统中设置两台冷却水泵，正常情况下，一台运行一台备用。在泵的进水母管上设有一只 100%容量的自动清洗滤网，滤网的进、出水侧各设一只蝶阀，还设一只旁路阀，用于滤网检修时通水。跨滤网接一只压差开关，在滤网差压高时，自动清洗滤网，并发出报警。

在每台水泵的进口设置一只手动蝶阀，出口设置一只止回阀和手动蝶阀，该泵不设置最小流量再循环管，如果由于阀门不正确操作使流量下降到低于最小流量时，装在每一台泵出口管道上的流量开关使水泵跳闸，同时连锁启动备用泵。

4. 温度控制站

在被冷却介质温度要求比较严格的设备冷却器出水母管上设有温度控制站，它由一只调节阀、两只手动阀和一只旁路阀组成，根据被冷却介质的出口温度信号来调节冷却水量，从而控制被冷却介质的温度。无温度控制站的各设备冷却器的出口阀，既用于隔离又可手动调节冷却水量来控制被冷却介质的温度。

设有温度控制站的冷却器有闭式水冷却器、汽轮发电机组冷油器、发电机定子水冷却器和发电机氢气冷却器。

600MW开式冷却水系统与300MW系统相似，只是多了应急柴油发电机组冷却器、电液调节冷却器、取样间空调冷却器及主控室空调冷却器等。除在上述各设备冷却器设有温度站外，还在电动给水泵主冷油器、电液调节冷却器上设有温度控制站。

三、闭式冷却水系统

1. 系统的作用及组成

闭式冷却水系统的作用是在电厂各种运行工况下，向要求冷却水质较好的小容量设备冷却器和部分大容量设备冷却器（包括各转动机械的密封水、轴承冷却水、润滑油冷却水、抗燃油冷却水等的冷却器），提供水质、温度均符合要求的冷却水。

如图5-51所示，闭式冷却水系统一般由膨胀水箱、闭式冷却水泵、闭式水冷却器、药品混合箱以及管道、阀门和附件等组成，闭式冷却水的流程：冷却水由闭式冷却水泵→各供水母管→各设备冷却器→回水母管→闭式水冷却器→闭式冷却水泵进口，补充水通过闭式膨胀水箱供给。

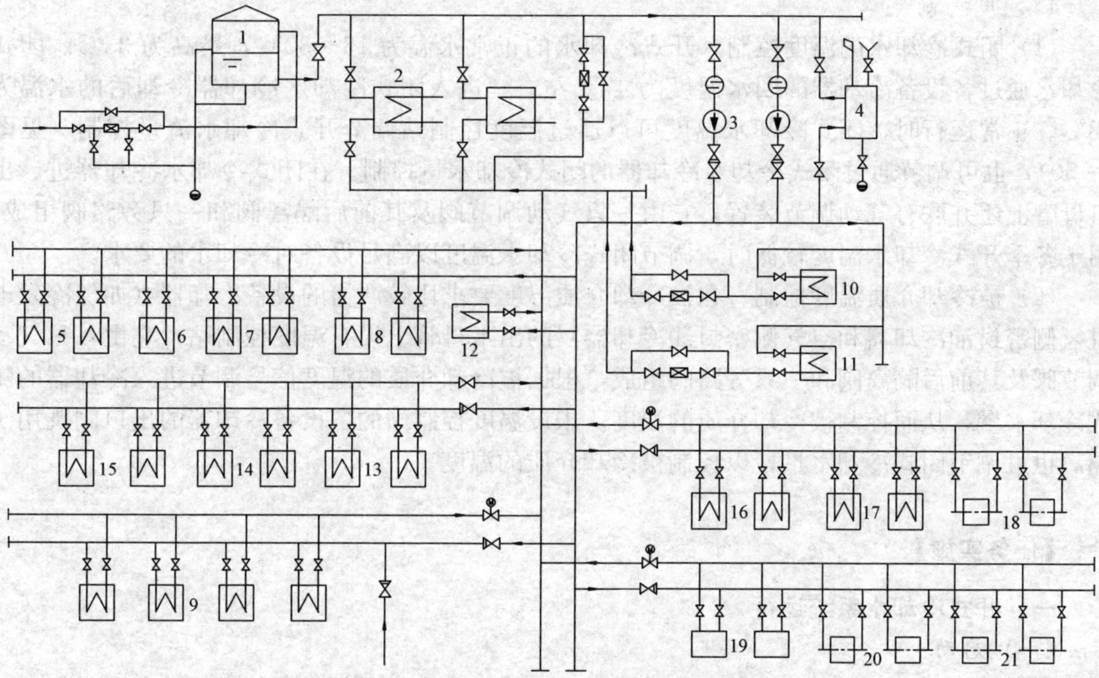

图5-51　300MW机组闭式冷却水系统

1—闭式膨胀水箱；2—闭式水冷却器；3—闭式冷却水泵；4—药品混合箱；5—电动给水泵及其前置泵冷却器；6—EH油冷却器；7、8—分别为两台汽动泵及其前置泵冷却器；9—锅炉循环泵冷却器及清洗冷却器；10—氢冷发电机空侧密封油冷却器；11—氢冷发电机氢侧密封油冷却器；12—取样冷却器；13—送风机冷油器；14—引风机冷油器；15—空气预热器冷油器；16、17—高、低油站冷却器；18—排粉风机轴承；19—磨煤机减速箱；20、21—磨煤机进、出器轴承

2. 补充水

闭式冷却水系统正常补充水为凝结水系统来的凝结水。系统的初期注水，由补充水泵来的除盐水完成。在补充水管上装有气动调节阀，前后有手动隔离阀，并有手动旁路阀，用于调节补充水量，维持膨胀水箱水位。

3. 主要设备

闭式冷却水系统容量是以汽轮机调节阀全开，并有5%的超负荷工况为基础设计的。它在机组从启动到最大负荷的各种工况下运行，并随机组一起启动或停运。闭式冷却水泵及冷却器均为两套100%容量，其中一套运行，一套备用。

高位布置的膨胀水箱为冷却水泵提供了足够的净正吸水头。膨胀水箱的水位只维持其容积的一半，使其有一定的富裕空间，以适应系统流量变化或在水膨胀时起到缓冲作用。

为了防止系统中管道和设备腐蚀，应定期向闭式循环系统中加入磷酸三钠。药液通过漏斗和阀门注入药品混合箱内，利用闭式冷却水泵出口的来水进入药品混合箱，与药品混合后进入闭式冷却水泵入口管内，给系统加药。

闭式水冷却器为表面式，闭式冷却水在管外流动，开式冷却水在管内流动。闭式冷却水压力高于开式冷却水压力，以防止在管子泄漏时，开式冷却水进入闭式冷却水系统，污染闭式冷却水。

4. 温度控制

(1) 闭式冷却水的温度控制。开式冷却水的正常水温为15～30℃，最高为33℃。闭式冷却水通过各设备冷却器的回水温度为47℃左右，进入闭式冷却水冷却器冷却后的水温为38℃。正常运行时，闭式冷却水温度可以通过温度控制站调节开式冷却水流量控制（见图5-50），也可调节通过闭式冷却水冷却器的闭式冷却水量控制。在闭式冷却水冷却器进、出口母管上还并联有气动调节装置，它由一只气动调节阀及其前后隔离阀和一只旁路阀组成，用于冬季开式冷却水温度较低时，调节闭式冷却水温度以满足设备对冷却水的要求。

(2) 被冷却介质温度控制。在被冷却介质温度要求比较严格的设备冷却器（如氢冷发电机氢侧密封油冷却器和空气侧密封油冷却器）的出水母管上设有温度控制站，它由一只气动调节阀及其前后隔离阀和一只旁路阀组成，根据被冷却介质的温度信号调节进入冷却器的闭式冷却水量，从而控制被冷却介质的温度。未设温度控制站的各设备冷却器的出口阀既用于隔离也可调节闭式冷却水量，以控制被冷却介质的温度。

【任务实施】

一、开式冷却水系统运行

（一）启动

在开式冷却水系统启动前要进行充水放气工作，充水排至循环水管道。

1. 投运前必须作以下检查

(1) 确认一台或两台循环水泵已运行。

(2) 开式冷却水泵进口压力满足所要求的净正吸水头。

(3) 开式冷却水泵出口阀门已打开。

(4) 凡需运行的冷却器的进、出口阀门已打开。

2. 开式冷却水泵启动

投入以上条件具备后，在主控制室手动操作启动一台开式冷却水泵，备用泵操作开关置于自动位置。

（二）正常运行

正常运行时，一台开式循环冷却水泵运行，供给系统中各设备冷却器所需的冷却水，有温度控制站的冷却器能自动根据被冷却介质的温度信号控制冷却水量，未设温度控制站的冷却器通过对出口阀门的调节使之处于合适的位置。

（三）异常运行

对于设有备用的冷却器（如闭式水冷却器、汽轮发电机组冷油器、小汽轮机冷油器等），当运行的冷却器故障时，可投入备用冷却器，以保证机组的正常运行。对于无备用的冷却器退出运行时，可根据规定降低机组负荷，以使设备安全运行。

（四）事故

当运行泵故障停运时能自动启动备用泵投入运行，同时在厂用电消失时，柴油发电机启动，事故停机备用泵（见图 5－50）能自动投入运行，保证运行机组能安全地停下来。

（五）停运

当机组停运时，开式冷却水系统必须继续运行一段时间，直到设备剩余的热量完全排除为止。

二、闭式冷却水系统运行

（一）启动

开式冷却水系统运行正常后，才能开启闭式冷却水系统。

1. 启动前准备

（1）在启动充水之前，开启各设备前后的隔离阀、管道高位点以及各设备水室的放气阀。各冷却器出口气动调节阀调处于全开状态，并投入自动，两台冷却水泵投入联动。

（2）向膨胀水箱上水。手动开启膨胀水箱补充水管路上的旁路阀，由补充水泵向水箱上水，再通过水箱向系统各设备和管道充水。当系统充满水，空气驱赶干净后，关闭各放气阀。膨胀水箱水位达到正常水位时，关闭旁路阀，开启气动调节阀前后的手动隔离阀，投入水位自动控制。

2. 启动闭式冷却水泵

启动闭式冷却水泵，投入加药系统。对于不设温度调节的各设备冷却器，通过调节其出水管道上隔离阀的开度来控制通过冷却器的冷却水量。

（二）正常运行

正常运行时，一台闭式冷却水泵和一台闭式冷却水冷却器运行，另一套处于备用连锁状态。补充水经气动调节阀进入膨胀水箱，并能自动控制膨胀水箱水位。

（三）停运

机组停运后，可停止闭式冷却水系统运行。

（1）手动停止闭式冷却水泵运行，其进出口阀门保持开启。

（2）手动关闭各设备冷却器的进、出口阀，切除各冷却器，也可不切除。

（3）闭式冷却水系统停运后，应将各设备水室和管道的余水通过放水阀排尽。

（四）事故

（1）在机组运行期间，当水箱水位低于下限值时，闭式冷却水泵自动跳闸。

（2）当运行泵跳闸或水泵出口母管压力低于限值时，应自动连锁启动备用泵。

（3）当某一设备的冷却水因故中断时，如有备用可投入备用设备，根据要求延时后停运该设备。

（4）当两台闭式冷却水泵和闭式水冷却器故障时，则需停运闭式冷却水系统，停止冷却水供应。

(5) 当设备中断冷却水时，根据情况减负荷或停运。

(6) 在设有停机泵的冷却水系统中，事故情况下，可启动停机泵供锅炉循环泵电机冷却水。

➩【能力训练】

1. 识读仿真机界上的开式冷却水与闭式冷却水系统图。

2. 在仿真机上完成开式冷却水与闭式冷却水系统启动操作训练（参考项目六）。

任务十一　发电机冷却系统及其运行

➩【任务目标】

掌握发电机双水内冷系统和水—氢—氢冷却系统的连接方式，能进行双水内冷系统和水—氢—氢冷却系统的启停及正常运行维护工作。

➩【知识准备】

一、发电机冷却系统的作用及形式

发电机的冷却系统的作用是在机组运行中，利用冷却介质，将发电机定子和转子绕组线圈及铁芯激磁涡流所产生的热量及时带出，确保发电机安全运行。

在发电机运行的全过程中，要求发电机冷却水系统必须提供温度、流量、压力和品质（水质或纯度）符合要求的冷却介质。

发电机冷却系统采用的形式有空气冷却系统、双水内冷系统和水一氢一氢冷却系统。现代大型机组上多采用后两种形式的冷却系统。

双水内冷系统是指定子线圈和转子线圈均以水为冷却介质，定子铁芯和转子表面仍为空气冷却的发电机冷却系统。这种冷却系统只需控制好水的电导率，冷却效果好，安全可靠性高，国内的运行经验也很丰富，因此被广泛应用。水一氢一氢冷却系统是指定子线圈为水冷却，转子线圈为氢气内部冷却，定子铁芯和转子表面为氢气冷却的发电机冷却系统。引进型300、600MW 机组上常采用这种形式，国产 200MW 机组上也有采用这种冷却系统的。

二、双水内冷系统

图 5 - 52 所示为 300MW 机组上采用的发电机双水内冷系统。

（一）定子冷却水系统

发电机定子冷却水系统为全密闭循环冷却系统。定子冷却水由定子水箱，经冷却水泵、定子水冷却器、过滤器后分成两路：一路从励磁机端左右分别经一只过滤器进入定子线圈，之后由汽轮机端左右侧引出；另一路进入定子端部压圈的内部冷却水管。两路出水汇至一出水母管进入定子回水箱内。两台冷却水泵，一台正常运行，一台备用。三台冷却器，两台正常运行，一台备用。

1. 补充水

定子冷却水系统的启动前充水和正常运行时的补充水分别为化学除盐水和凝结水。正常

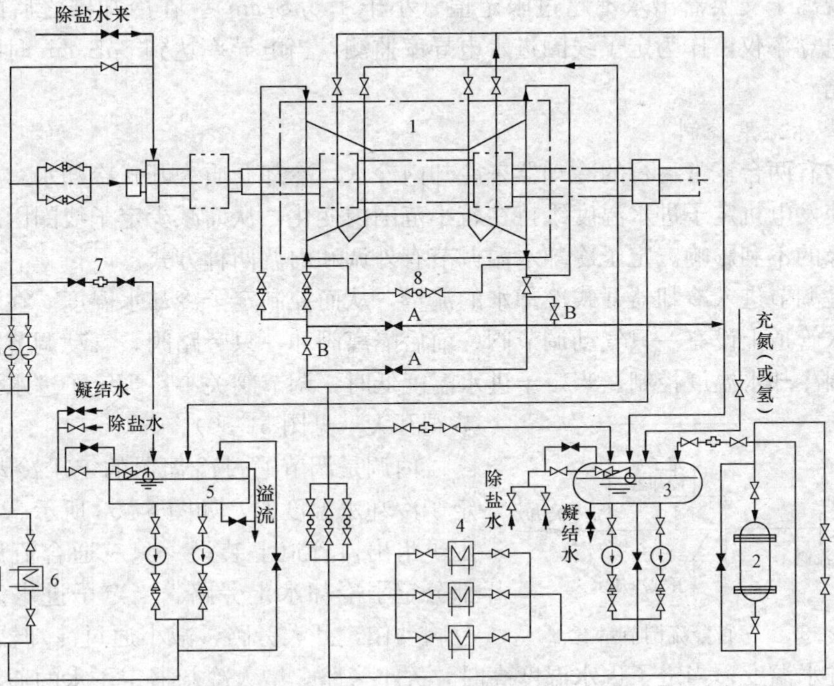

图 5-52　发电机双水内冷系统

1—发电机；2—离子交换器；3—定子水箱；4—定子水冷却器；5—转子水箱；6—转子水冷却器；7—电导率仪；8—差压控制器

运行时，定子回水进入定子水箱后重新使用。补水管上装有浮球式液位调节阀，根据定子水箱中水位控制补给水量。

2. 冷却水水质保证

为确保定子冷却水的纯净度和电导率在规定的范围内，采取以下措施：

(1) 在定子水箱上部充入氮气或氢气（水—氢—氢冷却系统中，从氢气冷却系统来），以防止定子水箱漏入空气，影响水质，对设备产生氧化腐蚀。

(2) 发电机水内冷系统中所有设备、管道、阀门及附件等均采用耐腐蚀材料制成，尽可能减少水质受到污染而导致发电机内部水路堵塞。

(3) 冷却器出水总管及定子线圈冷却水进水支管上分别装有两只过滤器，一只正常运行，一只备用。过滤器底部设有排污口，且并联有压差开关，过滤器堵塞时报警，启动备用过滤器，并对堵塞过滤器进行清理排污。

(4) 加装反冲洗切换阀及其管道。在冷却水系统中装设专供反冲洗用的切换阀 A、B 和相应管道。正常运行中，B 阀开、A 阀关。当跨接于定子总进水管路上的差压开关发出报警时，说明定子线圈有杂质堵塞，需要反冲洗时，B 阀关、A 阀开。这样可达到不停机进行反冲洗，但此时，发电机不能带负荷，只许空载运行。

(5) 为控制水的电导率在允许的范围内，系统中设置阴阳离子交换器，防止由于水的电导率高致使线圈绝缘破坏。从主冷却水系统中引出一小部分冷却水（一般为总冷却水量的 5%）进入阴阳离子交换器，利用离子交换树脂，抑制冷却水电导率在允许的范围内（小于 $5\mu S/cm$）。经处理净化后的冷却水再回到定子水箱。离子交换器出口回水管上，设有电导率仪，以监视离子交换器出水不超过限定值（小于1.5μS/cm）。在冷却器之后的主冷却水管上也设有电导率仪，作为定子线圈进水电导率监测，当电导率达到5μS/cm时报警，回水进入定子水箱。

3. 冷却水温度控制

系统中有两台正常运行的冷却器来冷却内冷水，冷却介质为开式冷却水，并装有恒温调节装置，使发电机定子进水温度维持在较小范围内变化，从而减少定子线圈因水温变化较大时，对绝缘的不利影响。定子冷却水温调节有外调和内调两种方式。

外调是调节进入冷却器开式冷却水的流量，从而控制定子冷却水温度。在冷却器的开式冷却水出水管道上设有一只气动调节阀、前后隔离阀和一只旁路阀，气动调节阀的开度由进入定子线圈冷却水温度控制。当定子进水温度低时，调节阀关小；当定子进水温度高时，调节阀开大（见图5-50）。

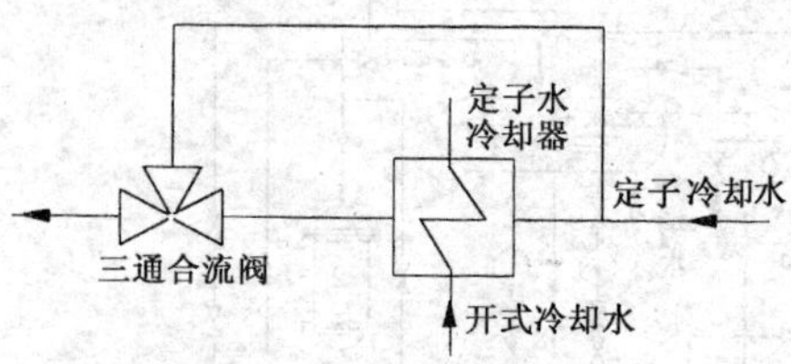

图5-53 三通合流调节示意

内调是调节通过冷却器的定子冷却水量来控制定子冷却水温度的，如图5-53所示。在定子冷却器定子水出口管道上装设一只三通合流调节阀，有一部分定子冷却水走旁路。当定子进水温度低时，调节阀动作，开大旁路，减小通过冷却器的定子水量，提高定子进水温度；当定子进水温度高时，关小旁路，增大冷却器定子水的通流量，降低定子进水温度。

（二）转子冷却水系统

发电机转子水内冷系统为独立的循环冷却系统。转子水箱中的冷却水，经冷却水泵、冷却器、过滤器，从励磁机端进入转子水内冷进水联箱，通过转子内部水路后，由汽轮机端出水支座流出，借助重力的作用自流入转子水箱。

转子冷却水系统不设离子交换器，采用装在转子水箱上的溢流管及浮子式液位调节阀，进行溢流补水从而控制冷却水的电导率在规定的范围内。系统中设有两台冷却水泵和两台冷却器，一套正常运行，一套备用。其他与定子冷却水系统相似。

三、水—氢—氢冷却系统

（一）定子冷却水系统

发电机采用水—氢—氢冷却方式时，定子冷却水系统与上述双水内冷的定子冷却水系统基本相同，不同之处如下：

（1）补充水经减压阀、流量控制阀、离子交换器及水过滤器进入定子水箱，由该离子交换器控制水的电导率。

（2）定子水箱中用氢气冷却系统的氢气充入，以隔绝水与空气的接触，而不需单独设置一套供氮气装置。通过水箱液面上氢气的压力表，可监视氢气系统内的氢压。当定子冷却水系统中漏入少量氢气时，由装于水箱上的排气装置排出，以防止水箱超压。

（3）要求定子冷却水的最大压力低于发电机内氢气的压力，这样当发电机定子某线圈有少量泄漏时，保证水不会漏入发电机内部，影响线圈的绝缘性能。

（二）氢气冷却系统

1. 发电机氢气冷却过程

水—氢—氢汽轮发电机采用焊接的机座结构，轴承由焊接的端盖支撑并经绝缘。发电机机壳两端内各装有两只立式氢气冷却器，定子机座与铁芯间采用隔振装置。转子采用合金钢整体锻件，两端对称装有轴流式风扇，通过这两台风扇使发电机内形成氢气流动的封闭回路。从发电机携带热量的氢气，进入装在发电机两端的氢气冷却器，把热量传给翅片管中的冷却水后，重新由风扇将氢气送入发电机重复使用。除了励磁机端的出线盒外，氢气流动的两个回路几乎是对称的。氢气的补充、置换、干燥、监测和控制等均是由外部氢气冷却系统完成的。

2. 氢气冷却系统

图 5-54 所示为发电机氢气冷却系统，该系统由供氢气装置、供二氧化碳装置、氢气监测变送装置、液体监测仪、氢气干燥器、发电机辅助控制盘和发电机工况监视器等组成。

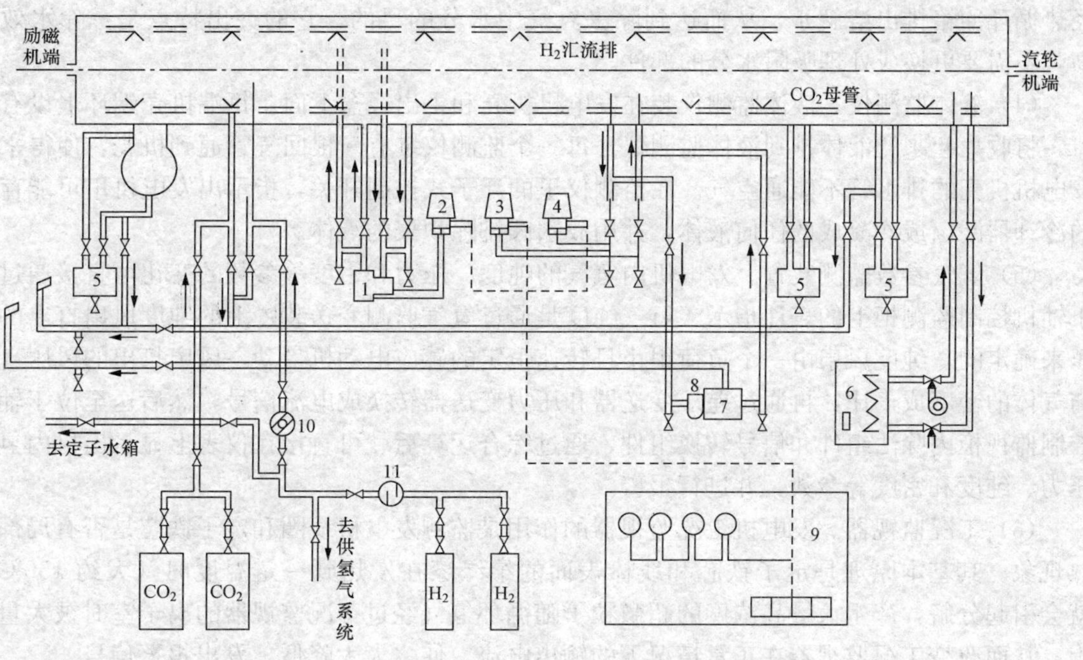

图 5-54　发电机氢气冷却系统

1—氢气纯度风扇；2—氢气纯度风扇差压变送器；3—发电机风扇差压变送器；4—氢气压力变送器；5—液体监测仪；6—氢气干燥器；7—发电机工况监测器；8—油气分离器；9—发电机辅助控制盘；10—压力调节器；11—氢气过滤器

(1) 供气装置。氢气在机内循环过程中会漏入冷却水侧或密封油中，造成氢气损失，使机内氢气的纯度下降，从而降低冷却效果。因此在发电机运行过程中必须不断地补充氢气，以满足冷却发电机的需要。从电厂制氢站高压储氢罐或氢气瓶来的氢气经过过滤、调整压力后，通过设置在发电机顶部的汇流管进入发电机。为了保证充氢和排氢时的安全，还设置了一套完善的二氧化碳置换系统。当需要置换时，二氧化碳经减压器，通过发电机底部的汇流管进入发电机。

(2) 氢气过滤器和氢气减压器。氢气过滤器的作用是滤除氢气中的杂质。过滤器元件是由多孔粉末冶金材料制成，由于其强度较低，在正常使用时，过滤器元件两端压差值一般不超过 0.2MPa，否则会对过滤元件起破坏作用。

氢气减压器的作用是保持机内氢气压力恒定。它相当于减压阀，正常使用时，用装于减压器后的排空阀调整其出口压力保持在整定值为0.4MPa。

（3）氢气干燥器。在机内循环的氢气，时间久了会逐渐吸潮，这样对线圈的绝缘不利，还容易产生电晕，氢气系统中利用氢气干燥器，来吸收氢气中的水分。氢气干燥器有热风再生式和冷凝式自动干燥两种形式。热风再生式氢气干燥器中充满着氧化铝作为吸收材料，在机组运行期间，气体循环通过干燥器，在吸收材料吸水饱和后，将发电机与干燥器脱离，用一个小风扇强迫空气通过干燥器以除去水分，干燥器中的恒温器保护干燥器不过热，观察干燥器底部窗口湿润剂的颜色，可以确定活性材料的干燥度。干燥时，呈淡蓝色，浸透了水分时，呈浅灰粉红色。冷凝式氢气自动干燥器是通过制冷的方式除去氢气中的水分，氢气在装有蒸发器的容器内流动，氢气中的水分遇到－30℃的蒸发器时，就凝结在蒸发器表面，然后经热循环冲箱排出溶解水，从而达到除去氢气中水分的目的，它的突出特点是：除水效率高，不需要更换或处理吸附水分的部件。

（4）液体监测仪。液体监测仪装在发电机机壳和主出线盒下面。每端机壳端环上设有开口，将收集起来的液体排到液体监测仪。每一个监测仪装有一根回气管通到机壳，使得来自发电机机壳的排水管不能通空气。在监测仪里的浮子式控制开关，指示出发电机里可能存在的冷却器漏出或冷凝成的任何液体，并用放水阀排除积聚的液体。

（5）氢气参数监测装置。发电机内氢气的纯度、压力和密度等参数的变化可直接通过位于辅机控制监测柜上的表计指示。氢气纯度是通过氢气监测变送装置上的纯度风扇打出的风压来确定的，纯度风扇由一个负荷很小且转速恒定的感应电动机带动，风扇打出的风压直接与气体的密度成正比，再通过差压变送器和压力变送器转换成电流信号，然后送至位于辅机控制监视柜内除法组件和信号转换组件，通过综合运算后就可直接在仪表上显示出机内氢气压力、纯度和密度等参数，并进行报警。

（6）工况监视器。发电机工况监视器的作用是监测发电机线圈和定子铁芯是否有局部过热现象。其基本原理是定子铁芯和线棒表面的绝缘漆在发热到一定温度时（大约150℃），就会引起分解，产生大量高浓度的超微粒子随循环氢气经过工况监视器的离子室时被大量吸附，从而改变工况监视器在正常情况下的输出电流，使之大大降低，发出报警信号。

⇨【任务实施】

一、双水内冷系统的运行

1. 启动

（1）检查定子、转子水箱已补水至正常水位，定子、转子进水阀门处于关闭状态。

（2）启动冷却水泵，对水内冷外部管道进行一段时间的清洗排水，直至水质合格。

（3）开启定子、转子进水阀，对发电机内部供水。

（4）检查无漏水现象，才允许汽轮发电机组冲转启动。

（5）在发电机启动过程中，转子的进水压力将随转速的升高而逐渐降低，故应经常调整进水压力为正常值。不允许转子水路产生负压，以免吸入空气，导致水路不畅和振动。

2. 正常运行

在发电机正常运行中，应监视其冷却水系统的各项参数在正常值范围内，检查水质和水流的情况，并做好相应工作。

（1）密切监视发电机冷却水的进水压力、流量和出水温度。如发现上述参数变化太大或突然改变时，应立即进行检查，密切注意出水温度不得超过允许值。当定子、转子线圈中内冷水的流量、压力低于发电机跳闸值时，发电机应在 30s 内跳闸。

（2）定时检查进入发电机的冷却水水质。对过滤器进行清理，排污损失的冷却水由凝结水补充。当冷却水电导率突然增大时，应检查冷却器有无漏水，如有漏水应立即停用该冷却器，投入备用的冷却器。如发现冷却水没有异常污染，而水的电导率仍然很高，且离子交换器出口水的电导率超过限定值，说明树脂已经失效，必须置换树脂。

（3）通过发电机端盖观察窗经常监视定子端部水流情况。如发现有漏水情况但不严重，且机组又不允许立即停机时，可适当降低进水压力和机组负荷。经上述处理后，若漏水情况能消除，机组可短期运行，待负荷许可时再停机检查。若降压后漏水现象仍不能消除，则应停机检查处理。

3. 停机

（1）发电机解列后，定子、转子的冷却水系统应继续运行，直至汽轮发电机组完全停止运转。

（2）在发电机降低转速的过程中，转子的进水压力将会逐渐升高，应调节进水阀门，保持水压不超过允许值。

（3）如停机时间较长时，定子、转子线圈的剩水应全部放光吹净，并注意发电机各部分的温度不低于＋5℃，以免发电机受潮。

二、氢气冷却系统的运行

氢气是一种易燃易爆气体，当其中混有空气，并形成一定的空气浓度时，就会发生爆炸性严重事故。因此，机组运行中的任何工况下，都要使其与空气隔离。在充氢和排氢过程中，都用二氧化碳作为中间介质，去置换发电机中的空气和氢气。

发电机气体的置换应在发电机静止或盘车时进行，同时应保持轴密封瓦处密封油的压力。如出现紧急情况，可在发电机加速或减速时进行，但不允许发电机充入二氧化碳时在额定转速下运行，因为二氧化碳漏入定子冷却水系统中会增大水的电导率。

1. 充氢过程

发电机运行之前，要将氢气充入，并保证较高的纯度。为防止氢爆，必须先用二氧化碳置换机内的空气，再用氢气置换二氧化碳，具体做法如下：

（1）充入二氧化碳。从发电机底部汇流管，充入约 1.5 倍发电机容积的二氧化碳气体，以排除机内空气。在二氧化碳充入期间，由于二氧化碳气体密度大，顶部二氧化碳纯度较差，所以应从发电机顶部汇流管通过纯度风扇连接管采样。当二氧化碳纯度读数为 95%左右时，充二氧化碳结束。

（2）用氢气置换二氧化碳。打开氢气瓶或制氢站到发电机通路，缓慢向发电机内充氢，此时，氢压控制阀压力略高于机内压力，打开发电机底部排气阀，排出二氧化碳气体，排气时维持机内压力。由于氢气密度小，应从发电机底部汇流管采样。当机内氢纯度大于 95%时，打开系统排气阀排气，重新充氢排二氧化碳，直到各排气阀处化验氢气纯度均大于 96%时，关闭排气阀和充氢阀，稳定 30min。若氢纯度仍大于 96%，即可认为氢气置换二氧化碳结束，这时将发电机内氢压提高到正常规定值，并用氢气压力调整器维持氢压正常。

2. 正常运行

为保证发电机的正常运行，在其运行期间应维持好氢气的压力、纯度和温度，具体做法如下：

（1）氢气的压力和纯度。发电机在正常运行期间，由于氢气的泄漏和空气的渗入，使氢气的压力和纯度下降，因此必须及时补充氢气以维持氢气的压力和纯度，确保发电机的安全运行。当压力下降到下限允许值时，压力开关动作报警，自动调节减压器补氢；当机内氢压升至超过上限值时，手动调节氢气减压器进气门，打开排气阀门使机内氢气压力降低到正常值。

（2）冷氢温度。氢气冷却器在运行时，通过调节氢气冷却器出水管道的阀门来控制冷却水流量，使冷氢的温度维持在大体上不变的数值。运行时由于工作氢压高于冷却管水压，一旦冷却水管损坏，氢气就会泄漏到冷却器的循环水管路中，通过外部水管路中设置的氢气监测器和报警器来监视。如确系某冷却器漏水，则应关闭该冷却器，待发电机检修时，予以处理。少数水管的漏水，可用堵塞两端管口的办法使该冷却器仍继续运行。

3. 排氢过程

发电机停运后要及时将其内部氢气排出。与充氢时一样，先用二氧化碳置换机内氢气，以免空气与氢气直接接触，具体做法如下：

（1）通过在机座底部汇流管充入二氧化碳，使氢气从机座顶部汇流管排除出去。为了使机内混合气体的氢气含量降到5%，需要充入两倍于发电机容积的二氧化碳。当二氧化碳纯度达95%时，说明氢气已经排出。

（2）打开发电机，关闭密封油泵，打开发电机机座上每端的手动孔，可将风扇直接放入发电机上一端的开口处，用风驱动机内的二氧化碳。如果立即通过手动孔进行观察或检查，应采取预防措施防止检查人员吸入二氧化碳。

【能力训练】

1. 识读仿真机界面上的发电机冷却系统图。
2. 在仿真机上完成发电机定子水冷系统启动操作训练（参考项目六）。

任务十二　发电厂全面性热力系统及其运行

【任务目标】

掌握识读和分析发电厂的全面性热力系统的方法，能识绘发电厂的全面性热力系统图。

【知识准备】

一、发电厂全面性热力系统的概述

以上介绍的各局部热力系统和机、炉本体的管道系统组成了发电厂的全面性热力系统，它表明全厂性的所有热力设备及其汽水管道的连接方式，并明确反映电厂的各种工况及事故、检修时的运行方式。在绘制发电厂全面性热力系统时，按设备的实际数量（包括运行的和备用的全部主、辅热力设备及其系统）来绘制，热力系统管线、设备和阀门符号要采用项目三中介绍的国家规定的或通用的图例。

在全面性热力系统图中，至少有一台锅炉、汽轮机及其辅助设备的有关汽水管道上要标明公称压力、管径和壁厚。通常在图的右侧应附有该图的设备明细表，标明设备名称、规范、型号单位及其数量和制造厂家或备注。本书作为教材并限于篇幅，在所附的发电厂全面性热力系统图中不做以上标示，并对发电厂的实际全面性热力系统进行适当简化。

在识读、分析发电厂全面性热力系统时，要注意以下几点：

(1) 明确图例。不同国家的发电厂全面性热力系统的绘制及其图例有所不同，首先要明确图例。

(2) 明确主要设备的特点和规格。如锅炉、汽轮机以及发电机的形式、容量和参数。

(3) 明确该发电厂的原则性热力系统的特点。如回热系统的特点、给水泵的驱动方式、除氧器的运行方式等。

(4) 区分设备情况。不仅不同制造厂家生产的主、辅热力设备有所不同，即使同一制造厂家的产品还有产品序号之分，有的热力设备和热力系统在不断改进。

(5) 化整为零地识读发电厂全面性热力系统。生产实际中的发电厂全面性热力系统是较为复杂的，应将发电厂全面性热力系统化整为零，即先熟悉各局部热力系统，再将其联系成全厂的全面性热力系统。

(6) 运行工况分析。一般应从正常工况着手，再分析低负荷工况、启动、停运及事故工况。对每一工况也应逐个局部系统地分析，最后再综合为全厂的全面性热力系统的运行工况分析。

二、发电厂全面性热力系统举例

1. 背压、凝汽式热电厂的全面性热力系统

图 5-55 所示为背压、凝汽式热电厂的全面性热力系统（见文末插页）。该电厂有三台单汽包循环流化床锅炉和三台汽轮发电机组，其中两台为凝汽式供热机组，另一台为背压式供热机组。

三台循环流化床锅炉的型号为 SG-130/3.82-M247，它设有单级连续排污利用系统，锅炉的连续排污水进入连续排污扩容器，回收蒸汽通过汽平衡母管进入高压除氧器，浓缩后的污水、水冷壁进口集箱的定期排污水，以及锅炉的紧急放水进入定期排污扩容器，之后排入地沟。

主蒸汽系统采用切换母管制，机组正常运行时，采用一机配一炉的单元制系统，在事故情况下，机组切换由联络母管供汽，运行灵活。

两台凝汽式供热机组的型号为 C-12/3.43/0.981，背压式供热机组的型号为 B-12/3.43/0.981。凝汽式机组的一段抽汽和背压式机组的排汽向热网供汽，供汽额定压力均为 0.981MPa，事故情况下，由主蒸汽经减压减温后向热网供汽。

每台凝汽式供热机组共有三段抽汽，分别供一台高压加热器、一台除氧器，一台低压加热器。二段抽汽汇入加热蒸汽母管，作为除氧器的加热用汽。为保证除氧器定压运行，在其加热蒸汽管上设置调压阀，并有切换一段抽汽的切换阀，在低负荷时，一段抽汽经减压阀进入除氧器的加热蒸汽母管。高压加热器的正常疏水经浮球式疏水调节阀汇入疏水母管进入除氧器，事故疏水进入危急疏水扩容器。低压加热器的疏水也经浮球式疏水调节阀进入凝汽器。背压式机组的高压加热器用汽来自凝汽式机组的一段抽汽母管（供热母管）。

凝结水由凝结水泵经射汽冷却器、轴封加热器、低压加热器汇入凝结水母管进入除氧器，轴封加热器与低压加热器之间设置凝结水最小流量再循环，以保证在低负荷时凝结水泵及汽轮机汽封系统的正常运行。除氧水由锅炉给水泵送入高压加热器，通过给水操作台控制流量后进入省煤器。在给水泵前、后及高压加热器之后分别设有低压给水母管、高压给水冷母管和高压给水热母管，这些给水母管均为切换式，四台锅炉给水泵，三台正常运行，一台备用。正常工作时，一台机组配一台给水泵，事故情况下，启动备用给水泵通过母管向锅炉供水。

凝汽式汽轮机的一段抽汽经均压箱调整参数后作为其汽封供汽，而背压式汽轮机的汽封用汽来自该机的排汽。各台机组汽封的外挡漏汽、自动主汽阀和调节汽阀的阀杆漏汽均进入轴封冷却器。轴封加热器的疏水经 U 形管进入凝汽器，空气则由射汽式抽气器抽出。射汽式抽气器的正常汽源凝汽式机组为一段抽汽、背压式机组为汽轮机排汽，备用汽源为节流降压后的主蒸汽，工作蒸汽连同从轴封加热器抽出的空气进入射汽冷却器，射汽冷却器的疏水经 U 形管进入凝汽器，空气排入大气。

凝汽式机组高压加热器的排气经节流孔板进入低压加热器，低压加热器及凝结水泵的排气进入凝汽器，再由射水抽气器抽出排大气。背压式机组高压加热器的排气汇同汽封漏汽一起进入轴封加热器。

各级抽汽止回阀前、后和主汽阀前的疏水进入疏水膨胀箱，蒸汽进入凝汽器喉部，水进入热井。锅炉和除氧间的疏水经扩容器后，连同除氧器的溢放、水排入疏水箱，再由两台疏水泵送入疏水母管。

化学除盐水经背压机组的轴封加热器和射汽冷却器吸热后，通过疏水母管进入除氧器，作为全厂汽水损失的补充。

在凝汽器的循环水进口管道上接出去空气冷却器、冷油器等设备的冷却水，回水排入凝汽器的循环水出口管道。凝汽器的循环水进、出口管道上设有胶球清洗装置，以保证凝汽器铜管的畅通。

2. N600-24.2/566/566 型机组的全面性热力系统

图 5-56 所示为引进国产 N600-24.2/566/566 型机组配 DG1900/25.4-Ⅱ1 型锅炉的全面性热力系统（见文末插页）。锅炉为东方锅炉厂引进技术制造的超临界参数、变压、直流、本生型锅炉，其特点是：单炉膛，一次中间再热，尾部双烟道，固态排渣，全钢构架，全悬吊结构，平衡通风，露天布置，采用内置式启动分离系统。在锅炉启动过程中，利用启动分离系统进行汽水分离，蒸汽进入顶棚过热器，水在启动初期进入锅炉疏水扩容器，待水质合格后进入凝汽器；正常运行时，水汽依次经省煤器、水冷壁、启动分离器、顶棚过热器、包覆过热器、低温过热器、屏式过热器和高温过热器至汽轮机。在低温过热器出口和高温过热器进口分别设有一、二级喷水减温，减温水来自省煤器出口。在低温再热器与高温再热器之间设有事故喷水减温，减温水来自给水泵抽头。汽轮机为上海汽轮机厂生产的超临界压力、单轴、三缸四排汽、一次中间再热、凝汽式汽轮机。其特点是：具有冲动式调节级和反动式压力级的混合形式，共 48 级叶轮，其中高压缸 1+11 级，中压缸 8 级，低压缸 2×2×7 级。低压缸为双缸对称分流布置，低压缸的排汽分别进入双压凝汽器，凝汽器的工作压力分别为 0.0053MPa 和 0.0042MPa。

主蒸汽系统和再热蒸汽系统均采用“双管—单管—双管”式。汽轮机组的旁路系统采用容量为40%的高、低压两级串联旁路系统，分别用给水泵出口给水和轴封加热器出口的凝结水作为减温水，低压旁路为并联两路，在凝汽器处设置了低压旁路的二级减温减压设备。

机组共有八段不调整抽汽，高压缸的抽汽和排汽分别供两台高压加热器H1、H2，中压缸的两级抽汽分别供高压加热器H3和除氧器HD，低压缸的四级抽汽分别供四台低压加热H5、H6、H7、H8。除七、八段抽汽管外，其他各抽汽管道上均设置防止汽轮机进汽、进水的气动式止回阀、电动隔离阀及疏水管。小汽轮机正常汽源（即低压汽源）为四段抽汽，高压汽源为冷再热蒸汽，调试用汽来自辅助蒸汽联箱。

两台110%容量的凝结水泵（一台备用，一台正常运行）、化学除盐装置、轴封加热器、四台低压加热器组成了机组的主凝结水系统。凝结水最小流量再循环设在轴封加热器出口的凝结水管道上，以保证凝结水泵和轴封加热器在低负荷时的安全运行。化学补充水经水位调节装置进入凝结水储水箱，再由凝结水输送泵经凝汽器水位调节装置送入凝汽器热井。在除盐装置之后，流量测量装置之前，接出各项减温水及锅炉冷炉上水。轴封加热器之后的主凝结水管上，设有除氧器水位调节装置，另接出凝汽器高水位放水管至凝结水储水箱。H7、H8各并联两台分别设置在两台凝汽器的接颈处，且H7、H8共用一大旁路，其余各低压加热器均设置小旁路。

除氧器采用滑压运行方式，正常汽源为四段抽汽，启动初期，利用辅助蒸汽通过除氧器启动加热装置对给水定压除氧。

机组设置两台55%容量的汽动锅炉给水泵和一台30%容量的电动锅炉给水泵，汽动泵正常运行，电动泵作为启停和备用。三台给水泵均设有前置泵，电动给水泵及其前置泵采用液力耦合器的连接方式。三台给水泵都设有给水流量再循环管，以防止低负荷时给水泵发生汽蚀。三台高压加热器采用大旁路，进口为三通阀。

汽轮机轴封蒸汽系统采用自密封式，正常运行时高中缸轴封漏汽经溢流阀和减温器后调节压力和温度后进入低压缸汽封，启、停用汽由主蒸汽、冷再热蒸汽和辅助蒸汽进行不同负荷下的汽源切换。各汽封及高、中压主汽阀和调节汽阀阀杆漏汽的汽气混合物进入轴封冷却器（又称轴封加热器）后，气由抽气风机排大气，疏水经U形水封管进入凝汽器。高、中压主汽阀和调节汽阀的阀杆高压漏汽进入冷再热蒸汽管道。

三组水环式真空泵形成该机组的抽真空系统。各低压加热器、凝结水泵等真空设备的各路空气汇集到凝汽器，由水环式真空泵（两台正常运行，一台备用，机组启动时，三台同时运行）抽出排入大气。

汽轮机本体疏水、各蒸汽管道和设备的疏水、放水及溢水，分别进入压力相应的疏水集管，后排入两台疏水扩容器A、B，经疏水扩容器扩容降压后，蒸汽进入凝汽器的蒸汽空间，水进入凝汽器热井。

高压加热器的正常疏水经疏水调节阀逐级自流入除氧器。在机组启动初期，水质不合格的疏水通过各台高压加热器的启动疏水支管直接排至地沟，H1、H2和H3水质合格的启动疏水和事故疏水进入汽轮机本体疏水扩容器B和A。各低压加热器的正常疏水采用逐级自流方式，最后H8疏水接至凝汽器壳体两侧的疏水扩容器内，每台低压加热器均设有单独的事故放水管道，分别接至凝汽器壳体两侧的疏水扩容器。各高压加热器的连续放气经调节阀汇集到一根母管后进入除氧器，启动放气通过排气管排入大气。各低压加热器的启动放气和连续放气汇入母管后去凝汽器。

辅助蒸汽系统有四个汽源：启动锅炉蒸汽、冷段再热蒸汽、邻机来汽、四段抽汽，系统提供小汽轮机的调试用汽、除氧器启动加用热、汽轮机轴封用汽、空气预热器吹灰及锅炉启动用汽等。

3. 国产改进型 N300-16.7/538/538 机组的全面性热力系统

图 5-57 所示为国产改进型 N300-16.7/538/538 机组配 DG-1025/18.3-Ⅱ5 型锅炉的全面性热力系统（见文末插页）。锅炉为一次中间再热、自然循环汽包炉。在低温过热器和大屏过热器出口及高温过热器进口分别设有一、二、三级喷水减温，低温再热器进口设有事故喷水减温，高温再热器进口设有微量喷水减温。汽轮机为单轴、双缸、双排汽，高、中压缸对称分流布置，低压缸对称分流布置，排汽进入凝汽器。

主蒸汽管道与再热冷段管道采用单管—双管制系统，再热热段管道采用双管—单管—双管制系统。

机组增设两台凝结水升压泵，确保除盐装置的安全运行。补充水由气动调节阀自动控制进入补充水箱。机组启动时，通过补充水泵向凝汽器热井补水，正常运行时，依靠补充水箱与凝汽器之间的压差进行自流补水。

除氧器为滑压运行，启动初期，利用除氧循环泵加速除氧过程。

机组设置两台汽动锅炉给水泵和一台电动锅炉给水泵，三台给水泵设有给水流量再循环管，而其前置泵不设置给水流量再循环管。

发电机定子冷却水系统为全密闭循环冷却系统。定子冷却水由定子水箱，经冷却水泵、定子水冷却器、过滤器后进入定子线圈，回水进入定子水箱内。两台冷却水泵和两台冷却器，一台正常运行，一台备用。在冷却水系统中装设专供反冲洗用的切换阀和相应管道，以保证冷却水的畅通。为控制水的电导率在允许的范围内，防止由于水的电导率高致使线圈绝缘破坏，系统中设置离子交换器，凝结水先进入树脂离子交换器，经处理净化后的进入定子水箱。

其余与上述 N600-24.2/566/566 引进型机组的全面性热力系统基本相同。

【任务实施】

发电厂各热力系统的投入与停运

发电厂各热力系统与其主、辅热力设备构成一个有机的整体，在机组启、停过程中，各热力系统根据机组的要求进行相应投、停。由于机组的形式、容量、参数、结构各不相同，其启、停的方式也有所不同，但它们存在着共性的规律，以上各节详细介绍了各热力系统和辅助设备的启、停步骤。本节以现代大型凝汽式机组冷态滑启、滑停方式为例，介绍发电厂各热力系统的投、停顺序。

一、发电厂热力系统的投入顺序

1. 启动发电厂供水系统

在厂用电恢复、厂用水正常、循环水系统及凝汽器水侧已具备启动条件的情况下，开启循环水泵，循环水供水母管充压，凝汽器水侧通水。

2. 投入开式冷却水系统

当开式冷却水系统投入准备工作就绪，循环水供水母管压力满足开式冷却水泵进水压力要求时，启动开式冷却水泵，向各冷却器供冷却水。

3. 启动闭式冷却水系统

检查闭式膨胀水箱的水位正常后，启动闭式冷却水泵，向各冷却器、轴承冷却水管和泵密封水管供水。

4. 发电机冷却系统投入

为确保发电机安全，在启动发电机之前，应投入其冷却系统，对于水—氢—氢冷却系统应投入氢气冷却系统和定子冷却水系统。对于双水内冷发电机，投入定子冷却水系统和转子冷却水系统。

5. 投入汽轮机本体疏水系统

在机组启动初期，疏水系统的各疏水阀必须开启，直至各设备和管道无积水时关闭。

6. 投入辅助蒸汽系统

根据辅助蒸汽供汽情况，及时切换辅助蒸汽汽源。

7. 启动凝结水系统

当凝汽器上水至正常水位，凝结水系统充水放气且冲洗完毕，打开凝结水及凝结水最小流量再循环阀，启动凝结水泵及凝结水升压泵，向除氧器供水。

8. 启动除氧给水系统

冷炉启动时，由补充水泵或凝结水输送泵向除氧器上水至正常水位，对给水系统进行充水、放气工作，之后投入辅助蒸汽，开启除氧循环泵或再沸腾装置，对除氧器进行加热。此时，给水泵应处于暖泵状态。当除氧水水质合格后，启动备用锅炉给水泵（一般为电动泵）向锅炉汽包上水。

9. 轴封蒸汽系统投入

投入轴封蒸汽系统，必须在汽轮机盘车的状态下进行，如果未盘车就向轴封供汽，就会造成转子因受热不均而弯曲。

10. 启动抽真空系统

锅炉点火之前或同时，凝汽器应建立真空。否则，一旦锅炉点火就可能有蒸汽进入凝汽器，从而损坏凝汽器。机组冷态启动时，凝汽器的抽真空系统可与轴封蒸汽系统同时投入，但热态启动时，必须先供轴封蒸汽，后抽真空，以防抽真空时冷空气进入汽轮机汽缸，对其转子局部冷却，产生热应力，造成大轴弯曲。

11. 锅炉排污系统投入

锅炉点火后，根据蒸汽及炉水品质的要求，投入锅炉的连续排污和定期排污系统。连续排污利用系统合格蒸汽及时回收进入除氧器。

12. 投入主蒸汽系统

汽轮机冲转前，应投入主蒸汽系统，对主蒸汽管道进行疏水暖管工作，并注意其温升率应控制在规定的范围内。

13. 适时投入和停运汽轮机旁路系统

随着锅炉升温和升压的进行，适时投入旁路系统，调整汽温、汽压，回收工质，并注意监视凝汽器真空的变化。根据机组的升负荷情况，逐渐关闭旁路系统。

14. 投入高、低压加热器

高、低压加热器一般要求随主汽轮机一起滑启，这样可使加热器受热均匀，减小热应力，启动操作少，又可及时回收热量，也可根据机组的运行情况及时投入。

在机组升负荷过程中，注意有关设备和系统的调整和切换。

二、发电厂热力系统的停运顺序

机组正常停机过程一般分为减负荷解列、转子惰走、盘车和辅机停运三个阶段。停机过程中，发电厂的热力系统和辅助设备也要做必要的调整、切换和停运，现就其停运的共同规律进行归纳。

1. 系统和设备的调整和切换

根据汽轮机组的降负荷情况，热力系统及辅助设备进行如下有关的切换和调整：

(1) 注意凝汽器水位，调整主凝结水再循环阀开度。

(2) 根据辅助蒸汽系统的供汽情况，及时切换辅助汽源，保证用汽需要。

(3) 当负荷降到50%MCR时，启动备用锅炉给水泵（启动电动泵，停止汽动泵）。

(4) 根据除氧器抽汽压力的下降情况，切换辅助蒸汽。

(5) 根据负荷的降低情况，减少凝结水泵的运行台数。

(6) 根据负荷的降低情况，调整轴封供汽。

(7) 随着负荷的减少，发电机转子、静子电流减小，线圈及铁芯温度下降，应及时调整发电机的冷却水量，以防止由于过冷造成铁芯、铜线膨胀不均而损伤绝缘。

2. 适时投入与停止汽轮机旁路系统

在降负荷过程中，根据锅炉与汽轮机的蒸汽量的匹配情况，投入汽轮机旁路系统，回收余汽。当锅炉不需要排放蒸汽时，停止汽轮机旁路系统。

3. 投入汽轮机本体疏水系统

当负荷降到25%MCR以下时，各疏水阀门开启，及时排放疏水。

4. 回热加热器停运

负荷降到零，自动主汽门关闭的同时，应检查联动关闭抽汽管道上的电动隔离阀和止回阀，各加热器应停运。

5. 停运抽真空系统

汽轮机转速下降后，确认汽轮机旁路系统停运后，方可停止抽真空系统运行，此时真空破坏阀开启，凝汽器真空下降到零。

6. 发电机组冷却系统停运

当汽轮机转速下降接近零时，发电机冷却水系统停运，发电机停止后，可进行排氢工作。

7. 轴封蒸汽系统停运

当转子静止时，汽缸内外压差趋于零时，轴封蒸汽系统停止。

8. 除氧给水系统停运

当锅炉不需要进水时，方可停运除氧器及给水泵运行。

9. 凝结水系统停运

除氧器停运后，可停止凝结水泵运行。

10. 闭式冷却水系统停运

只有接入闭式冷却水系统的各冷却器和运转设备，不需要冷却水和密封水时，方可停止闭式冷却水系统。

11. 开式冷却水系统停运

接入开式冷却水系统的各冷却器停止后，可停运开式冷却水系统。

12. 供水系统停运

当接在循环水母管上的开式冷却水停运后，方可停止循环水系统运行，此时，凝汽器水侧停止。

13. 停运后的保养

系统和设备停运后，要放尽其中的余汽、余水，并做好保养工作。

【能力训练】

1. 识读引进国产 N600-24.2/566/566 型机组全面性热力系统图，并详细说明系统流程。

2. 在仿真机上按照单元机组冷态启动操作步骤，进行机组热力系统投入操作训练（参考项目六）。

小　　结

1. 发电厂主要热力系统

发电厂的主要热力系统包括主蒸汽系统、再热蒸汽系统、汽轮机旁路系统、主凝结水系统和除氧给水系统等。主蒸汽、再热蒸汽系统主要有双管制、单管—双管制和双管—单管—双管制。现代大型机组汽轮机的旁路系统广泛采用了两级串联旁路系统。在主凝结水系统中进行凝结水的回热加热、化学处理、除氧器水位控制、补水和凝汽器水位控制等，同时提供各种减温水、控制水、密封水和冷却水等。除氧给水系统要不断地向锅炉提供溶氧量合格的给水（即使在高压加热器解列的情况下），并对给水量进行控制，同时提供再热器减温水、过热器和高压旁路减温水等。

2. 辅助热力系统

为确保机组的安全经济运行，单元机组还设有辅助热力系统，主要包括：抽真空系统、轴封蒸汽系统、汽轮机本体疏水系统、锅炉排污系统、辅助蒸汽系统、发电厂供水系统、工业冷却水系统及发电机冷却系统等。国产机组上常用射水抽气器抽真空系统和由外来汽源供汽的汽轮机轴封蒸汽系统，引进型机组上多用真空泵抽真空系统和自密封轴封蒸汽系统。汽轮机本体疏水装置的选择、疏水点的设置和疏水管道的布置，要保证在任何工况下汽轮机不进水。辅助蒸汽系统主要由供汽管道、辅助蒸汽联箱和各用汽支管组成。锅炉排污系统包括连续排污利用系统和定期排污系统。工业冷却水系统分为开式冷却水系统和闭式冷却水系统，一般要求冷却水品质不高、水温较低、水量大的设备冷却器采用开式循环水系统；要求冷却水品质较高、水量不大的设备及冷却器采用闭式冷却水系统。发电机冷却系统有双水内冷和水一氢一氢冷却系统，不论哪一种冷却系统都要对冷却介质的品质、温度、压力和流量进行必要的监测和控制。

3. 发电厂热力系统的投、停顺序

随着汽轮发电机组冷态滑启、滑停，各热力系统投入的顺序是：供水系统、开式冷却水系统、闭式冷却水系统、发电机冷却系统、汽轮机本体疏水系统、辅助蒸汽系统、锅炉排污系统、凝结水系统、除氧给水系统、轴封蒸汽系统、抽真空系统、主再热蒸汽系统、汽轮机旁路系统、高低压加热器。各实际热力系统停运的顺序为：汽轮机旁路系统、回热加热器及其系统、抽真空系统、发电机组冷却系统、轴封蒸汽系统、除氧给水系统、凝结水系统、闭式冷却水系统、开式冷却水系统、供水系统。

综 合 测 试

一、填空

1. 主蒸汽管道系统的形式有__________、__________、__________和__________。

2. 主蒸汽管道系统上设置的主要附件和阀门有__________、__________、__________和__________。

3. 双管制主蒸汽管道系统解决汽温偏差的主要措施是__________。

4. 再热机组旁路系统的形式有__________、__________、__________和__________，其中应用最广泛的是__________。

5. 抽真空系统的形式有__________、__________。

6. 凝结水最小流量再循环管的作用是__________，它是从__________之后的主凝结水管道上接出，进入__________。

7. 除氧器的水位控制是靠设置在__________后的主凝结水管道上__________实现的。

8. 低压旁路减温水和各种杂项用水接自__________出口处的主凝结水管道。

9. 大型锅炉给水泵在启动时采用的暖泵方式为__________；在热备用状态下采用的暖泵方式为__________。

10. 外来汽源供汽的轴封蒸汽系统由__________、__________、__________、__________及其连接管道组成。

11. 对于自密封轴封蒸汽系统，汽轮机正常运行时，其高中压缸的内侧漏汽进入__________，实现自密封汽封；其高压门杆漏汽进入__________以回收工质。

12. 自密封轴封系统在机组启动时的轴封的汽源有__________、__________和__________。

13. 汽轮机轴封和门杆的外挡漏汽均进入__________。

14. 汽轮机本体疏水通常由__________控制后，进入__________，最后回收工质进入凝汽器。

15. 对于凝汽式电厂，化学补充水通常进入__________；对于热电厂，化学补充水通常进入__________。

16. 锅炉连续排污水是从__________的地方排出，进入__________汽化后，回收到热力系统中的__________；定期排污是从__________排出，进入__________。

17. 在发电厂“废热”利用中，回收工质应接入与之温度和压力最__________的热力系统，其目的是减小__________。

18. 辅助蒸汽系统主要由__________、__________、__________、__________、__________及其连接管道和阀门组成；辅助蒸汽汽源主要有__________、__________和__________。

19. 发电厂直流供水系统的形式有__________、__________和__________。

20. 发电厂空气冷却系统的形式有＿＿＿＿＿和＿＿＿＿＿。

二、选择题

1. 为防止蒸汽和水倒流入汽轮机高压缸，在其排汽管上设置有＿＿＿＿＿。

（1）安全阀；（2）隔离阀；（3）止回阀。

2. 除氧器的水位调节装置设在＿＿＿＿＿的主凝结水管道上；

（1）轴封加热器与低压加热器之间；（2）除氧器与低压加热器之间；（3）凝结水泵与除盐装置之间。

3. 给水流量再循环管是从给水管道上的＿＿＿＿＿引出，进入给水箱。

（1）给水泵出口流量计；（2）给水泵出口电动阀；（3）给水泵出口止回阀。

4. 过热蒸汽减温水来自＿＿＿＿＿。

（1）锅炉给水泵出口；（2）凝结水泵出口；（3）给水泵中间抽头。

5. 再热蒸汽减温水来自＿＿＿＿＿。

（1）锅炉给水泵出口；（2）凝结水泵出口；（3）给水泵中间抽头。

6. 高压旁路减温水来自＿＿＿＿＿。

（1）锅炉给水泵出口；（2）凝结水泵出口；（3）给水泵中间抽头。

7. 给水最小流量再循环的作用是＿＿＿＿＿。

（1）调节给水流量；（2）防止给水泵汽蚀；（3）调节除氧器水位。

8. 电动给水泵的转速主要靠＿＿＿＿＿控制。

（1）电动机；（2）出水调节阀；（3）液力联轴器。

9. 凝汽器的正常补水利用＿＿＿＿＿来完成的。

（1）补充水泵；（2）补充水箱与凝汽器间的压差自流；（3）疏水泵。

三、问答题

1. 切换母管制主蒸汽系统单元制主蒸汽系统有什么特点？

2. 绘制 300MW 机组上采用的双管式主蒸汽和再热蒸汽系统图，并说明其主要附件的作用。

3. 绘制并说明引进型 300MW 机组的两级串联旁路系统。

4. 在哪些事故情况下投入旁路系统？

5. 三用阀的旁路系统具有哪三种功能？

6. 凝汽器抽真空系统的作用是什么？

7. 绘制射水抽气器抽真空系统图，并说明其启动过程。

8. 绘制真空泵组工作流程示意图，并说明其工作过程。

9. 回加热器为什么要设置水侧旁路？大、小旁路各有什么特点？

10. 绘制 300MW 机组的主凝结水系统图，并说明除氧器、凝汽器和补充水箱的水位控制装置状况及其水位控制方法。

11. 凝结水系统在启动前应做好哪些工作？如何启动和停运凝结水系统？

12. 绘制 300MW 机组给水管道系统图，并简述给水管道系统的启动过程。

13. 汽轮机轴封蒸汽系统的作用是什么？对轴封供汽参数有什么要求？如何调节供汽参数？

14. 识读自密封轴封蒸汽系统图，并说明系统流程。

15. 汽轮机本体疏水系统的作用是什么？汽轮机本体疏水系统包括哪些内容？疏水点应设置在什么部位？

16. 试述汽轮机本体疏水系统的运行原则。

17. 绘制单级排污利用系统图，并说明其汽水流程和各设备的作用。

18. 辅助蒸汽系统提供哪些用汽？

19. 分别简述直流供水系统和循环供水系统的流程。

20. 试述海勒式间接空冷系统的流程。

21. 发电厂的工业冷却水系统的作用是什么？什么样的设备冷却器采用开式冷却水系统？什么样的设备冷却器采用闭式冷却水系统？

22. 简述开式冷却水系统和闭式冷却水系统的工作流程。

23. 发电机冷却系统的作用是什么？什么是双水内冷和水一氢一氢冷却方式？

24. 简述发电机双水内冷系统的组成和工作流程。

25. 简述发电机水—氢—氢冷却系统的组成和工作流程。

26. 保证定子冷却水品质的措施有哪些？

27. 为什么要进行氢气置换？试述发电机的充氢和排氢过程。

28. 识读背压、凝汽式热电厂的全面性热力系统图，并说明系统组成及工质流程。

29. 识读引进国产 N600-24.2/566/566 型机组的全面性热力系统图，并说明系统组成及工质流程。

30. 简述发电厂各热力系统的投、停顺序。

项目六　发电厂热力系统及辅助设备启动操作指南

本项目以引进国产 N600-24.2/566/566 型机组的仿真机为例，根据单元机组的冷态启动过程，说明发电厂热力系统及辅助设备启动操作步骤。

一、循环供水系统投运

由教练员站设置工况，并确认电气系统厂用电已送上。

1. 检查开启循环水泵房系统中就地阀

在汽轮机就地站中找到循环水泵房系统，检查开启循环水泵的轴承润滑冷却水和电动机冷却水中就地门，如图 6-1 所示。

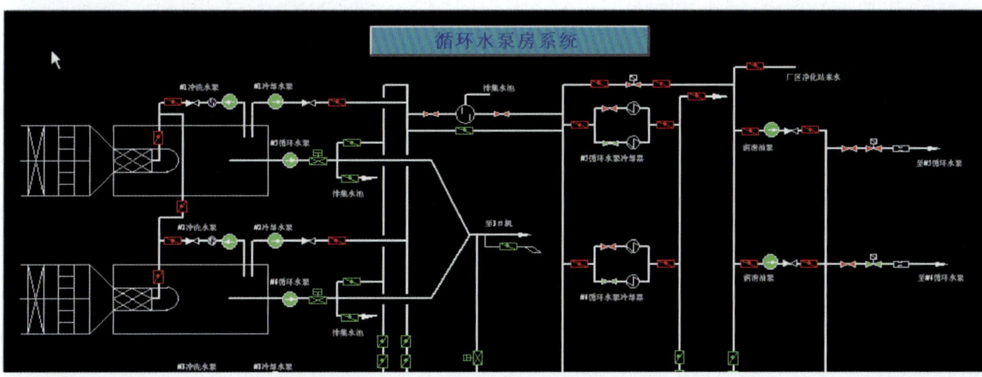

图 6-1　汽轮机就地循环水泵房系统

2. 开启凝汽器循环水进出口电动阀

在汽轮机 DCS 界面中找到凝汽器循环水系统，开启凝汽器循环水进水阀和出水阀，循环水系统注水，如图 6-2 所示。

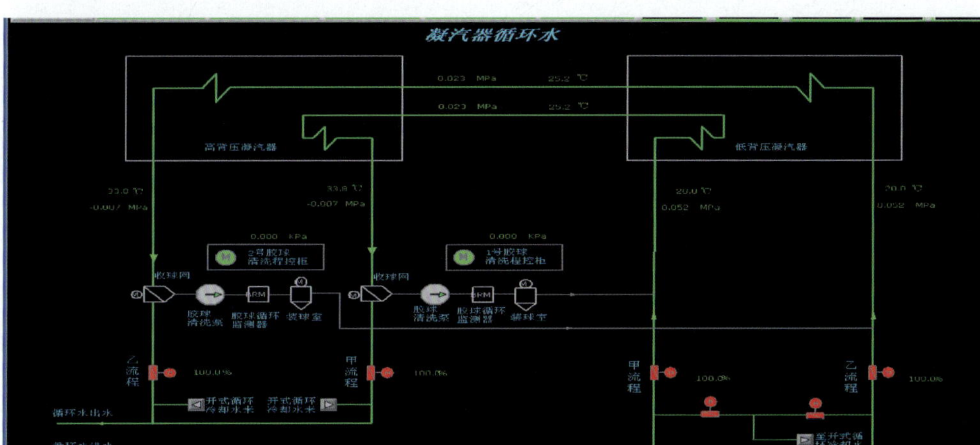

图 6-2　汽轮机 DCS 凝汽器循环水系统界面

3. 循环水泵启动

（1）在汽轮机 DCS 循环水泵房系统界面上启动循环水冷却水泵和润滑水泵，轴承润滑冷却水和电动机冷却水压力正常，如图 6－3 所示。

（2）在电气就地把循环水泵的出口蝶阀电源送上，在 DCS 电气系统检查液控蝶阀至远方位。

（3）启动一台循环水泵，出口液动碟阀联起，检查循环水系统运行正常。将另一台循环水泵连锁开关投入，如图 6－3 所示。

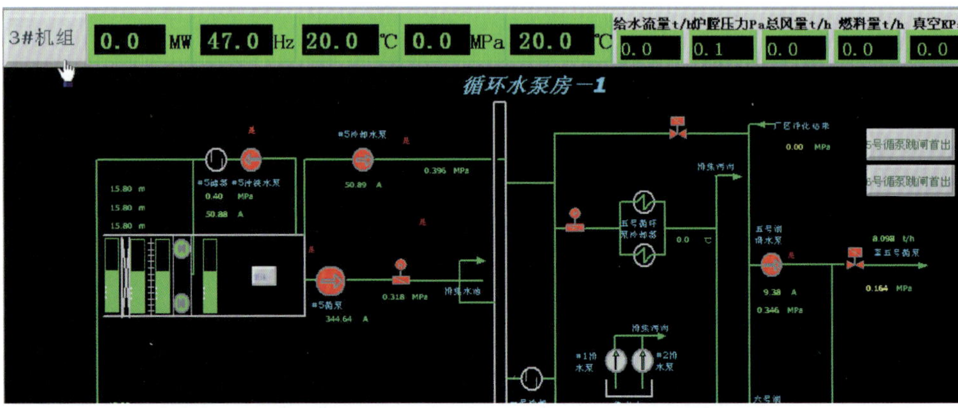

图 6－3 汽轮机 DCS 循环水泵房系统界面

二、开式循环冷却水系统投运

1. 检查开启各冷却水阀

检查开启就地开式循环冷却水系统各冷却水隔离阀，如图 6－4 所示。

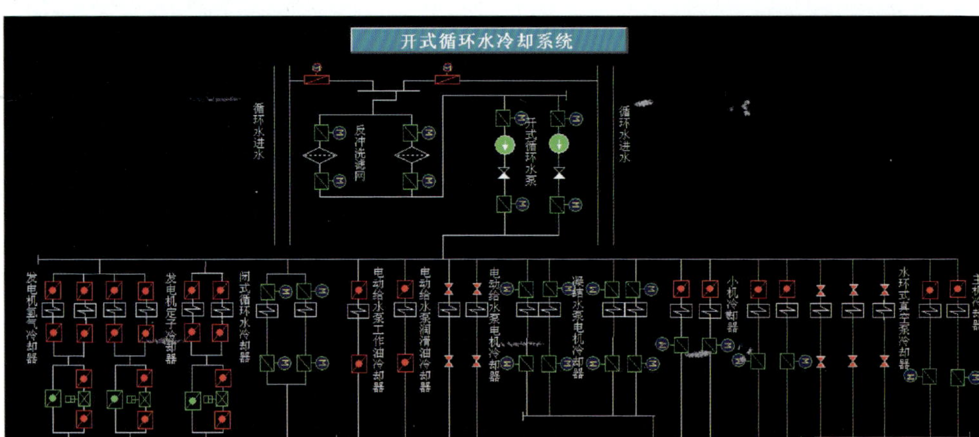

图 6－4 汽轮机就地站开式循环冷却水系统

2. 启动开式冷却水泵

在汽轮机 DCS 界面中找到开式水系统，如图 6－5 所示。

（1）开启冷却水滤网前后阀。

（2）关闭冷却水泵出口隔离阀，开启冷却水泵入口隔离阀，关闭冷却水泵出口隔离阀，启动一台开式冷却水泵。

（3）将另一台开式冷却水泵投入备用。

（4）开启一台闭式水冷却器进、出口阀，其他的冷却器按需要开启。

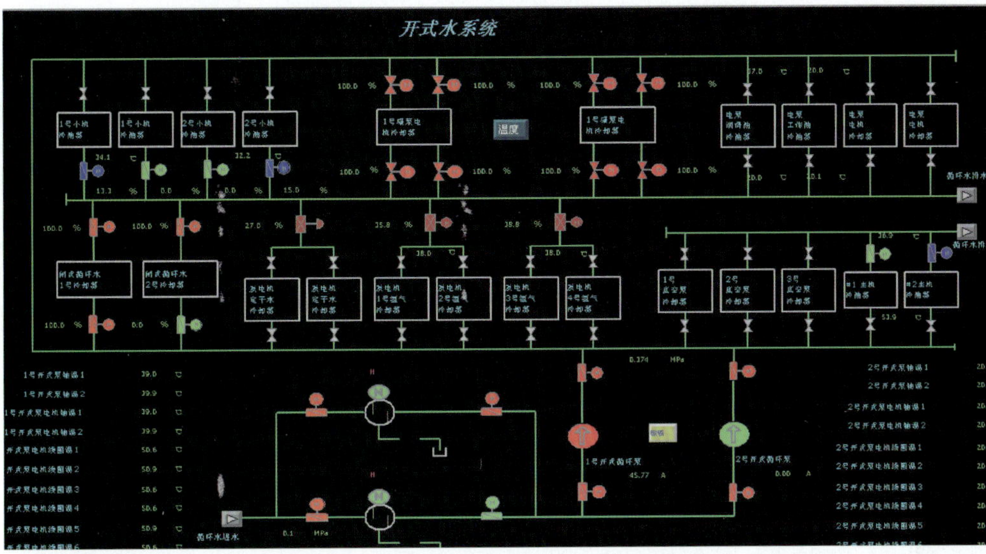

图 6-5　汽轮机 DCS 开式水系统界面

三、闭式循环冷却水系统投运

1. 闭式膨胀水箱上水

（1）闭式膨胀水箱上水是由凝结水补充水泵供给，在就地凝汽器补充水系统图检查开启凝汽器补充水系统就地阀，如图 6-6 所示。

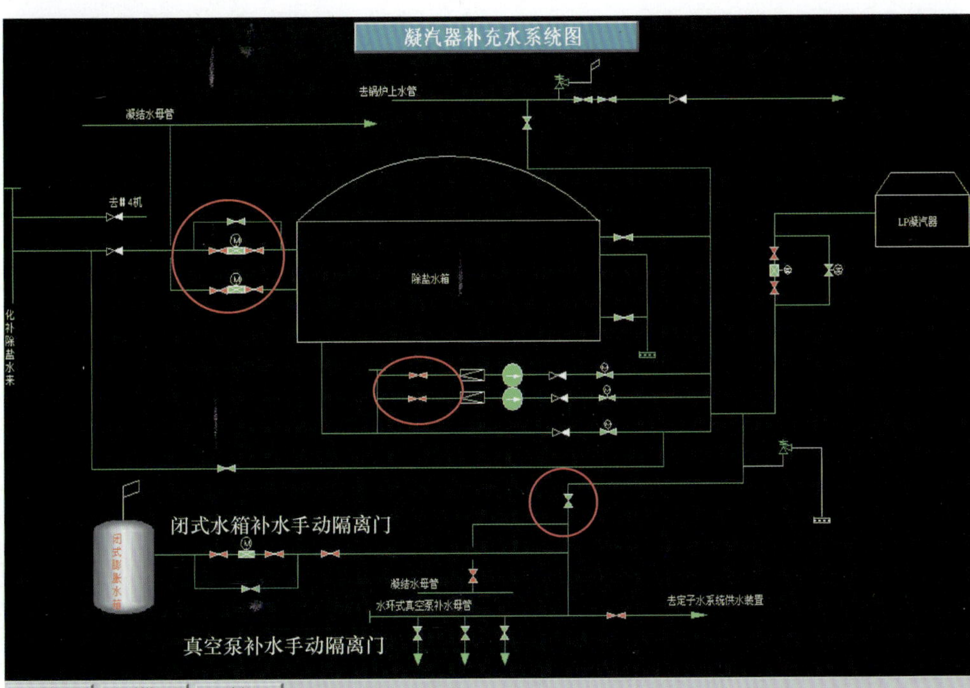

图 6-6　汽轮机就地站凝汽器补充水系统

（2）在汽轮机 DCS 界面的凝结水系统中，如图 6－7 所示。开启化学除盐水至凝结水补充水箱的调节阀，向补充水箱充水至正常水位，之后该调节阀投入自动。

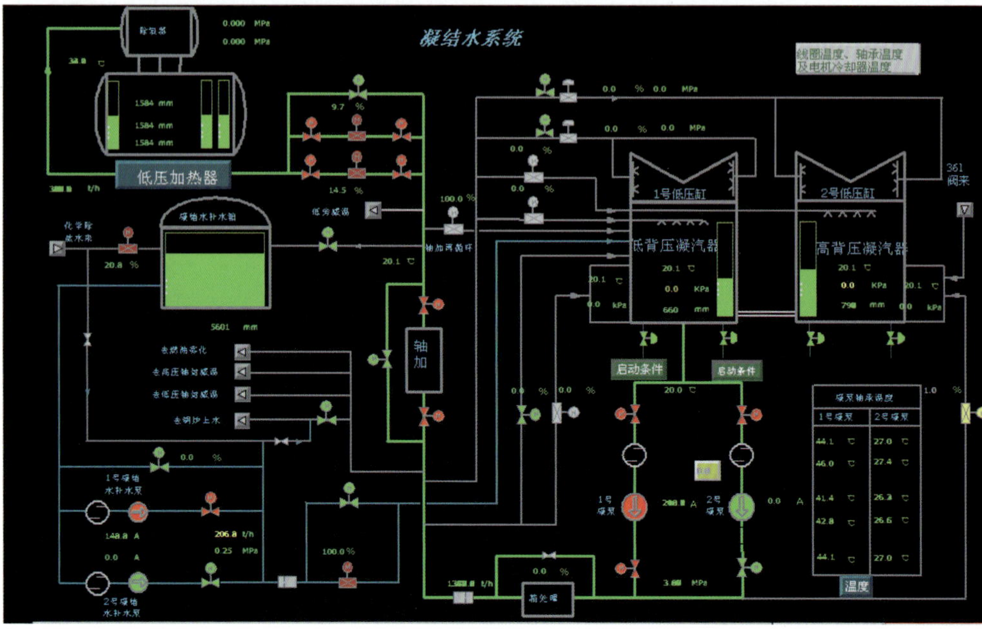

图 6－7　汽轮机 DCS 凝结水系统界面

（3）启动凝结水补水泵，闭式膨胀水箱上水至正常水位后，该水箱的补水调节阀投入自动。

2. 检查开启各冷却水阀

在汽轮机就地站闭式冷却水系统界面检查系统各阀门开启正确，如图 6－8 所示。

3. 启动闭式冷却水泵

在 DCS 界面的闭式冷却水系统中，如图 6－9 所示，启动一台闭式冷却水泵，出水阀联开，检查闭式冷却水系统运行正常后，投入另一台闭式冷却水泵备用。

四、发电机定子冷却水系统投运

确认发电机密封油系统已投运。

1. 检查开启定子冷却水系统各阀门

在汽轮机就地站发电机定子冷却水系统界面中，就地检查定子冷却水系统各阀门位置正确，检查开启补充水阀向定子水箱充水至正常水位。定子水冷却器及滤网一组投运，一组备用。开启定子冷却水泵的再循环阀，如图 6－10 所示。

2. 启动定子冷却水泵

在 DCS 发电机定子水冷系统界面中，启动一台定子冷却水泵，定子冷却水系统运行正常，投入备用定子冷却水泵连锁，调节定子冷却水泵的再循环阀，确认氢气和定子冷却水差压（0.003～0.005MPa），如图 6－11 所示。

五、辅助蒸汽投运

1. 开启辅助蒸汽系统就地阀

在汽轮机就地站辅助蒸汽系统界面中，检查开启辅助蒸汽系统所有疏水阀及疏水器前、

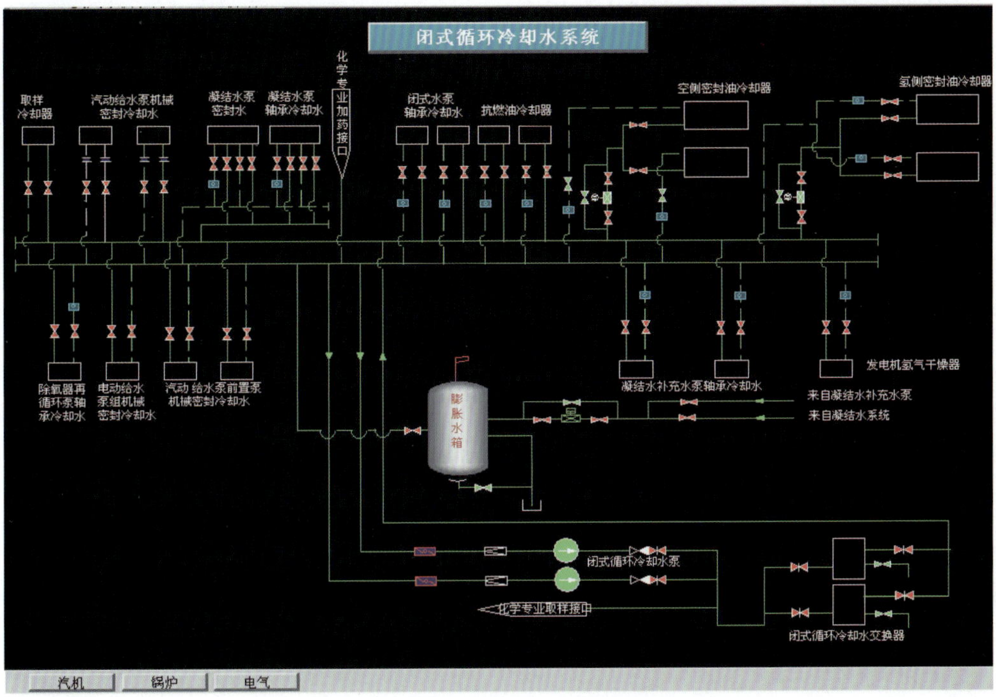

图 6-8　汽轮机就地站闭式循环冷却水系统

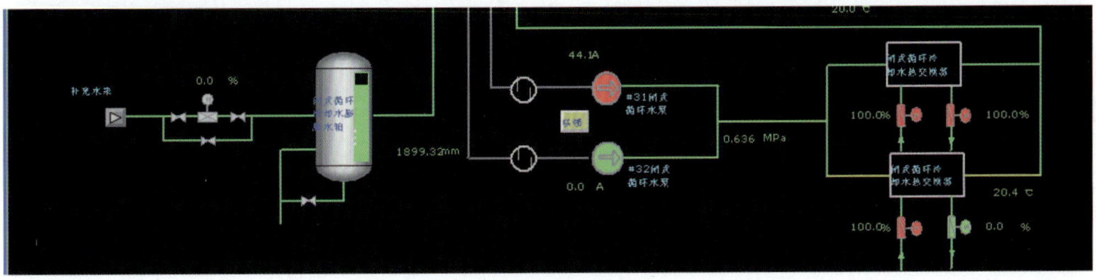

图 6-9　汽轮机 DCS 闭式冷却水系统界面

后隔离阀。当辅助蒸汽联箱充分暖管后，各疏水阀关闭，如图 6-12 所示。

2. 投入辅助蒸汽

在汽轮机 DCS 界面辅助蒸汽系统中开启一期辅助蒸汽来电动阀，向辅助蒸汽联箱供汽。根据需要，投入各辅汽用户，注意保持保证联箱压力和温度正常，如图 6-13 所示。

3. 辅助蒸汽汽源切换

在机组的冷态启动过程中，适时进行辅助蒸汽汽源切换的切换。当旁路系统投入，且其蒸汽参数能满足用汽要求时，切换由再热冷段蒸汽供汽。当负荷大于 70%MCR～85%MCR 时，汽轮机的抽汽参数满足供辅助蒸汽时，切换到四段抽汽供汽，如图 6-13 所示。

六、凝结水系统投运

1. 凝汽器上水

在汽轮机 DCS 界面凝结水系统中启动凝结水补水泵，并开启凝汽器补水阀向凝汽器上水至正常水位（1080mm 左右），投入补水调节阀自动，如图 6-14 所示。

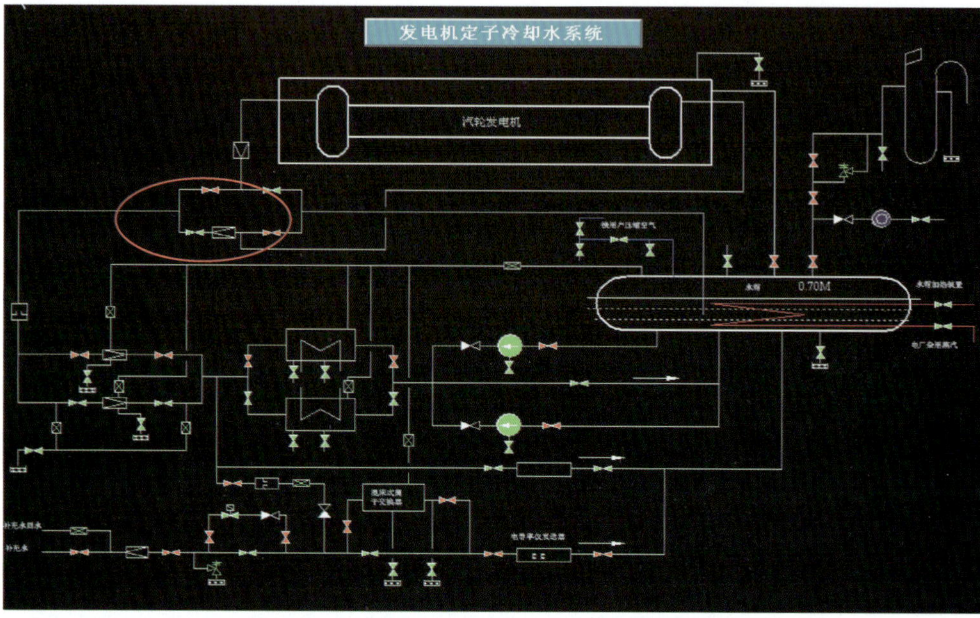

图 6 - 10　汽轮机就地站发电机定子冷却水系统

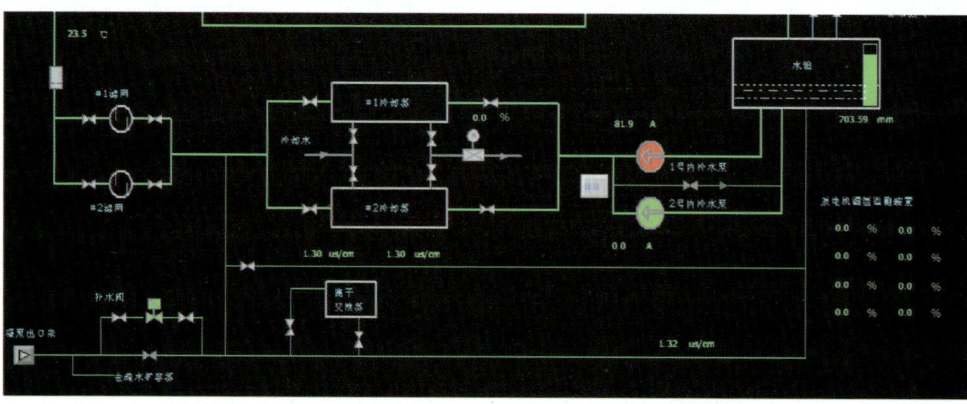

图 6 - 11　汽轮机 DCS 发电机定子冷却水系统界面

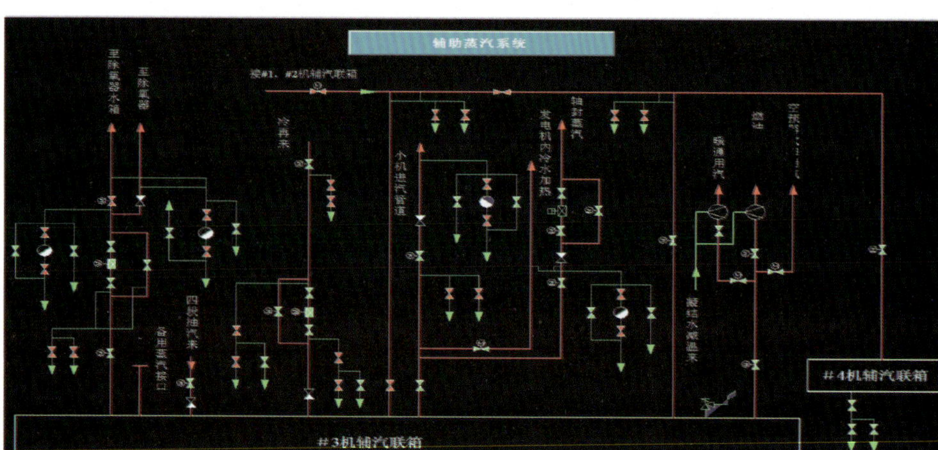

图 6 - 12　汽轮机就地站辅助蒸汽系统

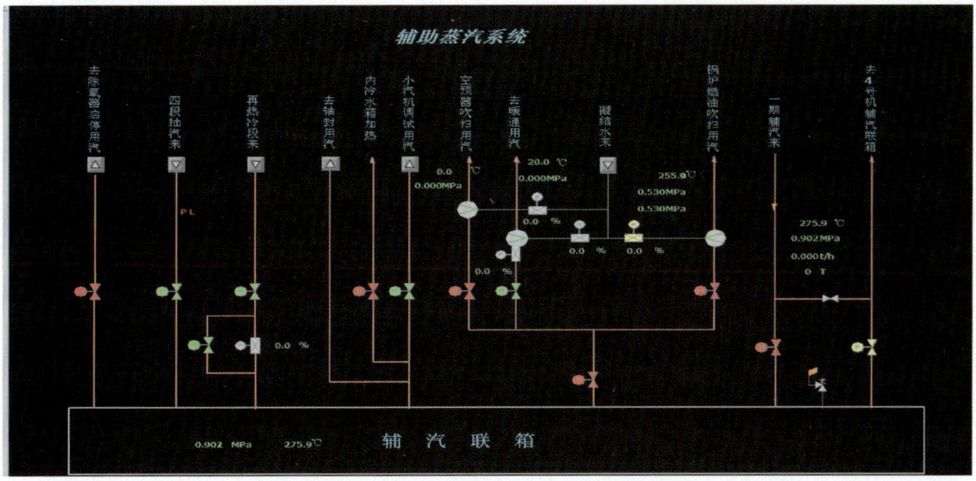

图 6-13　汽轮机 DCS 辅助蒸汽系统界面

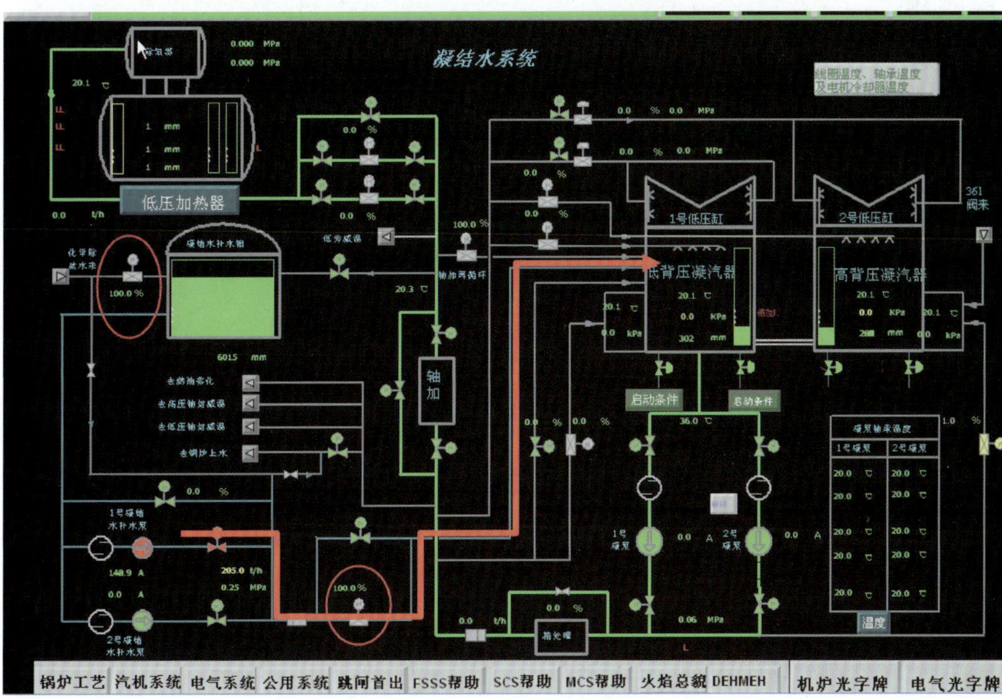

图 6-14　汽轮机 DCS 凝结水系统界面

2. 低压加热器通水

在汽轮机 DCS 界面低压加热器抽汽及疏水系统中，开启低压加热器水侧进、出水阀，关闭各低压加热器旁路阀，如图 6-15 所示。

3. 启动凝结水泵

在汽轮机 DCS 界面凝结水系统中检查全开凝结水泵进水阀 1、凝结水最小流量再循环阀 2、轴封加热器的进出水阀 3 和除氧器水位调节阀前后电动阀 4，关闭除氧器水位主副调

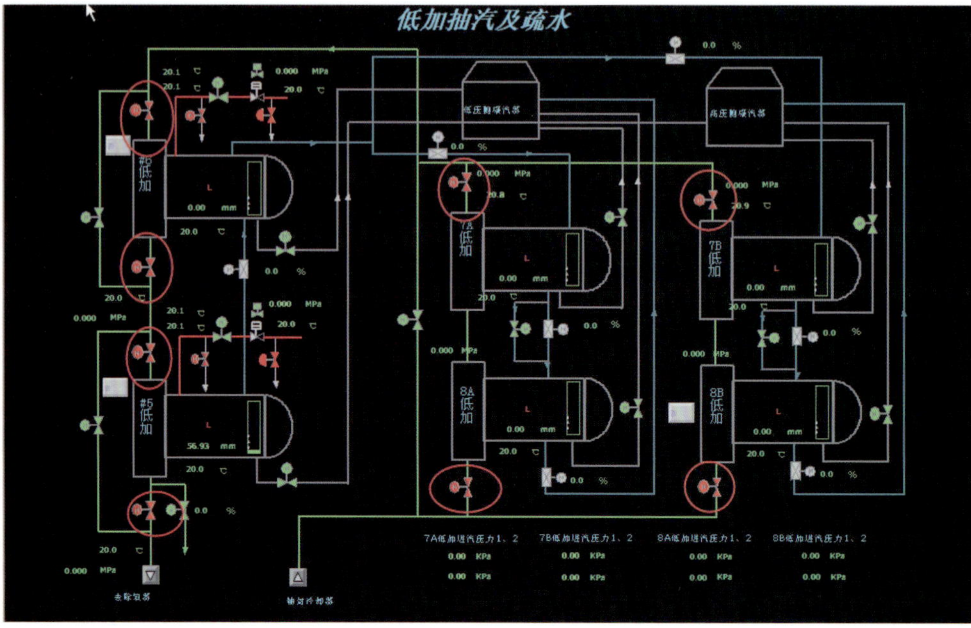

图 6-15　汽轮机 DCS 低加抽汽及疏水系统界面

节阀、旁路电动阀和凝结水泵出口阀。确认凝结水泵启动条件满足，启动一台凝结水泵，其出水阀联开，另一台凝结水泵投入连锁备用，如图 6-16 所示。

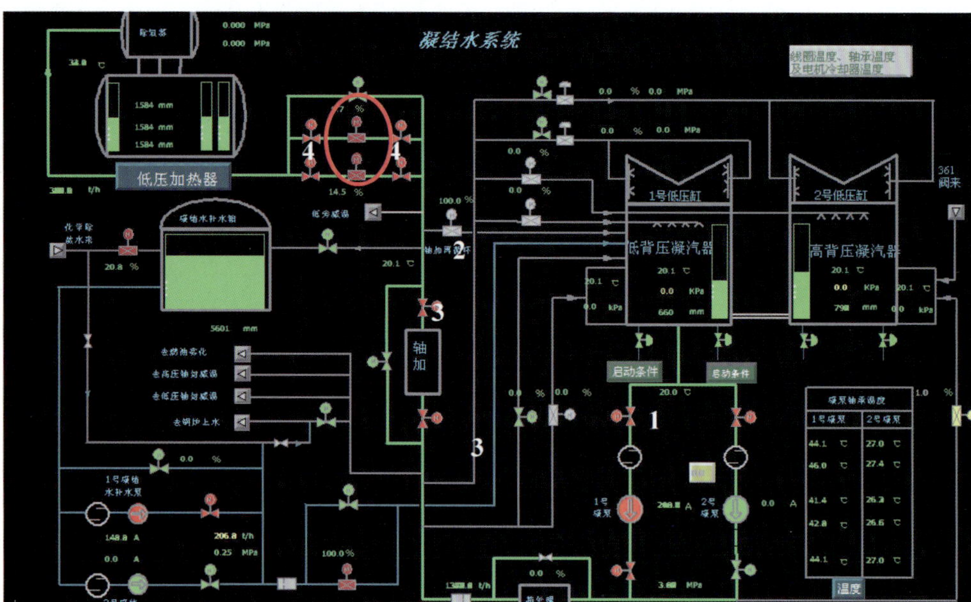

图 6-16　汽轮机 DCS 凝结水系统界面

七、除氧器系统投运

1. 除氧器上水

在汽轮机 DCS 界面凝结水系统中，打开除氧器水位调节阀，由凝结水泵向除氧器上水，水位正常后，水位调节阀投入自动，如图 6-16 所示。

2. 启动除氧循环泵

在汽轮机 DCS 界面给水除氧系统中，启动除氧循环泵，打开除氧器放气阀，如图 6-17 所示。

3. 除氧水加热

在汽轮机 DCS 界面辅助蒸汽系统中开启除氧器启停用汽阀，如图 6-13 所示。在汽轮机 DCS 界面给水除氧系统中，开启辅助蒸汽调节阀，除氧器升温升压。当除氧器压力接近 0.147MPa 时，将辅助蒸汽调节阀投入自动，除氧器定压运行，如图 6-17 所示。

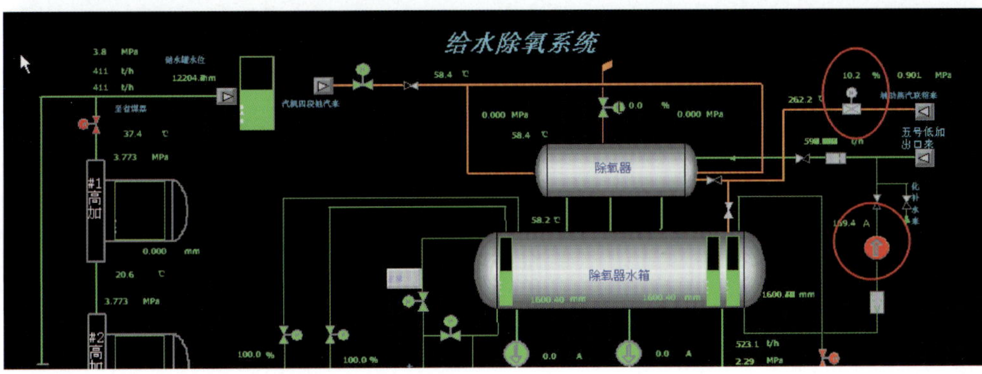

图 6-17　汽轮机 DCS 给水除氧系统界面

八、给水系统投运（锅炉上水）

1. 锅炉主再蒸汽系统进行疏水、放气

在锅炉就地站主再蒸汽系统界面中，开启系统中的各放气阀，如图 6-18 所示。

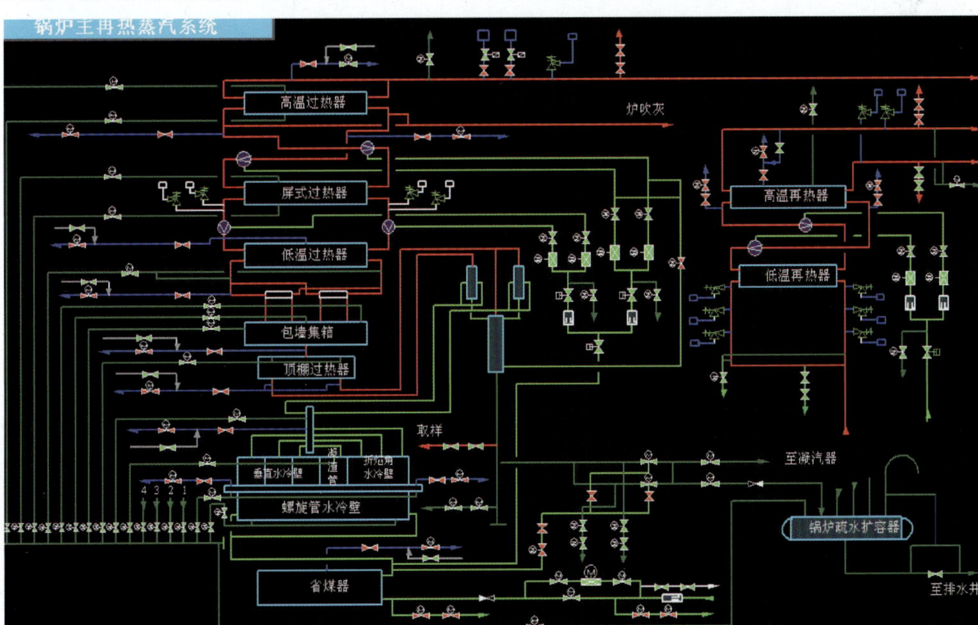

图 6-18　锅炉就地站主再蒸汽系统

在锅炉 DCS 界面疏水排污系统中，开启过热器和再热器系统各疏水阀，如图 6－19 所示。

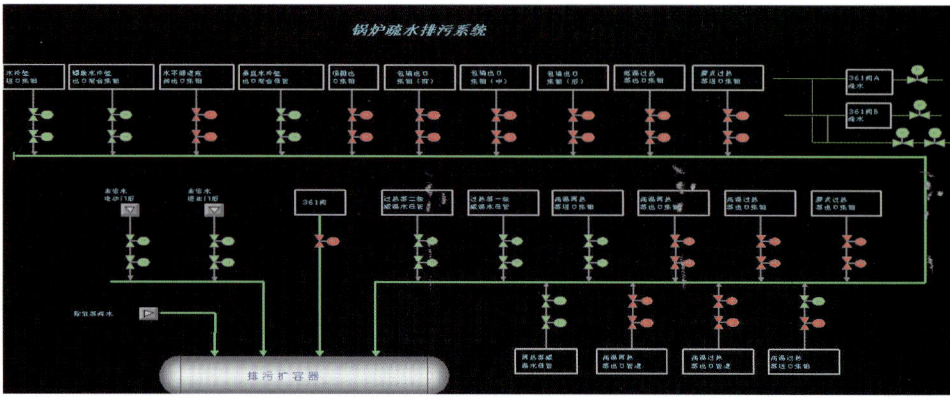

图 6－19 锅炉 DCS 疏水排污系统界面

2. 向给水管道和高压加热器注水

在锅炉 DCS 界面启动系统中，开启启动分离器储水罐排水到锅炉疏水扩容器的电动阀 1，关闭排凝汽器电动阀 2，投入 361 阀自动，开启给水调节阀前后电动阀 3、4，如图 6－20 所示。

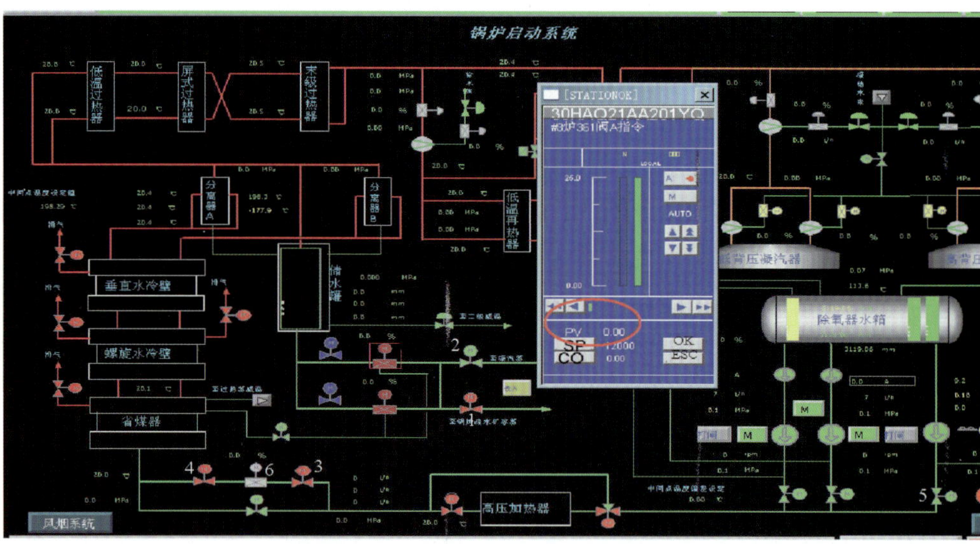

图 6－20 锅炉 DCS 启动系统界面

在汽轮机就地站给水系统界面中，当除氧器水质合格后，开启电动给水泵进口阀和各高压加热器水侧出口放气阀，如图 6－21 所示。

在锅炉 DCS 界面启动系统中，如图 6－20 所示，打开电泵出水阀 5，给水调节阀 6 开启至 10%左右，向给水管道和高加注水。注水完毕，关闭各高加水侧放气阀，关闭电泵出口阀。

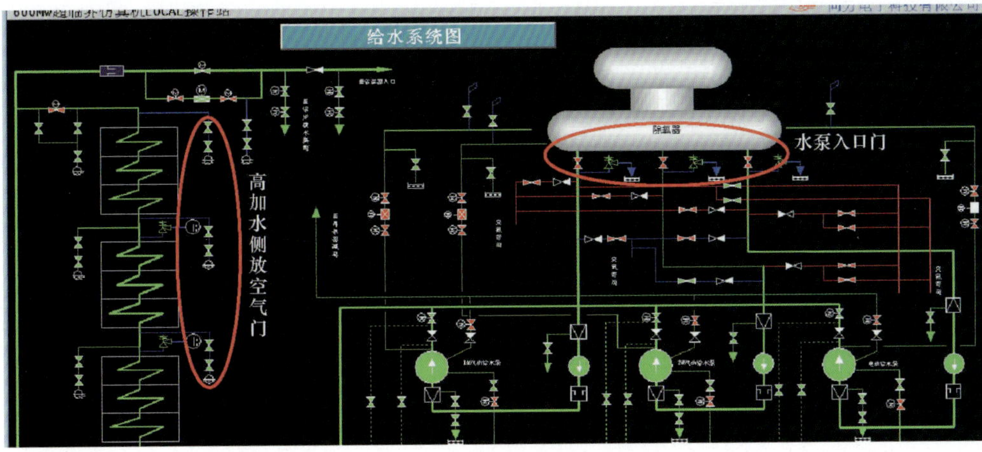

图 6-21　汽轮机就地站给水系统

3. 启动电动泵

在如图 6-22 所示的锅炉 DCS 界面启动系统中，检查开启电动给水泵最小流量再循环电动阀和调节阀 1，启动电动泵辅助油泵 2，待给水温度达 104℃时，启动电动给水泵，开启电泵出口电动阀。根据电动泵出口压力逐渐开启省煤器入口给水调节阀 3，缓慢、均匀地向锅炉进水。待启动分离器有水位且 361 阀水位投自动正常后，逐渐加大给水量至 400t/h，检查电动给水泵最小流量再循环阀 1 自动减小直至全关，控制启动分离器水位在 12m 上下。

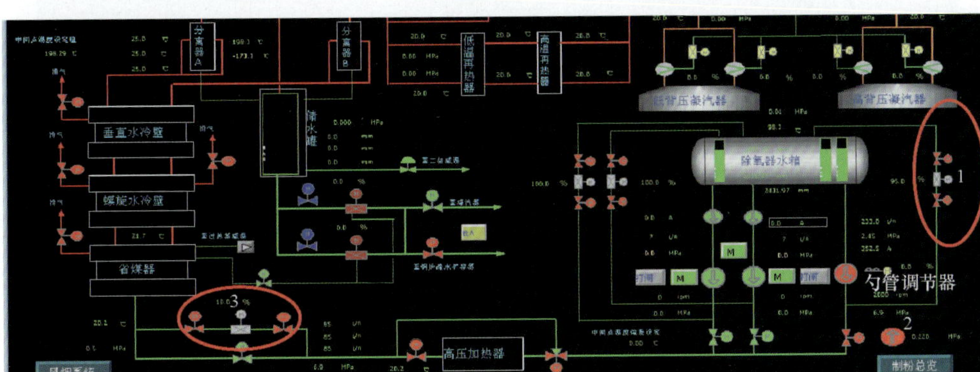

图 6-22　锅炉 DCS 启动系统界面

九、汽轮轴封系统投运

（1）确认主汽轮机、小汽轮机盘车运行，轴封加热器水侧投入，并有足够的连续流量。

（2）在如图 6-23 所示汽轮机就地站轴封蒸汽系统界面中，检查开启汽轮机各路轴封供汽疏、放水阀及各轴封进口滤网放水阀。

（3）在如图 6-24 所示汽轮机 DCS 本体疏水系统界面中，检查开启各路疏水阀。

（4）在如图 6-25 所示的汽轮机 DCS 界面轴封系统中，启动一台轴封风机，另一台投入备用。稍开辅汽至轴封供汽电动总阀门及汽轮机轴封进汽手动阀，对轴封进行充分暖管、疏水。暖管结束后，关闭轴封系统就地站及 DCS 界面上的所有疏水阀。逐渐开大辅助蒸汽至轴封系统的调节阀，当压力大于定值压力时，调节阀投自动，同时将轴封母管上的溢流阀投

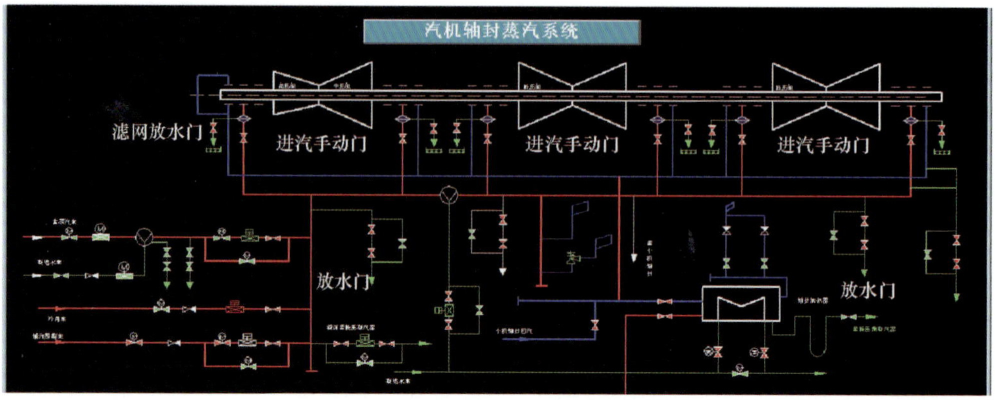

图 6-23　汽轮机就地站轴封蒸汽系统

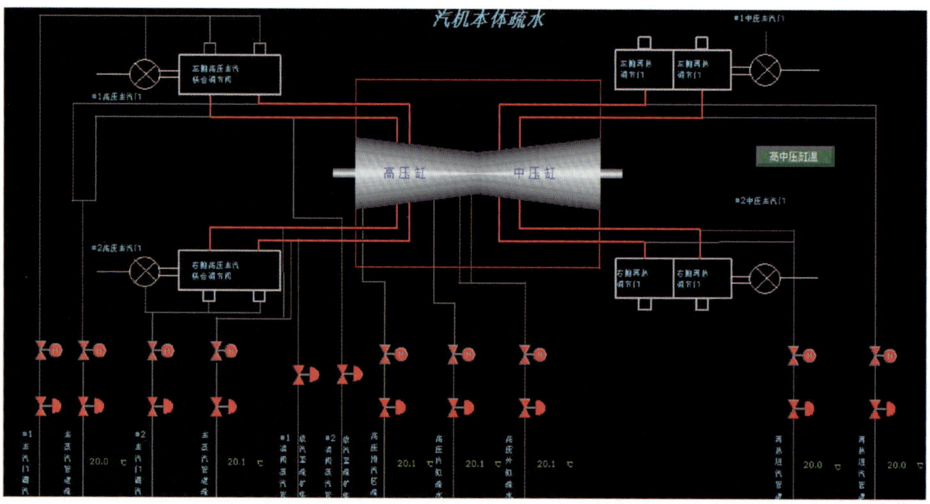

图 6-24　汽轮机 DCS 本体疏水系统界面

自动。当轴封汽温汽压正常后，投入减温水装置，自动维持轴封汽温汽压。

十、抽真空系统投运

（1）在汽轮机就地站凝结器补充水系统界面上，打开真空泵补水手动隔离阀，将气水分离器水位补至正常水位后关闭，如图 6-6 所示。

（2）在汽轮机就地站开式循环冷却水系统界面上，打开真空泵冷却器的进出口阀，如图 6-4 所示。

（3）在汽轮机就地站真空系统界面上，打开真空泵入口隔离阀，检查入口气动蝶阀关闭，如图 6-26 示。

（4）在汽轮机 DCS 真空系统界面上，启动三台真空泵，入口气动蝶阀自动开启，如图 6-27 所示。待真空达到要求时，停用一台真空泵作备用。

十一、汽轮机旁路系统投运

确认主蒸汽与再热蒸汽暖管疏水放气完毕，锅炉起压。

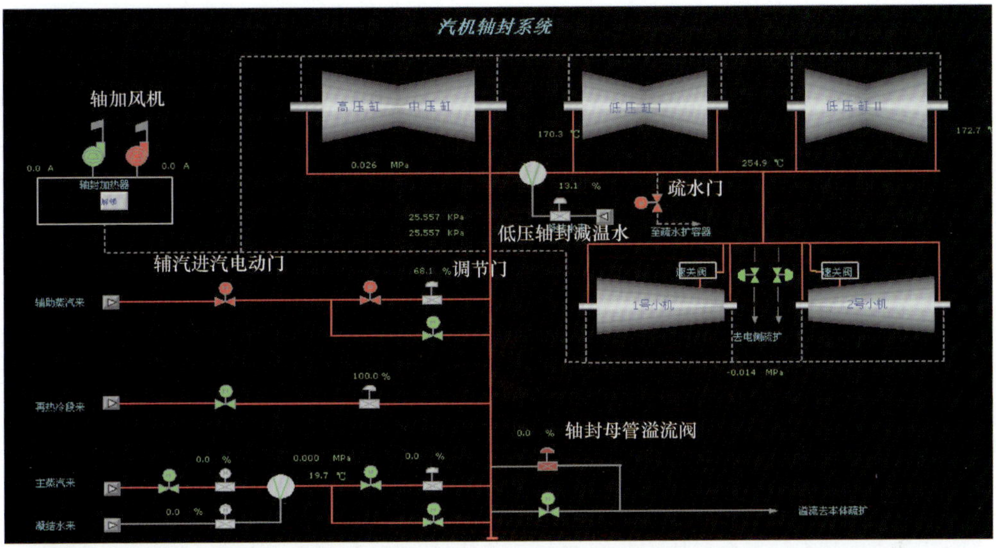

图 6 - 25　汽轮机 DCS 轴封系统界面

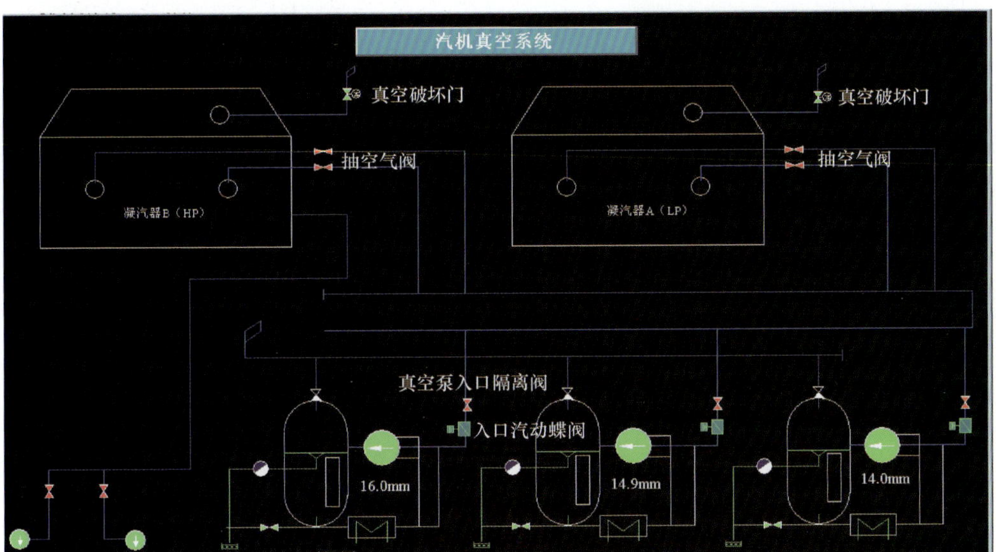

图 6 - 26　汽轮机就地站真空系统

1. 投入高、低压旁路减温水

在汽轮机就地站主再蒸汽系统界面上开启高、低压旁路减温水手动阀门，如图 6 - 28 所示。

2. 投入高压旁路

在如图 6 - 29 所示的锅炉 DCS 启动系统界面上投入高压旁路，先将高压旁路减压阀 1 开启 2%，再打开高压旁路减温水截止阀 2，根据高压旁路阀后的温度开启高压旁路减温水调节阀 3。为了提高再热汽温出口温度，高压旁路阀后温度设定值一般在 250℃以上。为控制好高压旁路阀出口温度，高压旁路阀减压阀一般手动控制，减温水在高压旁路蒸汽流量比较

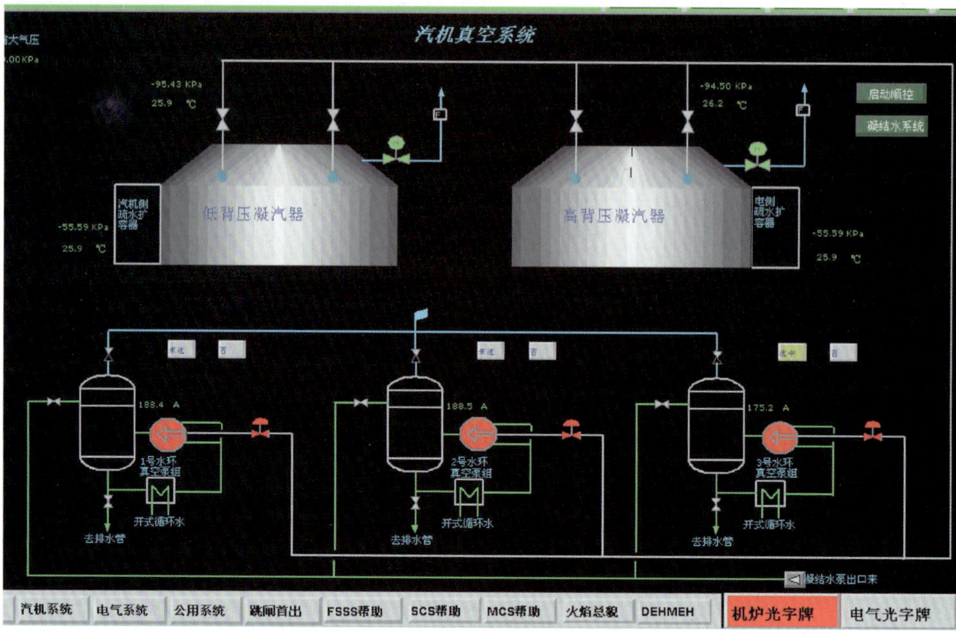

图 6-27 汽轮机 DCS 真空系统界面

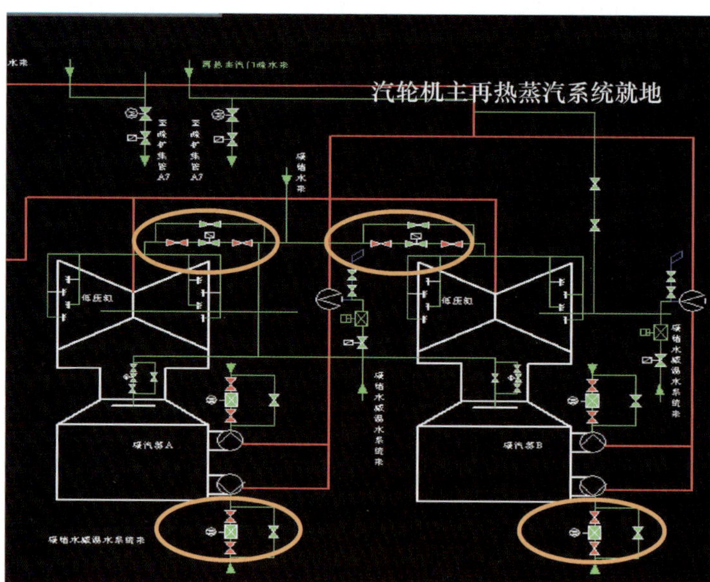

图 6-28 汽轮机就地站主、再热蒸汽系统

大的时候投入自动。注意，该机组高压旁路阀后温度高于 360℃时，高压旁路阀强关。

3. 投入低压旁路

在如图 6-29 所示的锅炉 DCS 启动系统界面上投入低压旁路，先开启低压旁路三级减温水截止阀，再打开低压旁路减温水截止阀 4，然后将减温水调节阀 5 开到 2%以上即可开启低压旁路减压阀 6。当再热器压力接近 0.4MPa 或低压旁路阀后温度达到 70℃时可以将低压

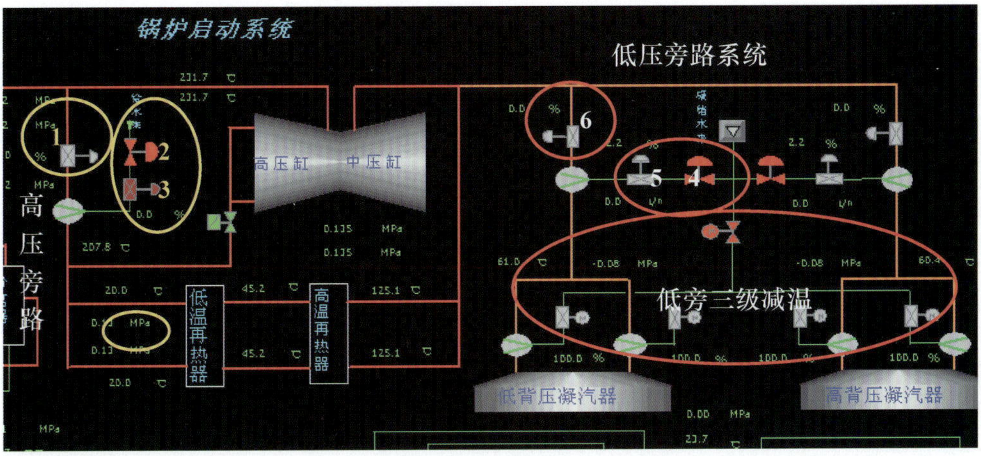

图 6-29　锅炉 DCS 启动系统界面

旁路阀和减温水调节阀投入自动。

十二、回热加热器投运

高、低压加热器原则上随机滑启。

1. 高、低压加热器水侧投入

在汽轮机 DCS 低压加热器抽汽及疏水系统界面上检查开启各低压加热器进出水阀，如图 6-15 红圈所示。在汽轮机 DCS 给水除氧系统界面上检查开启高压加热器进出水阀，如图 6-17 所示。

2. 投入加热器放气系统

如图 6-30 和图 6-31 所示分别为汽轮机就地站低压加热器疏水及空气系统界面和高加疏水管道系统界面上分别开启低、高压加热器连续放气阀。

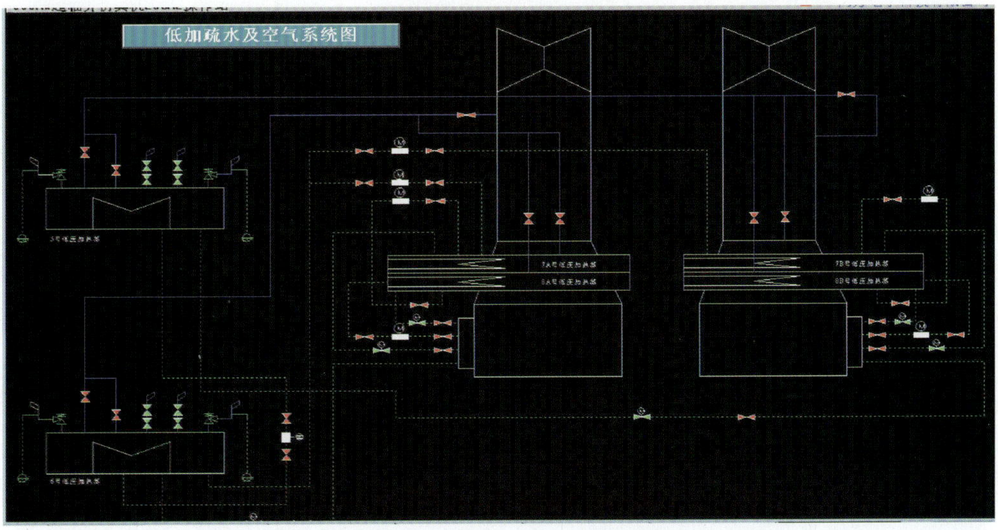

图 6-30　汽轮机就地站低压加热器疏水及空气系统

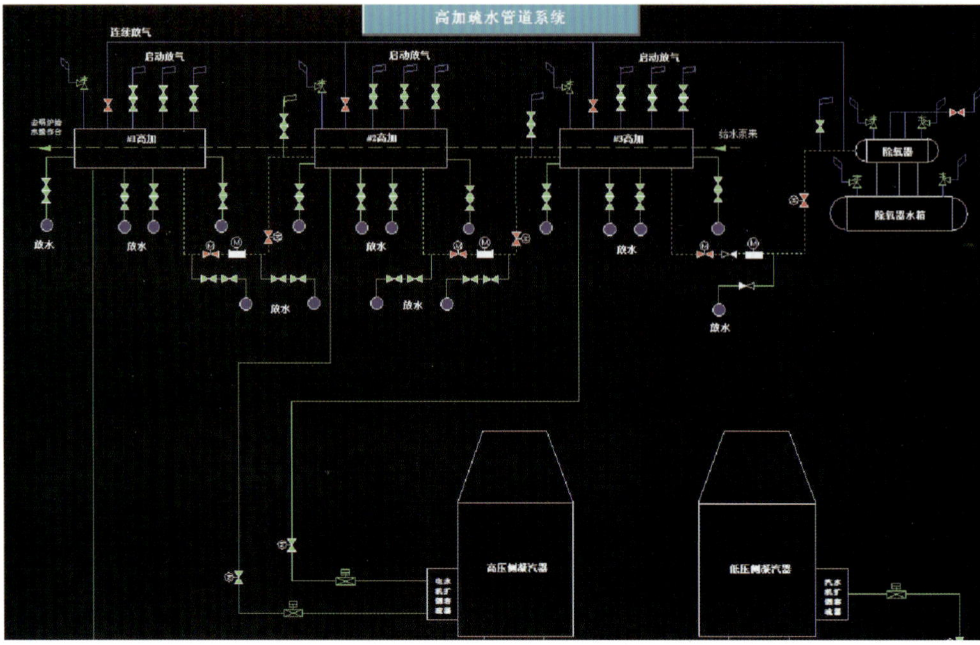

图 6-31 汽轮机就地站高压加热器疏水管道系统

3. 投入加热器疏水系统

图 6-32 和图 6-33 所示分别为汽轮机 DCS 低压加热器抽汽及疏水系统界面和高压加热器抽汽及疏水系统界面，开启各加热器正常疏水阀（图中黄圈所示），启动（兼事故）疏水阀按规定水位投自动，3 号高压加热器正常疏水阀关闭，启动（兼事故）疏水阀按规定水位投自动。待负荷升高 3 号高压加热器进汽压力大于除氧器压力 0.2MPa 时，开启其正常疏水

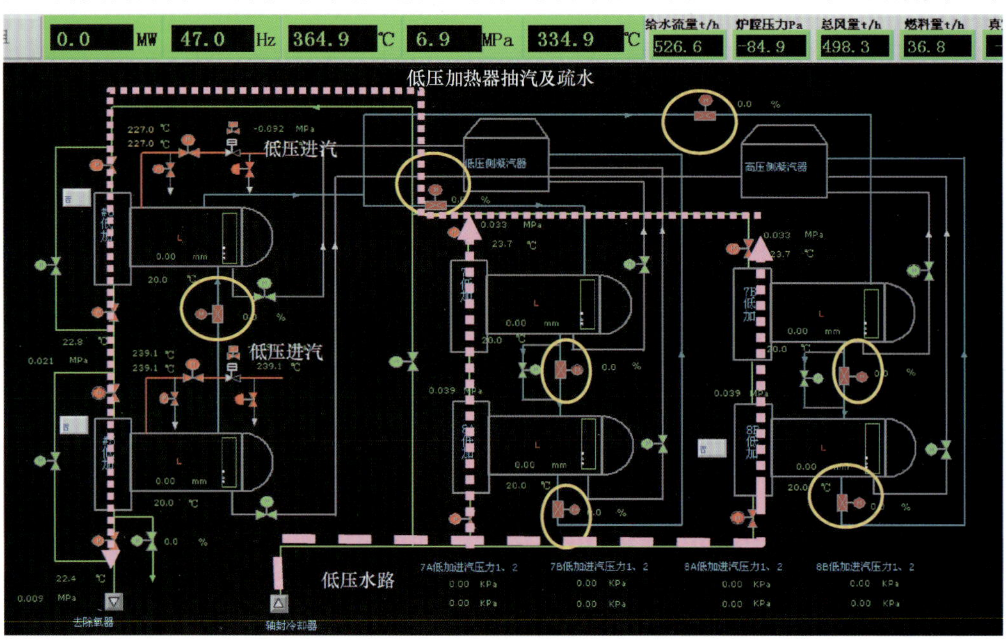

图 6-32 汽轮机 DCS 低压加热器抽汽及疏水系统

阀，疏水逐级自流至除氧器。

4. 投入抽汽系统

在图 6 - 32 和图 6 - 33 所示的汽轮机 DCS 低压加热器抽汽及疏水系统界面和高压加热器抽汽及疏水系统界面上开启各加热器抽汽管道上的疏水阀，全开抽汽电动阀，检查相应的抽汽止回阀联动开启。抽汽管道上的疏水阀开启直至机组负荷大于 25%MCR 关闭，以防汽轮机进水。

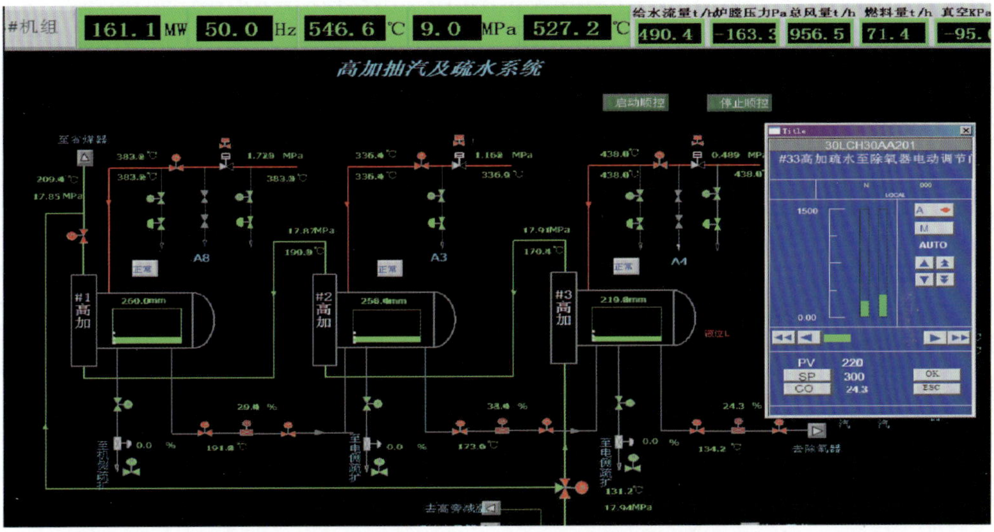

图 6 - 33　汽轮机 DCS 高压加热器抽汽及疏水系统

参 考 文 献

[1] 张燕侠，热力发电厂.2版.北京：中国电力出版社，2006.

[2] 叶涛.热力发电厂.3版.北京：中国电力出版社，2009.

[3] 王祥薇，王永成.单元机组集控运行与技能训练.北京：中国电力出版社，2012.

[4] 陈晔，袁佩玉.汽轮机辅机检修.北京：中国电力出版社，2007.

[5] 杨义波，张燕侠，杨作梁，等.热力发电厂.2版.北京：中国电力出版社，2010.

[6]《中国电力百科全书》编辑委员会.中国电力百科全书：综合卷.北京：中国电力出版社，1995.

[7]《中国电力百科全书》编辑委员会.中国电力百科全书：火力发电卷.北京：中国电力出版社，1995.

[8] 朝阳发电厂.西安热工研究所.20万千瓦汽轮机的运行.北京：水利电力出版社，1989.